U0171337

中国传统建筑解析与传承

THE INTERPRETATION AND INHERITANCE OF TRADITIONAL CHINESE ARCHITECTURE

海南卷

Hainan Volume

《中国传统建筑解析与传承 海南卷》编委会 编

Editorial Committee of the Interpretation and Inheritance of Traditional Chinese Architecture: Hainan Volume

中国建筑工业出版社

审图号：琼S（2018）038号
图书在版编目（CIP）数据

中国传统建筑解析与传承．海南卷／《中国传统建筑解析与传承·海南卷》编委会编．—北京：中国建筑工业出版社，2019.12
ISBN 978-7-112-24388-4

Ⅰ.①中… Ⅱ.①中… Ⅲ.①古建筑-建筑艺术-海南 Ⅳ.①TU-092.2

中国版本图书馆CIP数据核字（2019）第245931号

责任编辑：唐 旭 胡永旭 吴 绫 张 华
文字编辑：李东禧 孙 硕
责任校对：赵听雨

中国传统建筑解析与传承 海南卷
《中国传统建筑解析与传承 海南卷》编委会 编
*
中国建筑工业出版社出版、发行（北京海淀三里河路9号）
各地新华书店、建筑书店经销
北京锋尚制版有限公司制版
北京富诚彩色印刷有限公司印刷
*
开本：880×1230毫米 1/16 印张：20½ 字数：601千字
2020年9月第一版 2020年9月第一次印刷
定价：230.00元
ISBN 978-7-112-24388-4
（34871）

本卷编委会

Editorial Committee

主　　编：吴小平

副 主 编：贾成义、唐秀飞、韩　苗、吴　蓉

参加人员：陈孝京、许　毅、胡杰卫、欧玉山、陈娟如、黄天其、陈晓菲、刘　筱、杨绪波、陈绍斌、陈志江、王振宇、刘凌波、费立荣、李贤颖、郑小雪、石乐莲、陈迪东、丁伊莎

编制单位：海南华都城市设计有限公司
海南省住房和城乡建设厅

目　录

Contents

第四章　琼西地区：传统聚居

第五章　琼中南地区：黎苗村寨

第六章　海南传统聚落的建筑思想基础与主要特征

前 言

Preface

海南，位于中国大陆最南端。孤悬海外的海南岛自古以来在经济、文化等各方面发展相对缓慢，地处偏僻的传统聚落。海南，无论是三亚落笔峰下的落笔洞人——黎族先民，还是冼夫人带领岭南俚人渡过琼州海峡，踏上隔绝障海、水土气毒、素有“蛮荒”之称的海南岛，他们面对既不是北方辽阔的草原，也不是中原良田万顷，而是浩瀚的海洋。海南属热带海洋季风气候，遍布热带雨林，与喜马拉雅山同时代崛起的五指山、黎母山和雅加大岭山，构成了海南岛的骨骼；发源于中部山区的万泉河、昌化江、南渡江，向四面奔涌入海，构成了海南岛的血脉。海南犹如大海中安详的睡莲，根系大陆，刀耕火种的山栏稻、黎苗村寨、疍家渔排、十八行村，临海而居、择水而憩的海南人，人与海的碰撞，山与水的交融，他们视水为陆，为适应气候从“荒僻”走向聚族群居，在化外之地繁衍生息。独特的海洋文化，海岛地域特色，既有陆地厚重、江河绵长，更有海洋的宽广。陈毅《满江红 · 游广东旋至海南岛度假一周记沿途所见》词：“数琼岛，远来谪宦，飘蓬逐客。”回归大海，逐水而居，以舟楫为家，形成了别具风情的疍家文化。这是地域文化的堡垒，也是汉黎苗等民族文化交流的纽带。黎锦、疍家文化、船形屋、南洋骑楼、军屯民居等这些物化的传统遗存，原生原真的存在，适用质朴的赋形，承载着海南历史人文记忆。我们对地域文化感知，在地域环境下，基于气候适应的适用性去诠释建筑语境原生原真性，本身是对海南传统建筑探析摸索渐进过程。宋代范成大《桂海虞衡志》记载“结茅为屋，状如船覆盆，上为阑以居人，下畜牛畜”。原生原真、多元尚礼、根脉尊宗、质朴致用。以聚落为基础，以建筑为代表，以现实生产生活为呼应，从空间迁移、地源性差别，多民族杂居，从传统文化风习及建筑功能需求，生产力水平与自然的演进等等，揭示天人合一的遗存本体。绵承千年的地域建筑，饱经海洋风雨的磨砺，建筑地域的差异性，在地理分布及空间元素上充分演绎。从建筑创新、创造性转化，适应海洋气候活化的文化传承，是国际旅游岛建筑文化价值的核心要素，是海南建设自由贸易区、中国特色自由贸易港的需要，也是建设世界一流国际旅游目的地文化需要，探讨传统建筑文化，发展蓝色经济，建设智慧海洋。海南岛从“荒僻”走向今天的“繁华”，传统建筑在空间上、时间上，对传统建筑的视觉特征所承载的传统生活方式，以自然、人文、技术三大成因为切入点，发展独特的建筑材料、建筑结构、建筑技术，塑造出海南建筑“原生原真、多元尚礼”的整体形象。从海南建筑宏观上把握，在微观上解析，从山、河、海的角度进行归纳，对传统建筑文化分区、特色及新时代如何传承进行阐释，在形式与功能，文化积淀与传承，地域文化身份认同，顺应自然、尊重自然、利用自然和感悟自然。基于适应气候的情况下创造出适用性的建筑。无论是建筑肌理、人脉根基、舟楫之便、渔歌唱晚，还是标奇揽胜、观海听涛都是灵化巧物、天工匠作，都是对生命长久永恒与生活安裕无虞的渴求与期盼。对传统建筑解析就像法国大师丹纳说过，有什么样的土壤产生什么样的文化。那么今天可以说，有什么样的环境就有什么样的建筑，原始古老的信仰，趋吉避凶，都是天人合一的具体体现。探析传统建筑是一个永恒不止的主题，秉承传统，基于地域环境挖掘传统建筑文化内涵，传承地域精神，展示文化自信，也是本次探索解析传统建筑，活化传统建筑文化，更是立在当下，把握未来的旨意所在。

第一章　绪论

海南岛位于中国最南端，是中国陆地面积最小，海域面积最大的省份，也是最大的经济特区。海南岛，具有得天独厚的地理位置和气候条件，长年气候湿润，雨水充沛，长夏无冬，自然环境优美，素有“东方夏威夷”、“南海上璀璨明珠”的美誉。

海南省辖海口市、三亚市、三沙市、儋州市4个地级市，五指山市、文昌市、琼海市、万宁市、东方市5个县级市，定安县、屯昌县、澄迈县、临高县4个县，白沙黎族自治县、昌江黎族自治县、乐东黎族自治县、陵水黎族自治县、保亭黎族苗族自治县、琼中黎族苗族自治县6个自治县，洋浦经济开发区1个经济开发区。

在历史的长河中，海南从“荒僻”走向世界，多元文化植入、多民族的融合，形成传统建筑文化特有内涵。7000年左右的海南文明史，从远古到现代，不论是黎族先民，还是中原内陆人不畏艰难险阻跨过琼州海峡，踏上海南岛，与海南土著人和衷共济，碰撞适应热带海洋气候，独特的原真原生态与海洋文化活化了海南城镇建筑空间形态，丰富了传统建筑文化。

海南省有着悠久的传统，文物古迹众多，现有国家级文保单位24处，三亚有祖国最南端的孔庙——崖州学宫，临高角灯塔因建筑造型入选世界100大灯塔……具有海洋气候适应性，涵盖中西方文明，世界上少有。具体还包括海瑞墓、美榔双塔、丘浚故居、东坡书院、落笔洞遗址、五公祠、中共琼崖第一次代表大会旧址、儋州故城、蔡家宅、陵水县苏维埃政府旧址、珠崖岭城址、斗柄塔、文昌学宫、琼海关旧址、韩家宅等重要史迹及古建筑等。

在历史长河中，影响海南传统建筑文化的因素众多，在古代生产力水平相对低下的黎苗文化中，生存及生产方式直接受制于自然因素中地理和气候的影响，尤其是热带海洋气候是最主要的影响因素。其次建筑就地取材，因地制宜，因循就势，临海而居，择水而憩，成了必然选择。建筑材料及粗犷的技术是海南适应自然原真性的建筑文化的真实写照。

第一节 海南地域文化与社会发展综述

海南北临琼州海峡与雷州半岛相接，南边和东南在南海中与菲律宾、文莱和马来西亚相邻，西临北部湾与广西壮族自治区和越南相对，东濒南海与台湾省相望。海南岛地形为雪梨形，长轴呈东北至西南向，长300余公里，短轴呈西北至东南向，长约180公里，面积约3.44万平方公里，是仅次于台湾岛的中国第二大岛（图1-1-1）。陆地面积包括海南岛、西沙群岛、中沙群岛、南沙群岛及附近的岛礁面积。

一、海南地理气候及历史沿革

（一）岛屿型地理区位

海南是中国地理独立单元最大的一块热带区域。距今260万年前，海南岛和雷州半岛还连在一起，海南岛地质构造与华南大陆相同，火山活动地壳上升和断陷，演变成琼州海峡，海南岛才与大陆分开形成岛屿。

受琼州海峡天然阻隔的影响，对外交通不便，人口迁移缓慢，文化传播速度相对缓慢等原因，内部自身相对原始、单纯的积累，发展缓慢而特征明晰。随着生产力发展，生产方式和先进思想文化的植入，文化浸润渗透造成的冲击在所难免，文化后期多元化发展，传播速度加快的特点必然形成发展道路的多样化。

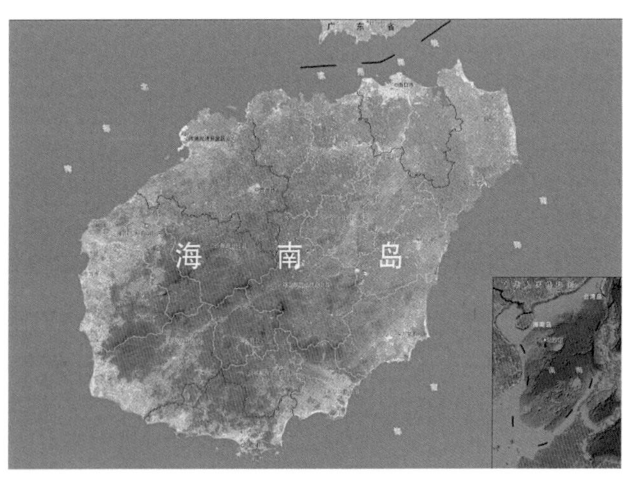

图1-1-1 海南岛地图（来源：海南测绘地理信息局 提供）

（二）金字塔式地貌

地质构造运动引起的海南构造中部隆起，逐渐形成了现在海南岛圈层式阶梯状的地貌特征，中央为山地，由外向内依次呈“平原—丘陵—高山”阶梯式地貌。海南岛1/4的地貌为500米以上的山地，2/3的地貌为100米以上的平原和台地。

海南岛有三大山脉并列，东列为五指山脉，主要山峰有自马岭、五指山、吊罗山、七指岭、马咀岭等；中列为黎母岭山脉，主要山峰有黎母岭、鹦哥岭、猴猕岭、尖峰岭等；西列为雅加大岭山脉，主要山峰有雅加大岭、霸王岭和仙婆岭等。三条山脉气势恢宏、层峦叠嶂、耸立连绵，构成海南岛的骨骼。峰岭之间，河谷和盆地纵横错杂，大海之中的海南岛就如金字塔：山区阶梯地势多级明显，分别呈现300米、500米、800米、1000～1100米和1500米五级台阶。

圈层式阶梯状是海南岛地貌地形特点。中部高地，四周低的圈层结构成为交通的阻碍，中部不易穿越，不利于生产生活，人类活动更倾向于沿四周低地行进，呈圈层式活动空间。岛内水流尤其河流源头源于中部高山，顺应地形向四周辐射形成万泉河、昌化江、南渡江等众多河流，构成海南岛的血脉。早期人类活动方式和空间主要依赖河流形成的水路交通与山地陆路交通。

（三）热带海洋性气候特征

海南岛是中国最具热带海洋气候特色的地方，全年年平均降雨量在1600毫升以上，雨量充沛，干湿季节明显，东湿西干。中部为多雨中心，年降雨量为2000～2400毫升，西部为1000～1200毫升，冬春干旱，夏秋雨多：一般5～10月份降雨量为1500毫升左右，占全年降雨量70%～90%，其他基本为旱季，时间约为6～7个月。降雨量不均，受季节影响明显。热带风暴和台风频繁，气候复杂。海南岛年太阳总辐射量约110～140千卡／平方厘米，年日照时数为1750～2650小时，光照率为50%～60%。年平均气温在23～25摄氏度之间，中部山区较低，西南部较高。全年无冬，全年最冷为1至2月，平均温度最低16摄氏度，极端低温在5摄氏度以上。夏季从3月中旬至11月上旬，其中7至8月为气温最高，平均温度在25~29摄氏度。

海南呈热带海洋性气候，资源丰富，动植物种类多，生物资源生存量也丰富多样，品种繁多。丰富的资源禀赋，为人类活动提供了可靠而变化的活动空间。同时台风及暴雨等恶劣气候时有发生，居民生活也面临挑战。

（四）历史沿革概述

历史上海南岛有三种古称：珠崖、儋耳、琼台。汉代以前，黎族先民百越，氏族原始渔猎农耕文化，开辟了海南历史的先河；西汉在海南开疆立郡，却又视之为“雾露气湿，多毒草虫蛇水土之害”，水土气毒，隔绝障海，为蛮荒之地，自汉始海南孤悬海外五百多年；梁、陈、隋、唐时期，岭南百越族首领冼夫人带领岭南俚人及其子孙跨过琼州海峡在海南繁衍生息，谱写了民族文化融合的历史篇章；唐、宋时期，海南成为大批重臣名士的贬谪流放之地，出现了贬谪和流放文化，大量移民在海南融糅形成了海南“移民文化”。中原文化与海南原始氏族文化相融合，回、苗等民族文化的吸纳，形成既有山地浑厚原真原生，又有海洋宽广、豁达多元，成为中华文化中一支奇葩。

1. 海南设行政建制阶段

汉代设立行政建制。海南从夏、商、周至战国时代，被泛称为扬越之南域，战国为儋耳地。秦始皇统治时期，海南岛属遥领之范围，标为象郡之边徼。汉武帝平定南越后，于公元前110年设置南海九郡，其中包括海南岛的珠崖、儋耳两郡，含16县。从此，海南正式列入中国版图。

唐代改郡为州。海南岛的行政设置自汉初到汉以后屡有调整，汉代以后，以三国、魏晋，到南北朝时期，先后从属过交州、赵州、广州管辖。隋炀帝时，海南岛共设两郡（珠崖郡、临根郡）十县，属扬州。海南简称“琼”系来源于唐代的琼州。唐代改郡为州，设崖州、儋州、振州、万安州、琼州等5个州共22个县，统属岭南道管辖。到宋代，稍有调整，设一州和三个军，琼州领五县，南宁军领3县，万安军领2县，吉阳军领3镇。

明代海南设府。元代基本上沿用宋代行政建制。明代琼州改为府，下辖儋、万安、崖等3个州共10县。清代将雷琼道改为海南道，专辖琼州府。明、清时代，中国政府已明确将西沙群岛和南沙群岛划归琼州府管辖。民国初期，海南废道设公署，后经改行政督察区、特别行政区。

解放后，海南改为行政区，设行政区公署，自汉初在琼崖置郡县到1988年建省，称为海南省。海南建制的演变，历时2098年。

随着朝代变更，海南地名也常有改变，有称“崖州”、“琼州”、“琼崖”。有称“海外”、“南极”、“天涯”、“海角”、“南天”等。宋代时“海南”一名才常有出现，民国之后普遍使用，作为海南地方政区的正式称谓是1951年，称“海南行政公署”，隶属广东省。1988年设立海南省和海南经济特区，简称“琼”。

2. 海南的移民历史

历史上海南岛有史可查的移民总共有九次，其中规模最大的有三次，这些移民给海南带去了内陆的文化、技术等，由此奠定了海南文化。

根据史书记载，早在秦汉时期内地就开始向南越地区移民，东汉末年至魏晋南北朝时期，南越有了相对稳定的社会条件，更多的中原民众开始向这一地区迁移，海南相对偏远的社会环境就是最好的避居地之一，由此形成了海南的第一次大规模的移民高潮。

第二次移民始于隋唐时期，这个时期海南已经有了比较明确的建制，移民在各个州县都有分布。规模最大且持续时间较长的一次是唐朝中叶至唐朝末年，安史之乱迫使北方民族纷纷南迁，一直持续到了五代。自汉末至五代，中原避乱之人，多家于此。海南因为地处偏远地区，移民直到宋代才达到高潮。这一时期的移民人员中有流放边陲的官员，边防驻守军队及其家属，商人和手工业者，还有因交通贸易或被当地豪强劫持而留居的波斯人。也就是从这个时期开始，汉人大批迁居入岛，带来了中原先进的工具、生产技术和文化

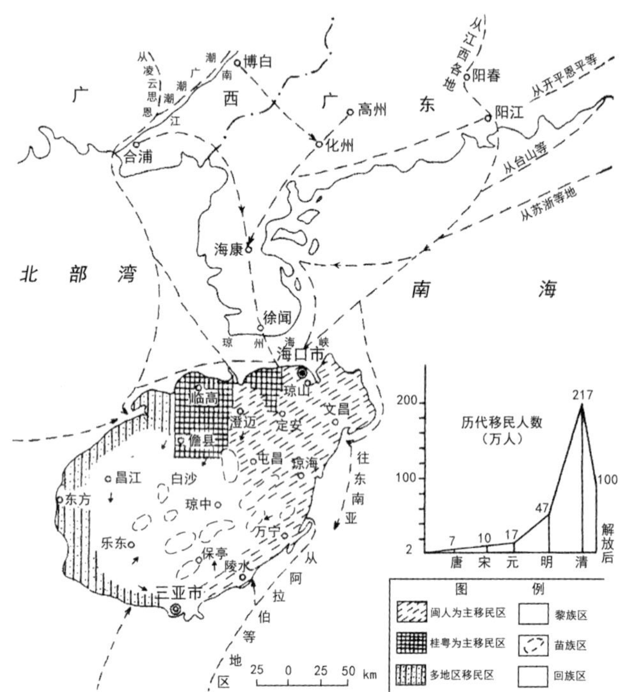

图1-1-2　海南历代移民来源分布图（来源：《海南古村古镇解读》）

知识，再通过与海南本地文化的融合，形成了更为丰富和更具特色的文化，从而改变了海南岛的面貌和文化结构，这其中就包含建筑技术及建筑文化。

第三次大移民发生在明清时期，也是海南文化发展的成熟时期。移民活动的频繁，加快了中原文化、两广岭南文化、闽越文化等的传播。海南岛社会经济发展规模、文化发展的速度大大提升，移民稳定增加。杨卫平等人编著的《海南古村古镇解读》一书中曾述，“至清朝海南岛的建制完整移民更是超过了明朝的4倍多，移民人数达到了217万。”第三次移民大高潮形成（图1-1-2）。

二、海南地域文化论述

海南因其特殊的地理环境，特有的地域文化造就了独特的聚落文化和建筑文化。大海是文化传播的纽带，历史社会变迁、文化传承形成过程中与古南越文化、中原文化、闽越文化在海南交流融汇，其地域文化特征既与两广的岭南文化、中原大陆文化特征有着相似，也因地域环境有所区别。

海南文化主要是汉黎文化的融糅，贬谪文化、宗教文化、中原文化传入，多民族关系文化吸纳磨合，杰出名人文化、科举文化以及移民文化植入等对海南文化的孕育、生成、勃兴和发展的影响，形成海南绚烂多姿的特色文化，包括海洋文化、黎族文化、移民文化、民间文艺与手工艺技术、名胜古迹等有代表性或标志性的特色文化。

（一）海南文化构成

海南文化在发展历程中因其具有独特的海洋气候、历史环境和地理位置，多元融汇形成了有别于其他文化的地域文化。其中，本土文化特色最具代表性的有八个方面。

海洋文化。海南省拥有最大的中国海域面积，有1823公里海岸线，海南人民以岛为家，朝夕与海相伴，与海共生。传统的生产生活形成特有的海洋经济，创造区域内的海洋文化。海南的海洋文化，属于中国海洋文化的重要组成部分，是缘于南海而生成的区域性文化。海南多年发展蓝色经济，打造智慧海洋。海南海洋文化更具外向性、包容性和开拓进取性。亘古以来海洋文化都是中华文化的重要组成部分和渊源。

黎族文化。三千多年前，百越后裔，后来被称为“黎”的族群最先来到海南岛。黎族在与自然环境共处的生存中逐渐认识和掌握自然规律，顺应自然环境。黎族始终保持其对自然的独特理解，以一种敬畏、谦逊的姿态寻求自然的恩赐。黎族个体小家庭以及青年男女寮房的生活方式表现出黎人的自由不羁，礼仪单纯。刀耕火种自给自足的生活方式需要相互帮助，民风自然古朴。黎族文化表现出对外以封闭保守，对内则以开放、自由为特征。

汉族文化。汉族带来的中原文化最终在海南获得了主流地位。历史上海南的汉文化是通过历代的移民，如官吏、流放者、经商者。他们带来了汉文化的制度、典籍、生产方式、生活习惯以及文化心理。汉文化之所以在海南岛成为主流文化，一是由于秦汉以来内陆汉人不断迁入本岛，逐渐成为岛上的主要居民。二是历朝被贬谪进入海南的文人的推动作用，尤其是唐宋时期，内陆许多著名文人、官吏被贬谪或流放到本岛来，他们在岛上以各种不同的方式传播中原文化。汉族文化虽然在岛内取得主流地位，但也表现出异于中原的特点。其一，由于海南地处边陲，与内陆隔海相望，外来文化传入海南在时间上都要比其他地区来得慢，晚得多，从而形成了海南文化与外来文化的在空间上时间上的差异性，正因如此，海南文化总是受到传播方式和速度影响，呈现落后的姿态和自卑感烙印，其对外来先进文化的仰慕，对知识的企盼、渴求心理是不言而喻的。这无形中本能造成了一种自发的文化开放心态。其二，由于传播的方式和媒介的限制，传入海南的大都是表层文化，属于社会意识范畴成体系的深层文化不多，以汉族为主的中原文化也表现出不完整、不系统。移民是外来文化传入海南的主要方式，汉族移民迁入海南主要是商贾、难民、戍边兵丁以及受贬谪的朝廷官吏，前三种人不仅文化不高，还成为文化的主要传播者和后来海南文化的主体。他们只能机械照搬部分物质文化和生活方式，潜移默化地同化黎族文化。后来进入的贬谪名人虽然带来汉族文化的精华，但毕竟呈现星点零散，难以形成全面系统的岛民教化。

移民文化。在漫长的海南移民历史长河中，由于政治、军事等各种原因，海南多次移民源自不同地区，跨过琼州海峡的各移民族群部分保留了原住地的传统习俗，又融入当地社会形成多元化的地域人文景观，出现具有地域特色的多种方言现象。海南的文化源自内陆，其与其他地域文化最大的区别在于它的开放包容性，不是以本土文化为主，而是以中原汉文化为主。

贬谪文化。海南自古被称为荒僻蛮荒之地，隔绝障海，为朝廷被贬官员理想流放之地，这些被贬官员所带来的文化和思想甚至农耕种植技术对海南经济和文化发展，改善生产生活方式起了重要的作用。海口五公祠为祭奠唐朝名相李德裕、宋朝名相李纲、李光、赵鼎、名臣胡诠等被贬官员而建。他们兴修地方公益事业、传播中原文化和培养人才，设书院，推动了海南科举文化、儒道文化的发展。贬谪文化带来了海南“重道轻儒”的思想，贬官常常因为是“谏言不露”、“派系斗争”的结果，渐渐地产生了海南文化中“从道不从君”、“安贫乐道”的乐观文化主流。

贬谪名人身处蛮荒之地，使他们有机会接触基层，和各族人民朝夕相处，把他们在中原所具有的先进文化传播给了当地人民的同时，也促进了民族的融合，大大缩小了海南边疆文化与中原文化之间的差异性。到明朝时，海南岛更是人才辈出，先后涌现了如海瑞、丘浚、薛远、邢宥、汪浩然、廖纪、胡濂、唐胄、钟芳、梁云龙、王弘诲等海南籍名人志士。

海岛文化。海南是一个相对独立的岛屿地理单元，有着明显的边界划分。在交通落后的古代，海南与中原极少沟通。封闭、独特的热带自然气候构成了海南独特的热带海洋岛屿文化。这里有丰富的海洋资源和森林资源，宽松的生活空间造就了海南人因循守旧、安贫乐道的传统岛民心态。封闭的自然环境，少有战争及天灾人祸，从容闲适融入海南文化之中。然而，海南又多有“台风之虞”，古代落后的生产力水平之下，给老百姓的生活带来诸多不便，所以海南人对自然和神灵的敬畏，形成特有的文化特征：一方面勤劳、朴实、勇于冒险；另一方面敬畏思想不得不求助于神灵和超自然力的保护。

宗族文化。海南宗族讲求血脉渊源，根祖同源的严格尊崇关系。同样是海岛文化，英国是理性，日本是神道，海南是至尊至善，效法祖先，根脉尊宗。祖先崇拜成为海南文化的精神支柱和文化灵魂。祖先文化因汉移民的原因而明显呈现出宗族化特点。海南是一个移民的岛屿，大批移民都是同姓同宗聚族而居，形成血缘性聚落，不知不觉在祖先的关系中确立了自己的地位；由于距离政治中心较远，农业自给自足，低下的生产方式，落后的文化生活，不太重视国家关系，缺乏天下意识，礼制文化缺乏君臣思想，宗族文化中祖先至上为海南的社会文化信仰的基础。

祖先崇拜的文化成为海南礼制文化中的一个重要特色，历史文化村镇的宗祠文化在海南尤为突出。内陆的宗祠文化一般在名门望族中尤为突显，高门大姓与家族的地位和威严有关，并希望世代相传；而海南基本与政治无关，大多源于对祖先的崇拜。宗祠成为历史文化村镇的中心，是维护某种社会地位的精神公共财产；宗祠中有历史渊源、祖训、家谱等，维系家族的凝聚力，让族人更加团结。

民居亦表现出海南文化祖先至上的礼制文化特点。尤其是堂屋尺寸较宽，在民居中主体中心位置突出。堂屋分为两部分，中间为客厅，客厅里设有三殿堂即中堂，供奉祖先神位。主要为祭祀、年令节庆、生辰忌日的举行仪式；喜忧婚丧也都在这里举行仪式。堂屋也是出嫁了的女儿回娘家约定俗成拜见父母的地方。民居严格礼制秩序，前堂住晚辈，两边厢房住佣人，按照长幼尊卑后寝向阳的次间地位最高，只有男主人才能入住，再按长子、次子尊卑有序地排列。内陆多元文化背景下的礼制文化空间，四合院堂屋多祭奉神灵等；海南堂屋祭奉的就是祖先，体现海南根祖文化中祖先的绝对地位。

“海南的民居建筑绝大多数是采用纵轴线布局，对于人丁兴旺的家族而言，一般以直系为在同一轴线纵列布局，强调根脉尊宗的宗法观念。这种观念与迁徙入海南汉民族的移民文化影响有着密切关系。”[①] 对于有钱的大家族的宅第，往往采用多纵轴线的纵深布局，每轴线上分隔成几个单独的院落，供若干个小家庭居住，在总体上是由相对封闭的院落组合，而在单体上又是开敞的。

侨乡文化。侨乡文化是海南近代文化的一个最重要特色。清末由于生活压力和经商贸易等原因，移居境外的海南人增至数百万；在故园家国情结的推动下，这些华侨、华人寻根故里、回报家乡，同时也引进了南洋文化。其最主要体现在骑楼和近代汉民居等方面。

海南骑楼是秉承传统、中西合璧的建筑艺术，也体现了人文历史和民俗风情造诣的价值形态。如海口骑楼街特色鲜明、浑然一体；文昌文城骑楼街纹饰柔美、风格优雅；儋州中和镇骑楼街的装饰华丽、挺拔伟岸；海南骑楼建筑风格样式皆为中西合璧，有女儿墙开防风洞口的南洋风格，有强调垂直向上和拱形窗的哥特式，有券柱和卷纹装饰的罗马式，也有女儿墙曲线和山花植物纹装饰的巴洛克式，亦有实用简洁、强调功能的现代式。

海南拥有商住建筑骑楼街的同时，回乡的侨民建设民居也有侨乡特色。侨乡文化民居多聚于琼东地区，文昌、琼海一带的民居在街道立道的造型上，带回侨乡特色，融合西方文艺复兴时期欧洲古典式、罗马式、巴洛克式、哥特式，再秉承中国传统风格，中西合璧，别具特色。

其中汉族民居为代表的有海口王家大院、郑家大院、何家大院，文昌符氏大宅、韩家老宅，琼海蔡家大宅、卢家大院等，具有一定的南洋建筑风格。韩家老宅为国家级文物保护单位。

（二）海南文化的历史发展进程

海南文化的形成是海南岛开发建设历程沉淀的结晶。黎族跨过琼州海峡最先进入海南岛，火和简易原始的打制石器使用，由原始山穴洞居，围猎捕捞，山野果采集，到有意识群居逐步改善原始生产工具。他们对自然的深度依赖奠定了海南岛文化中的原始气息。至今已发掘的文化遗址证明其足迹踏遍全岛，形成一个遍及全岛的人文布局。

两千多年前，汉族迁徙进入海南岛，中原文化逐渐渗入，并向原始的海南文化渗透。海南社会进入了黎汉文化并存的历史阶段。来琼汉族移民带来了中原的农业文明。由于缺乏文字的黎族人民未能形成完整系统的文化体系，难以抵挡强势汉文化冲击，黎汉文化交融的结果自然使汉文化成为海南岛的主流文化。而历代赴琼任职官吏和被贬来琼官员带来的儒家整体思想成为海南文化的主流。宋元时期的大规模移民，中原文化真正扎根海南，在明朝中期军垦戍边，基本完成本土文化。据《海南岛志》记载，仅南宋时期移居海南的汉人就达十万人左右，大多来自闽南和粤东。至明清时期，以科举为目标，以儒学为核心，中原文化已在海南根深叶茂、开花结果，以朝廷科举来取功名为核心的科举文化因丘浚、海瑞等一大批文人名士为代表遍布全岛。海南文化成为以海南本土化的儒家文化、中原科举文化为主体，以海洋文化为补充的海岛文化。

近代时期，由于交通条件改善，迁徙路线的开通和生存环境需求为下南洋提供可能，海南人开始向东南亚等国家和地区寻找新的发展空间，多民族生产技术、多区域文化生活融入文化互动，内容先进，活力彰显，海南文化吸纳了南洋

① 阎根齐. 海南历史文化大系. 文博卷，海南古代建筑研究［M］. 海口：南方出版社，海南出版社，2008.4.

先进文化，发展了本土文化。

海南文化具有开放性。较其他文化而言，海南文化由于其宽容和不完善，被外来文化的影响和渗透来得更快。在接受中发展，在发展中选择。海南岛文化发展的历程即是海南多元文化体系的形成过程。随着各民族文化在海南岛上的出现，其相互影响，相互渗透，在转化中取舍，在传承中进步，最终形成了涵盖多种文化因素的海南岛文化。

（三）海南文化的特性

海南漫长的海岸线，特殊热带海岛地理环境、多元社会发展历程和多民族民系组成在海岛孕育发展形成了独特的海洋文化，在中华文明海洋文化，古丝绸之路发展史中占有重要的不可忽视的地位。

1. 海南岛屿文化的滞后性

海南岛文化的滞后不仅表现在各种文化传入海南岛的时间较原住地晚，更主要的是表现在各类文化进入海南岛后，经过吸收、沉淀、逐渐成熟的时间更晚。作为一种滞后的文化，其具有两面性：一是由于不同步及传播的片段性而使文化本身处于落后的姿态；二是后发优势的效应。晚熟的文化处于一种不稳定，易变异的状态，尤其是近代的快速发展，海南岛文化的不稳定性尤为突出。这种不稳定性将影响到社会生活的方方面面，包括聚居方式的改变。

2. 汉黎文化的交糅

汉黎文化的交糅发生在多个层面，既有汉族、黎族之间的文化交糅，又有不同来源、不同地域的汉族之间，生黎与熟黎之间，不同黎族支系之间的文化交糅。而最为突出的文化交糅表现为汉黎文化的融合，这种融合以汉黎的主动为特点。海南黎族游耕文化处于原生原始的山野之中，恶劣的自然环境，封闭的自然区域，简陋的生产工具，落后的生产力本能的要求它冲破社会历史对它的束缚，主动地与沿海先进的农耕文化交流，与黎族地区的原生文化相融，这种结合就是海南文化兼容并蓄，择善而从的特有地域性。

3. 文化的包容性

海南文化是由多民族多种文化经过长期的碰撞交融，形成了多元而统一的本土文化。海南不仅华侨约200万人，不同民族不同族群也各有特色，文化风格各不相同。海南多民族原因，仅方言就有12种，其中汉语、黎语、苗语、儋州话、临高话等使用人较多，都在万人以上。

从文化包容性来看，海南文化尽管有着复杂的成份组成，以汉文化为主体，海南文化结构具有零散性、不稳定性的特点。独特的海岛环境为新的文化成份的相互渗透作基底，具有较大可塑性和延展空间。

因此，在海南文化中，既有黎族原始、质朴、率真放达的文化因子，又有讲究儒家礼制秩序、中规中庸的思想成分，还有因循守旧、安贫乐道的保守行为，也具有务实求真、乐于进取的奋斗精神。这些文化行为在海南岛的传统聚落空间和建筑中都可以窥其身影。

（四）中原文化对海南文化的影响

公元前221年，秦始皇统一天下。到了西汉，汉武帝统一南方，设置九郡以治。文化在海南岛的实质是移民文化传播扩散的过程，移民文化不仅受到当时岛上地理环境气候、自然条件因素影响，也受移民素质高低，移民所传播的文化水平、传播内容、传播途径和形式等多方面的影响。海南岛旧有的文化根基赋存在黎族先民进驻时，中原文化相对薄弱时期开始建立，海岛文化是海南文化的基石，中原汉文化是海南文化形成发展的根本。

西汉至南北朝时期，统治阶级文化传播在岛内的设置机构。随着汉族商贾和官兵入岛陆续落籍，战乱和割据，疏于对海南岛的统治。这一时期，流放制度完全形成，“蛮夷”之地的海南是贬官流放之地，形成海南的“贬谪文化”。

宋代，汉族移民多来自湖广、福建等地。明朝是中国封建社会的发展鼎盛时期。疆域吏治都有很好的发展，中原地区所倡导的儒学也遍布海南各地，海南岛全岛兴学设立了很多的书院，海南民居建筑蓬勃发展也是始于这一时期。

同时，中原的宗族制度在随着汉族的迁徙，也逐渐影响着海南，尤其是宗族文化更为引人注目。海南宗族以族长为主导，赋予最大的宗法权力，处理和调解宗族内部事物，如：涉及祠堂、修缮、办学、子嗣继承、老人长辈血脉亲疏赡养等许多方面。海南传统聚落体现了以血缘关系为主体的根脉尊宗的建设思想，主要体现在族权强调，祠堂规模数量，公共环境优势，聚落形制，以家族符号为代表的是否统一，形态追求规整。

（五）闽南文化对海南文化的影响

海南文化不仅受到大陆文化的影响，更有着深厚的土著文化基因，因历史和大陆沉降分隔原因，闽南和海南相互间有着诸多共同文化特质。因此，闽南文化，来自福建的汉人对海南文化有着深远的影响。

海南部分地区史前与闽南属闽南语系，是百越族群的聚居地，延续着根脉同源史前文化，不仅有着相同的语系，大量史籍也证明了两地血脉相连，文脉的相融相通。

海南近代传统民居的形制受闽南传统民居影响，二者建筑形制之间既相近又相异，尤其是传统院落的横屋遗传了闽南传统民居的突出特点。其民居形制基本布局沿用了闽南传统民居建筑的基本做法，如三间张（三开间）、榉头（厢房）、护厝（横屋）、左尊右卑、前厅设塌寿、中间为中堂、门前设水塘等，文化传统、风俗习惯均体现了海南内敞外紧的居住模式，闽南的传统文化风习，传统建筑特点，构造做法，在琼北地区得到很好的传承。

闽南传统民居装饰以灰塑、石雕和木雕见长，既沿袭中国传统建筑对称、严谨、封闭的性格，又不乏华丽活泼、夸张矫饰的特征。其屋顶正脊多以“燕尾脊”著称，半呈弧形曲线向两端吻头起翘成燕尾，流畅的线条，优美的塑形彰显着生气和活力。海南琼北与闽南地区均是以中原文化为主导，原始的百越文化，已少有痕迹。传统工艺都在传统民居中运用，严格讲究对称，住居追求华丽装饰，夸张手法运用，元素相同构形，但形象各异，异彩纷呈。

在闽南地区，建筑结构受中原营造法式影响。闽南传统民居以百越文化为基础，融入百越文化与中原文化的精髓，构架较为常见的做法有：融入外檐“T”形结构墙体和厅堂式构架的插梁坐梁式、穿斗式构架和硬山搁檩造。而海南琼北地区的传统民居结构形式山墙和内墙直接承檩的做法主要受到闽南传统建筑中硬山搁檩和插梁式构架相结合做法的影响。

（六）岭南文化对海南文化的影响

广府文化是两千多年岭南文化的本源，更是中华文明的重要一脉。这体现出移民文化，平民文化，开放兼容、勇于创新、以和为贵和崇尚务实的文化特点。广府文化即是中原楚汉文化南下与岭南地域百越文化交流，形成新的地域文化。广府文化典型体现为粤语方言。方言有不少百越族的音标词语，又保留了较多古汉语成分。广府文化是具有开放性的大众文化，广府文化承袭了岭南文化精髓。广府文化是岭南文化在从陆地文明向海洋文明的过渡中的先进文化代表，显著特征就是具有广府人的开放、进取、务实、乐观向上等精神特质。海南广府文化是百越文化与楚文化交融形成具有海南琼北地区地域特色的文化，既有南洋的开放，又有岭南的严谨。

广府文化民居以镬耳屋为代表，以三开间为主，院落、天井和围廊结合，挡风防火的镬耳屋形制，是南方民居适应湿热气候的典型布局形式。能体现广府文化的“活化石”——莫过于那些林立于乡间村落的镬耳建筑群了。镬耳屋是岭南传统民居的典型代表，以广府风格的民居建筑为主要代表，因其在屋的两边山墙上筑起两个挡风墙像镬耳一样，高耸的山墙可阻止火势蔓延和侵入，具有防火、通风良好性能等特点。山墙挡风引入巷道，巷道气流通过门，窗、院落、天井等连续压差变化流入室内。从正面看两边高耸的墙体呈镬耳形，从侧面看就像一个“凸”字，这在海南也有传播与发展。

岭南古为百越之地，《晋书·地理志下》明确岭南范围是百越族居住的地方，相当于现在的广东、广西全境，以及湖南、江西、越南北部部分地区，东接福建，西连云贵，南临南海，北靠五岭。岭南地理位置离海南岛最近，传统文化底蕴深厚，根基牢固，保存较完整，对海南的文化传播从秦汉之交的南越国到明朝从未断过。海南一直因广东管辖原因，文化划分隶属于岭南文化范畴。岭南文化又因地域差异性划分为客家文化、广府文化与潮汕文化。

岭南建筑主要分为广府建筑、潮汕地区建筑以及客家建筑。建筑手法极其简练、朴素，力求通透、风貌雅淡，气候炎热，风雨常至，通风与阴凉的要求是岭南建筑的共同特点。其一是依据自然条件（包括地理条件和气候特点等），体现出防潮、防晒、防火，通风性能良好等功能特点。其二是大量吸取西方建筑精髓，体现了兼容并蓄的风格。海南琼北地区传统民居与广府传统民居有很多相似之处。海南琼北地区传统民居受岭南建筑文化影响主要是在大的布局关系和细部装饰上都呈现出岭南民居简化的形象（图1-1-3、图1-1-4）。

图1-1-3　文昌市文成镇松树村松树大屋（来源：唐秀飞 摄）

图1-1-4　文昌市会文镇欧村林家宅（来源：唐秀飞 摄）

（七）东南亚文化对海南文化的影响

由于特殊的地理位置，海南文化在秉持地域传统文化主导，同时也传播了东南亚文化的精神和技术，有着浓厚的南洋文化气息。东南亚的马来文化、印度支那文化和被东南亚化的伊斯兰文化均对海南文化的影响最大。

1. 马来文化、印度支那文化与海南黎族文化的交汇

海南黎族族源考古学已经证明中国大陆百越人是黎族的先祖，德国人类学家史图博相关的研究发现，海南黎旅与印度尼西亚的马来族和印度支那次大陆的各民族有着相似文化。海南黎族有五大族群，其中，润黎、赛黎是本岛的土著民族，杞黎、哈黎和美孚黎是由东南亚浮槎北渡移民海南岛而演变形成的，由于来自中国大陆和东南亚的不同人种和民族生活相处，和睦相处之间通婚联姻实现了最后的融合，一个新的聚居群体形成——黎族。

黎族与马来族在很多方面是相同的，如宗教习惯和生活方式，民居、服饰、纹身、发簪、食品以及劳动工具等都发现有诸多相似之处。

黎族族源的多元性质，让农耕文化和海洋文化共生，宗教习惯和生活方式共融，深居五指山腹地的黎族，船形屋及其雅丹公主传说故事诉说黎族与海洋密不可分的关系。原生原真，以自然原生的材料，构造搭建避风挡雨的船形屋，对海的尊重，对自然的敬畏，质朴致用。原住民族的生活方式、文化习俗和价值取向，深深影响后来登岛的移民族群。

2. 伊斯兰文化、印度支那文化与海南回族文化的融合

三亚市位于海南岛最南端，有一个回族族群与中国大陆回族不同，信仰伊斯兰教、说着回辉语，生活方式也与汉族接近，三亚回族具有明显的阿拉伯人种的特征。

伊斯兰教于公元7世纪初的阿拉伯半岛产生，在中国的盛唐时期，传入中国。海南回族从其登上海南岛的线路来看，有来自中国大陆的回族，也有来自东南亚的，受中原文化和南洋文化影响甚深。

据考证，海南回族因登岛路线不同，一支因历史原因由阿拉伯半岛商人和波斯商人带来的伊斯兰文化，还有一支是印支半岛的占婆国（今越南中部）的移民被东南亚化的伊斯兰文化。这使海南的伊斯兰文化有所不同。

海南三亚回族，族人习于经商，市场经营意识较强，其性格豪放开朗，妇女地位明显提高，可以抛头露面。海南的伊斯兰文化明显有着先期被东南亚化的印度教和佛教的烙印，是已经被东南亚化了的文化。

正因为海南岛地处海上丝绸之路中转支点，中外文化交流的要冲，海南文化具有创新性、兼容并蓄的特点。

3. 近代“南洋风”

由于民族迁徙，殖民入侵和宗教传播，东南亚文化同时受到了中原文化、西方殖民国文化、印度文化和佛教文化的影响。而近代东南亚除了泰国，都有被西方国家殖民的历史，殖民入侵经常采用的形式就是宗教，殖民统治主要在思想观念和建筑的表现形式上，废除当地传统的形式，以殖民统治者的思想观念来重新塑造。当地文化风格也被影响着，东南亚的建筑形式，不仅有很强烈的宗教色彩，还有殖民地文化特征，统治者的意识流入渗透，在长达几个世纪的殖民统治期间，以佛教、伊斯兰教、天主教等为主，东南亚的文化生活受到极大的影响。

晚清以后，海南本土文化人不忘家乡，不忘故土，移民海外的海南人（大多是海口、文昌、琼海人）尽管在外拼搏多年，还是会选择回乡建设，造福桑梓。功成名就的海南华侨带回资金、技术，尤其是东南亚地区积累的财富、多年养成的生活习惯、先进技术工艺文化传统、建筑风格都影响了海南的发展。海南南洋风格建筑的形成是华侨吸收东南亚精髓智慧、锐意进取的结果。

东南亚文化对海南传统民居影响主要体现在外部形态和空间秩序上。由于现代建筑设计理念在东南亚地区的广泛传播，华侨回乡荣宗耀祖建造祖屋，多会选择东南亚的建筑材料，聘请设计师设计，带回东南亚的工匠，建造别具一格，用材精致，做工精良，创造具有特色鲜明的南洋风格骑楼和民居。东南亚文化的传播和南洋风格建筑的形成得益于海南本土华侨的聪明、睿智，得益于海南文化根基的薄弱，更得益于海南人纯朴务实，敢为人先，乐观豁达的精神。

海南南洋风格建筑外部形态源于殖民地风格建筑，受佛教、基督教、伊斯兰教等宗教文化元素所影响，其融合了印度文化、中国文化、西洋文化，海南的南洋风格建筑中出现大量的宗教元素，直接显现在外部形态与细部装饰之上，几何图形对称组合、植物图形、吉祥符号等元素组合变化创造出精致复杂的图形。

受东南亚文化影响，南洋建筑丰富的建筑元素为中国传统建筑文化注入了新的活力。

（八）海南文化与其海岛文化

海南的海岛文化主要表现在三个方面：

（1）海岛的原生文化。海南特殊地理位置，湿润的热带海洋气候，在生产力低下，生产方式落后的海南，人们与自然进行斗争的同时，也是与海洋海岛共生过程。质朴致用的生产工具、居住条件，对自身的保护的同时，大多是对自然敬畏，与恶劣的自然环境作斗争的过程，也是为繁衍生息创造有利条件，同时受封闭、保守思想主导，对神灵崇拜，自然是一种原生原始的融合。

（2）海岛包容开放。由于琼州海峡天然阻隔，海南相对封闭，形成长年中央集权统治真空，文化积淀不厚，根基不深，外来文化尤其汉文化在海南快速传播，中原文化在海南根深叶茂，同时随着南洋文化的植入，农耕文化与黎族游耕文化的融糅，形成海南开放包容的特征。海南人有着纯朴勤劳的天性，由于文化积淀薄弱，大多人的生产生活思想简单，自身主导力相对较弱，形成开放包容的海岛文化。

（3）海南文化的质朴。由原始生活方式过渡而来的海南黎人、苗人和迁移入琼的岭南人，由于需求层次不高，对统治集权文化的漠然，语言的障碍，以自给自足的生产生活方式延续着家族、宗族利益，质朴致真。

（九）海南文化与丝绸之路的关系

海南——海上丝绸之路的重要中转地

海南岛海岸线长达1823公里，其得天独厚的地理位置是海洋文化与中原文化的交汇地。自汉代丝绸之路海上通道开通以来，将海南与东南亚、波斯、阿拉伯、印度等地相连接，到了唐宋，海南岛作为“南海咽喉”一直是大量番舶客商停歇、休憩、交易、经商的理想场所。

1. 秦汉时期的西线——“徐闻、合浦南海道”

秦始皇统一六国后于始皇帝三十三年（前214年）在岭南设南海郡，辖海南，进入南海，广东的徐闻、广西的合浦开始兴建港口。至汉武帝时，才开始遣官船从徐闻、合浦港入海，后人便将汉武帝时期开辟的这条航线视作为海上丝绸之路形成的标志，称为“徐闻、合浦南海道”。

由于导航设备和技术落后，续航能力、沿线补给难以满足需求，当时航船补给、航行线路不得不沿着海南北部琼州海峡和北部湾港口梯航停靠。海南岛北部和西部的港口在海上丝绸之路这条航线上就起到了十分重要的停靠和补给作用。

2. 唐宋之后的东线——“广州通海夷道”

唐贞元年间（785~805年），因经济商贸发展，海上丝绸之路航线又开通了通往印度洋和东非沿岸东部新航线，从广州出发，沿着海南岛东部，经西沙群岛北礁，到达印度洋和东非沿岸的东部。“广州通海夷道”东线的形成标志着海南岛航段的海上丝绸之路侧重点和航程变化，东线主要以商贸为主，西线以官方运输为主，大大缩短了途径徐闻、合浦，环绕北部湾行驶的弯曲路线。

航线东移加强海南岛同世界更大范围交流，拓展海南人的思维，开阔海南人的视野。航线东移的同时，西部航线并未完全荒弃。西部航线交互作用，对人口迁移及文化交流，商贸往来发生重要的牵引和主导作用。拉近海南与世界，尤其是欧洲、东南亚和东非的距离，在文化交往过程中，宗教文化的传播也是不可忽视的。

古代海上丝绸之路主要国际航线：

- 广州或泉州—海南—东南亚（输出是粤、闽、浙等地出产的瓷器、铜钱等，从东南亚输入的主要是珍珠、香粉等）
- 海南（输出本地产沉香、黑糖、玳瑁等）—厦门—福州—宁波（载当地产瓷器、丝、布等）—日本长崎（从日本输入棉纱和棉制品等）

海南岛自秦汉以来，作为大陆与南海及海外联系的必经之路，一直是海上丝绸之路。

从空间上看，东西融合。整个海南岛的沿海地区因东线和西线航线的互动融合，港口航运都与海上丝绸之路关系密切。秦汉时期海南岛西线主通道处于优势地位，唐宋时期航线逐渐东移，海南东部沿海地区活力凸显，西部航线尽管弱化，但仍在发挥作用，在海上丝绸之路继续承担着联络作用。考古人员在海南西部昌江的棋子湾等海滩，发现历史上沉落在海里的瓷器残片，进一步印证了海南西部地区与海上丝绸之路之间的繁盛过往密切贸易联系往来。

从关系上看，中西文化互通。海上丝绸之路开通，海南岛与东南亚、印度、欧洲等在商业文化上往来繁荣，实现了商贸交易上的进出口，人员往来不分籍别，穆斯林海外移民的人员往来，中西互通，多向流动，友好互利。

第二节　海南传统建筑文化概述

一、海南传统建筑文化的起源与发展

（一）海南传统建筑文化的起源

海南的历史发展过程中始终存在两条线索。一是内聚外延的滚动式发展，二是外来文化植入的拉动式发展。

海南岛交通困难，文化传播、技术交流受阻，社会经济、文化发展程度相对滞后于大陆。长时间相对封闭的环境下，岛内民众自给自足，自然内部聚集，由原始社会逐步积累形成的生产方式、生活习俗、文化传统，建筑居住方式等地域特征明

显，是一种内在聚集一定程度后外展的滚动式发展。

在漫长的历史发展过程中，贬谪官员、流放人员、军屯戍边等大量各类人群的迁入，为海南岛注入了新的活力，强势的汉文化和技术输入对海南岛原生的本土生产技术、社会发展起了巨大的拉动作用。海南文化也是多民族移民文化在历史时期中长期与海南本土文化“共生共荣”，并在岛域内有机融合、渗透的海洋文化，海南传统建筑文化必然受到海南岛热带海洋气候地域传统的浸染。以礼制建筑、南洋文化、宗族聚居、船形屋为代表的建筑彰显海南建筑文化的多元植入，秩序严谨，礼制严格，血脉传承，衍射了海南传统建筑文化的多元特征。

100万年前的海南岛罕有人至。考古发现最早居住在海南岛的是三亚落笔峰下落笔洞人，但其繁衍历史尚未明确。其后发现黎族居住遗址，借用黎族丹雅公主传说和古代文字记载，黎族源于中国骆越人，大部移民是由百越族及南来民族迁徙而来。黎族是最早在海南岛上开疆垦荒、生息繁衍的民族，黎族的原始住宅建筑，随着生产力的发展，环境的变化，是黎族尊重自然，顺应自然和文化繁衍的结果，经历了从“巢居”、“干阑”到“地居”的整个建筑发展演变过程。建筑是体现民族地域特色文化的凝固载体，建筑文化作为社会文化的组成部分，记载着一定民族时期特有地域观念、价值取向、审美情趣，体现地域民族的性格和心理特征，对文化的追求。

黎族简陋的居住条件，大都有着一定的规律性，黎族村寨的地理位置一般都近水流小溪、拥山抱水。黎族民居建筑发展有着历史原因，更有自身规律。从平原、滨海到山区的艰辛，表达了黎族同胞因势利导、因地制宜，质朴适用，积极进取的文化心态，对建筑文化、生活理想的追求。

海南传统建筑文化的起源来自黎族，以船形屋等原始住宅为代表，宋代范成大的《桂海虞横志》里就记载有称黎族“结茅为屋，状如覆盆，上为阑以居人，下畜牛琴。”宋代赵汝适《诸蕃志》的“海南”条中云：黎族“屋宇以竹为棚，下居牲畜，人处其上。”在分析黎族船形屋时，从古文献记载可以看出黎族住宅建筑是利用架空防潮，以趋利避害为出发点，为适应海洋潮热气候，转变对地形气候的运用与利用。船形屋是黎族聚居现存最传统的建筑形式，也是南方普遍的“干阑式”建筑的一种，黎族先民选择“干阑式”建筑作为主要居住方式。

对黎族的“巢居”和“干阑”建筑，在古代文献里早有记载。黎族“巢居”、“干阑”到“地居”是海南传统建筑的起源，迁居退避的曲折，艰辛的生存繁衍，融入汉、苗、回等民族文化，成为海南岛独树一帜、绚丽夺目的建筑文化，随着栖居地需求的变化而不断发展。

（二）海南传统建筑文化的发展

1. 史前时期：传统建筑文化的生成

一万年以前的海南岛土著人群游走生活，没有固定栖居点，以狩猎和采摘野果为生。发现年代最早的为三亚落笔峰下落笔洞人，三亚落笔洞遗址地处山地圈边缘，还有东方霸王岭、乐东仙人洞、昌江皇帝洞等先民遗址。这些洞穴基本是借助自然赐予的山洞，处在相对平缓、临水较近的山地圈边缘。不利于先民生息繁衍，对栖息居所产生新的更多栖居需求，勇敢的先民带着新的求生欲望，找寻新的栖居地。大约到新石器时代中期，来自华南古百越族，如“蛮”、“西瓯”、“骆越”等族群也形成了现今黎族的部分先民，他们起初在海边生活停留，由于汉人，苗人占据平原、滨海地区，先民择水而居，先后沿着昌化江、万泉河溯流而上。随着树木的绑扎技术改进，居住建筑具备防风、防潮、防倾覆的功能，“干阑屋”居住形式在海南岛台地区域出现。

黎族居住方式与人类最初居住方式相似，史前时期海南岛原始建筑文化以黎族为主，原始先民的居住建筑形式为穴居，是靠近水源山洞，或自然形成内部有水的山洞，狩猎为生，野果充饥，建筑无意识掩盖洞口，处于一个较为原始的状态。从新石器中期到建立郡县约一千年的漫长的演变，黎族先民从原始的穴居建筑形式，经历从母系氏族公社繁荣时期到父系公社的转变，由于水源问题，栖居的需求变化至汉之前已有一部分居民已经离开山洞，利用简易工具，就近取材，有意识搭盖，建立起“巢居”，结合地形、绑扎方式的出现并逐渐发展到“干阑式”原生原真建筑形式并固定形成。从此，海南岛传统建筑的文化步入新的时期。

2. 秦汉至隋时期：汉族建筑文化的初步进入

秦始皇统一岭南设南海郡时，开始进入南海，舟楫通海，交流互通，汉人向海南移民迁徙。至汉武帝统治时期，中央集权于元封元年（公元前110年）在海南建制，设置儋耳、珠崖二郡和十六县，“环岛列郡县”的格局和海上丝绸之路“徐闻合浦南海道”航线形成。汉人迁入最初是官船和军船运送的官兵，他们主要集中在滨海及江河口，环境较好且易于耕种的地带。此阶段汉族迁居海南岛，黎族先民生产生活开始受到影响。随后，由于汉族官吏的横征暴敛，原先黎族聚居的沿海平原地域逐步被汉族侵入，黎族的隐忍和对汉臣服，由原先人口较密集的北部、西北部向南部、西南部退缩，形成海南最早族群分布为黎在南，汉在北，并开始出现黎族由沿海平原向内地山区退缩迁移的趋势。

汉至隋初，受汉族文化的熏染，汉族建筑多为院落式布局，屋顶建筑为坡屋顶形式，装饰较为简单。

3. 隋唐至宋元时期：黎汉建筑文化分布格局的雏形

隋代在海南岛复置郡县，唐代则重视和完善了环岛建置。岛东北及东南、西北、西南、南部的建置相继设立。拓展前朝未涉及区域，全面打开环岛地带。隋唐是海南古代建筑发展重要的转折时期，一方面，大批贬官的到来给海南传播了中原地区的先进文化，另一方面，由于生产力的大幅提高、航海技术的大发展，使得海南岛与外界的联系也更为紧密。隋唐时期海南岛的聚居区域由于防御耕作的需要，“汉在北，黎在南”的分布格局逐步分化，黎族开始向山地退缩，空间格局转变为“汉在外，黎在内”。黎族居住建筑依然以“干阑”为主，与汉族建筑形态有所不同。黎族建筑文化始终受到汉文化的影响而不断汉化。一部分黎族建筑在接受汉文化的同时，积极融入到汉族建筑中，改变民族传统的船形屋居住方式而采用汉族匠作技术土木砖瓦结构的建筑；另一部分始终坚持黎族特色。传统茅草船形屋，延续至今。而崖州地处沿海地带，以中原建筑文化为主，为典型的汉族建筑。

海南岛虽偏于一隅，唐代宗教，儒学繁盛影响，崖州、儋州、琼州、万安州等各州县所在地均出现礼制建筑和宗教建筑；宋代战乱，移民群体中以文人或商人背景较多，且移民规模较大，宋代移民多从福建迁入，海南到处出现闽人崇拜的“天后宫”、“妈祖庙”等。海南的民居建筑很好地反映了海南的移民文化，福建、广东、浙江以及中原等地的民居形式都可以在海南找到回应，这些民居形式为适应海南的自然气候，也都作出了相应的调整。

4. 明清时期：客家围屋建筑文化的形成

客家人在明朝开始迁入海南岛，而在清代成为移民主体，客家人进入岛内荒地较多的西部地区，这时候出现了客家围屋；到了清代，海南岛传统建筑单体以庭院式布局，三开间为主体，庭院式布局注重空间私密性，围墙围合，结合庭院布局，围屋的两侧或单侧为厢房，也称横屋，主要作为辅助用房。

明清两朝，海南迎来了更大规模的开发建设，海南传统建筑的发展逐步进入了成熟时期。这个时期海南的官式建筑和宗教建筑得到了很好的发展。官署、学宫、佛殿等官署式建筑的建设均有着统一的规制，而民居的建筑营造则更多地体现出海南地域建筑特色。大量的移民漂洋过海而来，把祖居地的建筑风格也带到了海南。

5. 近代时期：南洋骑楼建筑文化的形成

1840年鸦片战争开始的近代时期是海南岛发展风云多变的时代。以民族传统的船形屋为代表的居住方式一直以来受到汉文化的冲击，而采用汉族土木结构的建筑，建筑融入汉族建筑的特点；另一部分始终坚守民族原始原生特色，保持茅草船形屋居住建筑形式，延续至今。

在近代，随着岛内与东南亚之间的文化交流，交流中带来东南亚先进的建造技术和建筑文化，这时期出现了具有东南亚风格的南洋骑楼建筑。南洋骑楼建筑源于殖民地建筑，是在漫长的历史发展进程中积累起来的文化精髓，它秉承传统，蕴含着中西结合的中国建筑艺术文化、南洋文化、儒教文化、佛教文化、海洋文化等诸多文化内涵，注重几何图形、植物图形组合变化，细部装饰和外部形态统一、建筑空间都植入了宗教元素和地域要素，西方现代主义设计方法将原居地文化带到海南，融入海南近代建筑。

（三）海南传统建筑特点

海南发展起步较晚，自唐宋起才开始有规模地开发建设，建筑发展也起步较晚。从人口构成来看，海南人口多移民自中原地区，移民而来的人口自然带来了祖居地的建筑形式，建筑的营造也受到中原地区的影响，尤以广东、福建两地为重。在漫长的历史演化中，海南古代建筑结合地区的特征，以热带海洋季风气候适应的实用性，逐步形成自身的一些特点。

1. 建筑布局适应自然气候特征

中国古建筑的布局遵循一定的规制，讲求齐整、对称、层次和比例，建筑形成的仪式感符合儒家“礼”的要求，建筑形制遵循地位、宗法、生活的要求，海南古建筑的布局也大体遵循这些原则。总体而言，城市以府衙为核心，村落则以宗祠为核心，公共建筑上注重轴线的运用，民居府第注重庭园的围合使用，汉族居住地区的建筑布局上大体遵循中原地区的布局做法，同时，为了适应海南的自然气候环境，也呈现出自身的一些特点。

初进海南的汉人多为官吏，衙门、庙宇、居室都以规整、对称、围合为特点。宋元以后，经商的增多，要求有较宽敞的堆放货物，辟作手工作坊的地方，院落建筑逐渐流行，不断适应海南的自然气候要求，形成海南建筑的地方风光。

纵向多进合院式的建筑布局在海南古建筑中应用较广，这种建筑布局善于利用院落、厅堂、巷道以及坡顶屋面构成通风和防风系统。在建筑的朝向选择上，海南古代建筑并不特意遵循南北朝向，多因地制宜，随形就势，其中朝北的建筑为数不少，对建筑的北向并不十分避讳。

在建筑的组织上，组合形成小院，这些小院的基本型在海南各地略有不同。小院内空地以庭为主，注重宅旁绿化的组织，若干个小院组织成建筑聚落。建筑聚落排列规整，轴向感强，形成纵向的多层次布局，充分利用海南夏季西南季风和冬季西北季风，典型如文昌十八行村的梳式布局。与广东、福建沿海地区的梳式布局相比，海南的梳式布局主体建筑面阔较广东、福建等地民居窄，开间数也较少（以三开间的多进式，或者双侧护厝为主），布局上更加强调纵向式的轴向性。

由于台风肆虐，雨水较多，所以海南的传统聚落中也注意对防风林和水塘的布置，民间称为风水林及风水塘。总的来说，汉族民居建筑在这些布局上的处理都是对海南所处的地理位置和自然气候条件的一种适应。

黎族地区的建筑以船形屋为主，船形屋有干阑式及落地式两种，干阑式的船形屋又有高脚干阑和低脚干阑之分。干阑式船形屋在平面形式上多为纵向平面，下部开放以利于通风，较少开窗以减少外部太阳辐射。落地式船形屋借鉴了汉族民居中穿斗式或抬梁式的梁架做法，后期又发展出金字屋。黎族的船形屋聚落，空间布局上随形就势，材料选择上就地选材，很好地适应了海南当地的自然气候环境。

2. 建筑营建体现海南当地特色

海南古代建筑传自内陆，建造的工艺手法主要来自广东、福建地区，吸纳外来做法同时也注重实用性，传承的同时发展了海南当地的特色。

建筑的选材上，海南建筑在实际建造中体现出了“因地制宜、五材并举”的特点。内陆地区的汉族民居建筑多为砖木建筑，较少使用石材作为建筑的主体材料，一方面有建筑技术的原因，另一方面也有文化观念的原因，“在汉文化中，石属于死，木属于生，因此陵寝坟墓都用石，宫殿民居皆用木。”海南琼北地区盛产火山岩，利用火山岩特性，防潮防湿以及海风腐蚀，民居营建中大量使用了火山岩。

建筑的装饰上，注重本地植物和民族信仰为主，与岭南地区、闽南地区有所不同，海南民居装饰图案以花草、海浪纹为主，正脊去掉烦琐的形式，山墙面的装饰较岭南地区也大为简化，“三雕三塑”在海南建筑上较为普遍，做法上较为简化。具体在装饰物的选型上，彰显了海南的海洋文化特色，如脊饰中体现大海使用的海浪祥云纹、螭吻兽。海南木雕常用本地动植物代表吉祥的造型，如猴、蝙蝠、杨桃、荔枝、龙眼等，定安张岳崧祖祠中梁上所雕龙虾就颇具海南特色。

建造的具体处理上，海南属热带雨林气候，湿热、多雨，常有热带风暴和台风。为了利于室内通风，一是建筑面宽大，进深小，海南常年风速大，进深浅的建筑有利于组织通风，散热快；二是开口大，海南建筑室内为了纳凉，公共部分的入口开得很大，明间大厅的正门往往开四六门，有些甚至整个开间全敞开，特别是书院、祠堂、寺庙等公共建筑，常常是公共活动部分前廊全敞开，如乐东吉大文民居、海口宣德第等建筑的明间都是整个开间全开门，又如儋州东坡书院的载酒堂、海口的西天庙等建筑的殿堂都是前廊全敞开；三是通透，海南古建民居常用木槅门、趟栊门、透雕隔断、镂空气窗，前廊檐墙顶用镂空花板装饰等处理手法，确保室内通透，通风散热。为了隔热，海南古代建筑在屋面处理上也有地方特色，常用双坡排水，双层板筒瓦石灰砂浆裹垄屋面。这种处理手法，既可达到隔热的效果，又能有效地阻止台风袭击时所引起的雨水倒灌。为了遮阳防热，海南南部地区古民居雨棚很有特色，他们把雨棚做得很大，既遮阳又挡雨，如乐东吉大文民居正厅大门的前廊进深约2.5米左右。为了防湿防潮，海南古建除了保持通透，利用通风除湿外，还注意一些关键部位的处理，如外廊柱一般用石柱，外门用石门槛，建筑普遍用石柱础，山墙上的桁头垫用石垫板，而铺地常用多孔的青（红）砖，有利于吸湿保持干燥。为了防台风袭击，屋面处理颇有地方特色，如筒瓦裹垄，屋面出檐包檐，屋檐瓦加“瓦脚压带”等，在海南南部地区，外廊屋面往往作接檐处理，其目的是确保主体建筑的完整，增强建筑的抗风能力。

建筑平面的开间尺度以一瓦坑为参照，海南当地称一瓦坑为一“路”，每瓦坑约25厘米，另有一种较大的可到27厘米，明间一般取十三至十七“路”，次间一般为十一至十五“路”，“路”的取值一般以奇数为主，个别地区也有以半“路”为计数的。建筑明间一般比次间宽两路，如明间为十五路的（以一路25厘米计，约3.75米），次间为十三路（3.25米）。建筑的进深以桁数的架数来控制，常用的架数有七架、九架、十一架等，桁架间距一般在60～80厘米之间，总进深约6～8米。建筑的高度则以坡顶处的脊梁高度来控制，高度的取法一般有一丈一尺一寸、一丈二尺一寸、一丈三尺一寸，尾数均为单数。

3. 建筑文化反映多元、务实、开放

移民文化和海洋文化是影响海南文化发展的重要组成部分，就建筑文化的发展而言，总体上也受到了移民文化和海洋文化的影响，具体而言又反映在多元、务实、开放三个侧面。

海南的建筑发展是伴随着移民的进入而展开的，从山区的少数民族聚落到沿海平原的城池，从船形屋到砖石木作，海南建筑发展很大程度上反映了这种多元的特征。

唐代开始，封建统治王朝对海南日益重视，航海技术的发展，使得福建、广东沿海居民可以坐船出海谋生，这个时期开始有不少两广福建一带的移民，辗转落户于海南岛。到明万历年间，福建闽南人移民带来原住民生活方式和建造技术，给海南带来了福建的闽南建筑风格。海南岛的东部及北部的传统民居受中原汉族文化及闽南三开间的影响喜用红砖，三开间的一厅四房或一厅两房，与闽南平面形式中常见纵向多进式和横向护厝式，砌清水砖墙，中原汉文化“排三”都有相同回应。

广东民居的典型平面如“三间两廊”、“四点金”、“三座落”等，北方地区、江浙、广西等地的建筑居住形式，也都在海南汉族人聚居区看到相同相似的形制，这与海南的移民历史有着密切的联系。海南也是著名的侨乡，海南人很早就有外出闯荡的传统，从东南亚返乡建房的侨民们，

也带来了东南亚风格的建筑。琼海留客村陈宅，虽然立面风格带有东南亚特征，但是平面处理上则类似浙江一带的“十三间头”。

讲求务实是海南建筑文化中一个非常重要的特点。海南地处热带，建筑设计要求以防太阳辐射、防台风及排热降温为主，海南的古代建筑针对这些特点做了很多的适应性设计。这种建筑的务实性在岭南建筑中也得到了较多体现，也符合海南作为岭南文化区一个独立地理单元的普遍认识。

纵观海南古代建筑发展的各个历史时期，海南建筑发展是一个动态开放的过程，海南人民都广泛地学习吸纳外部优秀的建筑营造技艺，不断地改良完善自身技术做法。黎族地区的群众吸收了汉族地区的梁架架构，汉族地区的建筑借鉴了闽南沿海一带的建筑平面，又吸收了岭南地区的“三雕三塑”的做法，鸦片战争后西式殖民风格建筑的传入、东南亚南洋骑楼的营建，都是海南建筑不断开放学习的具体例证。

二、海南传统建筑的分布与组成

（一）海南传统民居

海南是我国最为年轻的省份，建省以前的海南经济发展，建筑的发展相对内陆落后，海南传统民居按地理位置环境可分为：琼北民居、琼南民居、琼西民居、琼中南民居；类型分为11种：火山石民居、多进合院、南洋风格民居、南洋风格骑楼、疍家渔排、崖州合院、儋州客家围屋、军屯民居、船形屋、金字屋和吊脚楼等类型。

1. 琼北传统民居

琼北传统民居是海南北部地区传统民居类型的总称，主要包括：火山石民居、多进合院民居、南洋风格民居、南洋风格骑楼等。

①火山石民居

海南火山石传统民居是指海南火山口（海口石山火山群世界地质公园）周边地区的民居，主要分布在定安县、澄迈县北部、海口西南部羊山地区等。琼北多火山，尤其是火山喷发后形成火山石，多气泡，坚固性好，耐腐蚀性强，是居民建房砌墙的上好材料。由于火山石具有吸热、防噪和散热的良好物理特性。海南夏季炎热，日照时间长，选用火山石建造是改善居住条件的理想材料。

从明代开始，海南火山石传统民居因能就近取材，具备冬暖秋凉的材性，因其地域性，适用性强，一直沿用至今，并长期沿用窄开间、长进深平面布局。这种平面布局类似于骑楼风格的民居，较窄的面宽受到日晒，房屋承受太阳的暴晒面积减少，民居内部空间始终保持凉爽的居住环境，不是独栋的采光性略差，火山民居是利用自然、相得益彰的有效建筑形式（图1-2-1）。

②多进合院民居

海南多进合院由正屋、横屋、路门、院墙等几个基本要素组成，典型的整体布局是围合的院落，为家庭族群活动提供空间，建筑有高低和前后，轴线对称，讲求宗族严格的等级观念和中轴线对称的建筑空间布局特征（图1-2-2）。海南多进合院主要分布在海口、文昌、琼海、定安、澄迈等境内，无论是在空间布局、整体平面、结构类型、装饰文化、营建工艺等建筑要素，还是在建筑形式的创造都展现出精湛水平、技艺高超，对研究海南琼北传统民居有极高的历史价值。其中分布较为集中的地区有文昌和海口的自然村落中，海口市包道村的侯家大院是其多进合院传统民居的典型代

图1-2-1 火山石民居（来源：唐秀飞 摄）

图1-2-2　多进合院民居（来源：唐秀飞 摄）

表，也是琼北民居中的巅峰之作。

③南洋风格民居

海南华侨回乡建造中西建筑形式相结合的南洋风格民居，南洋风格建筑有着一种视觉冲击力，时代感强，讲求装饰变化，运用新材料，尤其是拱券技术的应用以及阳台栏板装饰的变化。建筑整体效果稳定、厚重，融合中国传统建筑元素，其成熟的建造技术形成新的南洋建筑时代风格。

除了西方拱券技术的使用外，海南当地的地域传统文化和中原建筑汉文化的融合在建筑中得以充分的体现，如传统建筑的栏板精致木雕、小品雕塑、檐部女儿墙栏板镂空文化元素等雕刻展现民间祈求风调雨顺、吉星高照、子女升学等良好心愿，也都体现在建筑装饰中，是一种多元融合的建筑设计观，较为典型的有琼北符家大院（松树大屋）（图1-2-3）。

④南洋风格骑楼

南洋风格的骑楼主要是临街一层做带柱走廊，为行人提供防晒避雨，风雨无忧的步行空间，为满足商业的要求，并兼做居住的一种丰富建筑立面的商住建筑。骑楼最大的亮点是有一层带柱走廊，二层及以上部分处出挑，立面上建筑骑跨人行道，临街连续公共步行空间不仅丰富街景，也是较早吸引人流，讲究公共交往的商业模式建筑。

海南骑楼建筑见证了海南商业的繁荣和人口迁移，主要分布在琼北地区的海口、文昌和琼海，保存较为完好的有海口骑楼老街区和文昌铺前镇胜利街，布局集中，存量较大，风貌独特，具有很高的研究价值（图1-2-4）。

2. 琼南传统民居

琼南传统民居主要是指位于海南南部的疍家渔排和崖州合院两种为代表的传统民居类型。

①疍家渔排

疍家渔排是海南疍家世代以舟楫为家，视水如陆，浮生江海，后上岸临海水上栖居的重要建筑形式，兼顾了渔船和疍家棚的优点，是疍家人择水而居，与海共生的典型民居形式。渔排除满足居住外，还兼顾养殖功能。生产方式、生产力水平的改善，极大丰富了疍家的生产生活，也为疍家人水上交往提供了方便空间，有着避风、趋吉避害、笃信自然山水海神思想。海南疍家渔排主要分布在三

图1-2-3 南洋风格民居（来源：唐秀飞 摄）

图1-2-4 海口南洋风格骑楼（来源：唐秀飞 摄）

图1-2-5 疍家渔排（来源：费立荣 摄）

亚、陵水等港湾海汊内，陵水新村港内的疍家渔排为典型代表（图1-2-5）。

②崖州合院

崖州合院可以说是琼南沿海地区汉族为适应海洋气候，解决建筑木材长短做法，采用接檐式改善屋顶排水形成的较为经典的传统民居形式（图1-2-6）。其建筑形式受到闽南和广东，尤其是广东广州迁移地传统民居影响，窗户开启方式讲求变化，以黏土砖砌清水砖墙，开始有采光、通风、透气意识，立面为三段式，中间为合院主入口，传统轴对称布局。屋脊讲求变化，装饰开始运用动物、花鸟鱼来表达对美好生活的向往。主要分布在三亚至乐东区域，目前现存较为完整的有乐东黄流镇的陈运彬祖宅和九所孟儒定旧宅。

3. 琼西传统民居

琼西传统民居位于海南西部地区，主要包括儋州客家围屋和军屯民居两种类型。

①客家围屋

儋州客家围屋是海南客家人家族聚居的一种较为典型的传统民居形式。海南客家人是中原汉人迁徙而来，在宋末元初期间，中原汉人躲避战乱南迁海南岛后，定居在海南儋州地区逐渐形成一种特有的家族观念的建筑形式。海南儋州客家围屋有别于海南其他类型的传统民居，以家族聚居是围屋居住的典型特征，以家族为群居，而非单门独户，围屋墙体加厚，砌筑高度较高，具有很好的防御功能。儋州客家围屋保存较为完整，主要分布在儋州南丰镇，海雅林氏围屋较为典型（图1-2-7）。

客家人围屋布局为矩形，而围屋呈弧形围绕正堂展开，这与中原讲求外圆内方是分不开的，且围屋内居住以家族血脉亲疏关系展开，有较强的防御意识，内敛力较强，墙体加厚，山墙较高，高墙大屋。显示主人向往衣食丰足、平安祥和的意愿。

图1-2-6　接檐式崖州合院（来源：费立荣 摄）

图1-2-7　客家围屋（来源：李贤颖 摄）

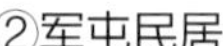

②军屯民居

军屯民居是儋州地域始于汉武帝时期，盛于明朝海疆防御，官兵就近屯垦，生产生活，保家卫国的民居类型，采用围合布局的建筑形式，有严格防御功能，布局方式继承了中原的建筑文化，与海洋文化、地域文化的交融逐渐演变成以屯垦为主，军民融合的军屯文化建筑类型，军屯民居大门朝向中原，体现了军民忠君思想和根祖文化，根系大陆，御外凝内，稳敛固疆，充分展现出海南客家的军屯文化。儋州地区为海南军屯建筑分布的主要区域，最典型的有陈玉金住宅（图1-2-8）。

图1-2-8　军屯民居（来源：郑小雪 摄）

4. 琼中南传统民居

①船形屋

船形屋是黎族传统民居主要居住形式，黎族社会的原始生产方式，刀耕火种，原始公社民族合亩制发展较为缓慢，建筑居住需求低下，建筑材料基本以竹木、茅草、树皮为主。

海南黎人以捕鱼为主要栖居场所，在保留维持生计前提下，发展为船形屋。船形屋为“布隆亭竿”或者“布隆篝峦”，意为“竹架棚房子”。宋代范成大《桂海虞衡志》记载“结茅为屋，状如船覆盆，上为阑以居人，下畜牛畜”。黎族船形屋因茅草和竹木绑扎，架棚子发展为由围合结构的“屋”，常被称是黎族最古老的民居形式，也是黎族适应海洋气候，防御台风，因陋就简，原生天然材质的建筑形式，渔船外形体现了黎族原始自然尊崇思想，也起到减轻风的速度和阻力的作用，也是最具海南特征的传统建筑符号。黎族船形屋的体量不大，平面由居室、前廊和晒台组成，长度约为6米，进深约为4米，高度一般为2.3～3.2米。黎族船形屋因防风防雨的需要只在山墙开窗，檐墙一般不开窗，同时船形屋可通过沿长度方向加长来扩大面积，改善人口增加等居住条件。最为典型的有东方的白查村和俄查村船形屋（图1-2-9）。

②金字屋

金字屋是黎族人受到汉族文化和汉族建筑的启示建造的，这也是汉黎文化交融的结果。海南黎族金字屋在木作技术及建筑构造上，利用坡向排水，减轻风的阻力，坚固适用，就近取材，与自然地形和谐，因地制宜，创造独具地域风格的聚居形式。分布范围主要是海南中西部山区黎汉聚居地，如白沙、琼中、保亭、五指山、乐东以及陵水等地。最具典型代表的是昌江王下乡洪水村的金字屋和五指山初保村的金字屋（图1-2-10）。

③吊脚楼

海南苗族传统民居为吊脚楼的演变过程，也是由于时局的动荡，中原汉人戍边入琼，部分广西苗兵入琼镇守，海南部分迁移苗族人民由驻守屯垦到定居，繁衍生息，文化的交流，居所变化，由沿海沿边退居山里，苗族传统建筑在吸收汉化建筑的同时，兼容并蓄保留苗族地域传统文化。苗族聚落建筑的选址顺应地势，切合地形，因地制宜选在向阳面的山坡或山脊上，讲求光照充足，对地形改造利用，趋利向吉，增加采光、通风功能要求，利用底层架空空间圈养动物，除满足防潮外，还充分利用底层空间放杂物及生产工具。木作建造技术发展采用木柱作承重结构，注重木柱基础，以石作为主。防潮防腐，茅草竹木为辅助用房的屋顶，汉族小青瓦出现，石材、竹木、茅草为主要建筑材料，因绑扎技术的演变，开始出现穿斗式承重结构及木作构造做法。海南吊脚楼，展现独特苗族传统风格的地域特色形式。其在材料改善运用，技术融合创新，空间不同，伐山取材，架空层防腐、防潮、抗风的处理，石砌基础、柱础等运用，提高

图1-2-9 东方白查村船形屋（来源：石乐莲 摄）

图1-2-10 昌江洪水村金字屋（来源：石乐莲 摄）

图1-2-11　吊脚楼（来源：石乐莲 摄）

了适应环境的能力，改善了居住质量。

海南苗族吊脚楼与黎族民居有所不同，表现在建筑内外空间处理上都有所区别，内部空间由主屋及附属空间（灶屋、牲畜棚、厕所、杂物间）组成；外部空间以吊脚楼为主要特征，建筑顺应地形，底层架空。

在建筑结构上，海南苗族吊脚楼采用构造方式为传统的穿斗式，建筑材料遵循就地取材，利用当地已有木材、石材、小青瓦、茅草为建筑材料，建筑的承重结构与围护结构主要采用木料，建筑的基础、柱础则采用石材，建筑的屋面为小青瓦，附属用房覆盖茅草屋顶，在立面上形成了与黎族建筑不一样的艺术效果（图1-2-11）。

（二）海南礼制、科举建筑

“礼”为中国古代封建社会“六艺”之一，由于道德观念和风俗习惯形成的仪节，并集中地反映了符合统治阶级利益和严格等级关系、人伦关系、行为准则等，是封建统治阶级上层建筑的基石，对维系封建统治起着很大的作用。礼制建筑反映统治阶级的思想观念，体现宗法礼制，有严格等级制度及规模大小，尺寸长短，高低主从关系等。礼制建筑不同于宗教建筑，海南礼制建筑主要有先贤的文庙、书院、学堂、武庙，纪念敬奉先祖的宗祠，各地区纪念山神海神的地方神庙。

1. 文庙／学宫

文庙又称孔庙，汉武帝时期罢黜百家，独尊儒术的文化政策，儒学兴起，对教育家孔子的纪念和祭祀，体现尊师重教，尚文崇学。源于古时的祭坛，是后人倡导，朝廷重视设立祭祀孔圣人的建筑；学宫则是兼顾文庙祭祀，增设学堂，一般前庙后学，兴国学和儒学，传道授业解惑释疑。早在西汉时期，官办的有国学和儒学机构，南北朝以后，文庙和学宫得到了统一，在国学和儒学里设庙，也成为一种固定的制度。

除了作为国庙的曲阜孔庙、北京孔庙和曲阜孔府内家庙、衢州家庙这四座孔庙外，全国其他的孔庙都有秉承办学的宗旨，并成为“学宫”。一个地方官办的只有一个儒学，地位正统，又在孔庙内。

孔庙在全国范围内大都作为兴学场地，文化传播中心。海南海口、崖城、临高、澄迈的孔庙，都体现办学教育，因此都称为“学宫”。在孔庙内儒学思想在当地有着至高的正统思想地位，建筑体现科举制度求取功名的思想，严格的礼制，轴线对称和主次关系、人伦关系，均衡对称。

孔子被全世界尊为“永恒的人类导师”。西汉后，儒学被列为我国的正统思想，儒学文化成为了“中国文化的中心”。文庙与其他庭园组群一样成为在中华大地上最具文化特征的礼制建筑，经历从小到大，由阙里到都城，又到地方的过程，是中国古代精神世界的居所。海南现存的孔庙大都始建于宋代和明代，流放官员和名人入琼，汉文化传入，兴起的科举文化，选贤鉴能，由于海南热带海岛气候的缘故，这些文庙都经过大修；比较著名有海口孔庙、文昌文庙、崖城学宫、临高学宫、澄迈学宫大成殿（图1-2-12）。

文庙和学宫受到封建科举制度和中原文化的影响，采用轴线对称，沿纵轴和横轴布局形式，轴线序列纵轴（南北向）通常是：照壁（万仞宫墙）—棂星门—泮池—戟门（大成门）—东西庑—月台—大成殿—明伦堂—尊经阁，侧面有礼门、仪路，横轴（东西向）的附属建筑有文奎楼、聚星阁、节孝祠、忠孝祠、文昌阁，以及儒学署等馆舍与学舍。

2. 书院／学堂

书院由学宫分化而来，学堂则是纯粹的教书育人的场所。学宫是官办的学校，而书院从诞生那一天，就更多赋予了私学的性质。书院通常由当地名人志士或大文豪兴办，比官办的儒家学宫更灵活，更具有魅力和发展前途。

书院的萌芽比学宫早，春秋战国时期，便有了“私门”，到唐朝形成了真正意义的书院，宋代书院的发展进入了鼎盛期，这时的书院已经具备了藏书、教学、祭祀三大功能，全国“四大书院”（岳麓、白鹿、石鼓、应天府）都在宋代形成。

海南的书院也是随着大文豪苏东坡被贬海南而兴盛。苏东坡被贬海南，崇文重教，到明代达到鼎盛时期。海南现存的著名书院有琼州府城琼台书院、琼州府城东坡书院、儋州东坡书院、文昌铺前溪北书院、文昌文城蔚文书院等（图1-2-13）。书院为院落式布局，建筑采用轴线对称，没有采用多进式院落。轴线自北向南依次是大门——泮池——讲堂——正经楼，东西两侧分别为庑廊和生活讲学的房屋。与学宫最大不同是，院落大而阔，是教和学、生活起居的活动空间，以文化传授教化百姓为主的讲堂占有绝对主导地位。

图1-2-12　文昌文庙（来源：唐秀飞 摄）

（a）文昌溪北书院

（b）儋州东坡书院

图1-2-13 书院（来源：唐秀飞 摄）

3. 武庙

武庙亦是中华传统文化建筑中崇文尚武的主要表现形式，一般由官府和富贾商人捐资修建，主要祭祀历代开疆扩土，定国安邦名将，大多只有县城以上建制才有文庙和武庙，比如澄迈老城，文庙居左，武庙居右，老城武庙已毁。武庙在中原汉人是为纪念历代保家卫国，战功卓著的名人名将，如春秋时期孙武、三国时期的关羽、唐朝时期郭子仪、民国时期合祀关羽、岳飞的关岳庙等。海南也有岭南特色的武庙——冼庙，海口永兴街、儋州、海口城西关内的关帝庙（图1-2-14），是海南的一种地方习俗，村寨将一年一度祭神活动称为军坡，也叫公期。把关老爷、冼夫人、海公、妈祖请出，走村串寨，也是对中原先祖的精神寄托。三江下市村关帝庙始建于清光绪十八年（1892年），海南冼夫人韬略高超，文武双全，在南朝梁武帝时恢复对海南岛的管辖，全岛有100多座庙殿都是为纪念经梁、陈、隋三朝岭南重要军事家冼夫人而建。

4. 宗祠

宗祠是始于上古时代，家族处理事务，举行家族内各种重大仪式，供奉祖先和祭祀的场所，是族权与神权的交织中心，是家族辉煌和光鲜传统的象征；是文化、地位、荣衰的代表；是乡村同族联系的纽带。海南的祠堂自古分为两大类。一是各姓氏宗祠，是同姓子孙供奉、纪念祖先的处所，这类祠堂各地较多。二是供奉、纪念前代贤哲名人的祠堂，而这种祠堂又分为三类：专祀名宦贤者，如海口的五公祠、苏公祠、二伏波祠等；专祀在抗御海寇战亡将士英灵的昭应祠；专门祭祀节孝妇女的“节孝祠”。姓氏宗祠是记录同姓族人的辉煌显赫历史，立族规祖训的地方，如海南澄迈八百年罗驿古村的李姓宗祠；清嘉庆二年（1797年）定安定城镇南山村莫式祖祠；建于南宋，毁于20世纪60—70年代“十年动乱”的王氏宗祠；嘉庆八年（1803年）梁氏宗祠（图1-2-15）。

祠堂与公庙有所不同。最大的区别是，姓氏宗祠只纪念和祭拜本宗族祖宗的神主牌或祖像（画像），不祀偶像。祭祀先贤的祠堂更是如此，如五公祠纪念李德裕、李纲、赵鼎、李光、胡诠五位历史名臣；苏公祠是纪念苏轼和其学生姜唐佐而建。

海南人除了在“公期”时节，只要大家喜爱的神灵，认识的神灵，就一起供奉，放在神庙一起举行祭祀活动，不受中原仪式仪规影响。公庙、婆祖庙塑神像一般为泥雕、木雕或石雕，本族祖先的偶像和本境的山海神外，有些庙还供奉认为对本地本族有用的其他保护神像，如灵山、香山、琼崖、定边、通济、班帅等公。旧时公庙、婆庙多是群众求得神灵庇佑，净化心灵的场所，而祠堂则是

（a）海口市荣山村冼夫人庙

（b）儋州中和镇宁济庙

（c）海口市新坡镇冼太夫人纪念馆

图1-2-14 武庙（来源：唐秀飞 摄）

（a）文昌会文镇十八行村林氏祠堂

（b）澄迈罗驿古村李氏宗祠

（c）文昌龙梯符氏祠堂

图1-2-15 宗祠（来源：唐秀飞 摄）

图1-2-16 海口市龙泉镇正顺夫人神庙（来源：唐秀飞 摄）

对后人进行家族家规、先贤祖训、启蒙教育、族祭典庆、文化传播的地方。在海南定安基本是每村有一个祠堂，各家有一个神堂。

5. 神庙

在没有教别之初，人们对自然认识理解由于科学的局限性，对超自然力充满敬畏，奉行天、地自然感召，祈求上天保佑和神灵感应，作为精神寄托，在休养生息的地方，祭祀膜拜由群体自发到逐步具有仪式感，演变成人对场所和对空间的感知，开始出现以各自不同神灵主教意愿为内涵的神庙建筑，海南神庙建筑经历从原始到兴盛过程，但受气候、建造技术、材料制约，规模一般不大，并且受强烈的本民族的意识的浸染，以正殿为主体，塑各自喜爱神灵神像，虔诚膜拜，求得吉祥，保佑子孙，赐福全家。代表有：妈祖庙、文昌七星岭观音庙、表护国圣娘神庙、六神庙、正顺夫人神庙等（图1-2-16）。

（三）海南宗教建筑

宗教建筑经过几千年的发展演变，受宗法伦理观念影响，沉淀了几千年人类封建思想各类记忆，是有灵魂的。相对其他类型建筑的空间而言，宗教建筑空间演变是经过了强大力量的征服感召，在宗教传播的过程中，思想及其建筑也随之宗法伦理观念传播各地，并与各个民族信奉和地域文化建筑相结合，形成了相对固定认同的地域形制。

1. 佛教建筑

世界上宗教建筑因教别不同而风格不同。佛教经由印度传入中国，中国的佛教多采用中轴线布局，佛教建筑受木作工艺的改进，营造法式的进步，与印度的佛教建筑截然不同。中国寺庙深受中国的宗法伦理观念、礼制等级思想的影响，它们庄严雄伟，讲求对轴关系，气势恢宏，讲求天人合一，讲求与自然融合。不由自主地吸收儒、道的思想，具有浓郁、特有的中国佛教建筑特色。

佛教入海南为唐天宝七年（公元748年），鉴真东渡遇阻留海南岛弘法，所存佛教建筑，如南山寺、永庆寺（图1-2-17）。佛教建筑通常由塔、殿和廊院组成。远来谪宦，飘蓬逐客，交通不便，传播不广，但以祈福为主的海南岛，又是“琼岛会群仙”的佳境，受统治阶级文化熏染。中轴线上建筑

图1-2-17 澄迈县永庆寺（来源：唐秀飞 摄）

分别为山门、放生池、钟鼓楼、弥勒殿（韦陀殿）、大雄宝殿、藏经阁、佛堂等，受中原文化影响，风水理念格局明显，院落矩形，四面环绕围墙，院落的东、南、西三面居中开门，门上都建有门楼，建筑群体宏大，斗栱技术的应用和发展，在佛寺建筑上得到极致发挥。在主体建筑的后面和西侧是僧舍等附属建筑。寺墙东西南北四角建角楼，寺庙围墙上有短椽并盖瓦，院墙外挖壕沟环绕，栽种大树。

2. 道教建筑

道教是中华大地土生土长的固有宗教，是华夏民族的根蒂。道教以“道”为最高信仰，以神仙信仰为核心内容，追求自然和谐、幸福安康，是中华民族的精神家园。道教建筑是象征性的神仙住所，是神性通达，向神灵祈求添财增寿、迎吉纳福的地方，以“宫观”命名居多，建筑形式布局多样，严格的风水择址观，建筑与自然和谐，有院、殿、祠、堂、坛、馆、庵、阁、洞、府等称谓。建筑讲求天人感应，天地之间对应关系，同时也对气候、天象、星宿等发展有极大贡献。海南道教为南宗道教，最为有名的有文笔峰玉蟾宫、高山岭高山神宫（图1-2-18）。

3. 伊斯兰教建筑

伊斯兰教创建于公元7世纪初，是世界三大宗教之一，海上丝绸之路和海上交通条件发展，航线开通，在唐代伊斯兰教由西亚传入中国。伊斯兰教建筑代表称为“清真寺”或“礼拜寺”，一般建有召唤信徒用的“邦克楼”或高耸“光塔”，还有为信徒和膜拜者提供净身的浴室。入口多为尖拱门，穹顶结构，建筑装饰纹样多采用《古兰经》经文，蓝色线条、塔尖、植物和几何形图案。

海南的回族与东南亚回族有较强的渊源，受南洋文化影响海南清真寺与内地中式清真寺在建筑上明显不同，受南洋风格影响很大，主要特征有：四周高耸的光塔、入口为葱头形的尖拱门，大殿为半球形的穹隆结构。三亚市凤凰镇有回辉村和回新村，回辉村有四座清真寺，其中清真古寺是海南的第一座清真寺（图1-2-19），回新村有南开清真寺和清真南寺，其中以回辉村清真北大寺规模最大，回新村南开清真寺最具海岛风格。回新村人擅长经商，经济条件较好。

海南伊斯兰教主要分布在三亚市羊栏镇地区，在建筑风格更体现出伊斯兰建筑的卓越装饰艺术与审美。海南伊斯兰教建筑在立面装饰上以其特质为主，但为适应海洋性气候在建筑的整体布局中讲求对称、空间布局上因地制宜，顺应了海南的地域地形及气候。

4. 基督教建筑

基督教堂讲求空间处理，建筑含门窗圆形由拱顶演变而来，表现当时认为宇宙是圆的宇宙观，人置入其中，感召上

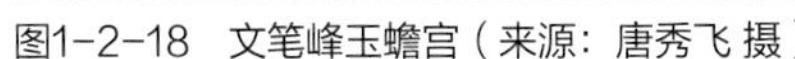

图1-2-18　文笔峰玉蟾宫（来源：唐秀飞 摄）

图1-2-19 清真古寺（来源：费立荣 摄）

图1-2-20 琼海市嘉积基督教建筑（来源：费立荣 摄）

天的召唤。信徒在特有气氛遥对天堂的愿景中的终极目的是忏悔、祈祷，这种力量，就是宗教建筑空间的感召力。基督教由美国长老会派纪路文牧师等于1881年在海南陈氏宗祠建立第一个布道所，在光绪十六年（1890年）传入琼海县传教。海南基督教府城堂于1912年建立，琼海嘉积教堂为海南百年教堂（图1-2-20），1883年福音到嘉积地区，建筑别具特色。

三、海南传统建筑风格特征

（一）海南传统建筑风格分类

海南传统建筑按其风格可分为三类：①本土化原生建筑；②汉式传统建筑；③南洋风格建筑。

1. 本土化原始原生建筑

海南最早的原始原生建筑，源于海南人从水生到陆生，从海边向山地退进的过程：以原始山林为基础，依树积木，人居其上，名曰“干阑”，是其真实写照。先民就近取材，依山就势，顺应地形，以竹木为原料，以藤条绑扎，上覆盖茅草，形成类似船的茅草房“船形屋”，船形屋内不设隔间，日常起居，吃饭、睡觉、做饭都在居室内完成，有单间、两间、三间和庭园。后又发展为金字船形屋和吊脚楼，吊脚楼其特点上层为正屋，由前廊和卧室组成，辅助用房在底层，杂物间内存放牲畜、工具等，可防潮、防腐和防蝼蚁。黎族、苗族民房屋建筑以原始山材竹木茅草为原料，逐步向平原过渡，同时生产力水平的提高，生产工具的改进，竹木绑扎及简单加工技术的改进，汉族建筑工艺的渗透与传入，使其承重结构以竹木作为支撑，以黏土加茅草，竹木加藤条，木板加黏土来提高围护结构（土墙）的坚固性和抗风能力、抗雨水侵蚀能力。也有用葵叶铺盖屋顶的“葵叶屋”。

海南回族建筑为阿拉伯人等来海南定居后形成的，建筑为伊斯兰风格，采用弧形和带拱顶的门窗，每户都有围墙和庭园，多以竹篱相围，外带尖顶的凹形廊。房屋方正规则，正门为阿拉伯的伊斯兰式入门拱顶。

海南疍家渔排记录海南疍家从水生到陆生的过程，依海而建，择水而栖，疍家渔排由飘蓬演变为鱼棚再到简易房屋。前有水口，后为居室，建于水上，舟楫之便，疍家渔民视水如陆，交往穿梭，从自给自足到富余，水中结网圈养等行为都体现出生产水平的提高。生产方式转变，逐步向岸边依势而建，水陆兼顾，趋于舒适的思想，改变适应海洋潮湿气候的方式逐渐形成。

2. 汉式传统建筑

海南大部分地区的建筑，尤其是汉族地区的传统建筑沿袭了中原地区的传统做法，无论是从建筑平面布局、建筑格调、装饰及屋顶形制都受内陆中原文化严格的宗法观念、礼制等级思想影响，强调布局平衡，奉行中庸之道，严守阴阳平衡关系，讲求轴线对称，天圆地方，选址房屋布置伦理观念受传统风水思想影响，讲求背山面水，择水而居，方向追求坐北朝南。海南汉族建筑主要有官式建筑府衙（定安）、书院（琼台书院、东坡书院、溪北书院等）、各姓氏家族宗祠、佛教寺塔、神庙、亭、牌坊等。尤其府衙、官府宗庙建筑，以官衙居中，左祖右社，左钟楼，右鼓楼，以民居环绕其周，外围多为城墙、壕沟。海南从南到北，从山区到沿海形成府城、定城、崖城。海南民居空间以"一厅双开"的平面布局，以敞厅、天井、庭园和室内屏风相结合组成，以家族关系，尊卑亲疏为次序。海南民居建筑一般由正屋、横屋、围墙、门楼式门厅组成，以多进院落为联结方式，分为前院、中院、后院，辅助用房、工具和杂物间一般放在横屋，横屋与正屋一般由廊道（也称吊廊）相连，没有廊道称"合廊"。佛寺建筑如南山寺多是斗栱结构的运用，极大地丰富了木作技术，改善空间尺度，强调屋顶檐口对空间的延伸，承重方式的改善又丰富建筑屋顶形式及檐部做法，更好地改善海南多雨屋面排水的顺畅。

3. 南洋风格建筑

海南由于地理气候的特殊，又是古代海上丝绸之路的重要支点。往来商贾、名宦以及回归海南的华侨，开放的交流文化的碰撞，并受故园家国思想的影响，一部分人落叶归根，带着毕生的成就（知识）和财富回归祖籍地，同时也带来了居住地文化风习，尤其是东南亚建筑风格，一段时间海南南洋欧式风格的骑楼建筑拔地而起，风靡一时。海南南洋骑楼建筑采用欧式风格，外带柱廊，华丽的外装饰，既有对西方建筑风格的运用，又有中国古建筑传统特色。装饰线条、山墙纹式，女儿墙的植物花草、虫鱼、柱头的变化都受到欧洲、印度和阿拉伯文化的影响，建筑欧式风格的巴洛克和正立面金字造型，伊斯兰的尖顶和圆形门窗拱顶运用，中式马头墙山花，花瓶柱栏板，中式雕花及镂空木雕，西化反映海南人的博达、开放、宽厚的性格及乐观进取精神。海口博爱路39号"暗八仙"浮雕，欧式柱下莲花座柱础，有着西为中用，中西合璧的特征。海口骑楼老街集南洋、欧式、伊斯兰、印度、中式等各种传统建筑风格样式，见证了一定时期文化繁荣。海南归侨的南洋风格民居的兴起，为适应琼北地区海洋气候和当地风情民俗，建筑布局上还是传承了传统风水，择址选址布局的观念，尤其是钢筋混凝土结构体系代替砖木结构体系，使一些跨度大的空间结构形成成为可能，一些民居过街连廊建设，基础防水、防潮处理，房屋由单层变为多层，一般两层，并且主次从属关系明显，辅助用房，横屋一般还是单层，主屋、门楼为两层。骑楼建筑主要因沿街道形成的面街而市，连续性的遮挡阳光防雨防晒的风雨廊成为商家的首选，同时也因为各色人群的流动，街道上形成人看人的风景，开放、包容、视线连续为城市、集镇街道的形成增添一处流动的风景画廊。

中西文化融合在海南的县城、城镇，如琼海嘉积、侨乡文城、文昌铺前镇都因街而市。因集市街道而建的骑楼，城镇骑楼街道建筑，南洋风格建筑文化盛行，与北方欧式建筑风格也截然不同，骑楼老街和民居有着海南明显烙印。

（二）典型传统村落建筑

琼山攀丹村：是《正德琼台志》主修，明代知名吏臣唐胄的家乡，故名蕃诞，古属疍民聚居地。攀丹村文化底蕴丰富，人才辈出，文物古迹众多，分为上丹、中丹、下丹。府城东门外青云桥（亦称东门桥）至攀丹村头的明代石牌坊群，有"青云"、"进士"、"会魁"、"省魁"、"联桂"、"联壁"、"天衢"等近10座牌坊，均为当地村民和官府为旌表和纪念唐氏举人、名士和进士所建。累朝兴学，名宦、隐士众多，有唐氏宗祠，"西洲书院"等历史建筑（图1-2-21）。

图1-2-21 唐氏宗祠（来源：唐秀飞 摄）

图1-2-22 海瑞故居（来源：唐秀飞 摄）

琼山金花村古称下田村，是明代名臣丘浚、海瑞的故乡，门生许子伟拜读于丘浚的“藏书石屋”，拜海瑞为师，31岁中进士，该村盛传一里三贤，有海瑞故居、丘浚故居、表贤亭（乡县亭）、乐耕亭有海瑞题诗“海上疑成真世界，人间谁信不神仙”（图1-2-22、图1-2-23）。

始建于明朝正统年间的海口市桂林洋的迈德村，距今560年历史，该村文化底蕴深厚，沉静和古雅，几百年来出自该村的贡生、国学生、太学生有30多人，清朝最后一名解元，曾对颜也是出自该村。曾宪熙故居“明经第”，曾氏宗祠梁架、檐柱保存良好，大量浮雕、透雕工艺精良，精美绝伦（图1-2-24、图1-2-25）。

始建于南宋开禧元年（1205年）的临高国营红华农场透滩村，至今已有800多年的历史，因王佐而闻名，该村有礼魁坊、王佐公祠、慈训堂、透滩石桥、凯旋门、节孝坊等（图1-2-26~图1-2-28）。“钟秀地形山叠叠，斗声滩势水重重”是其真实写照。

定安县龙梅村，明代名臣教育家王弘诲的家乡，故居八角殿，有明万历筹建的王氏宗祠（图1-2-29）。

定安高林村张岳崧“探花及第”故居（图1-2-30），祠堂和规划有序的村落民居，多种文化构成古村文化血脉，有一方水土三代功名的美誉。张岳崧次子张钟彦登进士，四子张钟秀和其孙张熊祥中举人，其孙媳许小韫成为海南五大才女之一。

传统村落大量独特的地域历史记忆、宗族传衍、家风祖

图1-2-23 乐耕亭（来源：唐秀飞 摄）

图1-2-24 曾宪熙故居“明经第”（来源：唐秀飞 摄）

图1-2-25　曾氏宗祠（来源：唐秀飞 摄）

图1-2-26　礼魁坊（来源：唐秀飞 摄）

图1-2-27　凯旋门（来源：费立荣 摄）

图1-2-28　节孝坊（来源：费立荣 摄）

图1-2-29　王弘海故居八角殿（来源：费立荣 摄）

训、俚语方言、乡规民约、生产生活方式、传统文化风习及活化的历史遗存，传统村落、传统建筑是有生命力的，是村庄居民生产生活的场所，承载乡愁，寄托乡思。

四、海南传统建筑形成的影响因素

传统建筑的形成与周围环境有着密切关联，受到地域环境因素如自然环境、经济技术以及人文因素等的影响，而传统建筑自身的形态特征及构成方式能够恰当地表现其所在地

图1-2-30 张岳崧“探花及第”故居（来源：费立荣 摄）

域的环境特征。因此，海南传统建筑与其他地区建筑之间的差别的影响因素有：自然环境因素、经济技术因素以及人文精神因素。

（一）自然环境因素

自然环境主要指地理气候条件和地形地貌特征形态，是人类一切建造活动的基础，不同自然环境生活着不同人群，对聚落空间和建筑的影响也大不相同。不同地域对环境的适应性，产生具有独特风格的地域性建筑，是人适应、顺应自然环境对建造活动趋吉避害的影响的结果。

1. 气候环境

气候因素主要有：降雨量、气温、湿度、风向、风速、地理纬度等。因湿度与温差变化，降雨量大小，热带季风气候对建筑通风，山墙屋顶抗风排水形式、墙体隔热与防潮构造要求有所不同，不同的风速、不同季节风向、日照是确定建筑间距、空间组合布局以及建筑高度、密度的主要依据。气候差异性导致海南建筑由于气流温湿，强调隔热通风防潮防湿，而北方建筑强调保温保湿的原因。

2. 地貌特征

我国地大物博，幅员辽阔，地形地貌特征复杂多变，不同的地形地貌特征产生建筑也是各具特色。海南先人们顺应地形地貌，严格风水布局，注重方位和地形的来龙去脉，强调穴位和聚落群体对应关系。在建筑空间形态上形成高低错落主次分明层次，体现了先人们宗法等级观念传统风水中的“天人合一”的思想和审美。例如海南黎族传统民居表现出对自然的敬畏，对环境的应对经验不断改善居住条件。利用山林，便于就地取材，木作搭盖，依山层层而建，顺应地形的布局特征，既是适应气候地形地貌，也是更好地与自然环境统一（图1-2-31）。

（二）经济技术因素

经济技术因素主要由建筑所需物质和营造的技术组成。经济技术因素对建筑的建造水平和建筑材料的发展和进步在地域建筑的应用方面有着至关重要的作用，建筑的经济性与

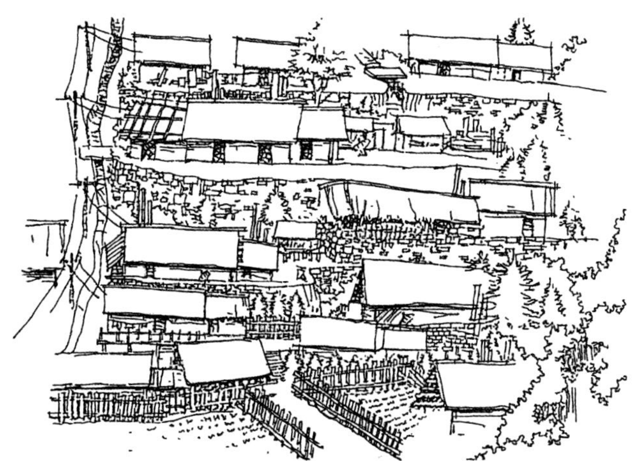
图1-2-31 依山而建的黎族传统民居（来源：唐秀飞 绘）

技术性是建筑营造前提，是首先要考虑的因素。

1. 本土营造方法技术

随着经济技术的快速发展，新的建筑营造方法传播速度逐渐加快，技术也逐步趋同和建筑工业化施工标准化，导致地域性建筑差异逐渐缩小，地域建筑的多样性逐渐减弱。生产力水平地域差异性，对本土建筑的营造方法和技术发展成熟影响度也截然不同。本土技术营造出具有独特风格的地域性建筑，地域建筑运用元素，约定俗成的符号保持地域建筑的多样性、独特性。可见，特有的本土技术沉淀本土建筑元素、地域营造方式是营造本土地域建筑的基本方法和主要手段，也是体现地域特色，塑造本土化建筑的重要途径。

2. 就地就近取材

就地就近取材主要指的是对当地砂石、木料、黏土制作烧制材料的应用，海南受交通阻隔，物资运输困难，就地就近取材做到节省人力物力成本，又能合理运用当地材料特征的经济耐用、原生原真性。就地取材方便了建筑的适用营造，更多的是降低了建造成本，便于地域材料在建筑形式上特色性创造，更能切合当地人的文化风习和使用要求。建筑在地域性内能就地取材，促进当地的加工技术，对自然材料的运用，使建筑更能够与周围的环境和谐融合，良好的适应性使得建筑显得更具活力，更贴近自然。

3. 简陋的原始生态技术

生态技术指以原始乡土的建造技术为基础，对当地自然材料的物理性改造，循环利用，减少对资源的消耗，如竹木、茅草与黏土混合物的黏土墙，木板与土混合挤压的围护结构，而不是采用生化技术对乡土的建造技术进行全面生态的研究与改进，海南人原始生态观，对竹、木、草的应用，对地形气候的理解尊重形成当代地域建筑特有原生态建筑技术。因地制宜，就地取材，顺应自然，遵循气候规律，茅草屋与黏土结合、与木板运用；吊脚楼的空气微循环，石基与居室地板等自然的、简陋的原始生态技术观，体现了人与建筑、自然融合，利用自然回归自然。

（三）人文精神因素

社会人文精神与建筑相伴而生。社会人文精神对建筑的形成与发展具有很大的影响，建筑的建造工艺、装饰水平、外在展示在很大程度上也作用于社会人文精神。建筑特有的归宿感，海南人自古以来“家”的情结让社会人文精神与建筑相辅相成。一定场所，一定地域的先人对建筑的需求不仅仅是物质的。除了经济、地位外，一部分则是来自精神的、心理上的需求。有一种潜意识安全庇护需求，如建筑展现人文属性，也是人们精神需求的满足，同时有些建筑也展示先人对一些图腾、信仰的认知。这也充分表达了人类社会的人文属性。

1. 社会构成

社会构成是由漫长的社会关系逐渐演变而来，其中包括了人类建筑活动的演变。不同的社会构成对建筑集聚、聚落形成具有极大的影响。如移民制度、等级制度、军屯戍边、血缘关系、宗教信仰、宗庙社稷、开疆固土、军事防御为核心的社会构成，都因社会关系不同而形成要求范围不同，其建筑形式也随之不同。特定时期、特定政治和社会认知的不同，也深深影响着地域建筑特色不同。

2. 社会产业

不同的社会产业模式需求产生的建筑也不同。不同的建筑、不同的需求体现着不同的生产方式和生活结构。如以农业生产为主的建筑靠近田园，一般依山、傍水；而以商业或手工业为主的建筑，采用前店后铺或下店上铺，为了便于商业活动，其建筑空间布局较为典型的有骑楼建筑，还有简单作坊与起居等混搭等。社会产业结构的构成复杂性对建筑形式创造，地域建筑特色形成也具有很大的影响。手工业和商业的发展，生产方式的改变也是地域建筑发展的动力。

3. 文化背景

文化背景是指一个地区或民族所具有的长期的文化积淀、价值取向、宗教信仰、风俗民情、历史背景、思维模式、审美心理和世界观的总和。不同的民族、不同的地域由于文化背景的不同，对建筑的理解与营造方式也存在差异。自上古时代始中国的文化主要是礼制文化和农耕文化交融发展，讲究崇尚自然、尊重自然、回归自然，在建筑营造上充分强调宗法伦理观，体现了人、自然、建筑三者的有机融合，强调天、地、人的宇宙思想观，也就是所谓的“天人合一”的生态建筑观。基于统治阶级为利益需要，阶级文化凸显，等级分明，在建筑的营造与处理上极力彰显权力，通过表现建筑的宏伟雄大，昭示皇权至上的思想。

五、海南传统建筑的价值评析

对传统建筑价值的分析，是为了更好地理解海南的历史文化和建筑人文精神，更好地秉承传统，古为今用，从而实现历史传统与现实发展的有机结合，也是为了海南的城市发展更富内涵、更有品位的建筑之路。

传统建筑的价值并不仅仅局限于文化价值，还可从其历史价值、艺术价值及科学技术价值等方面加以阐述。

（一）历史价值

传统建筑就是一本记录了中国几千年文明的史册。

从宏观上看，海南传统建筑无论从形式还是地域特征、民族符号印记都直接反映了各个时期各民族的生产和生活状况，随着经济和生产力水平提升，生活富足和生产关系的改善也带来建筑营造技术的发展。如海南骑楼建筑反映了近代时期的海南人下南洋的经济情况和居住建筑风格状况，还有各种类型的民居的发展和演变，如海口羊山地区的火山石民居是人类为了适应热带海洋性季风气候而建成的，以火山石为代表的火山地区建筑是历史中重要的一环。

从中观上看，传统建筑聚落的形成与发展也与某一族群的兴盛衰荣有着密切关系。海口旧州镇包道村的侯家大院，由包道村的侯氏先人所建，是一座具有100多年历史的海南民居院落，由四进式、三进式正屋和横屋组成，大小房屋有30多间，是海南目前整体保存较为完整，以家族聚居为特征，象征族群凝聚力，具有典型海南民间建筑雕刻特点的古民居建筑群。包道村侯氏大约在明末年间由广东新会来到海南定居，目前宣德第的宅院最早由侯氏迁琼七世祖德熙公修建，时间大约是在清朝乾隆年末、嘉庆年初（1800年前后），距今已有约200多年历史。

从微观上看，传统建筑装饰细腻，构造精巧，记录了每一个家族兴衰甚至家庭起居和文化生活。从建筑传统风水学的选址、布局，受文化等级观念影响建筑及其形制，从大门的宽度，甚至是建筑屋顶、檐口挑出的尺度、山墙的形制、女儿墙、窗棂的装饰、院落的树木花草等窥知他们的生活状况和精神追求。人生中的劳作集市、科举文化、理想追求、精神信仰都在传统建筑上刻下记忆，留下辉煌。

由此可见，没有传统建筑的历史是不完整的，传统建筑的历史文化价值是一定时期内生产力水平的重要见证，需要从传统习俗、传统工艺、精神信仰、价值取向多个角度进行研究和发掘。

（二）科学技术价值

传统建筑从原材料的加工到建筑营建完成的社会生产活动中，集中体现出相应特定时代的社会生产力水平、社会经济状况和科学技术的发展水平，称其为科学技术价值的体现。评价的标准是要参考当时所处历史阶段、生产力发展状况、农耕文明特质等因素，不是以今天科学技术的发展水平去衡量，而是用历史的眼光、民族的政权更迭来衡量其技术的先进性和经济性。

海南的历史建筑却始终受到汉文化的影响。例如海南琼北民居以汉民居三开间的合院式民居，讲求风水格局，强调与自然、气候、地形相融合；再比如典型的琼北村落布局，平面单元大多数是三合院，讲求村落整体方向坐北朝南，少数受地形地貌影响为东西方向，一般忌讳坐南朝北。琼北传统民居建筑的形制则要求上下连接，由"间"成"行"，"行"通过院落联结又发展为多行，如文昌市会文镇十八行村。建筑为多进式院落相连，前后大门形制一样，大门两边立柱到顶为通天柱，门前后正对，从最前面大门一直可以看到最后的大门，表现为"兄弟同心，邻里无欺，顶天立地"。琼北建筑顺应地形，依山就势，多就地取材，秉承当地传统工艺，适应气候，建造装饰传统工艺采用降低材料腐蚀带来的不利影响，是一种贴近自然，利用自然的做法，琼北民居建筑形式平面布局不仅延续中原的做法，还结合当地气候的地理特点，传承发扬了中原文化，是创造性地继承和发展，彰显地域特色。

海南传统民居建筑群在营造过程中所使用的技术是较为先进的，其传统民居建筑正屋构筑方式采用抬梁式和穿斗式，山墙有穿斗式，硬山承檩式，正屋中间抬梁式的运用拓展了空间，是由其主人所拥有的财富和心理需求所决定的。传统民居建筑各项营造技艺，尤其是中原抬梁式、穿斗式的运用在某种程度上反映了海南建筑营造的技术已具有相当高的水平，对当地历史人文等具有很高的研究价值。

（三）文化价值

传统建筑代表的是一种特有的地域文化。自古以来，备受推崇的庙堂文化、士大夫文化，最为生动地反映了当地人民的生活习俗和文化活动，又能直接反映统治阶级军法伦理观念和根深蒂固的主仆关系、尊卑之道。宗教信仰和民俗传统的主流文化都通过建筑外在形式直接表达和显示。如汉族的门楼、中堂中正居中，定安进村祠堂，家中祠堂等；如伊斯兰教特色的建筑体现出回族文化的特征以及回族民众的审美观念。

实际上，传统建筑的文化价值正是以其完整的文化形态而体现的。这一文化形态不仅通过建筑肌理、街巷空间、场景塑造等物质表现形式，还把隐含于人内心深处的文化积淀，乐观进取的追求，以及传统的生活哲理等通过雕刻吉祥符号、故事人物隐喻的表现形式借物咏志。传统建筑的屋顶形制、门窗图案、山墙、檐口、门楼的间架等都具有多姿多彩的文化内涵，再现历史生活场景，探究传统建筑丹楹刻桷的文化价值。

（四）艺术价值

建筑艺术包括建筑的类型、风格、地域特色、民族民俗、审美价值等，相对于传统建筑来讲，因地域不同、信仰不同、很多建筑部件在建模之初是解决实用和受力问题，不是以艺术创作为出发点，建筑具有真实性、原真性艺术品的特质以及地域审美的特征，人们潜意识创造出理性的、大众化的形式，符合技术要求，满足安全居住的建筑。其原生原真的建筑形制，地域特有的传统工艺，地方特色浓厚的民族建筑艺术，这些精湛的技艺都具有很高的艺术价值和历史价值。

祠祭建筑作为海南民间传统建筑，长时间的发展赋予了它高度的艺术价值与丰富的社会含义。它一般建于传统村落建筑组群的村口，如王邑村庙，它的主要作用是进行祭祀活动。祠祭建筑的艺术常见表现为雕刻、灰塑、彩画等形式来表达宗族的辉煌，历史的记忆都通过某一种图案结合木材选用以及色彩运用，多刻于梁、柱、枋板、瓜柱、驼峰、槛窗等处，如有彩绘绘于山墙、檐口、门柱之上，大门、前堂明间的两侧及前后廊檩下，前后堂连廊两边及廊顶，只要视线所及、目光所到之处，彩绘故事的雕刻则更加细致精美，富丽典雅，栩栩如生，有着浓厚的家族情怀。

上篇：海南传统建筑解析

第二章　琼北地区：秉承传统中西合璧

琼北地区主要以海口为中心，包括海口市、临高县、澄迈县、屯昌县、定安县5个海南省北部的县市。

琼北地区是海南历史上经济较为发达，文化较为繁荣的地区，西汉武帝时期开疆扩土，在琼北海口琼山区设置珠崖郡，中原文化便迅速扩散到海南的大部分地区。同时，闽南、岭南两地的文化也随着移民被带入并融入琼北地区的文化中，在语言、生活习俗、建筑形制、宗教信仰等多个方面得到显现。因此，琼北地区的文化主要展现汉移民文化、礼制文化等，体现了海南的历史悠久、文化积淀丰富的特色。而琼北文化中的重要组成部分——建筑文化，也自然带着中原建筑文化的痕迹，也与闽南、岭南两地的建筑文化有着不可分割的“血缘”关系。

受中原文化、闽南文化、南洋文化等多种外来文化的影响，琼北传统民居以闽南、岭南民居为基础，在发展和演变过程中进一步简化和多元化，延续着中原传统的建筑营造方式，礼制尊卑，院落的围合，讲求高低关系，强调轴线，注重血缘关系，主次分明，秉承宗法伦理观念，内外有别。一般表现为独院式、青砖灰瓦、坡屋顶、大挑檐、连廊、双层窗、花瓶栏杆等明显特征，并且具有遮风挡雨、通风透气、隔热防晒等适应热带气候的地域建筑特征。同时受传统的风水观念影响，宅院的选址强调龙脉聚气，前后左右对应关系。在正屋平面布局中，采用轴线对称、左右平衡的布局，正堂居中，设奉祖先神位，两旁为正房，正房东室为一家之主居住。

第一节　聚落选址与格局

琼北地区传统文化积淀深厚，村落历史悠久，布局较为完整，村落选址尊崇风水，主动顺应气候地形，聚居都有明确的村落核心，边界清晰，宅院形态紧凑，屋顶形制规整统一，邻里关系较为均衡（图2-1-1）。

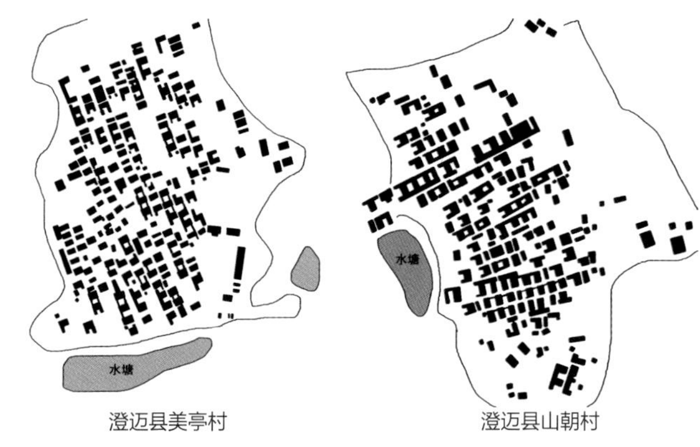

图2-1-1　琼北传统村落典型形态（来源：唐秀飞 绘）

琼北地区村落的主要特点：村落形态以宅院为基本建筑单元并作较长序列的重复，以顺应地形，以水为聚，山环水抱的宅院的长短延伸，竖向的高低层次处理保证空间连续，形成建筑聚集、紧凑清晰的村落形态。如以水塘为核心的澄迈县老城镇才吉村，村落规模较大，形态完整，村落宅院排列紧凑。文昌市罗豆农场塘沟村顺应地形，村落宅院沿等高线呈扇形整体排列，为了生产耕作的便利，依山就势，田环水绕，村落形态保持较为规整（图2-1-2）。

琼北地区传统村落的形态构成主要分为村落边界、村口、村落核心、村巷格局和村落公共元素。

■ 村落边界：琼北地区的传统村落边界有三种基本类型：一是有明确规整的村落边界；二是村落一面有明确规整村落边界，其余各面边界不规整；三是村落边界轮廓不规整。

有明确的村落边界。这类村落边界受自然要素制约，讲求山环水抱，能够清楚地进行识别。限制要素可以为水体，也可以是山体、农田，村落被水系田地环绕，如海口市新坡镇文山村三面环水界定了村落的形态。围墙在海口羊山地区，始于防御安全的觉醒，用火山岩砌筑的石砌围墙沿外围围绕整个村落，同时讲求气聚财绵。出于安全需要，进出村口只有一个，整个村落边界清晰明了，如永兴镇美孝村、石山镇儒豪村等。还有一种情况是村落形态受自然地形，如为河流、稻田、水塘等村落周围自然要素综合限制，村落结构紧凑呈聚集掌状延伸，如海口羊山地区叩仙村、美杜村、儒

澄迈县老城镇才吉村

文昌市罗豆农场塘沟村

图2-1-2　琼北传统村落形态（来源：海南天地图）

成村，澄迈县书富村、美亭村等（图2-1-3、图2-1-4）。

一面有明确规整边界。琼北地区大多建筑临水而建，村民积极应对多雨温湿的气候和台风，一些村落前面较低地段常常改造为水塘，建筑沿水塘开展，水塘围绕着村落环形布局。村落建筑与水塘间安排进出村巷道路，建筑向水塘面自然展开呈现聚集布置。其余各面村落建筑因地形高差，村落高低长短成长发展变化而变化，其核心为网状，外围为扩散的放射网状，优势是村落整体聚集感强，外向发展脉络清晰，如澄迈金江镇文头山村、龙腰下村、名山村等（图2-1-5）。

村落边界轮廓不规整。此类村落分为三种情况。一是村落建筑群沿水塘、古树或晒场呈组团布置，外围布局无规律，或沿村内公共设施布置，建筑布局排列紧凑，外围朝向各异，村落向多个方向拓展而呈现不规整树枝状形态。二是村落内部核心布局规整、相对紧凑，外围个别建筑群落呈分散树枝状不规整布局，村落边界独枝树枝状。还有一类是沿水、路、田地设施分散，村落呈多组团状布局，每个组团有相对核心，一般通过路网、河流或山脉联结，多个组团分散布局致使村落界限不规整，如澄迈县金江镇大美村、屯昌县屯城镇奇石村、屯昌县新兴镇甘枣村等（图2-1-6）。

海口市新坡镇文山村

海口市旧州镇知州村

澄迈县金安农场书富村

图2-1-3　有明确规整边界的自然村落（来源：海南天地图）

图2-1-4　海口市新坡镇文山村（来源：唐秀飞 摄）

文头山村
龙腰下村
名山村

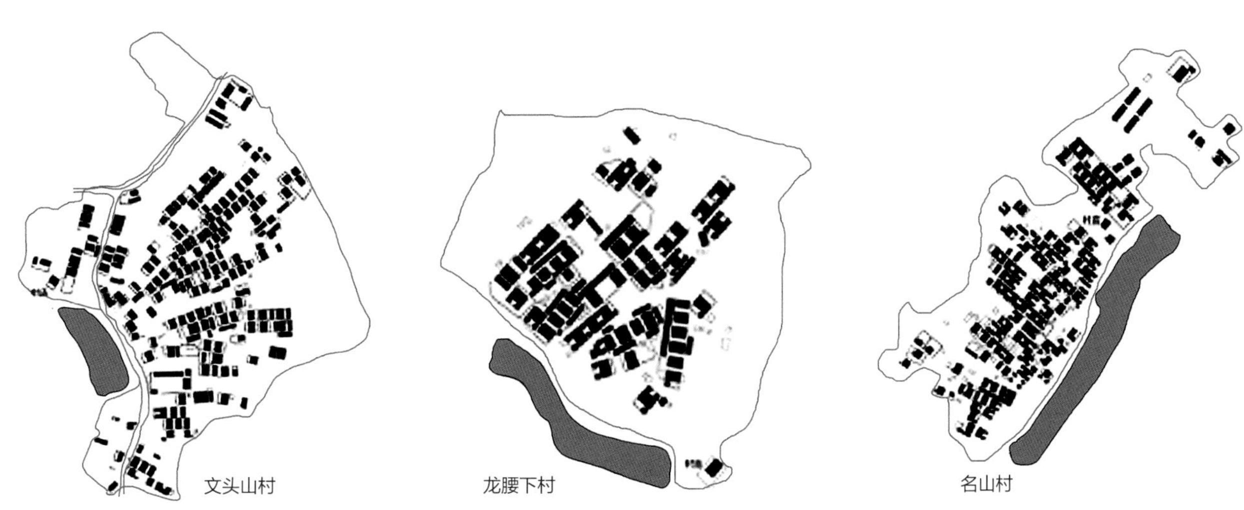

图2-1-5　一面有明确规整边界的自然村落（来源：唐秀飞 绘）

海军村
大美村
雅颂村
槟榔园村
甘枣村
博山村
家宝村
奇石村

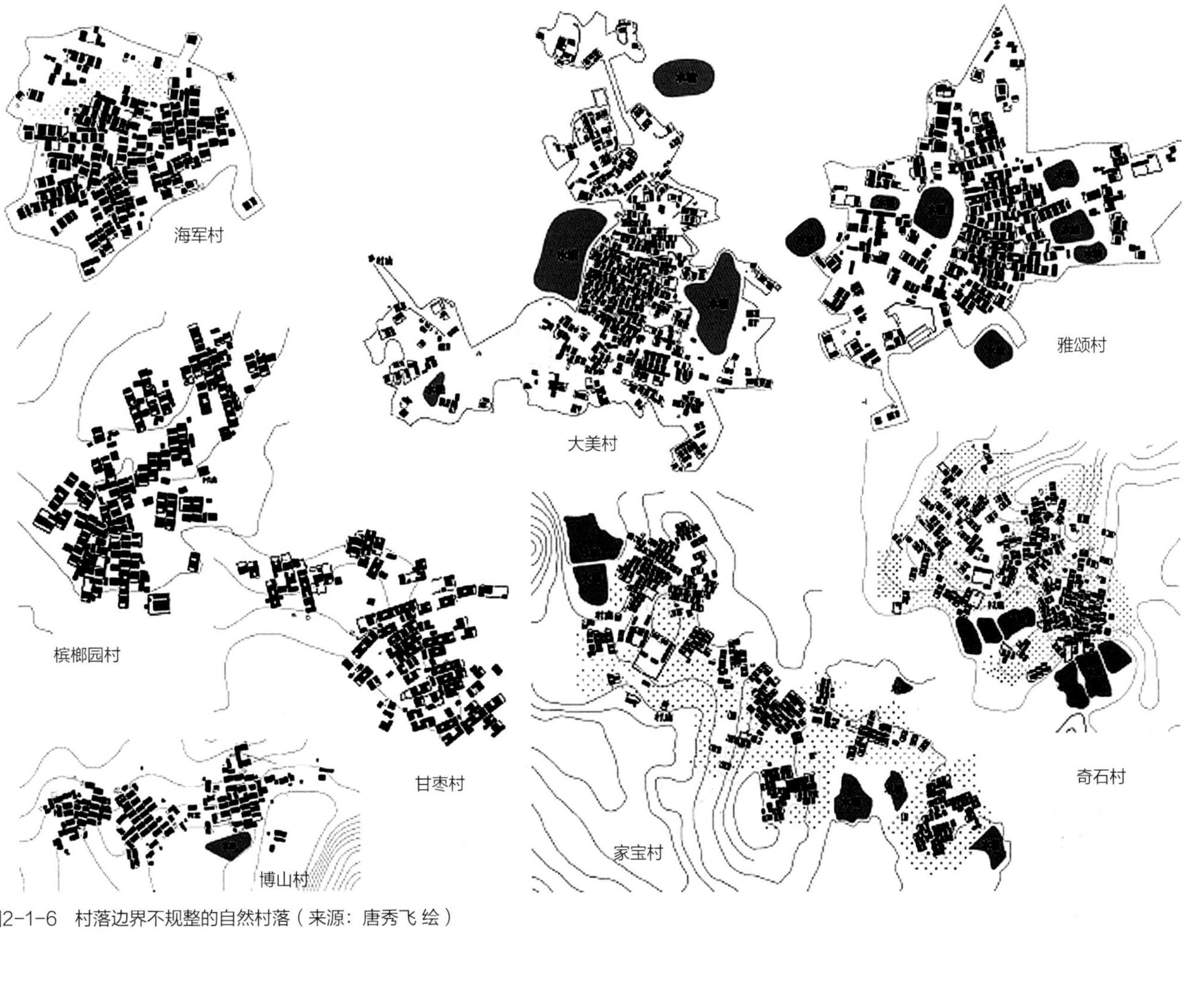

图2-1-6　村落边界不规整的自然村落（来源：唐秀飞 绘）

■村口是进入村落的起点，也是村落的标识记忆点（图2-1-7）。琼北地区传统村落村口一般为小广场类的开敞空间，临水而建，多环绕古树，是村民休闲纳凉的主要场所。从村口到村落往往会有一条很长的入村道路，道路幽长狭小，曲折蜿蜒，两边或是绿树遮荫，或是篱笆竹围，或是树桩矮墙，到达村落则会有豁然开朗、柳暗花明之感。村口的选址在风水中除了讲究禁忌直冲以外，更多需要考虑的是避免外界环境干扰，寻求场地安逸，保证村落整体形态的独立性。

■村落核心：在村落中择吉地建设祠堂、村庙，并结合地形形成的以祠堂、村庙为中心的活动广场，为集会、祭祀等大型节庆活动提供开敞空间，其建筑体量高、占地面积大。村落民居建筑沿广场周边布置环绕，主次分明，村落形态重点突出（图2-1-8）。

■村巷格局：村落巷道格局，是村落布局形态的骨架，即由宅院的布局逐渐按约定俗成的方式，满足使用空间情况下，外部空间界定之间形成的村落内部交通空间。琼北地区传统宅院常采用前后正对的梳篦式方式，房屋宅院成行，左

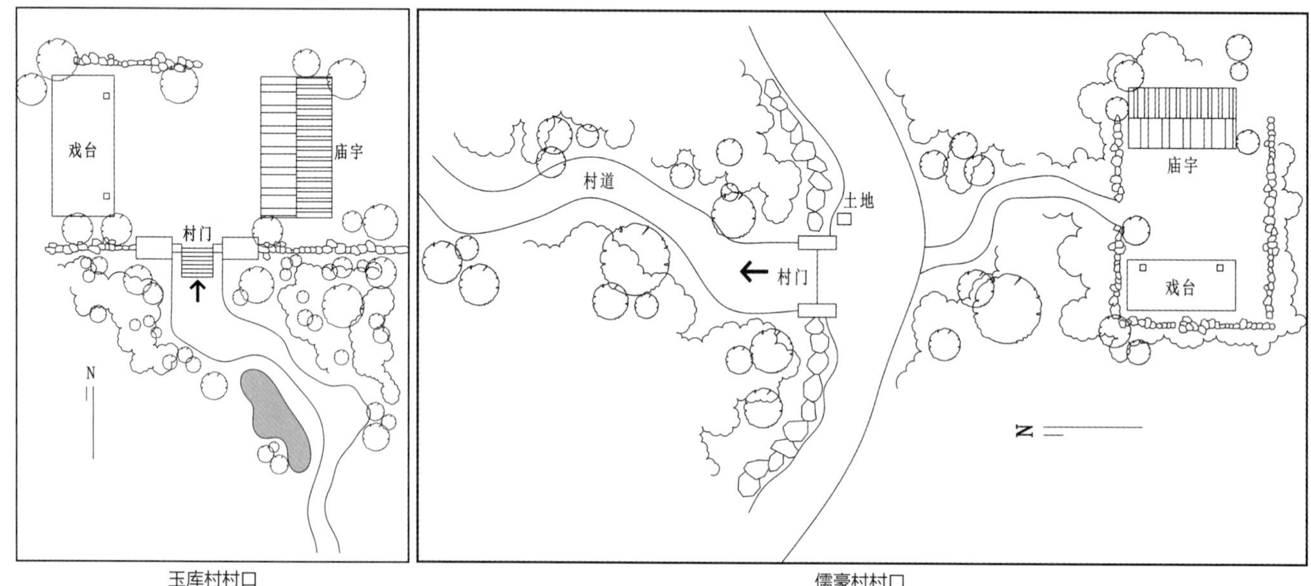

图2-1-7　村口布局示意图（来源：唐秀飞 绘）

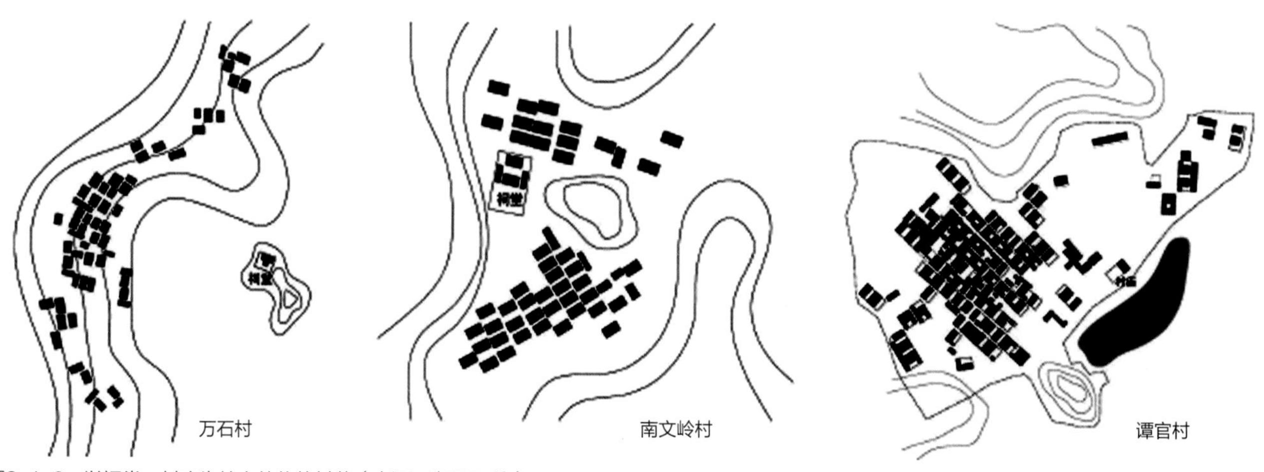

图2-1-8　以祠堂、村庙为核心的传统村落（来源：唐秀飞 绘）

定安县高林村

澄迈县新田村

澄迈县万昌村

图2-1-9　琼北传统村落的村巷格局（来源：海南天地图）

右拓展如篦齿式排列并置，行与行之间就形成纵向巷道，有的为横屋或廊。单个宅院并列成行，行纵向排列形成梳式排列，梳式排列过长通过廊或横屋连接将生活活动线延长。发展聚集到一定规模时，宅院成行排列中止，在原先“行”的左右产生新“行”。在有廊相通，巷道相应的对面产生新行，并行发展，这就成为篦式布置方式，是村落建筑依托街巷秩序逐步生长进化的必然结果，受家族和宗法伦理观念，自然因素的影响，琼北地区传统村落村巷格局主要体现为梳篦式正对规整格局，这也是受中原文化中规中矩思想的影响结果（图2-1-9）。

琼北地区传统村落村巷规整格局受人口规模和自然地形影响，大部分村落规模较小，平面布置以纵向巷道为主，结合血缘关系较少的横向巷道，以双篦式和单篦式排列方式的村巷格局，利于村民交往，邻里无欺，家族同心，简单而清晰，布局自然紧凑。

■ 村落公共元素：是指由村落范围内构成村落公共空间的各种实体要素（建筑、道路、构筑物、树木、绿化广场和其他设施等）所组成，提供公众到达任意空间的外部环境的总称。主要分为两类：一类是以村庙、宗祠为核心，以各种关系交往为主的外辅以广场，牌坊等组织联结相关构成要素围合形成的公共场所空间；另一类是以自然环境要素为主的场所空间，有的以水塘、晒场、农田为核心，以山林相对围合，组织周边相关要素共同围合而成的公共场所空间。这些公共元素主要为：祠堂、村庙、土地庙、牌坊、池塘、晒场、水井、古树、山林、溪流等。

祠堂：祠堂一般为同姓家族的“家庙”或“宗祠”，是祭祀家族先祖和陈列族规祖训的地方。祠堂在琼北地区传统村落大多是必不可少的，这与地域忠孝的文化传统尊宗敬祖有关。

村庙：琼北地区几乎有村就有庙，相较祠堂而言，村庙似乎享有更高的地位。村庙多数选取景观较好位置，庙前布置方便集合、举行祭祀活动的宽阔广场，庙门对面一般都设有一个戏台，时令节庆重大的祭祀活动，当地村民都有庙会听戏的习性（图2-1-10）。

土地庙：土地庙为中国民间供奉土地神的庙宇，土地庙与村庙一样大多选址在入村村口，结合古树、村门设置，体量不大，设置在村门一侧；未设置村门的与古树结合独立设置。琼北地区部分村落为强化祈求土地神处处为利，趋吉避害，有时在一个村或一个出入口设置多个土地庙，甚至在路口设置多个土地庙守住村口，或沿进村村道间隔设置，有挡煞聚气，祈保平安的心理。较大村落土地庙常出现于村巷出入交叉口或村巷道路转折处，规模集中出入口多的村落中往往建几处土地庙（图2-1-11）。

水塘：在海南岛村落风水格局中水是不可缺少的一环，对提高自然利用的作用是不可忽视的。水在传统村落中，山主人丁，水主财，水以湖、池塘等多种形式出现。琼北地区

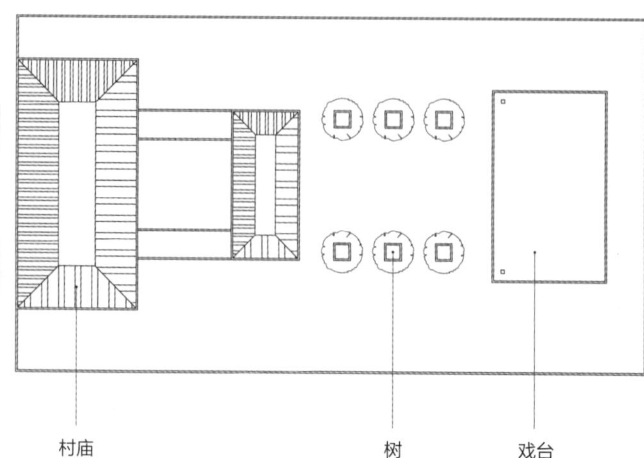

图2-1-10　海南岛传统村庙空间（来源：唐秀飞 绘）

图2-1-11　海南岛传统土地庙空间（来源：唐秀飞 摄）

海口市道宗村

澄迈县沙吉村

澄迈县大美村

图2-1-12　琼北传统村落中的水塘（来源：海南天地图）

传统村落布局讲求山环水抱，也顺应自然地形，水塘的自然形态和村落的形态布局都体现了与自然形态的交相呼应（图2-1-12）。

村树：海南琼北传统村落中村树是村落精神象征。多数村落的村树为年代久远的古树名木，村在树在人旺，村树被赋予村落勃勃生机的象征，有的甚至是被认为具有灵性而加以拜祭。村树中多为树冠阔大的榕树，在湿热的海南，树冠阔大的榕树往往能提供一个纳凉歇荫、活动交往的场所，所以常常与祠堂、村庙、井台、村门等结合，有的造型独特，成为自然地标，村落中最为稳定、蓬勃生机、活力生长的空

图2-1-13　琼北传统村落中的村树（来源：唐秀飞 摄）

图2-1-14　琼北传统村落中的广场（来源：唐秀飞 摄）

间要素（图2-1-13）。

广场：广场常常设置在开阔性的场地，与传统村落中的入口、古树、牌坊、村门、土地庙、村庙、祠堂、水塘、湖、水井等要素组成空间序列（图2-1-14）。

一、火山石民居聚落选址布局

（一）聚落成因

1. 历史发展与文化积淀

大约1万年以前，海南琼北地区由于火山的喷发，火山岩石的平均厚度达20米，形成典型的热带石漠地区。千百年来，人类在火山灰烬之上繁衍生息，留下数十个古村落。遍地的火山岩一方面给人类带来了最好的建筑材料，另一方面也限制了当地的农业、交通等发展，迫使当地居民发挥智慧，化不利为有利，充分利用火山资源，创造了独特的生产生活方式，他们运用石头的智慧体现，令人叹为观止。整个村子的房屋、道路、围墙等全部用火山岩“搭建”而成，可谓是名副其实的火山石的世界。火山石的优点，除了保温、隔热，吸声、防火、耐酸碱、耐腐蚀等等之外，火山石还无污染、无放射性。坚硬黝黑的石头，在当地居民的智慧和耐心下，变得细致温情，形成了一件件精美的艺术杰作。石头打磨了当地居民的品格，就地取材，火山石的各种运用，特有的材质肌理，也成就居民适应石漠，敢于突破，积极提高生产力水平和改变生活方式的勇气。

在海口羊山地区，当地居民所说的都是当地的“方言”，常把形容词、副词置于名词、动词之后，把定语与中心词倒装。据专家考察和相关资料得知，说方言的先民具有“古越语的成分”，是继黎族先民之后，殷周时期（距今约3000年左右），第二批移民从广西东部及南部迁居海南的居民，从秦汉至隋唐，族群主要居住生活在海南岛的西北部，还有儋州、澄迈和海口的部分地区。此后，大批的汉人从福建、广东等地陆续迁琼逐渐增多。

同时，海口羊山地区因缺水，对水的尊崇逐渐形成许多奇特婚俗，如“数缸订婚”，“嫁女不嫁金，不嫁银，谁家缸多就成亲”，都是对羊山地区水源最直接生活资源奇缺的

图2-1-15 火山石民居水缸（来源：唐秀飞 摄）

图2-1-16 火山岩（来源：唐秀飞 摄）

生动描述，地上无溪流、池塘，开凿一口饮水石井，往往得几代人的努力，水缸存储雨水，是婚姻生活中必不可少的东西，是人们心目中的爱物、居家至宝，成了财富的象征。走进羊山村落，很多民居的房前屋后就摆放着很多口水缸（图2-1-15）。

2. 自然地理条件的影响

海口羊山地区属于热带海洋性季风气候，这迫使羊山地区当地的民居建筑适应于这种特殊的气候条件。为了避免房屋被台风摧毁，造屋时普遍采用低矮的建筑形式，房屋多为一层，这样可以降低迎风面面积，减少风阻；为了抵御热带湿热的气候环境，采用当地特有的火山岩石材作为外墙围护材料，这种气孔状的火山岩透气性能良好，可以很好地去除室内的高热气体。此外，它还非常的耐腐蚀抗风化，能适应湿热的气候环境。为了抵御强日照和避免飘雨进入室内，外墙开窗面积较小或者干脆不开窗户，利用屋面玻璃瓦或在山墙面屋檐下开小洞采光。这一系列做法都是为了适应当地气候特征而发展起来的。

由于火山爆发致使大量岩浆冷却后形成了火山熔岩地貌，大面积裸露地表的火山岩地质特征导致了羊山地区整体贫困（图2-1-16）。地下遍布的玄武岩所特有的气孔构造和原生节理，使大气降水会很快渗漏疏干，石头坡缺水资源就很难风化成土，而缺土的地块自然贫瘠，可耕地面积少，再加上交通不便、缺水、产业结构不合理等因素的影响，该地区多年来一直处于贫困落后状态。正是由于这种贫困和交通不便致使外来建筑材料无法得到推广，当地居民不可能花费大量的财力、物力、人力使用外来更好的建筑材料。落后贫穷的现实也限制了当地居民建造高大气派的建筑，只能尽可能地建造与本地区气候、地理条件相适应的，造价经济合理的民居。

（二）空间特征

海口羊山地区地处特殊的火山地带，这里的地理气候环境以及历史社会变迁、移民特点等，自然造就了羊山地区的村落与内陆村落有着明显不同的特色个性。

1. 聚落类型

村落是一个从定居、发展、改造、定型到衰退，甚至消亡的过程。从村落形态发展的过程中，可以认定最早决定村落形态的应当是自然因素。在人类生存明显依赖于自然时，自然对聚居环境和选择起了决定性的作用，在一定的程度上也制约着村落的形态。在自然条件的约束下，村落形态的发展往往不稳定，表现出自然起伏的灵活性。而村落的形成，也是从无序到有序，从自然状态向有人文因素植入状态过渡的过程。这些都在海口羊山地区的村落得到了很好的体现。

海口羊山地区的村落通常是受着人文因素影响而形成，如荣堂村、道贡村、文山村等都属于这一类型。从形态布局来看，羊山地区村落聚居的自然形态自发与自然地形结合，水、山石、地形等多种因素的作用影响到聚集形态的形成。

羊山地区的村落主要包括了三种基本类型：

①带状村落

这种村落主要集中在河流、狭长型河谷、主要交通要道旁，村落往往以所临的道路、河道等为村落的轴线，道路、河道等同时还作为村落的界线，村落沿着界线进行扩展。

羊山地区现存典型带状村落有道贡村、雷虎村、美梅村、儒道村、攀丹村、叩仙村等（图2-1-17、图2-1-18）。

②网状村落

网状村落形态呈带状发展，村落一般规模较大，地势相对平缓，交通较为方便，村民聚集紧凑，有足够的扩展空间。网状村落多为双篦式或单篦式布局的聚落形态，在村口门楼之外，为祠堂、村庙、村树、戏台等占据村口形成交往的公共空间。村内其他公共建筑较少，村落沿主要道路向纵深发展，中心地位不突出，除邻里外，中心弱化较为严重，聚集具有明显地域特征，这些都是羊山地区最主要的村落形态。

羊山地区现存典型网状村落有：博任村、昌儒村、昌坦村、荣堂村、儒料村、扬耀北村等（图2-1-19、图2-1-20）。

③中心型村落

中心型村落主要是以村落中道路交叉点所形成的开阔场地，建设宗祠、晒场等为村民活动交往场地，形成聚落中心的公共活动场所，有利于村民聚散、村巷向中心聚集的作用。

在羊山地区也有不少中心型的村落。如新坡镇梁沙村的婆祖祠是整个村落的中心。婆祖祠中祭祀冼夫人，当地传说冼夫人曾经在此操兵，因而每年婆祖生日时，村民们都会前往此祠庙祭祀冼夫人，逢年过节，村民们也会前往祈求冼夫人保佑平安。中心型村落是从网状村落以宗祠为中心及公共设施聚集发展起来的集中体现。

羊山地区现存典型中心状村落有：美社村、儒成村等（图2-1-21、图2-1-22）。

雷虎村

叩仙村

图2-1-17　羊山地区的带状村落（来源：海南天地图）

图2-1-18　羊山地区的村落（来源：唐秀飞 摄）

博任村

儒料村

扬耀北村

图2-1-19　羊山地区的网状村落（来源：海南天地图）

村落的自然形态并不是一成不变的，带状村落可以发展成为网状村落，也可以发展成为中心型村落。这种生产方式、生活方式发展和变化带来人口的聚集，人口聚集又对生产方式促进，对生活方式要求提高，尤其是加强对火山岩地带水系利用的改造，为村落发展提供发展空间。

2. 布局特点

①村落入口布局

羊山地区村落居民受传统的中原文化影响，村落布局讲究隐秘性、安全性，村落前以广场、古树为基址前景，形成开阔平远的视野。

村口处生机勃勃的古树名木常常是村民引以为豪的象征，也是记忆中村址的地标，同时村树下的空间也是村民心中沉淀的村落记忆。古树为居民提供了极好的纳凉休闲、公共交往之所，见证村落生长活力和故事传说，传承着村落文化。广场周边形成围合的村落公共建筑包括祠堂、庙宇、戏台等。围绕村口广场形成全村祭祀祖宗庆典的活动场地，村民交往的主要活动也都在这里完成。

村门是羊山地区村落的特色入口，且每个村落都有火山石垒砌的石门，作为一个村庄的标志。传说古时候火山地

图2-1-20　羊山地区的村落（来源：唐秀飞 摄）

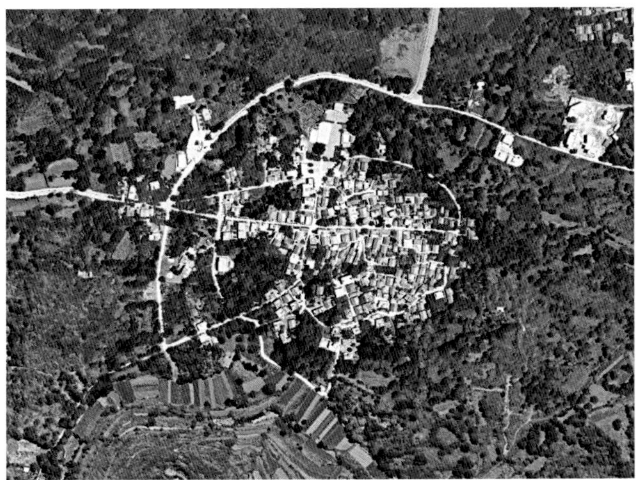

美社村

儒成村

图2-1-21　羊山地区的中心型村落（来源：海南天地图）

图2-1-22　羊山地区的村落（来源：唐秀飞 摄）

图2-1-23 火山石村落的村口布局（来源：唐秀飞 摄）

区有一种野人，身材高大，四肢发达，不能下蹲，且形象古怪，指甲很长，经常到村落伤害小孩或偷袭财物。村民为了防止野人入侵，便修了个矮小的石门，避免村民受到干扰和侵害。

近年来一些村落重建了更为气派的村门，并常在村门两侧用一首藏头联表示村落的名称。如道贡村：道标翘楚辈庚秀，贡炳瓜瓞世永昌。儒堂村：儒合云齐天赐福，堂存恩德保安康。春藏村：春华正茂江山聚秀归仁里，藏集精英圭壁联辉映德门。这些对联充分展示了村落深厚的文化底蕴（图2-1-23）。

自古羊山地区，村门旁安置石公，世称土地公，即用火山石构筑成小石屋，内置形象的火山石公或用石头雕刻成石公，当地传统经道教仪式，即显灵气。大多数村民把土地公当作坐镇门前的村庄守护神，认为能阻挡邪气，指点迷津，崇拜之重，流传至今。

村口广场的祠堂、村庙、土地庙村树，石砌门楼及广场、石墙、菜园等共同形成入村村口景观。

②村落街巷布局

村落布局是沿进村道路展开的，道路是村落形成的基本骨架，村落的道路因地形高差而形式多样，它的形成除受自然因素、择址观念和地形地貌的影响外，还受到血缘关系、营造习惯、礼制约束和技术进步等方面的影响。

羊山村落道路采用火山岩铺砌，顺应地形自然起伏，随弯就弯，自然流畅。村落道路系统大多为树枝状，村落建筑沿道路自然生长。在道路的交叉处设置门楼，门楼一般由火山石砌成，没有方向、方位的严格要求。道路围墙时高时低，根据实际情况合理设置，建筑组合有的以联排或山墙临路，随形就势，尊重自然地形，灵活多变（图2-1-24）。

整个村落一般在村口设一个入口，村落的主道路对着村口，入村道路出于安全、隐秘性的考虑，曲折的绕水绕山坡。进入村落后，沿主路口分出多条次路，次路门楼设置在入口处，顺着巷道进入各家各户。

院落围墙、建筑墙体围合形成的村落巷道，院落为村户入口。建筑或以山墙靠路，或背对道路。村落的巷道空间是村落环境的内涵扩展和延伸，院落围墙随地形高低、建筑的高低起伏错落，使街巷曲伸有度，使空间充满生机，也是居民邻里来往的主要交流场所。街巷是建筑与建筑，人与人之间的活力对话场所，巷道拉近了邻里的关系，提供了邻里交往的可能性、密集性。建筑及围墙形成的狭小街巷空间是村落居民难得邻里交往的空间。

村中主入口设置门楼，通过门楼才能进入各支巷，提高村落的安全性。由火山岩砌筑的村落道路有着天然气泡的肌理、褐黑厚重的基质构成质朴的自然空间。村中道路随坡度自然弯曲变化，高低错落，使村落建筑、街巷空间、立面变化丰富。

村落中的巷道出于防卫与安静的考虑是一种封闭、狭

图2-1-24　火山石村落的村落街巷布局（来源：唐秀飞 摄）

长的带状空间，建筑界定形成的村巷随地形变化形成狭窄与封闭的交织空间，从门楼到村道再到巷道，入户进入最后院落，组合成一个连接紧凑、疏密有致的空间序列（图2-1-25）。

在这个序列中，从开敞的自然空间进入建筑界定的村巷空间，空间形态、交往活动的内容悄然发生着改变，邻里关系属性增强，其公共性逐渐减弱。

居民通常户外交往在院落或巷道中，而大型节庆祈福活动则是到广场和祠堂，体现了聚落的凝聚力，以村口、广场等公共空间为起点，顺着村巷感受聚落的空间延伸与扩展，有豁然开朗的感觉。

羊山村落以建筑空间为核心，村巷相接空间为生长点，以建筑形态组织村巷空间，形成村落脉络。聚落边界不断外延拓展，人口规模增加，居住需求增长，道路随之扩展延伸，建筑规模越来越大，新的小巷形成，小巷连接在支巷上，支巷连接在主村巷道上，出入结构井然，空间序列丰富。

③村落建筑布局

羊山村落的建筑主要聚集在交通出行方便，便于耕作的地方，由于财力和人口的数量导致建筑规模有差异，对地形的利用，居住的需求，建筑布局或疏或密。

从村落的公共建筑，到民宅的门楼、围墙以及堂屋等，整个村落中的建筑就地就近取材，全部利用火山岩砌筑而成，火山岩墙面表面基本平整，村民巷道曲转，地面自然凹凸纹理，

图2-1-25　火山石村落的巷道（来源：唐秀飞 摄）

火山岩大小交错，与周围环境浑然一体，驻足停留，村落建筑整体井然有序、层次丰富，宛如一幅自然山水村落画卷。

古代羊山人认为，建房时选择的位置和方向，关系着将来的人丁兴旺、开运，对房屋的位置选择一向择吉地而居，是一种原始利用自然环境的自发行为。而那些风水较好的条件则是地势较高、顺风、有水，这就是古人所谓的“吉方则要山高水来”。

羊山地区传统民居的朝向哪个方向的都有，看似杂乱无章，实际是因海南优美环境所致。海南岛四面环海，阳光充足，一年四季都可接受大自然的四面来风。在羊山地区以坐北朝南或坐西北朝东南为村落主方向，东西方向较少（图2-1-26）。

④村落广场空间布局

村落中广场空间通常由不同尺度空间构成。村巷和建筑组群形成空间节点，狭窄村巷串联院落，在尽头连接了尺度宽阔的广场，步移景异使交往需求的变化也将主要活动集中聚集在围合感极强的广场开敞空间内（图2-1-27）。围合感或强或弱的空间，在层次上，由村巷道转到支巷空间，再延伸到广场，系列变化的空间体验，形成了井然有序、开合有度的序列空间。

3. 聚落特征

①建村历史悠久，传承性强

羊山村落建村历史悠久，而其形成与海南开发和移民有

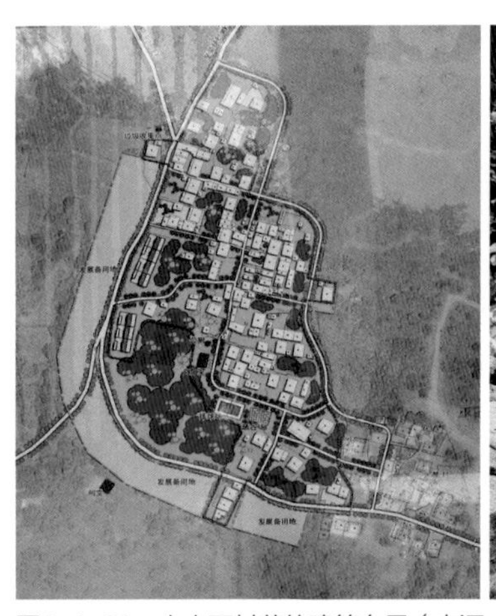

图2-1-26 火山石村落的建筑布局（来源：唐秀飞 摄）

图2-1-27 火山石村落的广场空间布局（来源：唐秀飞 摄）

关，唐宋时期的村落最多，这些村落大多为同姓同族，房屋屋面汉瓦的运用、房屋背山面水的居址仍然保留着古老的中原文化习俗，族内交往有些保留了中原居地古老的方言，移琼以来一直延续至今。如《海南韦氏族谱》（京兆堂）记录了韦执谊落籍海南的经过：“……为崖州司参军兼辑郡事，由是竞宅于琼山郑都府韦村……”。

②取之自然布局，和谐严谨

中国文化本身根源于农耕文化。海南岛古代以来就是天之涯海之角，生产方式较为落后，“山高皇帝远”的观念促使其对中央皇权的漠视，加深了对自然的依赖。羊山地区许多村落在选址布局时，更多考虑村落周围水源、耕地，以及地区小气候等因素，而建村完成后，都对村落进行了系统的规划，许多村落都有村门、围墙等，村中的民舍、庭院、公共活动场所等，错落有致。

③建筑类型丰富，风格朴素

羊山村落中最为常见的建筑有：祠堂、村庙、民居、村门、村墙、牌坊等生活设施和一些防御设施，建筑规模都不大，多数是就地取材，以羊山火山石垒砌，显得朴实自然、野趣十足，形制受中原文化影响，体形较小，整个村落与周围环境浑然一体，其中也不乏精雕细琢的民居，属村落建筑之中的精品。

④环境意识较强，生态优美

羊山村落对于周围环境十分注重，而且至今保留着生态观念和一些良好的习俗，村容整洁，绿树掩映，水美草绿，乡风淳朴，对于生态环境的营造，在羊山村落人居环境中表现非常突出。

⑤生活气息浓厚，真实丰富

羊山村落大多数聚居形态乡土生活气息浓厚，纯朴率真，真实地反映羊山地区生活方式、风土人情、民宿习惯、宗教信仰等原生原真要素。如每年三到五月份“公期”、“婆期”、“军坡”时，男女老少，各个村落都要举行较为隆重的祭祀活动，还有娱神的琼剧或木偶戏，敲锣打鼓、民俗表演等这些民俗曲艺节目现被划为不可多得的非物质文化遗产范畴并一直延续至今。

（三）典型聚落

1. 美梅村

①村落概况

美梅村位于海口市西南部秀英区永兴镇建群管区，海榆中线19.5公里西侧约2公里处。

美梅村始建于元明期间，该村古树参天，风景秀美，古朴幽雅，是一个美丽如眉的古村，故称美眉村。该村相传男聪女美，秀外慧中，硕德高风。清代改为美梅村。村民以吴姓为主，系唐代尚书吴贤秀的后裔，占全村人口的90%左右，出闽迁琼，本支迁于儒廖村者，祖居美梅，还有少量的王姓和符姓。

②村落布局

美梅村地处羊山地区腹地，以南侧所临的道路为村落的轴线，沿着道路进行扩展。形成了四个较具规模的村落组团，整个村落呈带状布局结构。美梅村村中道路全由火山石铺成，各个组团都只有一条从村口的主要道路上引出的支路进入，体现了村落布局中的防御意识。村中建筑多坐北朝南，沿道路布置，布局较为密集紧凑。

美梅村建筑都就地就近使用蜂窝状的火山石，村落都以火山石砌筑，工艺精湛，建筑保存完好，呈现出良好的原生态特征，是一个传承弘扬火山石良好物理性能文化的古村。古老的火山石村门，庄严肃穆的牌坊石匾，保民护村的火山石炮楼，幽深宏大的火山石民宅，展现着火山石文化的无穷魅力和石砌建筑布局的紧凑（图2-1-28）。

2. 美社村

①村落概况

美社村是海口市秀英区石山镇施茶村委会的自然村，位于马鞍岭火山口南麓，地处雷琼世界地质公园规划区内。据史料记载，美社村建于明代，至今村内仍保留着许多文物古迹，其建筑是颇具特色，生态良好，交通便捷的火山村寨。全村有20多个以种植水果、瓜菜的果园农庄和果园庭院，遍植热带珍贵林木，其中“国宝花梨”尤为突出，是闻名遐迩

图2-1-28 美梅村（来源：唐秀飞 摄）

的花梨村，羊山地区较为富裕的村庄。

建筑和村风较好，其中福兴楼和“礼让休风”、“光分鳌极”两块石匾最有代表性。

②村落布局

美社村三面环山，东靠博任岭火山和官良岭火山，北接马鞍岭火山，南邻美社岭火山和昌道岭火山。村落选址贴近自然，与山水融为一体。

美社村为中心型村落，整个村落以福兴楼以及楼前的公共广场为聚落中心。入村的主要道路经过村门直接到达福兴楼下，并引出多条支路，村落沿着各条道路发展。村中的住宅多坐西朝东，垂直或平行于道路布置（图2-1-29）。

3. 荣堂村

①村落概况

石山镇的荣堂村距离海口石山火山群国家地质公园约4公里，是一个历史超过800年的古老村落，村里只有黄姓和钟姓人家。

大约从20年前开始，陆续有村民搬出老村，荣堂村的老村曾经生活着60多户人家，现在仅存13户。由于火山岩地区缺水，一些老房子逐渐废弃，断壁残垣，百废待兴。

②村落布局

荣堂村村落整体地势高过周围农田，背依火山口，东南高，西北低。入村小路沿小河蜿蜒进村，顺应地形地势，自

图2-1-29 美社村（来源：唐秀飞 摄）

然起伏、弯曲辗转，总体呈树枝状分布。荣堂村选址贴近自然，融于自然，与自然同生同息。

整个村落入口位于村口广场，与村落门楼正对，是整个村落的主道路，荣堂村村中道路全由火山岩自然铺就，曲折有序地向村中延伸，从主路上引出多条支路，因循就势进入各家各户（图2-1-30）。

荣堂村的建筑大小及规模各异，沿道路自然分布，通过院落联结，古树浓荫，生态良好，建筑布局或疏或密（图2-1-31、图2-1-32）。

4. 文山村

①村落概况

文山村位于海口市东南部，是一座宋朝古村，也是古琼州四大文化名村之一，渡琼始祖周秀梅曾孙周椠迁居琼山员山里（今文山村），属新坡镇辖区。

周椠为文山村始祖，原籍福建莆田县甘蔗园村，文山村大部分人为周姓人氏，基于其良好的地理环境，独特的城堡式设计，整个地形如水面浮出的一朵莲花，人杰地灵，钟灵毓秀，该村距今已有700多年的历史。

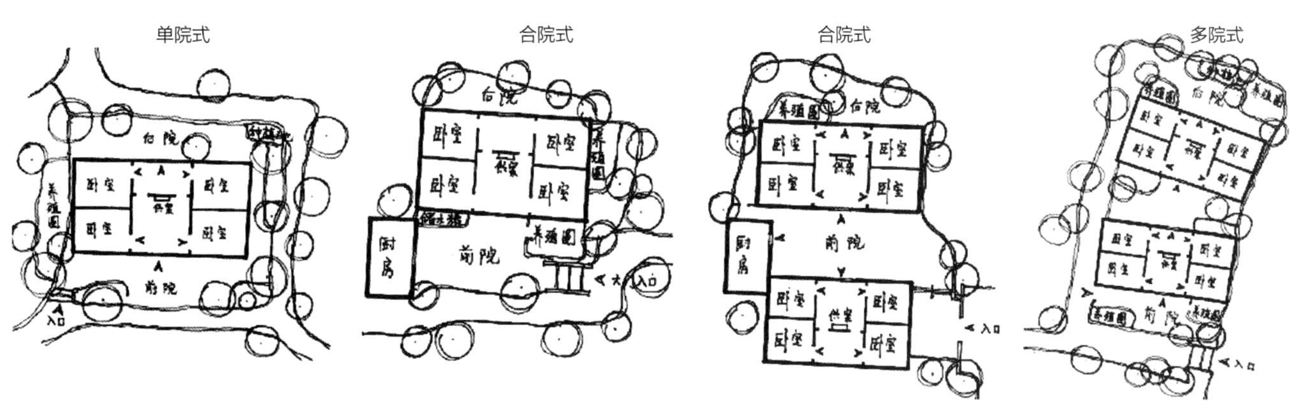

图2-1-30　荣堂村院落平面结构（来源：唐秀飞 绘）

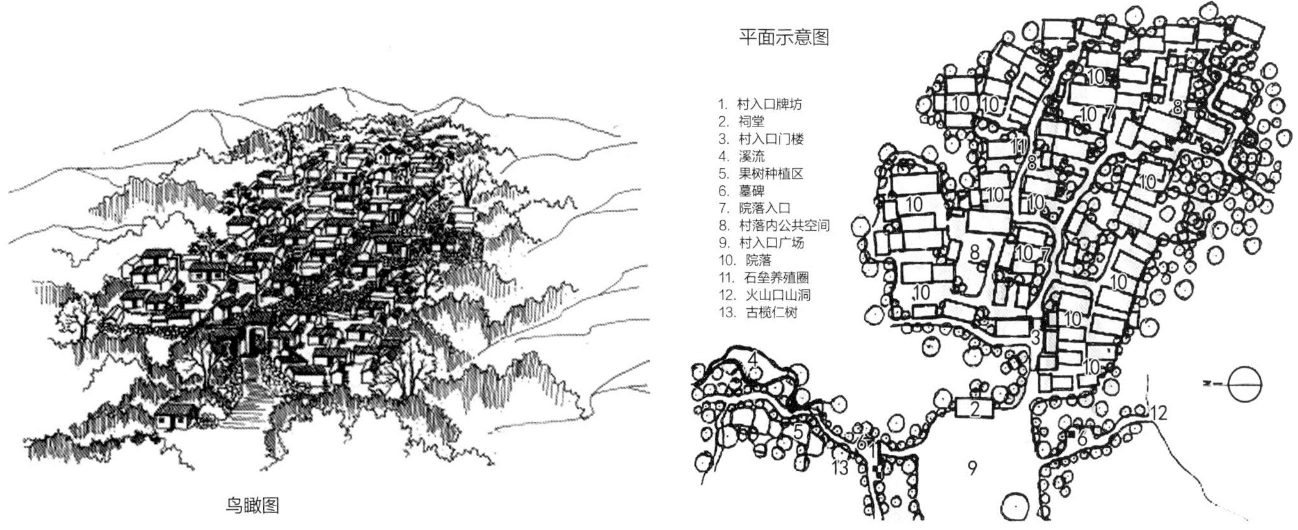

图2-1-31　荣堂村鸟瞰图及平面示意图（来源：唐秀飞 绘）

图2-1-32 荣堂村（来源：唐秀飞 摄）

文山村原为员山里。周氏从渡琼始祖明朝周秀梅（进士出身）到其子周榜湘（进士）文人名士辈出。明嘉靖初，巡抚谈公巡视员山里，看到“里中士大夫冠盖相见者不下十百”，山环水抱，风景秀丽，惊问：“此何地耶。人文若此其楚楚耶？”得知乃周氏“一族兄弟团居于此”，得知周氏一门奉行耕读传家，秉烛夜读，承继祖业，赞道：“吾巡视多矣，未有若员之文士接踵，官员济济，如此里也。”该村一直秉承读书、求取功名为荣，“员山里”便更名“文山村”（图2-1-33）。

②村落布局

文山村背靠羊山，前临南渡江，山环水绕，风光如画。

村中数条火山石板路，石屋、石路、石墙组合像一个

图2-1-33 文山村效果图（来源：《海口市龙华区新坡镇文山村传统村落保护与发展规划》）

八卦图或蜘蛛网，呈放射状，上窄下宽，构成一个城堡式的坚实村庄。不懂八卦出入方位的生人进入此村，往往如入迷阵，分辨不出东西南北，困在村中，难达出口。这是当年周氏祖先运筹帷幄修建村寨时，费尽心机经营所在，无论从防卫村民安全还是风水角度都进行了全盘布局和精密设计，从高处俯瞰，像一朵浮出水面的莲花，“员如布棊，屈曲盘旋”。村庄的路巷错综复杂，防兵防袭。经历700多年，文山村能在风雨和战乱中保存至今，既延续了周氏的繁荣生息，也与该村独特的地理位置和城堡般的巧妙设计不无关系（图2-1-34、图2-1-35）。

③文山八景

文山村良好的地形生态，风光秀美、得天独厚。王弘诲曾描写“文山八景”，分为：“横桥渡马”、“绿水环龙”、“竹松笼月”、“楼阁丛云”、“岸头娇柳”、“塘尾甘泉”、“莲塘渔唱”、“石岭樵歌”。而今天另一种概括与眼前的景物更为吻合：“村成莲花”、“水环玉带”、“仙洞聚奇”、“山城拥障”、“娥案围光”、“鱼桥钓月”、“五井饮和”、“三元镇口”（图2-1-36）。

5. 道贡村

①村落概况

道贡村因该村重师道受朝廷贡赐而得名，道贡村位于海口市东南部，距海口市约30公里，属海口市龙华区龙桥镇管辖。道贡村是个有着良好尊师重教传统的古老村庄。

图2-1-34 文山村现状（来源：《海口市龙华区新坡镇文山村传统村落保护与发展规划》）

图2-1-35　文山村现状图（来源：唐秀飞 摄）

图2-1-36　文山村的“文山八景”（来源：唐秀飞 摄）

道贡村的太始祖是唐代户部尚书吴贤秀。吴贤秀是海南吴氏渡琼始祖，从福建迁居海南，其后裔吴太发祥道贡村，距今已有1000多年的历史。道贡村均为吴姓，是个历史悠久、充满书香古韵的千年古村。

道贡村有着浓厚的崇学尊师情节，且历代相承，成为村民的自觉。在明清时期，道贡村有多位学子读书为官，任教谕和训导等从事教育的官职，如清代该村的吴和谦曾任广东廉江府合浦县教谕，吴龙海清代任广东雷州府遂溪县训导。村里还有很多人在琼岛各地学堂为师授徒教书，该村因此成为名扬岛内外的教育村。

②村落布局

道贡村整个村落分散在一个狭长的地带，呈带状分布。吴姓先祖在道贡村定居后，子孙繁衍，村落从中间往两边扩张延伸，头尾相距数公里，屋舍相连，形成一个地域宽广的村落。

道贡村又分为好几个小村，但都同属一个祖宗，共用一个村名。每个小村都有自己的石山门。从村里的石门可以看出每个小村的贫富情况：富有的小村，其村门做得高大、气派，用石讲究；而相对贫穷的小村其村门做得矮小一些，用石不太规则（图2-1-37）。

图2-1-37 道贡村（来源：唐秀飞 摄）

二、多进合院民居聚落选址布局

（一）聚落成因

1. 闽南文化对琼北民居的影响

语言是一个民族演化变迁留下的最好、最直接的证据。根据文献查询，琼北地区的方言主要属于闽南语系，其传统民居的形制也与闽南民居有着密切的联系，琼北传统民居的横屋是传承闽南传统民居的一大突出特点。福建泉州地区的“三间榉头止”、“三间张正房”、“官式大厝”等均保留的闽南习俗在琼北民居有相对应的发展，体现由宽松的内院组成的开敞空间，因外御和防卫需求形成封闭环境的布局模式。

2. 岭南文化中广府文化对琼北民居的影响

在广东对海南岛管辖的几百年当中，其传统文化根基深厚，对海南的文化传播和影响从未间断过。海南一直隶属广东管辖，属于岭南文化的一部分。广府文化是岭南文化的本源，而岭南文化根据地域差异逐渐分为客家文化、广府文化和潮汕文化，其中琼北地区受广府文化的影响最大。

（1）广府民居聚落成因

广府地区具有中国岭南地区文化丰富、社会繁荣、归侨发达的特点，商业中心繁华，地形和人文政治为传统聚落的定居选址提供多种可能。居民选址综合考虑为便于耕作，择水而居，方便与外界联系，建筑布局顺应自然地形，围绕山水田地，注重与周边环境融合。讲求山环水抱，坐北朝南。传统聚落讲求巷道梳式布置，以山为背景，以水为镜。为遮阳隔热，民居内设天井，夏季主导风顺着巷道进入宅院、天井，气压温差变化形成多向流动，通风携带水面山林的低温空气与室内高温湿热空气交换，聚落环境清新宜人，镬耳屋的山墙因高低形状大小变化，既是防火的封火山墙，又具遮阳美化装饰功能，还是家道殷实、地位显赫的外在张力表现。

广府文化根源于中原文化，“岭南文脉，根在中原”，这是古南越文化与中原文化交流碰撞的结果，同时岭南文化受中原南迁人“天、地、人”文化伦理的影响，奉行天道自然，效法自然，强调与自然和谐，自然归宗。

建筑上，聚落民居受宗法礼制影响外，还与周围自然环境有机融合，因地制宜，趋吉避害，对自然的敬畏，尊崇天道自然，风水笃信，讲求“藏风纳水”，“天时、地利、人和”，即“天人合一”。

（2）广府民居镬耳屋形制变化

广府地区地处中国南部，是明清以来岭南地区的政治、文化、商业中心，物产富饶、经济发达、社会繁荣、民系鼎盛。岭南广府地区复杂的地形，为广府地区传统聚落的选址提供了多种可能性。为方便耕作、用水和对外联系，广府地区传统聚落选址靠近山、水、田地，选址综合考虑自然环境因素，顺应自然，达到既适应当地自然环境，与周边环境融洽。“菩山环座后，玉带绕门前”，广州番禺石楼镇大岭村有约800年历史，整体依山傍水，以山为背景，以河为镜，坐东北向西南，在菩山南麓成半月形沿着玉带河呈线形扩展，街巷格局自然。空间肌理清晰，完整的田园山水聚落传统布局，与自然融和，和谐共生。

海南广府建筑地区的气候属亚热带季风气候，台风频繁，日照充沛，潮湿多雨。渡迁入琼的广府人民创造性适应地域性气候，创造出地域特色鲜明的聚落布局模式。

在海南广府民居地区，聚落整体布局规整，肌理清晰，“梳式布局”在广府传统聚落中最为常见。巷道纵横，村落建筑紧密相连。建筑布局中，主要巷道布置与夏季主导风向平行。主导风向从村前沿村巷流向村内，在巷道、院落、天井等处风速温差变化产生空气对流，形成空间气候交换通风风道；环村林带及村外的水塘低温空气与村内的建筑密集高温空气形成的冷热温差作用加速空气流动，对流及热压通风形成通风加速，空气对流带走湿热和太阳辐射热，流入聚落清新空气，达到室内通风凉爽降温的目的，形成聚落宜居环境（图2-1-38）。

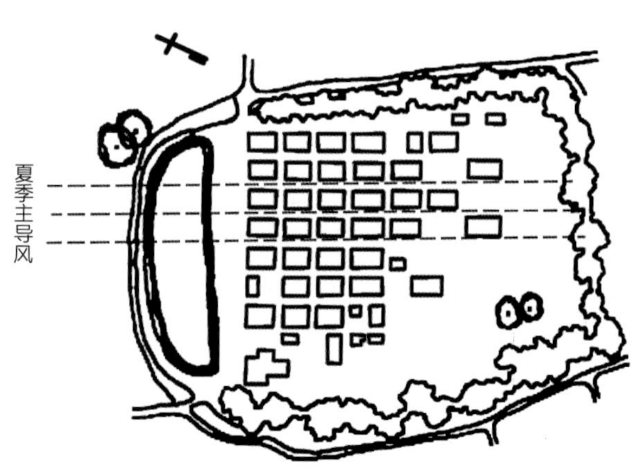

图2-1-38 梳式布局通风示意图（来源：《广东民居》）

海南广府地区聚落建筑遮阳、隔热处理是创造舒适室内空间的重要措施。广府传统聚落坐北朝南，相邻建筑间距较小，布局密度较高，每户高大围墙的封火山墙——镬耳墙，外形似官帽两耳或炒锅两提手柄，是广府传统建筑的特有形式，既是封火山墙能阻隔邻居火灾火焰蔓延，高大的镬耳山墙屋又能阻挡太阳照射，在屋顶形成遮阳、装饰美化的功能。

基于以上分析，海南广府民居聚落成因主要为两种：一是“天人合一，崇尚自然”的传统理念。“岭南文脉，根在中原”，海南广府民系深受岭南及中原传统文化伦理的影响，是由不断南迁的中原汉族人民与岭南地区古南越人民长期融合的结果。顺应自然，效法自然，达到“天、地、人”三者统一。受传统理念影响，在营建聚落和建造民居时，因地制宜，因山就势，与环境共融。二是“藏风聚气，山环水抱”的环境选择。海南广府人民自古笃信风水，出于对天道自然的敬畏、对美好生活的向往，趋吉避凶的心理需求，聚落择址居住讲求福祉绵延，百福千祥。与自然融合，与环境共生。

3. 中国传统禁忌对琼北民居的影响

在民居建造过程中，由最初的选址风水禁忌，到建房过程中的文化伦理禁忌，再到室内摆设吉祥方位和物品的禁忌等，这对民居建造过程，空间形态形成也有着至关重要的影响。

琼北民居的选址最理想的宅基福地有背山面水、前低后高的说法，前面水塘则为“风水塘”。琼北民居的风水禁忌形成了琼北民居形态的基本特征，强调坐北朝南，部分坐西朝东。多进院落中最后一进正屋是地势的最高点，厅堂设神堂，作为供奉祖先牌位之用。根据家族血缘关系，尊卑辈分不同，房屋的形制随财力也有所不同。

在室内摆设禁忌方面，琼北民居中最高一进正屋的正厅后上方设“公阁”或“公棚”即神龛，供安放本家祖先神位之用。公阁下房放置八仙桌和香几，香几底下正中间供奉本家住宅土地神位。卧室按照尊卑次序安置房间，若房子是两房一厅的“三间式”，“左为大，右为小”夫妻应住在左边偏房，小孩则住右边偏房。以客厅中轴为准，客厅直至庭院之间，房间中睡床避开“穿堂风”。

4. 气候对琼北民居的影响

气候条件是村落布局形成的主要因素之一。聚落要适应海南的气候条件，抵御台风、通风防热是海南村居聚落要解决的主要矛盾，在建筑上就要求其通风透气、遮阳隔热、聚落基地环境、建筑空间降温和防御台风，组织好自然通风，减少外部热量的传入。特别是主导风进入村巷，建筑围合形成的穿堂风把热量快速排出，形成良性循环。

因此，琼北多进合院式民居采用“梳式”排列、缩小建筑平面间距，利用巷道、院落、天井、厅堂相结合并设廊檐等方法遮阳来减少辐射热，组织自然通风。建筑南北向布置与夏季主导风向一致，村巷导入凉风最大程度地形成穿堂风。村巷方向中南北巷道既是交通通道、防火通道，又是解决巷道气流流动，满足东西向日照缩小阴影区冷巷形成的重要场所。门窗的位置、大小、开闭方法、木栅的运用、水面、树木利用的遮阳方式，都以利于形成穿堂风来设置。

琼北民居布局采取南北朝向，是为适应海南台风多为北向转南先后登陆，由院落、围墙组成的多进式布局加强对台风的分层阻挡。建筑降低屋面高度，以缓坡为主采用加厚实心墙，以砖带压瓦等形式都是有效的、实用的抵抗台风的措施。

5. 宗族形态对琼北民居的影响

宗族形态是农村宗族势力生命力的潜在因素，琼北地区宗族势力在聚落中根深蒂固，宗族化影响到聚落建设的影响为：聚落选址严谨，聚落形态就越规整，祠堂数量较多，强调族权，公共环境建设质量好。如文昌十八行村中民宅类型是相同的：都是三间两廊正屋，高低也基本相同，外墙均采用青砖灰瓦，围墙样式与高度统一，正屋厅门门柱到顶为通天柱，前后门厅院落相通，前后正对连成一行，体现“邻里无欺，兄弟同心，顶天立地”的行为方式，这与村落的族规祖训是一致的。

（二）空间特征

闽南、岭南两地的文化随着移民将中原聚落文化融入到琼北地区的文化中，建筑匠作、文化习俗、宗教信仰、文化习俗等多个方面也自然带有中原聚落文化的痕迹，受宗法伦理，家族血脉影响也与闽南、岭南两地的聚落文化有着不可分割的“血缘”关系。

岭南广府地区传统聚落建筑沿南北向成梳式排列，大多为三合院，两行建筑间形成巷道，为大门侧面联通巷道，俗称“里巷”，是入户主要通道（图2-1-39）。

海南广府地区大多为三合院式传统聚落建筑平面，民居成列，列与列之间有村民巷道即“里巷”，既可联结民居又是防火院落出入通道，院落大门侧面开向巷道。如文昌冠南欧村林家宅、海南文昌头苑镇松树大屋，该村地处丘陵地带，建筑呈梳式布局，朝向西北，村落特点也是结合地形和防卫要求。这种梳式布局系统的最大特点，就是适合于海南地区的炎热潮湿气候条件。

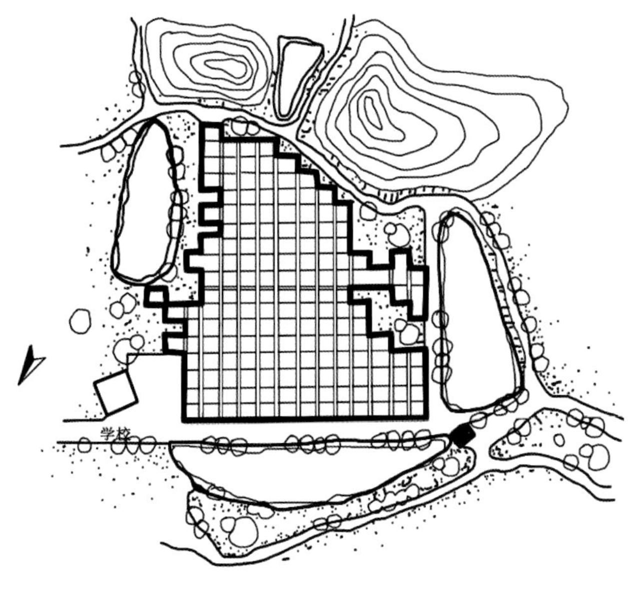

图2-1-39　广东开平市蚬冈镇横石乡中心村（来源：李贤颖 绘）

在海南琼北地区的村落都是同姓甚至同宗，共姓的血缘关系形成群居，聚落为共同宗族利益抵御外敌及外来力量的侵扰，琼北多进合院的村落内部布局形式是典型的“篦式”，出现了以血缘关系为联结纽带的单姓村落，具有很强的群体团聚感，建筑多按宗族血缘关系，支脉亲疏采用聚落的结构组织与宗族的房派、支派的结构组织相对应，形成密集型布局。房派、支派成员的住宅以祠堂为中心，房祠、支祠和香火堂组成“行”，“双篦式”排列形成整个内开放、外封闭，由房派形成的条块式结构的血缘聚落布局。尽管同一姓氏不具备血脉关系，但同姓同宗的组织宗族关系聚落，村落的布局结构直接反映了聚落的社会组织形态。

篦式布局村落是琼北地区最主要的村落布局形式，如海口市灵山镇谭谢村，文昌市会文镇十八行村、文昌市头苑区头苑上村、翁田镇大贺村、下山陈村等（图2-1-40）。

在琼北一些人口密集的村庄，一族人或一个村子的居民聚居住在一起，建筑前后正屋对着正屋，正厅对着正厅，大门对着大门的形制相同行列式布局，形成同心合力。但在相邻两户民居中，他们的山墙面有意错开，形成变化，也是为之前房间正轴线的整齐找到平衡。前一个整齐，后一个不整齐，都是有意为之。如琼海市长坡镇文屯村（图2-1-41）。

琼北多进合院仍然延续了大陆传统民居基本格局常见的合院式空间布局，如三间张（三开间）、护厝（横屋）、榉头（厢房）、前厅设塌寿、左为尊贵、门前水塘等。由于地域、气候、材质、文化等方面存在的差异，琼北民居在长期的衍变过程中逐渐形成了自身独有的特征。琼北民居的多进合院式传统基型是由路门、正屋、横屋、院落、围墙等几个基本要素组成的。正屋以多进平行叠加建设，横屋附属于正屋，以垂直于正屋的朝向，一行或多行建设。路门可以与正屋同向平行布局，也可与横屋并排布局，正屋、横屋和路门由院墙围合成院落，琼北传统民居都是这些要素和基本型的重复、衍变，由此形成了琼北民居独有的传统形式。

（三）典型聚落

1. 文昌市十八行村

①村落概况

十八行村位于海南文昌市会文镇，有着260多年的历史，是由十八处多进式合院以单篦式布局方式组成的血缘型聚落。该村是文昌市著名的侨乡，大多为林姓，外出人员较

文昌十八行村

文昌下山陈村

图2-1-40　多进合院民居聚落特点（来源：海南天地图）

图2-1-41　琼海市长坡镇文屯村（来源：《演丰统筹城乡示范镇建筑风貌规划设计》）

多，家家户户都有海外华侨，村庄沿等高线呈扇形分布。该村有厚重的人文底蕴，地方独有特色——房屋相连，高低有序，多进院落前后一致对齐，是海南民间浓郁的传统民居特色的古村聚落。

②村落布局

十八行村由十八行多进式院落顺坡而建，扇形行列布置，房屋沿纵向轴线单篦式布局排列成行在南高北低的台地上。一户成一行，纵向院落前后贯通，最长的有一百米。建筑与建筑紧密地聚在一起，形成一个组织严密的建筑群，十八条纵向巷道为联系聚落前后的主要交通。村落建筑有着平整的天际线，整个村落建筑与周围环境浑然一体，建筑隐藏于其中。村后和东西两侧密植形成防护林包围整个村落，村前则有三个半圆形池塘。村落的南面中部有地势稍高的山包，北面是地势低洼的水面，西面是地势较高的飞岭山，属半丘陵地带。村落设有三个入口，主入口在村落的东南角，两个次入口分别设在村落的正南中心和西北角。宗祠建在村外道路对面，讲求轴线关系，与正中央空间同一轴线上。村口栽有一棵大榕树，榕树下建有十八行的村主公庙，入口各自有宗祠和土地庙。

十八行村的整体格局特点是：坐南朝北呈辐射状扇形

排列，以血脉关系单篦式布局聚落（图2-1-42）。每行多则七八户，少则二三户，为多进封闭式院落，大门及每行纵向轴线对齐，在“行”的中轴线上，每进房屋的正厅前后大门都要上下对齐，以示“同心”，整个布局呈现出内向性和聚合性。这种格局以血缘关系聚合，寓意“兄弟同心，邻里不欺”。所谓同心，是指每行屋子内住的都是由同一房分出去的兄弟辈直系亲属，而“行”与“行”的住宅间，同辈的房屋必须高度相等，以示邻里相互平等。站在正屋的庭院从前往后看，各家各户的正厅前后大门洞开，设立通天柱，即门厅柱子到顶为顶天立地，由前面可以一直看到最后面的房子，视线非常通透。各家的门楼都建在正屋的一侧，形成规整的天际线。每行院落间都留有相当间距，形成村巷，是各户人家出入的主要通道。整个村落虽然历经风雨，田野交错纵横，曲径通幽，绿树成荫，小桥流水，由血缘关系的聚集，建筑布局紧凑，彰显兄弟同心，顶天立地，邻里无欺的美好传统文化经久不衰。

十八行聚落空间的逐级构成关系十分明显。十八行建筑的基本构成单元是中原“三开间”“一明两暗”的“间”，由“间”的组织围合形成合院空间，合院空间纵向组合形成多进院落空间，院落组空间排列形成村巷空间，整体以宗族血缘聚集最终形成十八行聚落的多进式合院式主体空间。

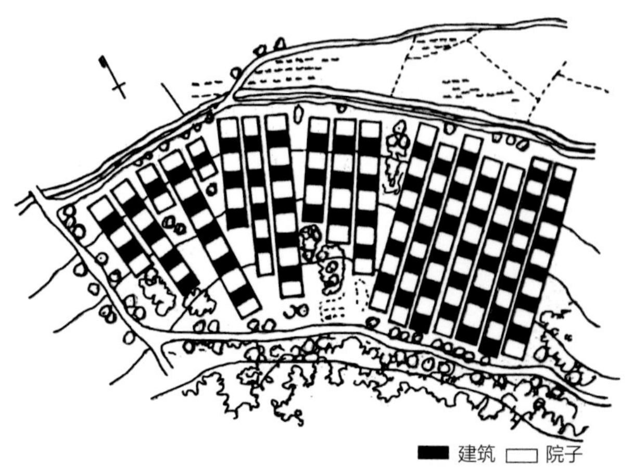

图2-1-42　文昌十八行村总平面图（来源：《海南文昌近代民居空间形态研究》）

间：十八行典型民居模式是三开间祠宅合一的“一明两暗”宗祠合一形式。

合院空间：三开间空间和窄廊横屋以一家一户为主，路门由围墙围合而形成三合院。小院建筑由于进深小，通风良好，还能减轻台风的影响。

院落组：当人口增长后宅院空间不能满足人们生活和功能的需求时，以兄弟排行，按照尊卑等分家立业，孩子成家后则分居，老大仍保留老宅正房。讲求轴线对应，采用三合院按轴线前后纵向套接的院落方式形成“行”，兄弟辈直系亲属的多户同“行”共住，少的由2—3进组成，多的到7进。为表兄弟“同心”，在“行”的中轴线上，建筑的高低大小主要是由辈分大小来决定，每进房屋的前后大门要穿过“行”。

街巷空间：由于地形和环境限制，人口发展，住房的需求，当一“行”还不能满足需要，纵向套接三合院受限时，以院落组为单位沿开阔地横向对应发展，“行”与“行”之间通过纵向的巷道连接形式形成双篦式结构。“行”与“行”的建筑物受中原文化影响，同辈的必须屋檐、基础正负零、大门高度相等，以表“邻里无欺”。前后横向道路连接院落组，成为村落的界限，院落组与巷道空间成为村落空间的构成部分（图2-1-43）。

各层次空间按纵向关系组合成整体聚落空间，层级等级分明、形制规整，其特点是结构清晰，交通易达便利，通风防火较好；但空间格局雷同，识别性差，景观较单一。

2. 文昌市下山陈村

下山陈村位于文昌市迈号镇，整个村落坐西南朝东北，前低后高，四行正屋22间，三列横屋（厢房）42间。村庄呈长方形，占地面积约10亩。

整体来看，下山陈村由正屋、横屋、庭院、门楼等部分组成，然而下山陈村对此稍稍做了点创新，那就是将所有村民的正屋和横屋统一建设，排列成行，所有门楼则变成全村唯一的大门，左右有两个侧门，全村便成了一座大庭院（图2-1-44）。

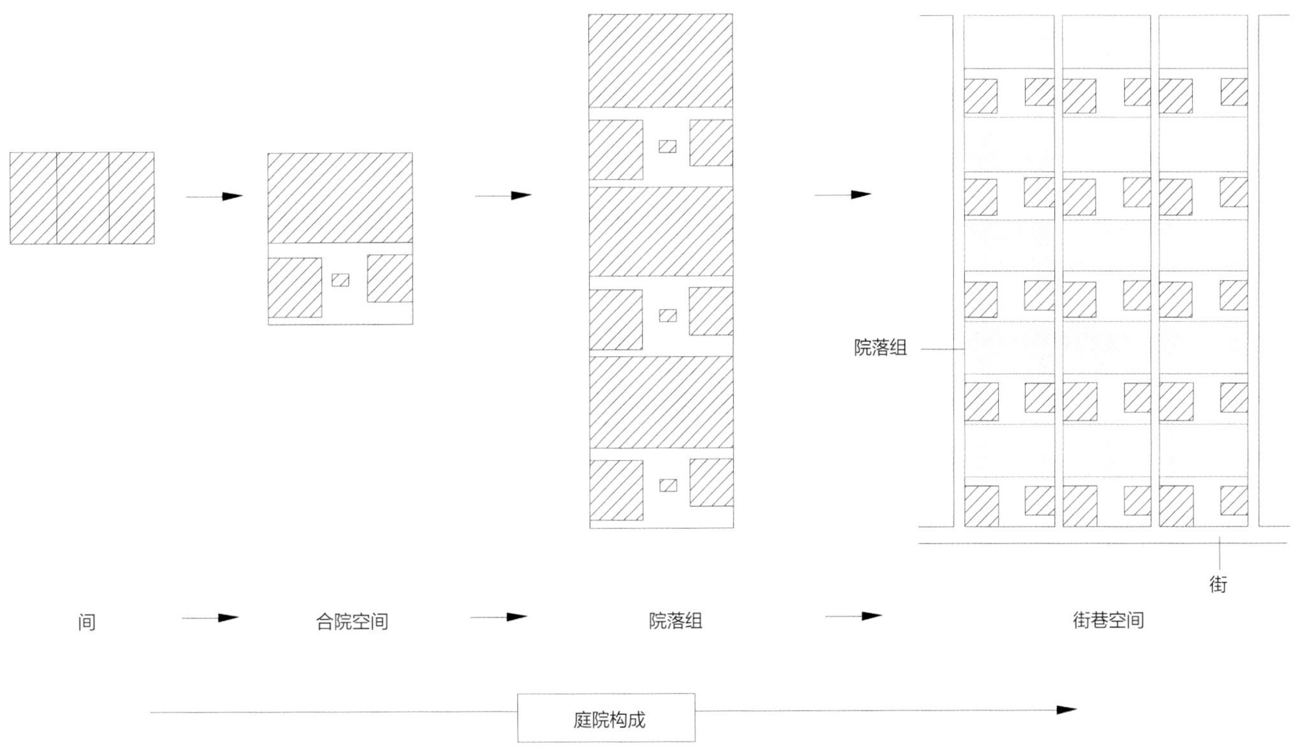

图2-1-43　文昌十八行逐级构成关系图（来源：唐秀飞 绘）

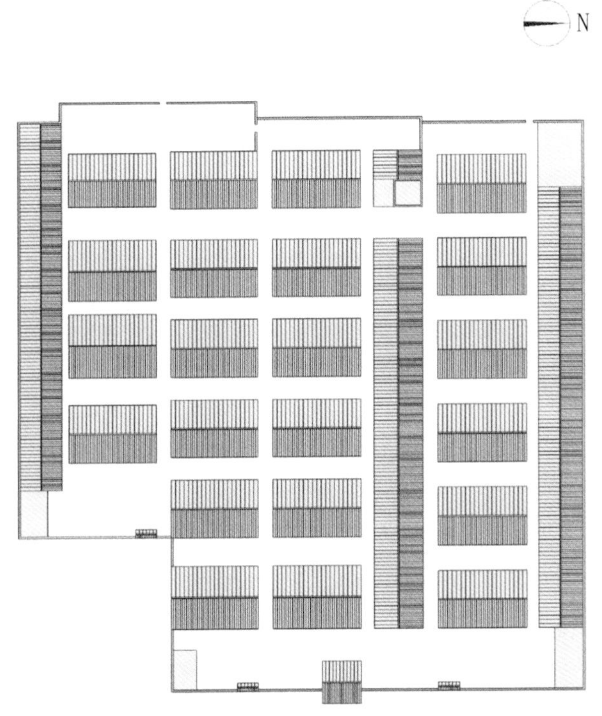

图2-1-44　文昌下山陈村总平面（来源：《海南近代建筑琼北分册》）

下山陈村的院落内的正屋、横屋均为清一色的青砖瓦房，高度统一，规划整齐。在每一“行”的中轴线上分布，从前往后看每进正屋正厅前后大门上下对齐，以示“同心”；无论檐口、正屋地坪、屋脊等同辈必须高度相等，喻示邻里相互平等。在这个大的院落里面，三排横屋夹着四行正屋，形成“三纵四横”的格局，其二十四间正屋规模形制基本相同。为了方便中间一行人家的使用，在靠近中轴线的位置修建了一排横屋，使两边正屋在空间视线上形成阻隔，为此在中间一排横屋中预留了多个开敞空间，作为公共活动场所。其正屋装潢比较讲究，屋脊上有飞翘的鸱吻饰物，内外墙上有浮雕或绘有山水和花鸟等壁画（图2-1-45）。

图2-1-45　下山陈村（来源：唐秀飞 摄）

三、南洋风格民居规划特点

（一）形成成因

由前面分析得出，琼北传统民居是主要受到来自大陆闽南地区的影响，并结合海南本土文化和气候特征等因素，形成的一个相对简洁而又低调的传统民居体系。到了近代，随着其他文化的不断渗透，绝大多数传统民居难以得到完整的保存和延续，新建的民居更多地受周边环境的影响，特别是大批下南洋的海南侨民为南洋地区独特的殖民文化所吸引，继而大量引进此类文化，而对海南本土形成的强烈文化冲击，于是在海南兴起了传统民居布局基础上，模拟南洋殖民风格的建筑热潮。

南洋风格在琼北地区出现后，吸取当地建筑传统做法，在秉承了传统民居风水选址、建筑布局以及雕刻细作工艺，并在承重支撑结构上选择更为牢固的钢筋混凝土结构体系代替原有砖木结构体系的基础上，发展了传统民居过街廊和山墙面的装饰技巧，最终形成了南洋风格民居。

（二）布局特征

琼北地区侨民回乡所建民居为了适应气候和文化风俗，基本沿用传统民居布局，结构改进带来空间扩大，同时做出适当的变化。布局形式主要为单横屋（开廊）式，即只有正屋的左侧有一排横屋，右侧围墙围合，形成多进的院落布局。有些民居在建筑功能上也进行了适当改进，布局上增加了过庭廊。

传统民居中房屋只有一层，而南洋风格民居中出现了二层的房屋，这是南洋风格民居在传统民居基础上做出的变化。民居中的正屋、横屋、门楼都是单独建设两层楼，没

图2-1-46 南洋风格民居（来源：唐秀飞 摄）

有同时做成两层楼，这也是延续了潮汕民居布局的形式（图2-1-46）。

四、南洋风格骑楼规划特点

（一）形成成因

从骑楼文化的传播路径和动态过程来看，海南骑楼受东南亚殖民建筑风格影响，骑楼西洋样式是在印度地区骑楼初步形成以后，由殖民者以马来半岛为节点传入南洋地区，再向太平洋沿岸地区传播的，与中原传入岭南东方样式有着明显不同。海南华侨从不同的原驻地带来海外不同背景丰富的建筑形态，为海南稍弱文化底蕴注入新的生机，对外来文化包容，对建筑新技术、新工艺、精致美的接受，也是海南骑楼的地域特色转化新亮点，直接反映原文化输出地的特征。各自文化理解和趋向偏好不同造成相邻两栋建筑的立面、风格也表现出很大的差异，它们标新立异包括伊斯兰风格、巴洛克风格、印度风格、东南亚南洋风格等建筑风格，融入中国古典建筑建造构图元素等，奉行折中主义，海纳百川，包容豁达的性格，建筑文化在海南在渡口集市得以百花齐放。

本地工匠将原有集市渡口骑楼建筑结合海南本地灰塑表现的建筑工艺，通过南洋风格各异的建筑元素，形成新的海南南洋骑楼建筑风格。灰塑在传统建筑中以灰泥为主要材料，通过结构装饰抹灰刷浆，灰泥色泽洁白、质地细腻，适合于海南南洋风格商业街风格各异的建筑山墙、立面、山花、柱头、额枋等线条、雕饰的装饰，制作成哥特式、伊斯兰式、巴洛克式等各种细部装饰与雕花，使整个商业街区的建筑单体在统一中又各具特色。

（二）骑楼商业街的布局特征

1. 双面弧街

海南大多数骑楼商业街都采用双面弧街，双面弧街保证了良好的街道尺度感觉，弧街因线性流畅和动感容易形成良好的街道氛围，增强街景立面视线的景观变化。

海南骑楼商业街为吸引顾客和节约运输成本，多沿港口和河道而建，具有早期集市渡口商贾功能，街道线型走向结合地形布置。民间有“以其弯曲汇聚财气，阻挡财富流失”的说法，认为直接漏财，故将商业街道设计成弧形，不仅聚集商流，更多避免直接的穿街风和单调。

2.“三统一”原则

“三统一”特征指的是海南骑楼临街道边缘统一退线布置，保证街道一样宽度；骑楼临街柱廊道宽度统一，确保了骑楼廊人行道宽度统一；一层层高、檐口标高统一，俗称“一线街”。

“三统一”特征是骑楼规划性的产物，是街道统一设计的证明。在良好的规划下，骑楼街道平面条理清晰整齐，人行道和车行道分界明确，人行道空间高度统一，空间连贯，具有良好的街道感。

3. 与渡口港口紧密联系

根据“商港兴市”的精神，商业街为交通运输方便，商业沿主要交通江、河、渡口、海港纵横布置，海口、文昌骑楼街基本上都是依港口发展起来的。如铺前胜利街垂直于港口的纵街，中山路是平行于海甸河的横街。

4. 临街规整后街自由

朝街面有严格的退线控制，背街面因土地和权属、财力状况可自由确定店面进深。街区腹地肌理往往参差不齐。

5. 开间面宽基本统一协调

骑楼相邻两柱之间为“一间”，同街每间面宽大致相当，当一户面宽过大时，考虑承重结构时可设两间，血缘关系、家族兄弟或朋友同街相邻建设的关系，老街上不少两间、三间或多间相连，统一面宽、进深、造型、装饰的建筑形式。既体现“个体分解”的精神，又适合个体经济的状况。

6. 巷道设置

由于商业街人流聚集、居住防火的安全需要，商业街每隔一定距离设有横巷或纵巷与骑楼商业街垂直相交。巷道口开向正街，小型巷道交叉口有的以连廊连接保持了骑楼街的视觉连续性，实现以商住为主体的空间横向拓展与线型空间的有机融合。

第二节　建筑群体与单体

一、传统民居建筑群体与单体

琼北传统建筑受中原“天人合一”传统的风水学说影响，有着背山面水的选址观念，理想方向为坐北朝南，其次坐东朝西，居室罕见坐南朝北。山川河流是住宅选址基底，山环水抱，后有靠山，前有屏障，背阴面阳，拥有此处环境的民居为“福地”，但由于海南地处热带地区，常年日照充足，受台风影响较大，琼北民居对于朝向的要求显然不比通风来得更重要。在选择村庄地理位置时候，村落门前多有水面池塘，没有的也要人工凿之，“山主人丁，水主财”，依傍山而建的村落顺应地形山势。

广府民居通过平面布置和环境的处理，导风入堂，引风穿室，既避免穿堂风的泄气失财，又合理引导风向，驱除居室内的湿热，营造清新、干爽的小气候。

位于南方湿热地区的广府民居以三开间为主，由主屋、房、厨房、杂物间、天井及周边井廊、院落组成，由主屋、天井和廊道组合形成富有变化的平面和空间序列。天井为内部活动空间重要节点，也是多雨南方排水、防潮、防湿、采光的重要设施，构成日常交流重要公共空间（图2-2-1）。

海南琼北地区民居受广府民居影响很大，民居平面基本类型与广府民居类似，大致也是单开间式、双开间式和三开间式这三种形式。

琼北传统民居的总体布局紧凑、整体严谨、形制严格，其布局在基本构成要素之间，由“间”上下连接形成“行”，“行”以院落连接又发展为多行，“行”与“行”之间设置巷道或廊连接，构成独立的院落连接的整体建筑群，相对独立外部环境形式相对固定，集约利用土地。基于海南的自然特征、独特的历史文化等因素，衍生出了独立的且极具特色的民居建制体系。海南属热带季风岛屿型气候，遮阳遮雨，有效地利用自然通风是建筑综合考虑的问题。琼北民居一般采用前门后门、前窗后窗的结构，以保证房屋的前后气流贯通，形成良好的自然通风，琼北民居穿堂风显得尤为重要。为了遮阳避雨，檐廊和骑楼成为最佳选择。

正屋、横屋、路门及院墙构成了琼北传统民居的基本元素（图2-2-2）。

正屋：正屋是民居核心，多为一明两暗的三开间形式。正屋处于中轴线正中的明间称为褂厅，褂厅分为前后两部

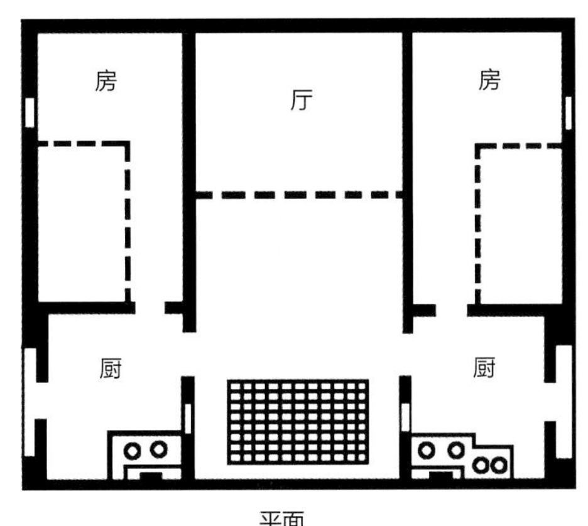

平面

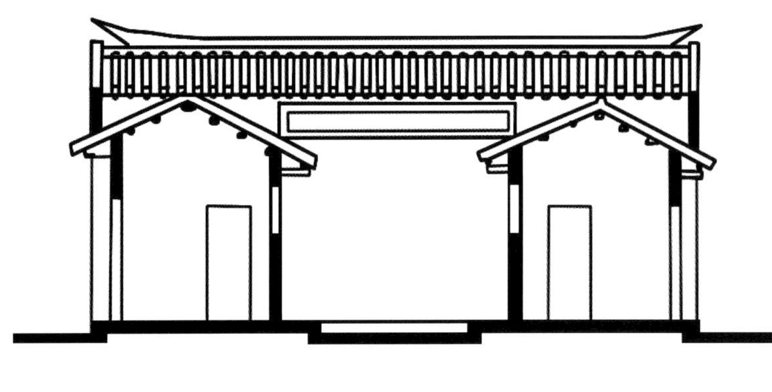

剖面

图2-2-1　广府民居三间两廊屋（来源：《广东民居》）

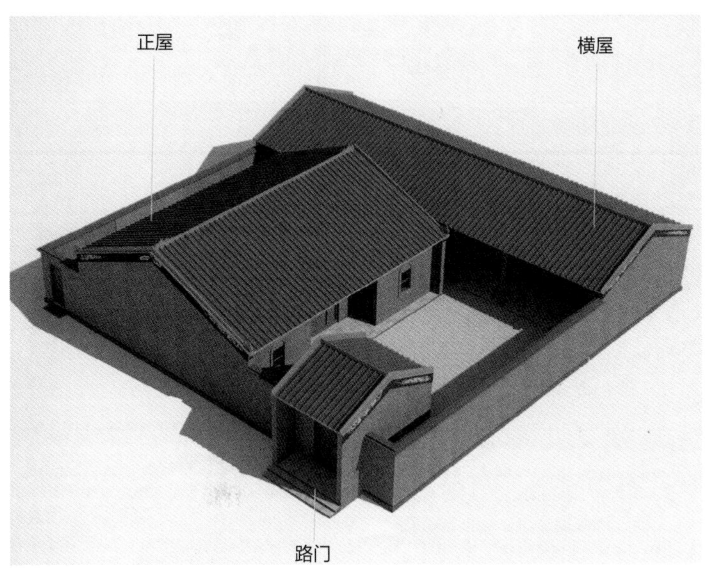

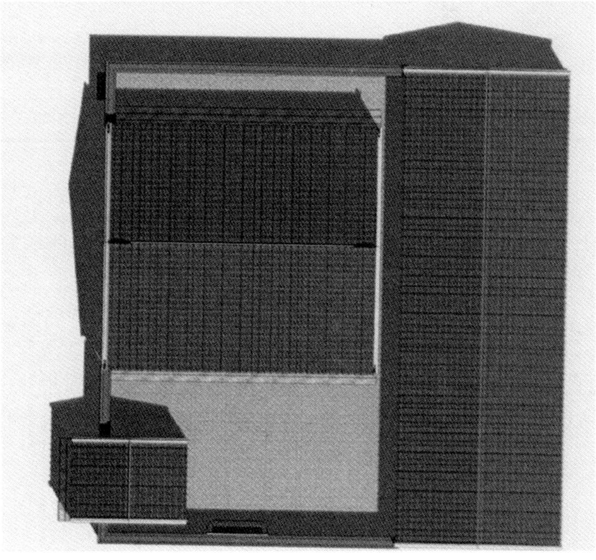

图2-2-2　琼北民居构成要素（来源：《海南近代建筑琼北分册》）

分，前部占据明间进深的绝大部分，是为前堂，主要用以供奉祖先及会客；后部称为后堂，进深微窄，为内眷使用。前堂与后堂之间隔墙设中堂，用来安放祖先牌位，上置主公阁。两边开门进后堂，家道富贵的注重中堂木质选择，精雕细刻。次间为两侧的暗间，多被木隔板分隔为正房（也称上房、大房）与合廊房（也称小房）（图2-2-3）。

横屋：根据横屋与院落连接方式，分为开廊和窄廊两种形式，一般用作厨房等辅助用房。开廊贯穿院落前后，开口方向与正屋垂直。开廊多带有檐廊，称剪廊，开间尺寸一般与院子的进深相当或略小。根据需要，开廊可被分隔成客厅、厨房、储藏间等辅助用房。窄廊是一般只有一间的简易横屋形式，位于合廊房的下方，它的使用功能灵活，可以用来设置为厨房、餐厅、卧室、客厅、农具杂物堆放的仓库等（图2-2-4）。

路门：路门是琼北民居院落的大门，一般与正屋的大门在一轴线上，位于正屋的一侧（图2-2-5）。路门上方，一般置有象征家族荣耀地位的牌匾，如资政第、双桂第。路门前台阶上，通常在两侧摆放有卧石、石雕凳、抱鼓石，储物的小阁也会有设置。

院墙：琼北民居的院墙是各个构成要素围合的连接主

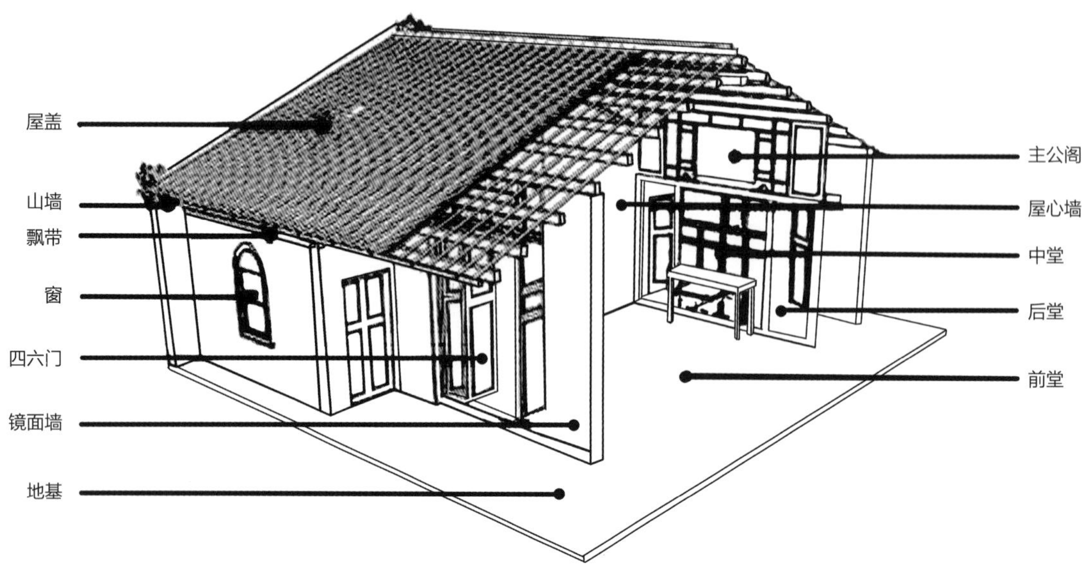

图2-2-3　琼北民居正屋各部分名称图（来源：《琼北传统民居形制研究——以侯氏大宅为例》）

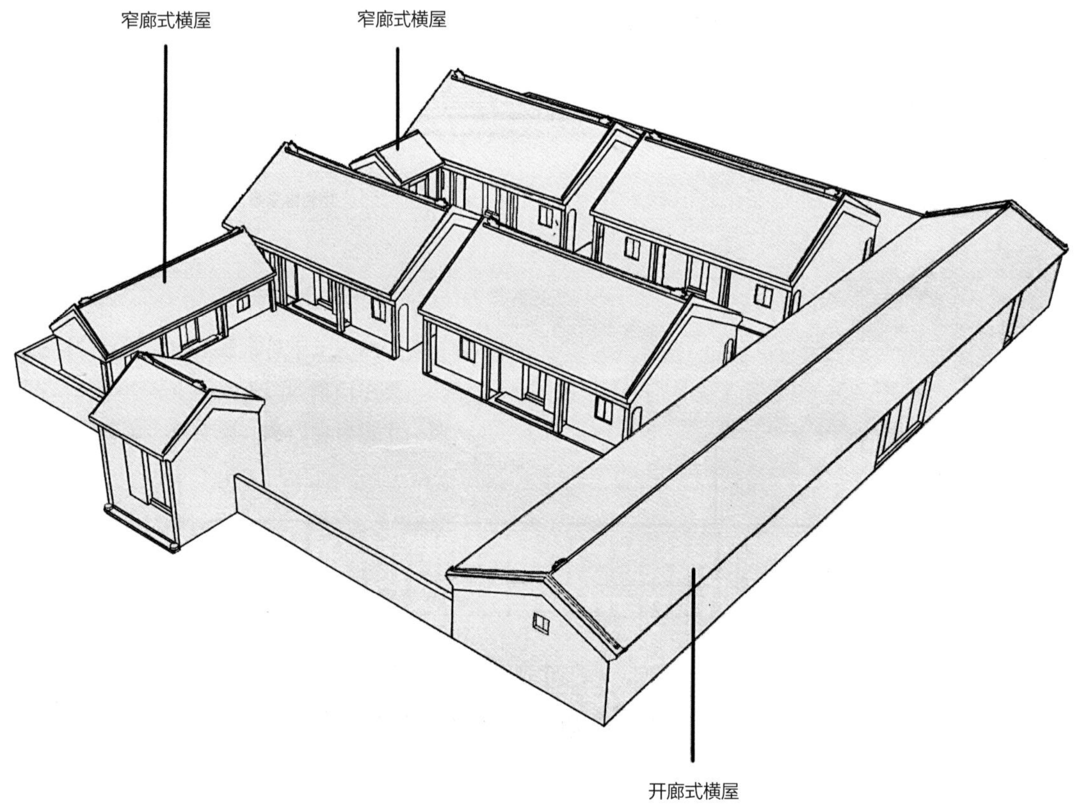

图2-2-4　横屋示意图（来源：《海南近代建筑琼北分册》）

图2-2-5　路门（来源：唐秀飞 摄）

图2-2-6　院墙（来源：唐秀飞 摄）

体。院墙前后关系不同，作用称呼也不一样，第一进正屋下方的院墙称为照壁，是正对正室大门，聚气防煞，防止大门正冲，常用花坛等元素加以修饰，最后一进正屋上房的院墙则称为挡壁，为“硬山”依靠（图2-2-6）。

空间秩序：琼北民居的空间序列有严格轴线关系，入口路门—庭院—第一进正屋—庭院—第二进正屋，前后正屋、庭园，住宅平面沿轴向序列规整布置，严格建筑建制，建筑高低，屋顶等级。琼北地区纵向轴线上的正屋数量，可形成多进，如第三进正屋、第四进……并不在主轴线上，而是偏于侧方与主屋正对。主入口的位置、建筑的朝向、院落辅助用房等构成完整的入口路门空间秩序，正屋、正屋之间的庭院为家族聚集活动的核心，场所精神、场所边界依然清晰和明朗。

入口空间：路门一般因风水关系、风俗习性开在横屋一侧。路门上有屋顶，一般为坡顶，形成入口灰空间，形式各样，高度也不同，有的设有阁楼，称为门楼，面宽进深大的有达3米以上的，因气候及中原文化习俗的影响，通风良好，阁楼上可放杂物或纳凉（图2-2-7）。路门的灰空间形成和应用对应的正是现代建筑中的门廊，既节约空间丰富了空间层次，又提供了实际的使用功能。

庭院空间：庭院是琼北传统民居中以家庭为单元的重要活动空间，面积不大，宽度由正屋的开间大小来确定。而同姓同源大户人家的多进院落又分为前院、中院和后院，文化人常用绿化、奇山异石、小型花池等点缀，起空间画龙点睛作用。庭院有多种使用功能，可以作为晾晒粮食、衣物的场所，同时也是家庭中举办宾客参会的空间。如若有后院，还可种植多种果树，取其意义则为保佑主人的多子多福（图2-2-8）。

图2-2-7　入口空间（来源：唐秀飞 摄）

图2-2-8　庭院空间（来源：唐秀飞 摄）

（一）火山石民居

羊山村落的院落由入口门楼进入，规模不同，但组成基本一致。堂屋入口两边有用火山石围砌的花池，用于种植花草、蔬菜瓜果等形成庭院景观。

院落的主要建筑将院落分成前院与后院空间，前后正屋成排布置，形成多进院落。前院主要是构造庭院景观，后院主要畜养牲畜。空间使用上功能较为明确，生产生活安排合理。

羊山地区民居通过院落组织建筑空间，以独院方式连接多进住屋，平面布局仍属于中国传统院落式的民居模式。院落通过门楼与巷道相连，主要布局以独院式院落为主，住屋沿轴线布置为三合院、二合院和个别单合院，沿纵轴布置房屋，部分民居以前后正屋组织院落，形成纵深发展的平面布局形式，促使二进式院落的形成。

■ 独院式院落

三合院：羊山村落的三合院是由两个布局平面和规模相当的三间房屋相对而建，侧边砌筑两间房屋组成，其中一栋建筑的山墙正对门楼入口，山墙成为影壁，其下有火山岩砌筑的小花池，形成入口庭园景观。

二合院：羊山村落的二合院布局有两种类型。一种是正屋（三间）和横屋（三间或两间）形成“L”形，结合门楼、围墙、前后两院，以正屋为界，前院宽大，以居住为主，后院狭长，主要畜养家畜。另一种是前后两栋建筑相对，中间火山岩砌墙及门楼，都以一面山墙靠街，没有明显的前后院之分，畜养、杂物堆放等还是集中在院落后半部分。

单合院：民居只有一排三间正屋，用火山岩围墙，简单的院门，院内砌柴草房、牲畜圈、小花草池等组成院落，正屋将院落分割为前院后院（图2-2-9）。

■ 多进式院落

羊山地区大户人家的族人众多，在独院式院落的基础上，以血缘关系为组织，以正屋前后相对的形式，形成多排正屋之间的多进式院落，并且通过横屋、围墙及大门组成院落，构成系列空间（图2-2-10）。

在羊山村落，可以普遍看到多进院落中和睦相处的邻里关系，正屋门相对、横屋相连，前后沿轴线形成高低有序，以示兄弟同心、平等相待、邻里无欺。从外观来看，多进院落中的这几户人家更像是一个密不可分的大家族，而在内部他们又都有各自的生活秩序和空间，羊山民居外封闭内开敞的特点在这里体现得淋漓尽致。

在“行”的中轴线上分布都是由同一房血脉关系，同支同脉分出去的兄弟辈直系亲属，为了以示邻里无欺，相互平等，房屋一层地面，檐口高度，屋脊高度等都统一相同。

轴线上分布的各家各户通常在白天让正厅前后大门洞开，由前端一直看到最后端的房子，大门较高，门柱至楼板谓通天柱，视线非常通透。正屋的一侧为门楼，每行院落相间，形成出入通道村巷，天际线规整。

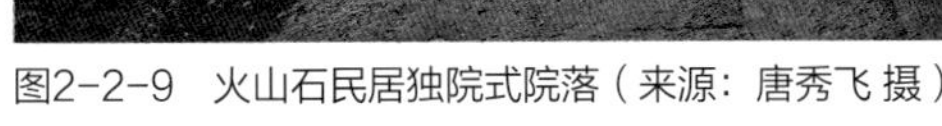

图2-2-9　火山石民居独院式院落（来源：唐秀飞 摄）

图2-2-10 火山石民居多进式院落（来源：唐秀飞 摄）

羊山村落中大、中型民居的平面布局形式有三种：1. 单排多开间式，基本形式以三开间为主，横向扩展形成横向多开间，前后通风好，视线开阔；2. 四合院式由正屋、横屋、门楼、围墙中间为庭园等围合而成，封闭性强，并可减少外界干扰以及太阳辐射对室内温差的影响；3. 多进式院落式，由于血缘关系，直系亲属的四合院沿中轴线向纵向发展，以院落相连，形成多进式院落，有利于形成穿堂风，带走湿热，形成空气对流，改善微气候。

羊山地区的传统民居平面布局以三开间形式为基础，向纵横方向发展，纵向发展为院落式，横向发展为排列式。从平面布局中可以看出，羊山地区民居建筑有着“外封闭内开敞”的类似四合院情结。

一个开敞院落一般由正屋、横屋、围墙、门楼或门厅组成，横屋在正屋一侧或两侧，一般以廊道相通，通常称之为“四合横廊”，有较好的私密性和散热性，良好的通风透气，不仅能带走湿热，还能够有效减轻台风风力的影响。而羊山地区民居明显带有江淮特征与广府民宅样式（“三间两廊一天井”）特征，从中可以看出羊山地区民居受到岭南文化与江淮文化侵染，但又不尽相同，这也是当地自然条件造成的，而与北方四合院差别就更大一些。

羊山地区的传统民居一般都不大，这与海南乡村的风俗习惯以及观念有着很大的关系。过去，海南乡村每家基本上都会要二三个男孩，这些男孩长大后，成家立业，当地就有分房而居的传统，而当时海南每家房子都具有一定的形制匠作制度的，经过了上百年的聚集繁衍，分房建房分房的循环，形成一个村落同姓同宗同脉，皆为兄弟姐妹，同为一个姓氏。

羊山民居中正屋是很重要的。正屋是家庭公共活动场所，中间为堂屋，两侧为正房，在堂屋内距后墙两檩条的地方常设阁楼，供奉祖先牌位，俗称“公阁”。也有的则直接将祖先牌位设在后墙阁窗上，阁窗上还会写着堂号，堂屋后墙一般不开窗，以免“漏财”，阁楼下设置隔窗花窗屏风，多进院落式的房子，则在后墙开门以便进出。正屋两侧的房间用作寝室，子女人口多的，大多把两侧的房间分隔成四间，屋顶安装玻璃瓦透光，前后墙还开有小窗，以增加对流通风。有的利用房间上面空间架梁、搁木板，形成内室夹层空间，安放一些杂物。大户人家利用屋子、廊道、庭院等进行组合，形成多进院落式的空间布局，平面和空间在规整中富有变化。堂屋是家庭的礼制中心，节日祭祀、生辰忌日、结婚嫁娶等都在此举行，因而，堂屋几乎代表了一个家庭，是家庭的象征。家中儿女长大后，成家立业，或兄弟析产分家，新屋必须有堂屋才算成立新家。

横屋一般用作厨房、柴房、谷仓、杂物间、少量作住房等（图2-2-11），也有人当做客厅使用。横屋与正屋之

图2-2-11　火山石民居横屋（来源：唐秀飞 摄）

间的廊道，俗称“吊廊”，横屋与正屋之间没有廊道的称作“合廊”。多进院落的多少和庭园面积的大小，对横屋的长短、数量都有直接影响。

大门作为村巷与院子的重要入口，与正屋，尤其是正屋大门不正对。大门上一般加盖屋顶，底下形成称作门厅，有的还利用门厅顶上空间建设为门楼，门楼上可放杂物或用于纳凉，称为阁楼。门楼屋顶讲求装饰，是住户人家的正屋屋顶缩影，也是主人地位，家道殷实，颜面风光的体现，大多做得精致奢华。

庭院是羊山民居家居的活动中心，喜庆活动一般在院中进行，也可用作晒场，大多以大块火山石铺地（图2-2-12）。大户人家由于人多，房子面积大，多进院落中庭院又可分为前院、中院和后院，多数庭院注重环境美化，并作有各样的花池、空间小品、石凳雕刻等。供村民在庭园的屋檐下或路门厅下纳凉，驻足攀谈，这里也成为了过往村民交流的场所。

羊山地区的居民在应对气候因素上经验丰富，当地民居建筑在适应地理环境、适应当地风土人情、满足生存需要等诸多方面显示出无比的机巧、智慧，极富地方特色和灵动之气。其在采光、通风、隔热、防潮、防水、抗风、防虫、防震、防盗等方面都有人性化的考虑及独到的设计。

羊山人十分注重生态环境，一般在民居的周围都会栽种经济果木林，龙眼、番石榴、木瓜、黄皮、槟榔等，这样既能美化环境，同时对调节空气也有着重要的作用。传统民居利用树影遮荫防晒，长时间避免日照酷热，保证室内空气凉爽湿润。在花果累累的季节，享受香甜的果子收获的喜悦，花香如鼻随风潜入，夜伴居民进入梦乡。

羊山地区传统民居朴实无华，却不单调呆板，注重内部空间的合理组合。许多民居还精于雕镂装饰，通过宅门的门罩、窗楣、柱础等予以体现，其精美的雕琢，从工艺、构造到构图图案（一般为花鸟鱼虫和龙凤等），均呈现出独特的艺术色彩。

1. 海口市旧州镇包道村侯家大院

侯家大院位于包道村的西北一隅，占地面积达1200多平方米，完整地记录着火山石传统民居的发展与演变过程。

整个大院是南北朝向，坐北朝南，三面丛林环绕，一面临街，四周为高2.4米左右的围墙围合。侯家大院演进至今

图2-2-12 火山石民居庭院（来源：唐秀飞 摄）

共4通，每通三进四院，右两通最先修建，估计有300余年历史。清末侯氏家族步入仕途，于是修建了左两通，用十七瓦路，同时房屋屋顶开始出现龙凤灰塑。整个大院力求方正近似矩形，入口路门开在迎街的墙面上，有三座装饰精美的路门，其中一座上题有“侯氏大宅”四个大字，体现出侯氏家族的地位尊贵（图2-2-13）。

图2-2-13 侯家大院建设发展平面图（来源：《中国传统民居类型全集中册》）

侯家大院并非一气呵成地建完，而是由于家族人口发展迅速，左右两通在新中国成立前先后修筑起来。

侯家大院总体布局上的最大特色就是院落与建筑紧密地聚在一起，严格等级、宗庙尊崇的关系，形成对内开敞和对外封闭的空间。四行院落行列布置，纵轴线排列成行，正屋则纵向前后贯通，组织严密，结构严谨，密集的作用可减少辐射热，宅巷的控制引导可取得良好的通风。整个院落的建筑物严格按照等级前低后高，前案开阔，整体地形建筑顺势为一个缓坡而建造。整个大宅的前部是广袤的田野和大量的椰林，其余的三面则满布着各种热带的树木。整个大宅的大多数窄巷与该地区夏季常年主导风向的轴线平行，因此，掠过田野及树林的凉爽空气就会由此补充进入到整个宅邸中。侯家大院的另一个布局特色就是以礼制为准则，具体表现为宗庙为崇的原则。侯家大院以侯氏宗祠为主导紧靠宗祠的位置布局，距离仅十余米，强调对祖宗的敬重。再则就是侯家院落中的正屋也被主人作为会客和起居之用，高度以第二进为最高，皆因第二进正屋为祭祖之用，四组院落无一例外。正屋形态丰富多样，强调家族地位尊崇，细部雕刻精美，建筑高度讲求主次分明，正屋高度高于横屋。横屋一般用于厨房做饭、生产加工和闲杂工居住之用，建造工艺相对简单粗糙。

空间的序列关系在侯家大院的布局中平面简洁，结构清晰。四组平行的院落各个单体院落的平面布局基本相似。各个单体院落在尊崇严格祖制的平面布局上都为三级序列，只是最先建造的祖屋是一个特例，其布局为四进。侯家大院各个院落空间序列十分相似，按建造时间分别为：祖屋、横屋、第三行、第二行、第一行，以主人生活需求和心理需求和时间先后在单体结构及装饰上有较大的区分（图2-2-14）。

侯家大院为四座窄廊横屋并列组合而成，构成要素主要有：正屋、横屋、路门和院墙；其布局为：由单边的宽廊变化为短廊，位于正屋左侧，每进院落一般有路门，路门位于院子右侧。

从整个侯家大院的布局来看，四组院落主要以正屋为基础，沿轴线纵向发展，用内院连接各个单体，演变成为院落式的住宅"行"。每"行"有三进，整个房屋空间序列沿着一条纵轴线展开，既有前奏、有起点、有主次，又有高潮，有转换，有收尾，内院连接多层次空间。而中轴线上，每进房屋的前后大门要穿过"行"，正厅前后大门都上下对齐。"行"与"行"再通过路门的开向，纵向巷道连接形成整个侯家大院和谐又丰富的空间层次，以及组织清晰、结构严谨的居住建筑单元。

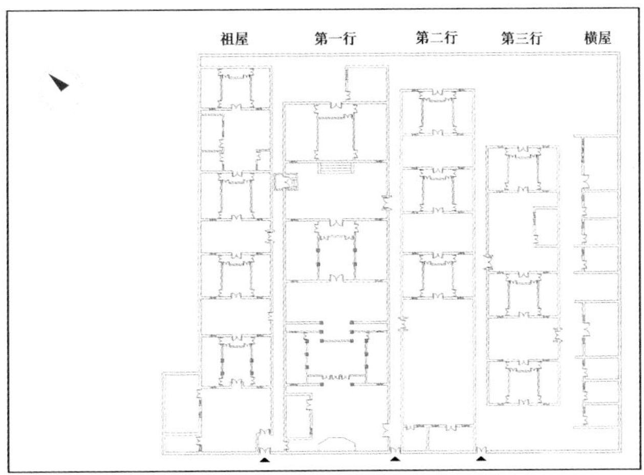

图2-2-14 侯家大宅平面图（来源：根据《琼北传统民居形制研究——以侯氏大宅为例》，唐秀飞 改绘）

侯家大院室内的大小木作相当精细丰富而且保存完好，包括：双喜窗花、吉祥托梁、神龛及神台、座椅家具等，都很具有历史价值。建筑外墙的墙体彩绘距今120多年有余，却依然栩栩如生，院子内的照壁灰塑造型优美，大门装饰丰富（图2-2-15）。

2. 海口市遵谭镇东谭村蔡泽东宅

蔡泽东宅是符合现代生活习惯的火山石民居的典型代表。其形制是标准的二进三院民居庭院，建筑面积180多平方米，庭院面积约430平方米。前面正屋为客屋，中间为主屋，后院设厢房。其功能结构完全符合现代的起居模式，主屋加设配套卫生间、统一的给水系统、完善的排水排污体系，同时后院厢房有农具储存室、作物加工间和现代厨房。

蔡泽东宅呈东南朝向，中轴对称，前庭院中轴围墙是照壁，刻有"福"字及鱼石雕，前院的铺地是统一的火山石铺地，连接客屋的道路呈檄文铺贴突出地面。院大门位于前院东边，有丰富的木作雕花。主客屋的石作属于无浆砌筑，石材加工精细，木作也相当精美，距今有近70余年，色泽依然鲜艳。中庭院是汇水庭院，象征着聚财，布置着许多水缸小品。后庭院是生活庭院，包括卫生间、厨房、加工房，单独设有进出院门（图2-2-16）。

（二）多进合院

1. 文昌市富宅村韩家宅

韩家宅是旅居泰国的文昌富商韩钦准于1936年回乡所建，位于海南文昌市东阁镇宝芳办事处富宅村。20世纪80年代政府落实华侨政策，韩家宅回归韩钦准家属管理。

韩家宅坐北朝南，是典型单篼式布置，采用单横屋式院落——四进单横屋式，整体占地面积1650平方米，其中建筑面积1100平方米。院内沿纵轴线布置四进硬山顶正屋，正屋间前后门厅相对，从门楼处沿同一纵轴线看到后门。正屋之间形成三个天井，在第二、三进天井左侧建有混凝土结构

图2-2-15　海口市旧州镇包道村侯家大院（来源：唐秀飞 摄）

图2-2-16 海口市遵谭镇东谭村蔡泽东宅（来源：唐秀飞 摄）

的西式二层纳凉楼。正屋右侧是共有九间连成一排的横屋，作厨房、餐厅、厅堂、库房等使用。韩家宅四面有高大院墙围护，南侧为影壁墙，左侧为路门，路门建有硬山顶门楼。横屋的明间向西侧开有院门，院门外为洗衣房和澡堂（图2-2-17）。

韩家宅四进正屋均带有前廊，规格相同，17格，43路。正屋前后门贯通正对，最后一进房屋略高，厅堂空间开敞设太师壁，上方设神龛作供奉祖先之用。太师壁两侧有连接厅堂与后轩的后轩门，后墙正中设有后门。前三进原有的太师壁已经损坏（图2-2-18、图2-2-19）。

韩家宅各进房屋做工精湛，用料考究，所用木料如檩条、步通、装饰及六边形的廊柱柱身部分等均是来自东南亚的上等坤甸木，均使用硬山搁檩造。檩条直接架在山墙之上，之后铺设椽，用菊钉固定，再铺母瓦、公瓦，上灰浆固定完成。横屋的第一间有依旧完好的插梁式构架，但部分隔墙已损坏，空间感受尺度更加开敞。横屋带有外廊，其步通为水泥预制，步端为螭头状，做工精美；廊柱柱头为水泥预制的二圈荷花头，下坐落在雕花石柱上，至

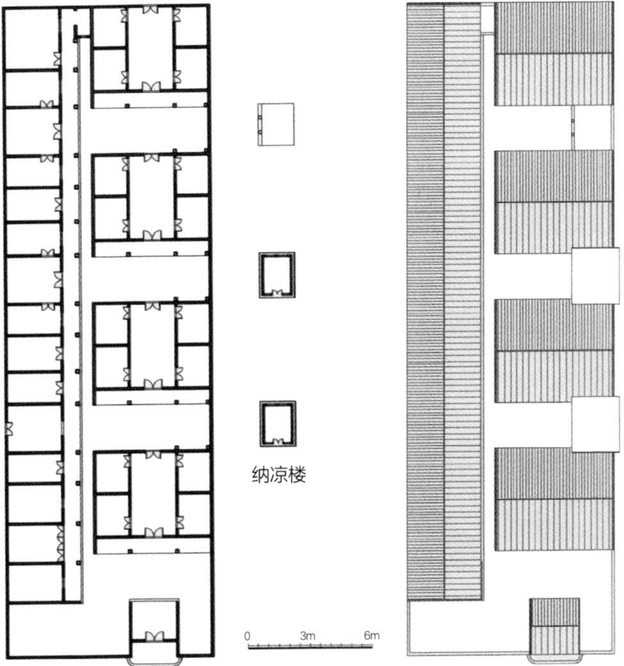

图2-2-17 韩家宅一层平面图和屋顶平面图（来源：《海南近代建筑琼北分册》）

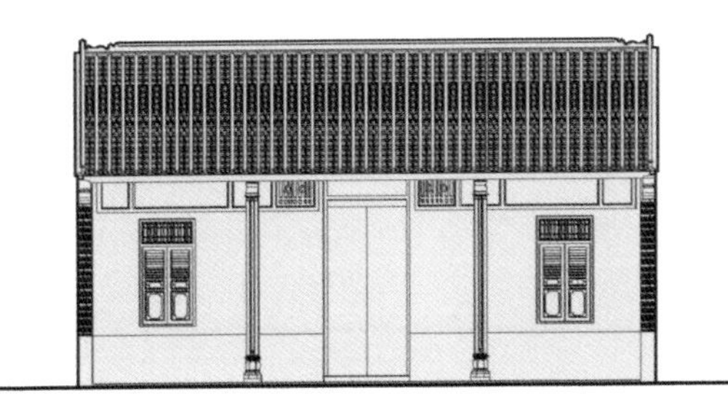

图2-2-18 第一进正屋南立面图（来源：《海南近代建筑琼北分册》）

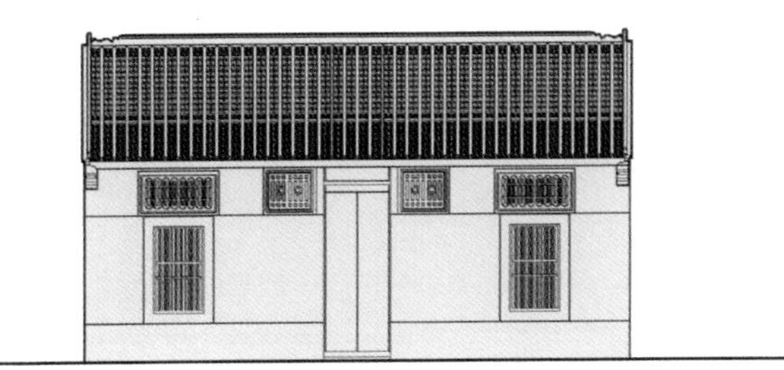

图2-2-19 第一进正屋北立面图（来源：《海南近代建筑琼北分册》）

图2-2-20 韩家宅（来源：唐秀飞 摄）

今保存完好（图2-2-20）。

第二、三进天井东侧的西式纳凉楼受到南洋建筑文化影响，造型别致，与周边的传统民居相协调。正屋及横屋的两侧山墙均开有通风换气的圆窗。外墙上，圆窗周围垂脊下方规带配以多种元素的泥雕装饰：有象征着福气的蝙蝠，象征喜气的中国结等；有象征着吉祥如意、福寿安康，如广曲云、广曲草、草尾藏蛟、喜字、葫芦等等。韩家宅也有大量的对美好生活的憧憬，以及对美好居所的愿望彩绘，主要有展现韩氏家族在泰国的事业远景、海南家乡的田园风光、诗书楹联、花鸟草虫等。在横屋的门板之上，有大量的透雕作品，雕刻了“福”“贵”“吉”“祥”等字样，这些木雕精品无一不体现了韩家人祈求生活的幸福吉祥。

两层的硬山顶门楼做工考究。门楼二层结构严谨，以檩条直接插入山墙之中，上铺设木板，少有放杂物，通常作为纳凉之用（图2-2-21）。正门之上开有三方窗与三圆窗，为纳凉层通风之用。窗格为水泥打造的格式构件，与窗框外侧彩绘和谐统一。山墙高于屋面，以优美的曲线控制山墙顶端的伸展，并在山墙外侧有多重线脚，有大量草尾状的泥雕图案，整体形态简洁而不失大气。

韩家宅是严格按照琼北传统民居形制建造的，因受南洋文化和中原文化影响，出现了与西洋文化结合的西式纳凉楼、墙面的彩绘等，既融入了南洋以及西方建筑的艺术风格，又体现了中原和琼岛的民居特色，是海南侨乡建筑的典型代表。

2. 文昌市会文镇陈家宅

陈家宅由陈氏两兄弟于民国8年（1919年）建，位于文昌市会文镇沙港村委会义门三村。

陈家宅是四进开廊式、单横屋式院落，占地面积有1217平方米，建筑坐西北朝东南，砖木瓦结构，硬山顶，共有13间房屋。每进正屋前面有天井并由连廊连接，在第二进与第三进之间，有路门与左侧巷道连接。在第三进设立供奉祖先的神位。横屋位于正屋左侧，路门位于正屋右侧。路门正对的一间横屋有雕有大量木雕图案的六扇木门。路门上设两层门楼，门楼两侧各有用作冲凉用的两小间。正屋正对面设置了一座有两幅大型红双喜漏窗的大型照壁，灰雕匠师利用笔画之间和四周的空隙极为巧妙地穿插布置了狮子、铜钱和蝙蝠等，造型活灵活现，栩栩如生，表现了“福禄寿喜”吉祥主题。照壁前还设置一处小花园（图2-2-22）。

陈家宅第一进正屋运用了海南民居中较为罕见的插梁式

图2-2-21　韩家宅门楼（来源：唐秀飞 摄）

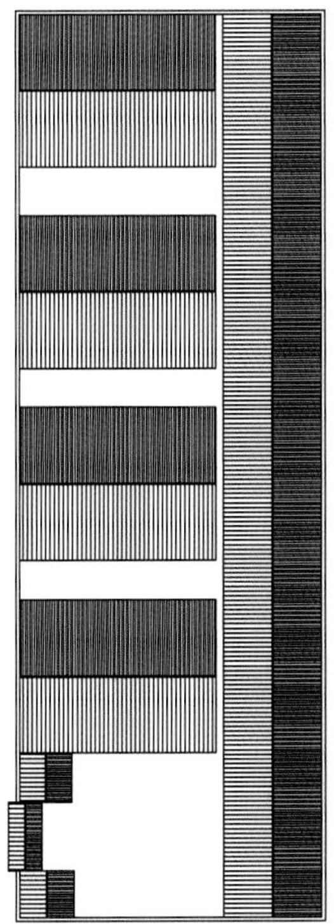

图2-2-22　陈家宅（来源：唐秀飞 绘）

构架，使用了大量木材和木雕。正屋的梁架上、隔扇门窗上都雕刻有麒麟、兔、狮、鹿、鸟及花草等形态各异栩栩如生的中国传统艺术造型的吉祥图案，表现了主人对理想生活富贵长寿的美好愿望。正屋尤其使用大量木雕，左右两间暗房前后均有开窗，隔扇窗上装饰图案均有用泥雕刻的书卷、草尾、花瓶、蒲扇等。次间与明间之间用木梁柱加木板分隔，两边为两组对开高木门，中间镶嵌六扇对开木门，木门上半部分均为木格栅，显得通透而美观。在第三进内设有供奉祖宗牌位的神龛阁（图2-2-23）。

二、南洋风格民居建筑群体与单体

（一）文昌市文成镇松树村松树大屋（符家大院）

松树大屋位于海南文昌市文成镇头苑办事处玉山村委会松树下村，庭园开阔，风格独特，于是得名“松树大屋”，房屋结构精美，房屋造型美观大方，多间房屋的墙壁上画有花鸟图案。整幢建筑高大雄伟，为三进单横屋院落，是海南现存为数不多的典型文昌传统民居与南洋风格民居结合的范例。

松树大屋由符永质、符永潮和符永秩三位同胞兄弟在新加坡经商发迹后回国共同出资于1915年开始建造，历时三

图2-2-23 陈家宅（来源：唐秀飞 摄）

年建成。该宅坐东南向西北，偏30度，四周建有围墙，占地面积1737.6平方米。松树大屋的三进正屋均为两层结构，用的木料都是从东南亚运来，二层用泰国黑盐木做檩，配以薄板隔开。连廊与天井相连，正屋都与连廊连接。每进正屋厅堂前后门门框、门枕、门楣上方的镂空窗棂以及太师壁均已损坏。厅堂两侧为卧室，中间无隔墙。正屋均为两层平顶结构。连廊与前后天井相连，檩条直接搭在天井内隔墙之上，上面再铺设木板，屋面浇灌细石混凝土，连廊为拱券相衔接，整个院落形成八个小天井（图2-2-24～图2-2-26）。

卧室都通风良好开有两门四窗。二层前后建有带有圆窗外框的两个内阳台，圆窗与正屋间连廊的阿拉伯伊斯兰特色拱形券交相呼应，形成连续的空间。正屋都有单独楼梯，通往二楼阳台。楼梯第一段为砖混结构，做工讲究，装饰精美，扶手有多层线脚，第二段为木结构，大部分木结构已损坏。第一进正屋厅堂延展中原文化，前厅都设有影壁墙，影壁上讲求吉祥和入口气氛营造，泥雕装饰及砖雕装饰都历经岁月的风残雨蚀已经变得模糊不清，下房建有用作祭台用的石台。

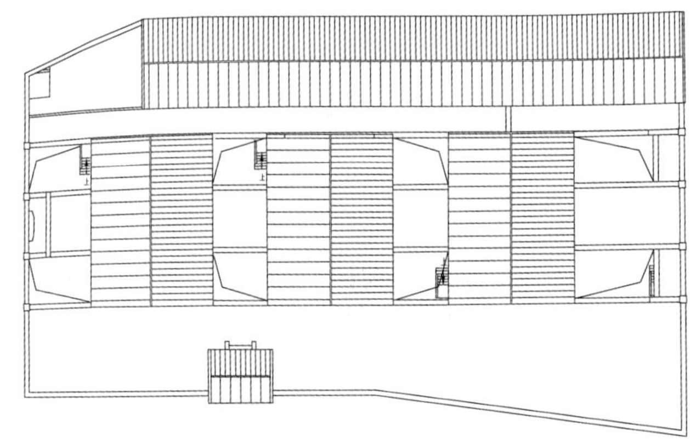

图2-2-24 松树大屋屋顶平面图（来源：《海南近代建筑琼北分册》）

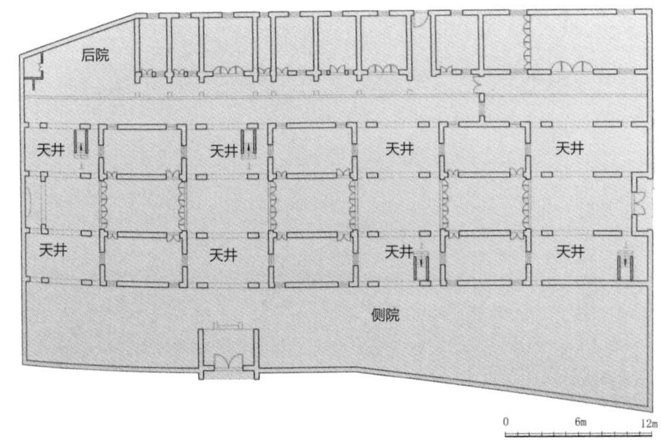

图2-2-25　松树大屋一层平面图（来源：《海南近代建筑琼北分册》）

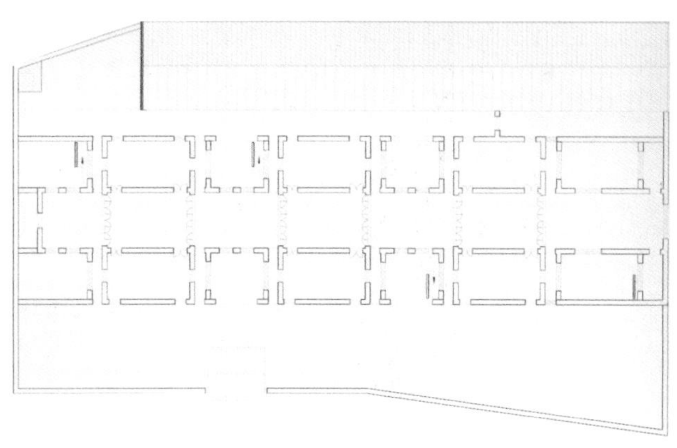

图2-2-26　松树大屋二层平面图（来源：《海南近代建筑琼北分册》）

图2-2-27　松树大屋（来源：唐秀飞 摄）

左侧横屋作会客、厨房、柴房、仓储粮食杂物使用，为硬山搁檩造，共九间，带外廊，外廊有9个拱形门洞，外廊拱券外框均有多重彩色线脚装饰，在线脚端头泥塑图案有植物和动物，花鸟虫鱼、祥云、雀上枝头等，也有泥雕的广曲、云雀等装饰图案，屋檐下方有主人祈求幸福吉祥的大量彩绘壁画。松树大屋新的结构与外形形式创造并重，大量运用“飞扶壁”与“骨架券”结构，在正屋、天井、横屋之间不同跨度上作出矢高相同的券，半圆形的拱券连接两个小圆弧形结构形成一个整体结构，不仅承受屋顶的重量，又加大了屋顶空间跨度，增加空间通透宽敞，并且圆弧形状变化形成视觉框景，拱顶重量轻，减少了券脚的推力。两层结构拱券大多为下层一大、上层两小的设计，兼有装饰和稳固结构的作用，不同角度看去，不同的位置添加的细部装饰，还有不同的空间感受。由于大量拱券和圆窗的应用，每一扇房门、窗的上方均有半圆形拱券装饰，弧形装饰元素每个拱券外边框多重线脚重叠。拱券在松树大屋中的运用使得中国园林的借景和框景手法得到淋漓尽致的发挥（图2-2-27、图2-2-28）。

松树大屋中西合璧的整体风格上兼顾海南传统民居风格，运用大量的东南亚伊斯兰风格新材料新技术。木雕、石雕以及灰塑等传统工艺也在松树大屋中有大量应用。正屋山墙头采用了广府民居镬耳屋山墙形式几何线条组合处理方式，山墙中部以乌踏线将一、二层区别开来。横屋中面向天井的六扇木门板运用了中国古典元素透雕手法，以钱币、蝙蝠、寿桃等作为雕刻元素；门框、窗框上方的拱券，墙头均使用彩绘灰塑作为装饰的木质窗扇。“梅兰竹菊”的浮雕图案依稀可见。院落的后门下方的石雕构件，以飘带缠绕葫芦、铜钱的形式浮雕于枕石之上（图2-2-29）。有伊斯兰

图2-2-28 松树大屋（来源：唐秀飞 摄）

图2-2-29 松树大屋装饰（来源：唐秀飞 摄）

文化宅院后门彰显房主主人在东南亚地区受到伊斯兰教宗教文化的深刻影响。

松树大屋建造的主要材料是以泰国运回的黑盐木作为屋顶承重，以青砖作为墙体，以文昌当地的灰浆作为粘结和饰面材料。松树大屋的排水体系比较完善，雨水收集组织都经过设计。阳台、连廊的平屋顶均有出水口，连接排水管，排水管固定在柱体上，水由排水管排放顺势流入天井，由天井的排水沟顺着房屋的地势流出院落。排水管外部用泥浆封裹，较好预防雨水侵蚀（图2-2-30）。

松树大屋主屋两层结构，多重拱券的运用，形成连续变化空间，精致的花鸟图案装饰，院内空间视觉转换，中国古典园林造园手法框景、借景的运用恰到好处（图2-2-31）。在文昌传统民居基础之上，融合了东南亚文化既体现主人独到的修养情怀，又传承了传统的建筑元素精华，新的结构，新的形式是近代民居精品，是中西合璧的典范。

（二）会文镇欧村林家宅

林家宅于1929年由定居香港的旅澳华人林尤蕃出资兴建，1932年建成，位于海南省文昌市会文镇冠南办事处欧村。到了1991年，林尤蕃的三个儿子林明湛、林明灏、林明渭又回乡对老宅门楼进行修葺。宅院坐北朝南，位于欧村中央，两侧为花园，占地1000平方米，建筑风格融合了南洋建筑和文昌本地的传统民居建筑风格，整个院落呈正方形，门楼两进正屋在一条轴线上，正门开在中轴线上，平面布局为中轴对称，是两进式双横屋院落。

门楼的二层是南洋风格，借鉴南洋款式，采用糅合中西元素的闽南传统民居的平面形制。门楼两侧围墙上各开一个巨大圆形窗户，中间是一个喜字，门楼喜字中央自上而下

图2-2-30 松树大屋排水管（来源：唐秀飞 摄）

图2-2-31 松树大屋结构（来源：唐秀飞 摄）

有蝙蝠、菊花和娃娃鱼，旁边有2条蛟龙衔住喜字，蟠桃、石榴、鲜花作为陪衬，走上屋顶，“双桂第”前后两间正屋屋顶两侧上有精致灰塑和花纹图案。门楼、双护厝、两进正屋、两列横屋与院墙围合出一个矩形、两个“L”形天井，两个前院以及一个后廊，整个宅院的平面呈“日”字形。门楼二层与正屋、横屋顶层之间修建了一条环通走道跑马廊串联，“井廊”结合的手法多次运用其中，其空间秩序感更加强烈，空间更加丰富，形成很多趣味“灰空间”。可上人的二层连廊，畅通无阻，连接各进正屋及横屋，使整个院落空间贯通、流畅。整座宅院在二层有间阁楼，外围有走廊，门楼二层是房主纳凉赏月、喝茶、聊天的地方，也可通过三层楼板留有的空洞用梯子登高至三层，屋顶有女儿墙，中间有歇山顶是林家宅的最高点，可以眺望远方的景色。两进正屋都是三间张，规格相同，护厝平面长度大，有8个房间，每间大小不一，为厨房、杂物用房。建筑结构为钢筋混凝土结构，屋顶为木结构，墙身为砖砌承重，屋顶覆瓦。第二进厅堂摆放着林尤蕃及两位妻室的照片。中间为堂屋，左右各两间房，房屋开有后门，连接院落的后廊，两进正屋等级相同，脊兽也相同，脊兽为广曲藏蛟，即广曲中藏有蛟的眼睛和嘴。不同层栏杆雕花也有所不同，一层为葫芦栏杆，二层为传统回纹灰塑雕花。正屋后墙上的排水管做成壁柱形式，后门正对的院墙中心有一处圆形泥雕。视线的连贯、构成形式的美化均是中国传统文化与现代建筑设计理念在林家宅中的体现（图2-2-32～图2-2-36）。

林家宅两进正屋均采用硬山搁檩造，山墙为广府镬耳屋形式。建筑材料多由海外运输而来。檩条木材均是正宗的坤甸木。横屋同样为硬山搁檩条，内部隔墙为三角形钢筋混凝土梁作为支撑，延伸扩展成为开敞空间。正屋与横屋之间采用连廊形式连接，连廊亦为钢筋混凝土的框架结构。门楼为两层钢筋混凝土框架结构。建筑为两层南洋风格门楼建筑，其建筑为一层三开间，中间为门，二层只有中间一间，房间四周环绕柱廊，门楼中轴对称，居中开门，一层门楣上挂“双桂第”牌匾，左右间设有栏杆扶手，二层中间房前后柜门，可拆装，柱廊栏杆围边。

林家宅的泥雕、木雕、灰雕都是上上之作。门楼二层顶出现葫芦柱的灰塑形式，山花也是灰塑的精品。门楼两侧，

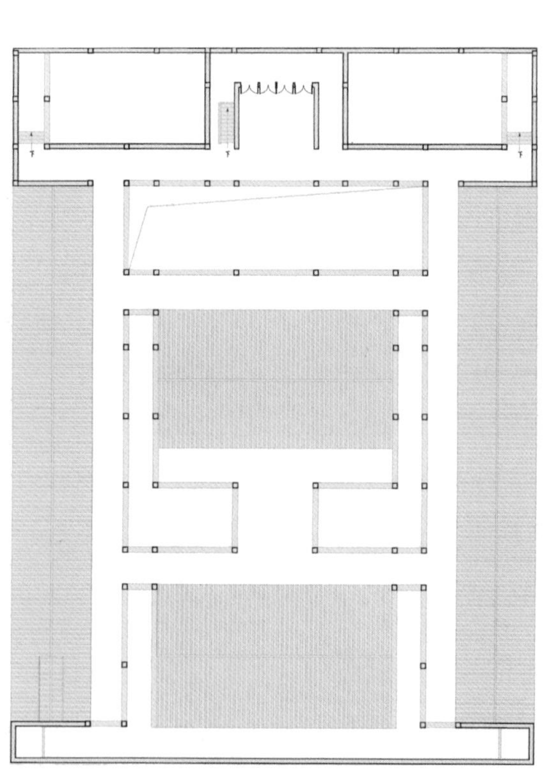

图2-2-32　林家宅总平面图（来源：《海南近代建筑琼北分册》）

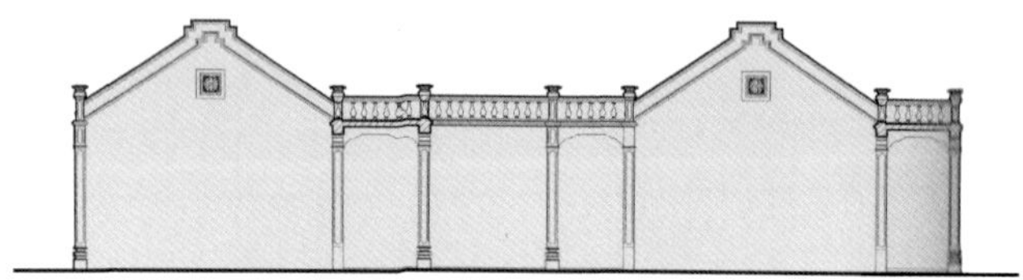

图2-2-33　正屋侧立面图（来源：《海南近代建筑琼北分册》）

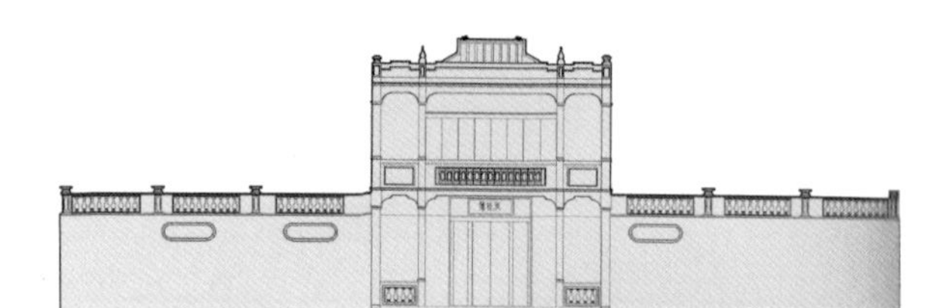

图2-2-34　门楼立面图（来源：《海南近代建筑琼北分册》）

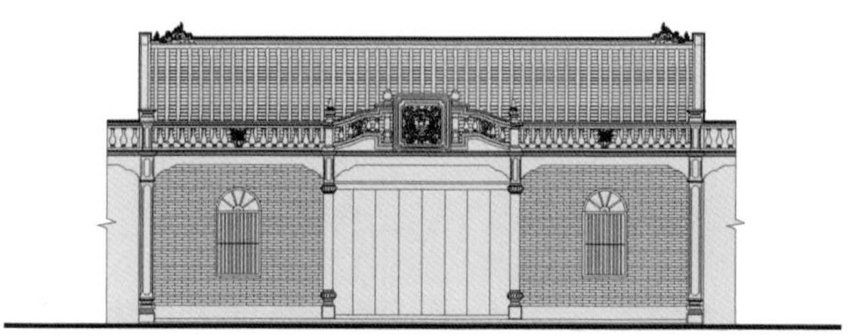

图2-2-35　第一进正屋北立面图（来源：《海南近代建筑琼北分册》）

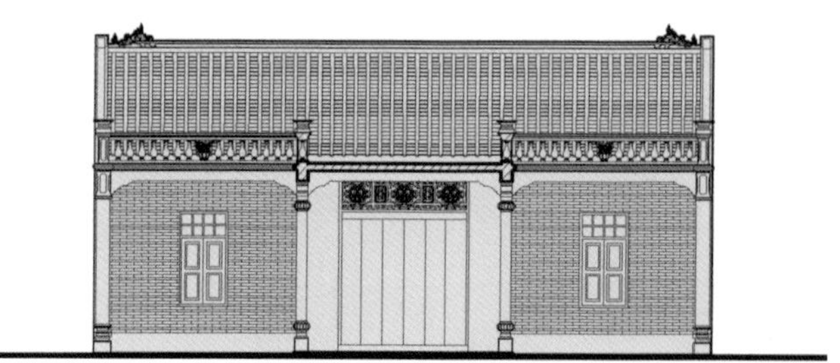

图2-2-36　第一进正屋南立面图（来源：《海南近代建筑琼北分册》）

图2-2-37 林家宅雕刻（来源：唐秀飞 摄）

有两处圆形泥雕，由钢筋做骨架，用水泥灰浆雕刻而成，是林家宅中面积最大的灰雕。第一进正屋门楣之上雕有山花，山花为灰塑的精品，中间为蝙蝠展翅，下方一花盆，四角也有盛放的花朵点缀，方形的灰雕两侧则是莲花座的栏杆，寓意着福禄临门。跑马廊的栏杆均为葫芦柱栏板，再往两侧葫芦柱间装饰灰塑葡萄串，点缀各种水果、花朵做装饰，颗粒枝叶惟妙惟肖（图2-2-37）。门楼可至二层顶部，人用梯可上屋顶，是院落的最高点，周围依旧栏杆围绕，中心处为歇山顶形式。

另一大细部特点是柱与梁之间均有雀替的出现，对雀替的频繁使用，柱础、柱头、楼板与梁之间均有多重线脚，更加体现了现代建筑设计与工匠技艺的完美结合（图2-2-38）。

欧村的林家宅是岭南建筑、广府文化在海南的体现，既有文昌传统民居特点，又有岭南民居两进双护厝正室特点，南洋风格融入现代建筑设计理念与文昌传统民居文化结合形成最为紧密、建造最为精致的南洋风格民居，是文昌近代民居中一枝独秀难得上乘之作（图2-2-39）。

图2-2-38 林家宅雀替（来源：唐秀飞 摄）

（三）定城镇春内村王映斗故居

王映斗故居坐落在定安县定城镇春内村的东北部，王映斗是清朝大理寺卿，奉天府丞兼五省提督学政。故居建于清同治年间，由京官设计图纸，带回故里建造。建筑坐西向东，规模宏大，地势西高东低，祖屋三栋组成“品”字形结构，东西纵深五六十米，南北宽约40米，占地2000多平方米。前面有一口水塘，大约1000平方米，长年积水不涸。

故居外观布局十分紧凑，建筑规模气派宏大，建筑结构中西合璧，既采用传统的土木砖瓦构筑，弧形门窗，又融入西洋欧式建筑风格，故居大门是由高2米多，宽1.5米左右的石砌建成，九级石阶缓缓而上，大门朝东，颇有气势。穿过大门，30米长的巷道直通院内，大门共有3道。第二道门的门楣上原挂着“父子进士”的木制牌匾。故居有正屋、后枕屋之分，正屋4幢，客厅厅堂设在正中，位置较高。两侧为厢房，后枕屋3幢，每幢为3间，皆为等级较高的悬山式建筑。屋梁、公阁所用板材均采用上等名贵的苦香木料。前庭和后庭的四周都分别有遮光挡风避雨的相连廊檐，庭院横廊有弧形门窗，曲廊迂回，回廊巷道皆用青石铺就，步移景换，别致典雅，百年建筑豪宅，内有12院72房，规模宏大，杂糅相融，古朴大方（图2-2-40）。

图2-2-39　林家宅（来源：唐秀飞 摄）

图2-2-40　王映斗故居（来源：唐秀飞 摄）

三、南洋风格骑楼建筑群体与单体

（一）骑楼建筑单体布局

骑楼建筑形制由于手工业和个体商业的经营需要，分成一间紧靠一间，山墙相连的结构单元，形成连续的商业街，满足规模小，多元化经营的需求。一般为两层，局部三层。一般前店后宅，也有下店上宅。

平面基本形态为窄长形，开间窄，进深长。沿纵深方向中间布置天井以利于通风采光，这种高密度利用街道模式，有利于商业聚集，也减少街道建设成本。

平面空间布局分为两类：

①骑楼→商铺→天井→住房（长型）

骑楼中间设活动天井的多种空间的组合。天井主要解决基本的通风采光问题，天井内侧设有厨房、厕所以及楼梯通向二层房间，前后由跑马廊相连。天井之后又是房间，有的作为仓库（无窗），有的作为客厅或饭厅（有窗）。

从平面看，二层空间基本布局与一层空间相同，商铺的上层靠前临街一般为卧室或货物储藏，二层楼板设活动天井，有的还作为货物垂直起吊通道。通常一间店铺即为一户，也有联户经营形成拥有大空间的商铺（图2-2-41）。

②骑楼→商铺（短型）

商铺被分隔成一大一小两个空间，不设置天井，垂直交通直接设置在商铺内，大空间作商铺，商铺后设有厨房、厕所等附属用房，小空间作客厅或者饭厅用。卧室设在二层。由于进深较短，左右两侧楼房进深较大的自然围合成一个后院，可作为作坊操作的地方或洗菜的场所。骑楼上方的二层空间阳台有的设隔墙，有的则没有隔墙直接并入室内空间。有隔墙的阳台防热防噪防尘，没有隔墙的空间稍大，但防热防噪效果不佳（图2-2-42）。

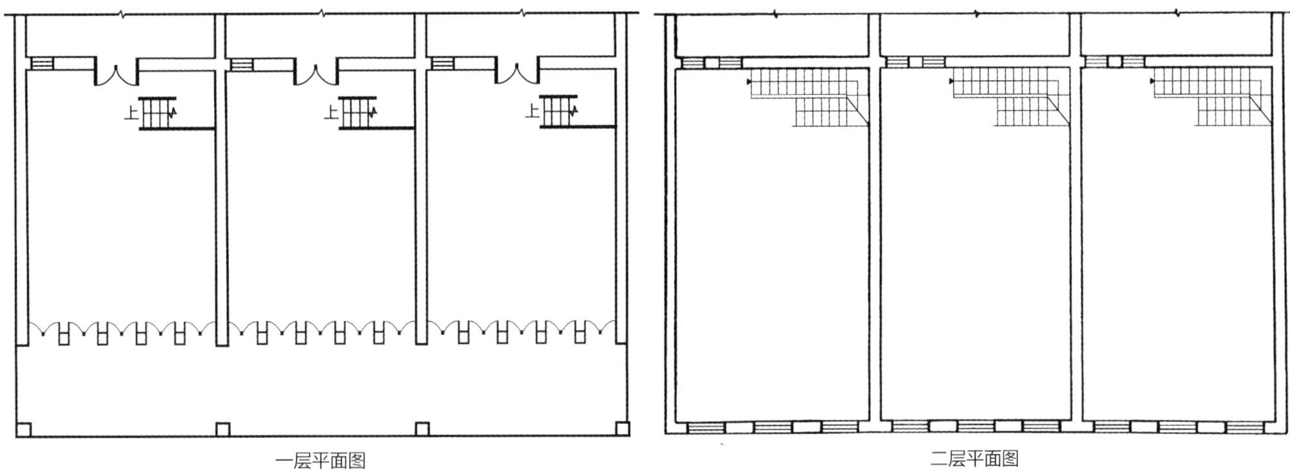

图2-2-41　联合经营的大空间商铺平面图（来源：《海南近代建筑琼北分册》）

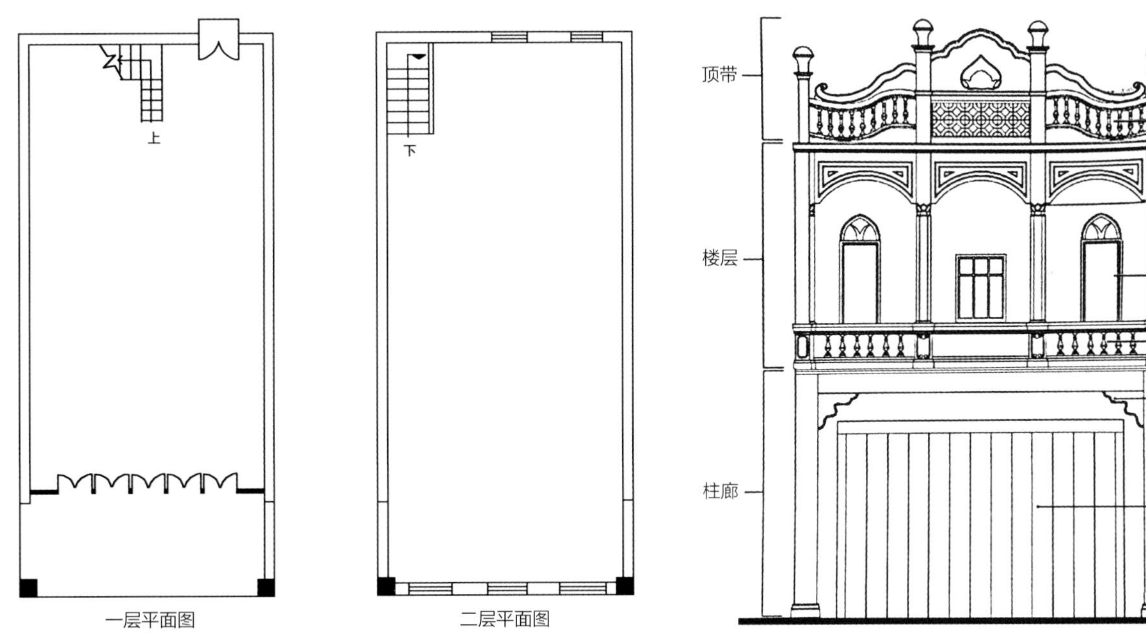

图2-2-42　短型商铺平面图（来源：《海南近代建筑琼北分册》）

图2-2-43　商业街立面基本格局（来源：《海南近代建筑琼北分册》）

（二）骑楼商业街立面特征

海南骑楼在立面形式上，沿用古希腊时期的经典三段式做法，分成底层柱廊、楼层、檐部女儿墙山花三部分（图2-2-43）。

海南骑楼开间面窄，两侧又是相邻商店，不能开窗，也不能有独特的建筑造型。所以，建筑临街面成为唯一选择形式，单体建筑的立面、檐口、柱廊、屋顶及女儿墙的创造是必然选择，也是设计师和工匠施展技能的场所。这也是临街形成瑰丽多姿、和谐统一、变化丰富的骑楼街景的原因所在。

①底层柱廊的开间形式

底层柱廊的开间形式包括两种。一是一户一间：底层柱廊部分一间即代表一户。二是一户三间：底层临街商店外廊柱部分呈三间四柱，立面柱廊部分与楼层上面部分柱在轴线上上下对齐，这是结构需要，也是装饰需要。

琼北商业街骑楼多为两层，少数三层，最具艺术价值的柱式，临街商业连廊外立柱，从地面至屋顶，二层分隔柱都做工精致、中西合璧，无论是柱础柱头还是柱身都加上了中国传统元素的装饰符号，如莲花座、广曲云、雀替等，运用本地建筑材料简化的叠柱形式，比例和形制与欧洲柱式有差别，大致可以分为券柱式、梁柱式和倚壁柱式（图2-2-44）。

②腰带柱式

腰带位于底层柱廊檐口上方，二层阳台高度，有的贴墙壁作镂空雕饰，有的部分突出，一般以柱式栏板分隔，左右对称，正中提有店名。腰带通常被纵向分成三部分，根据开间的形式和整修年代不同分成以下几种形式：

A. 腰带中间栏板题店名，两边为栏杆或栏板；

B. 腰带三间均为栏杆，左右对称，可镂空，开间为实栏板；

C. 腰带栏板为镂空水泥预制板结合店门楣题店名（预制板的出现说明该骑楼于解放后修复过）；

D. 腰带三间均为栏板，中央题店名，左右两边对称；

E. 腰带中间一间外突出外阳台，两边为栏杆。

③檐部女儿墙（顶带）

顶带是屋顶部分的女儿墙，位于楼层檐口以上，因此通常以栏杆的形式出现（图2-2-45）。顶带常常被短柱纵向分成三部分，分别为：

A. 左右部分对称是栏杆，中间为构图精美的山花；立面柱至顶带部分为短柱，柱头成剑柄形状，山花上的及柱装饰形成组成图案；顶带两侧的栏杆顺应山花的曲线高低布置，还有的以楼板结构厚度外挑变化，配合山花的构图。高度为2～2.5米。

B. 单纯以连续栏杆扶手或装饰花瓶柱作为顶带形式，高度通常为0.6～0.9米，围合简洁大方。

C. 顶带中间一间利用楼板局部外挑为凸阳台形式，打破三段式立面的平板布局，屈伸关系很好营造出了建筑立面的趣味性。

图2-2-44 梁柱式在骑楼商业街中的运用（来源：《海南近代建筑琼北分册》）

图2-2-45 檐部女儿墙（来源：唐秀飞 摄）

D. 顶带栏板为镂空水泥预制板，这是新中国成立后标准工艺化制作，技术水平改进提高后改建的标志，新中国成立前的立面都是由工匠现场手工完成。

（三）典型街区建筑

1. 海口中山路、博爱路商业街

海口市中山路始建于清朝康熙元年（1662年），原名环海坊，后来为了纪念孙中山先生，改名为中山路。沿街两旁骑楼建筑商业气氛浓厚，较为完整的建筑有80余栋，道路东接博爱北路，西接新华北路，东西走向，路面宽11.5米，全长338米。建筑后由钢筋混凝土结构加固，多为二至四层的楼房，南洋风格浓郁。2009年被文化部评为“中国历史文化名街”（图2-2-46）。

海口市博爱路，历史上曾是城内交通要道，称城内大街。1924年，为纪念孙中山倡导的“博爱”精神，将海口老城区南北走向最长的街道城内大街改为博爱路。博爱路长1300米，宽9米，是海口市老城区最繁华的商贸街之一（图2-2-47）。

海口老城区内骑楼街巷的形态主要受到当地热带气候、经济、地形地貌的综合影响。街巷呈现出适应性强、形态自由多变的特点，海南多数骑楼街道是沿水系布置，这受南方沿海城市商港兴市的观念影响，由平行的横街和垂直港口纵街组成。骑楼滨水建筑群分布密度大，方便水上交通运输，便于商品集散，人工搬运，成本低廉。

海口骑楼老街内的街道多采用弧线型建筑立面设计，沿街为曲面的形式。弧线型街道既对商业人流导入，以曲聚人，以曲聚财，打破了传统直线型街道单调的一眼洞穿视觉环境，又使骑楼街道的整体景观环境富于变化。骑楼街道空间上建筑屈伸的层次感、凹凸感形成生动而富有变化的视觉效果。尤其是变化的底层柱廊，人流的步行穿梭，形成“人看人”、“人挤人”的连续人流商气，为当地购物、休

图2-2-46　海口中山路商业街（来源：唐秀飞 摄）

图2-2-47　海口博爱路商业街（来源：唐秀飞 摄）

闲提供人文放松场所。骑楼与骑楼街的地域认同，历史、人文关怀的公共空间塑造出良好的空间效果，宜人的街道宽度与沿街变化适度的建筑高度比例的控制，营造海南骑楼主体建筑之间统一和谐，尺度宜人，布局有序，节奏紧凑的空间关系。

海口骑楼街道两侧的建筑形成热闹氛围以及强烈的方向感。街道灰空间的比例尺度受街道主体空间的制约外，还受到人体视觉空间的认同感和建筑街道色彩的反射性记忆，街道建筑与人流形成街巷空间印象。

为适应热带季风气候条件，临街建筑在底层采用骑楼、上层采用敞廊等形式，沿街一长串骑楼连在一起，既挡烈日又避雨，是商家做生意，行人逛街购物的好街区（图2-2-48）。街道和建筑平面布局继承了中国古代城市形制，即里坊式和前店后宅、下店上宅形式。

除了厅堂梁架和屋面骨架采用木材外，其他承重结构材料采用砂石、黏土、砖等本地材料。建筑多为2至4层砖木结构，临街立面为连续梁柱式柱廊。骑楼外墙以白色为主，保持着原有的建筑风格，骑楼外墙装饰纹样有植物花卉和螺旋形图案、传统如意纹和宝瓶栏杆（图2-2-49）。

2. 文昌铺前镇胜利街骑楼

铺前镇南洋风格老街因铺前港鼎盛的历史而盛名在外。老街始建于1895年，1903年重新规划，老街为骑楼风格，街道十字交叉为东西和南北走向，南洋风格建筑的店铺跨人行道，底层相互衔接形成自由步行的商业长廊，百年的建造历史以及留存下来的道路肌理形成浓郁的商业环境氛围。胜利街的商人为演丰镇塔市村人，因港口而兴，主要经营从本地木材、大米、水产等到如今的批发零售。胜利街最有名，规模最大的三家店铺为“南发行”、“金泰行”和“南泰行”。辉煌的侨乡文化，繁荣的商业文化使得当地人传颂至

图2-2-48 海口骑楼老街（来源：唐秀飞 摄）

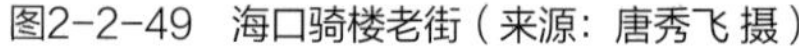
图2-2-49 海口骑楼老街（来源：唐秀飞 摄）

今，“东奔西走，不如到铺前和海口”，见证了胜利街的繁荣。老街商业中心西端连着货港，东端连着通向海口和文昌的主要街道，人流如织，货物往来入流，军舰穿梭，延续着铺前的盛名繁华。胜利街出口正对着的港口是货港，南面是军港，北面是渔港，常有军舰在此避台风。

①总平面布局

胜利街位于铺前镇西南，临近铺前港，呈十字形，主街为东西走向，总长354米，南北次街长约180余米。沿街店铺共130多间，店面宽7~10米，多为2到3层。

胜利街平面布局受传统曲水聚财思想影响为双面弧街布局形式，沿街共有3个弧形角度较大变化的拐点，既适合经营合作，又体现个体的相对单打独拼。

铺前商业街与港口紧密联系，商业街由平行港口的横街和垂直港口的纵街组成（图2-2-50）。

胜利街两侧相互可达性强，连通的骑楼连廊为商家的营业场所遮阳避雨，又为行人提供了连续安全的步行商业通道，相互交流，释放心情的公共场所。骑楼的柱廊精致变化，连续空间序列使得街道富于节奏感。在居住环境上，建筑平面进深较长，房屋结构破损，天井、住宅内空间光照不足，阴暗潮湿，厕所狭小，厨房排烟设置在天井内，通风换气质量较差。

②胜利街骑楼建筑单体布局特点

胜利街骑楼建筑空间沿纵深方向通过单元布局进行延

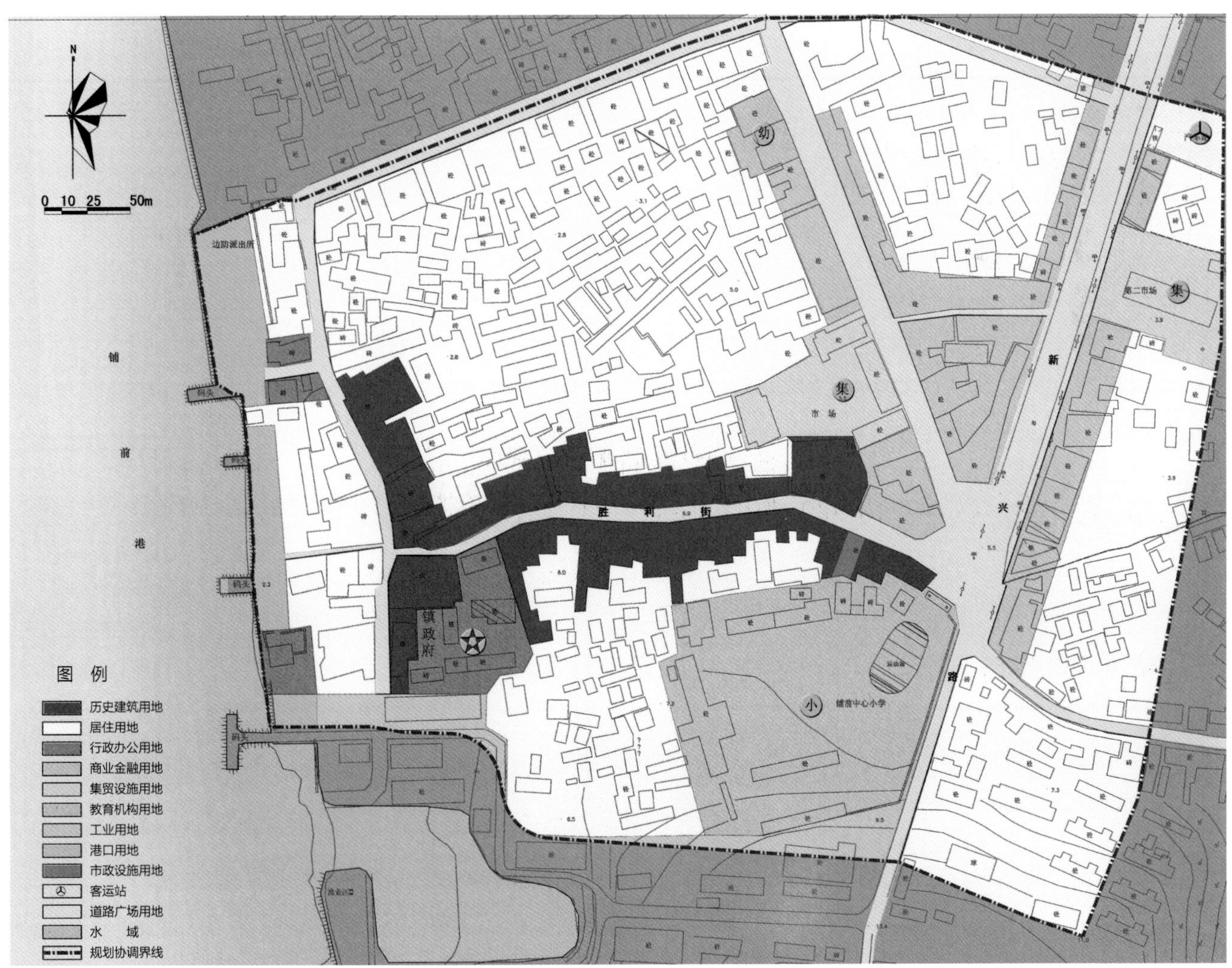

图2-2-50 文昌铺前镇胜利街总平面图（来源：《文昌市铺前镇历史文化街区保护规划》）

伸。从功能分为前店后宅和下店上宅。

平面形式大致分为三类。一是前骑—中房—天井—后院：由骑楼街进入商铺，商铺后方为天井，天井解决基本交通、通风问题，同时，天井内侧有辅助用房，利用天井采光建有厨房、厕所，从天井设垂直交通。直通二层空间，居住起居也围绕天井设围廊展开，实现空间共享。天井后方为堆置闲置用品的后院。一、二层平面结构基本相同，空间的简单叠加，围绕天井进行平面布置和空间组织，二层平面被分隔成几个小型的卧室。二层跨人行道设内阳台起到隔热防尘防噪声，有的则不设，直接并入卧室形成大空间（图2-2-51）。

二是前骑—中房—后院：房屋进深浅的不设置天井，垂直交通直接在商铺内解决。商铺形成一大一小两间，大空间作商铺经营用，小空间作接待客厅或者平时饭厅用。厨房、厕所等附属用房安排在一层商铺后面。起居卧室等私密性空间设在二层。这种建筑形式平面布局结构短小，靠前后两立面解决采光通风等问题。典型的有胜利街27号、85号、106号等（图2-2-52、图2-2-53）。

三是前骑—中房—天井—后房：前店后宅，房间沿纵深方向在天井之后设置，有的作为仓库，有的为客厅或饭厅。有的为两层商铺，有的二层在一层商铺上分隔成两个卧室。后房一层及二层也被设置起居室或卧室（图2-2-54）。有的商铺内利用天井设计为中庭，形成楼上楼下空间共享，加强二层商铺与一层商铺联结和视觉共享，形成“人看人”经营购物休憩环境。

一般一户一间店铺，也有一户经营两三间店铺，联合大空间经营形成家族商业链。

③胜利街骑楼立面形式

铺前作为海南文昌通商口岸之一，华侨众多，有着天然的地理条件以及良好的港口优势，随着货港、军港、人流、商流的交织，带来了东南亚殖民地文化及建筑形式，使得铺前骑楼建筑风貌特征杂糅了富有海南地域特色的海外各式建筑风格，如新古典主义、新艺术主义风格、巴洛克及文艺复兴，同时也融合铺前当地地域特色建筑元素，形成折中主义

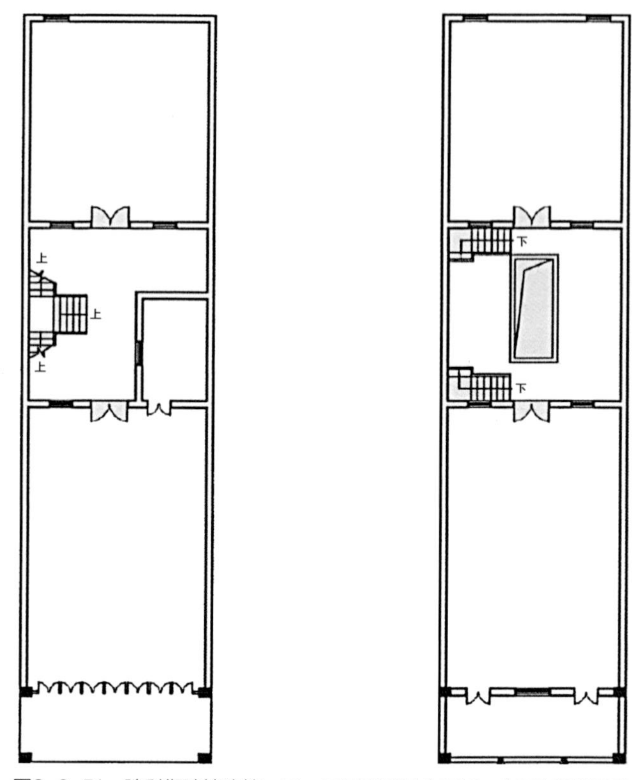

图2-2-51　胜利街骑楼建筑一层、二层平面图（来源：《海南近代建筑琼北分册》）

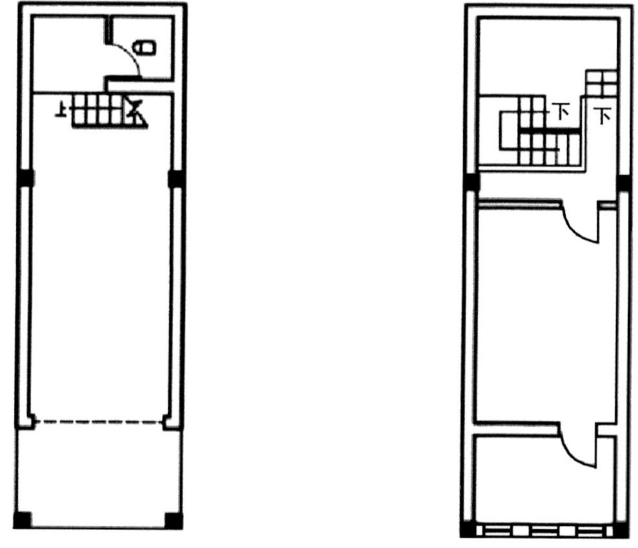

图2-2-52　胜利街骑楼建筑85号一层、二层平面图（来源：《海南近代建筑琼北分册》）

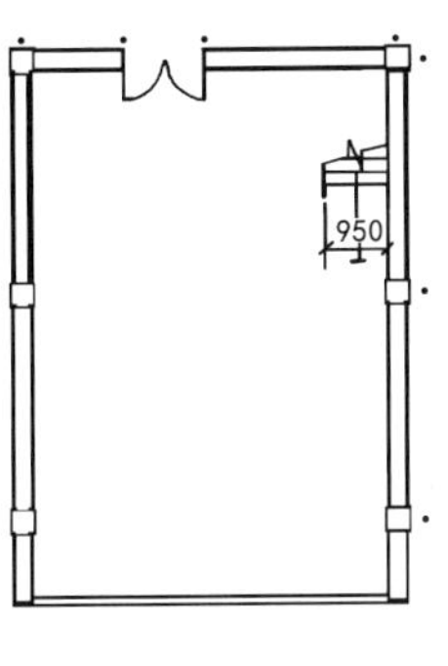

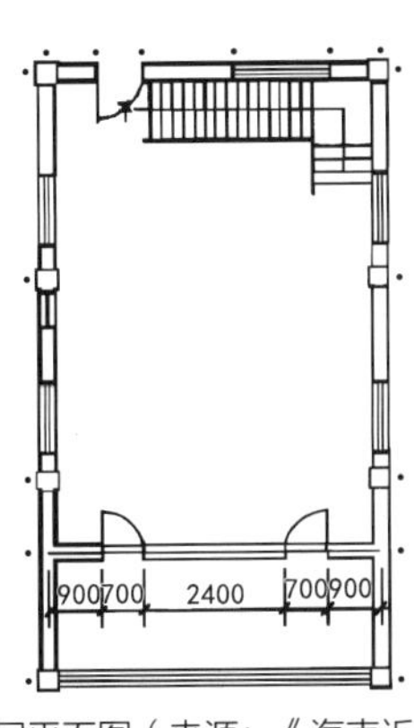

图2-2-53 胜利街骑楼建筑106号一层、二层平面图（来源：《海南近代建筑琼北分册》）

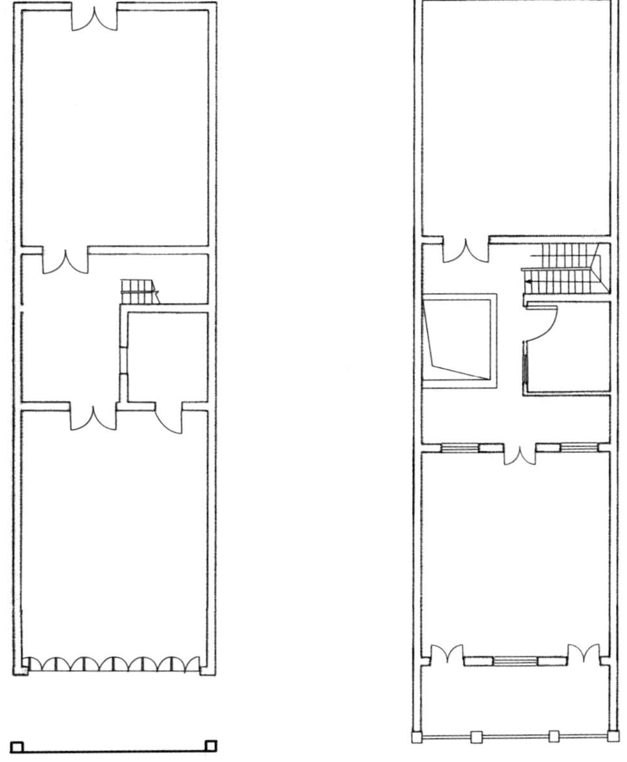

图2-2-54 胜利街骑楼建筑51号一层、二层平面图（来源：《海南近代建筑琼北分册》）

建筑形态——南洋骑楼。

在立面处理上，沿用经典三段式做法，采用简化的叠柱式，分成底层柱廊、楼层、檐部女儿墙山花三部分（图2-2-55）。立面强调垂直向上，注重柱子装饰，山花和檐口的灰塑运用，在满足经营的前提下，强调立面形式感对称中显活泼而不呆板，装饰感华丽而不繁琐，达到和谐统一。

A. 三段式特点：

——底层柱廊：与左右单元连成一片的柱廊，檐口或平齐或有所错落，高度并无统一。立柱穿额枋而立，除承重之外还有装饰作用，额枋作为柱之间的连接结构，柱枋之间设有装饰性的雀替。特点如下：

- 清代木作即将斗栱置于柱头，额枋起连接柱身的作用。出于对建筑防腐的要求以及石材工艺的永久性、耐腐性，西方建筑中石作得到灵活运用，则惯将额枋置于柱头，连接立柱与立柱，有加固稳定柱身的作用，其上依次是檐壁和山花。将立柱穿额枋而立的做法乃为沿袭中国传统建筑营造旧制，穿斗式的改进做法不同于西洋做法。

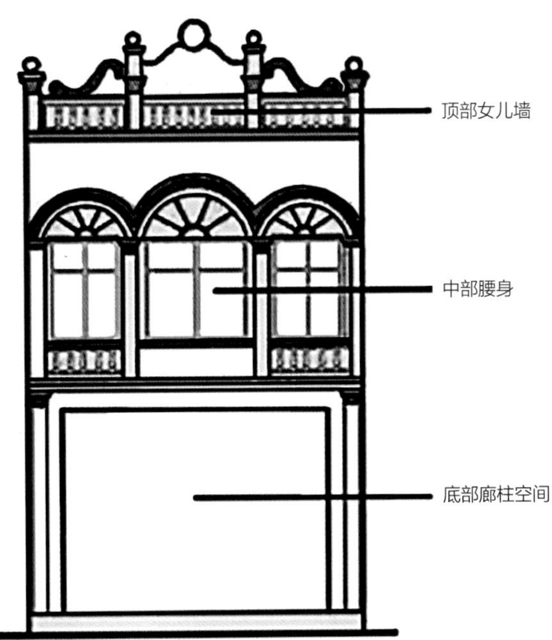

图2-2-55 骑楼立面三段式（来源：唐秀飞 绘）

图2-2-56 胜利老街51号柱廊（来源：《海南近代建筑琼北分册》）

- 檐口的滴水加强檐口外挑，增加立面装饰层次感，形成如退阶的倒三角状，变化灰塑，有的用直线勾勒，有的线型变化丰富呈柔美的花瓣状。
- 柱子强调垂直向上，有的突出墙壁设有灰塑的墙饰，多采用盘长的意象。
- 雀替多以吉祥祈福寓意为意象，如蝙蝠，草尾、祥云，如意。

底层柱廊建筑元素有：柱墩，柱身，柱头，雀替，额枋，檐口，滴水等（图2-2-56）。

——楼层：二层内阳台外柱廊四根柱子将内阳台划分为三开间，采用“三间四柱”的主要形式。三开间通常等宽或者中间大两侧小。两侧设花瓶柱西式栏杆，正中一间腰带上设栏板，采用中国传统建筑中的匾额的形式，题写店铺名称。楼层形式分为三种。一是带有内阳台，既支撑墙体等承重，又作为外室装饰，柱头、柱身、柱墩、额枋都用灰塑勾勒各种线条和曲纹形式，形如流水（图2-2-57）。二是不带内阳台，腰带为窗下墙，中间窗下墙为店名位置（图2-2-58）。三是中间一间为阳台，两边为窗户，中间窗户下外墙为题写店名栏板（图2-2-59）。

——檐部女儿墙（或称顶带）

按短柱位置分成两种类型，第一种类型：顶带为三段式，中间带有漏窗的山花，两边为短柱分隔，两边为水泥栏杆，栏板外嵌

图2-2-57 内阳台（来源：唐秀飞 摄）

图2-2-58 不带内阳台（来源：《海南近代建筑琼北分册》）

图2-2-59 中间一间为阳台（来源：《海南近代建筑琼北分册》）

图2-2-60　圆形漏洞（来源：《海南近代建筑琼北分册》）

图2-2-61　灰塑墙饰（来源：《海南近代建筑琼北分册》）

欧式栏杆纹饰。第二种类型：压檐顶带，即女儿墙压顶被短柱或分成相等的三部分或分成中间大两边小的三部分。有如下特点：

- 山花上开漏窗，漏窗形式各异，有圆形，方形、多边形、曲线形等，有的为水泥镂空预制板。漏窗周边用灰塑装饰，图案花式多样，寓意有：蝙蝠（福），花瓶（平安），葫芦（福禄），花环（锦上添花），灵芝（仙草），寿桃（长寿），铜钱（富贵），海浪（吉祥），聚宝盆，长命锁，五角星，三多等（图2-2-60、图2-2-61）。
- 顶带的短柱有的高出压顶被加工成宝剑的形态，山花上的花草回纹缠绕。顶带两侧的栏杆对称布置，顺接山花的曲线高低布置，融入整个山花构图形成衬托，突出主题的关系。

立面建筑元素有：女儿墙及顶部山花、立柱、门窗、腰带（栏杆、栏板、扶手），柱墩，压脚，拱券，柱础，柱身，柱头，檐口，滴水，牛腿等。

B. 风格分类：

根据形成年代和式样的不同，将胜利老街的建筑风格分成五大类，分别是：南洋式，仿巴洛克式，欧陆无阳台式，仿伊斯兰式和中西合璧式。

图2-2-62　胜利街30号（来源：《海南近代建筑琼北分册》）

——南洋式

这种骑楼具有南洋地区独创的立面形式——连续拱券运用，注重女儿墙及建筑檐口线条装饰，在女儿墙上运用几何图案圆形或镂空雕饰几何纹，既减少台风季节过风荷载而造成的损害，立柱到女儿墙压顶，对女儿墙抗风起到扶壁抗风柱作用，而且对立面有造型和装饰点缀作用，形成了独有节奏感强的建筑艺术形态。

代表建筑有：胜利街30号、32号、34号、51号、55号等（图2-2-62～图2-2-64）。

——仿巴洛克式

这类骑楼在山花装饰及女儿墙上多用曲线线条：采用轴

图2-2-63 胜利街51号（来源：《海南近代建筑琼北分册》）

图2-2-64 胜利街32号（来源：《海南近代建筑琼北分册》）

对称图案，纹饰中心突出，山花有时也做成折断式的，注重整体造型，加强柱和山花的联系，丰富了构图，细腻的雕饰相互呼应，更加突出了立面的轴线。

如胜利街47号、49号、64号等（图2-2-65、图2-2-66）。

图2-2-65 胜利街47号（来源：《海南近代建筑琼北分册》）

图2-2-66 胜利街64号（来源：《海南近代建筑琼北分册》）

——欧陆无阳台式

此类骑楼二楼不设阳台，立面仍为三段式构图，檐部女儿墙一般用镂空的欧式栏杆，二楼窗间墙上面装饰是倚壁柱式，圆弧形窗子檐口、窗台细部纹饰与屋顶部分檐口的延伸相呼应，柱子的柱础加线脚，部分檐部女儿墙采用花瓶栏杆作为装饰，大多与新加坡牛车水街区的欧式建筑有着诸多相似。

如胜利街21号、54号、56号、95号等（图2-2-67）。

——仿伊斯兰式

图2-2-67 胜利街54号（来源：《海南近代建筑琼北分册》）

图2-2-68 胜利街74号（来源：《海南近代建筑琼北分册》）

少数骑楼还体现了伊斯兰建筑的特点，在楼层部分运用了尖形、葱头形、连续花瓣形拱券，门窗的上部，细部装饰也出现了伊斯兰式的传统几何图案，也装饰着尖券和花窗，局部采用了彩色玻璃。此类骑楼受东南亚波斯、阿拉伯及伊斯兰风格建筑的影响较为明显。

如胜利街74号、86号、88号等（图2-2-68）。

——秉承传统简欧式

由于建造这些骑楼的工匠都为本地人，使用的原材料也产自本地，所谓“内地匠作”，建筑或多或少的带有地域特征，细部装饰展现出中国传统元素，例如在骑楼廊柱上的雀替装饰，墙面的中式线脚，镂空栏杆还有中式的雕花等。归国的华侨在自己的住宅中大量运用吉祥如意等象征的符号，大量中式传统符号在建筑中的运用充满着对理想幸福生活的追求，简约欧式。

柱子与线条，传统与钢筋混凝土的完整统一在胜利街的骑楼立面上体现，传统中式符号大量采用的有：胜利街35号，渔港南街18号、20号、24号等（图2-2-69～图2-2-71）。

四、传统宗教建筑群体与单体

（一）澄迈永庆寺

永庆寺位于海南省澄迈县，盈滨半岛旅游区。永庆寺始建于北宋时期，是海南历史上有名的禅林圣地，后经历朝历代不断扩建，为古代“澄迈八景”之一。寺院占地约80亩，建筑面积约9200平方米，有佛殿，如天王殿、大雄宝殿、观音殿、文殊殿、藏经阁等，东西厢房十多间和山门等诸多建筑物（图2-2-72）。寺院按宋代“伽蓝七堂”的形制布局，殿宇高广，分别摆设如来佛、观世音及多尊菩萨，为琼北人民禅林圣地。

天王殿为山门内的首进殿堂，结构高挑，气势恢宏，一进殿门，即可见袒腹笑颜的弥勒菩萨。

钟楼是四面开放的亭廊式建筑，青色疏璃瓦，四角斜屋顶的丛林造型。

观音殿为重檐歇山顶式，庄严瑰丽的殿堂，高8.9米，建筑面积138平方米。作为六大观音之一的“千手观音”供奉其中。

文殊殿位于观音殿北侧，高8.9米，建筑面积138平方

图2-2-69　胜利街35号（来源：《海南近代建筑琼北分册》）

图2-2-70　胜利街35号雀替（来源：《海南近代建筑琼北分册》）

图2-2-71　文昌铺前胜利街（来源：唐秀飞 摄）

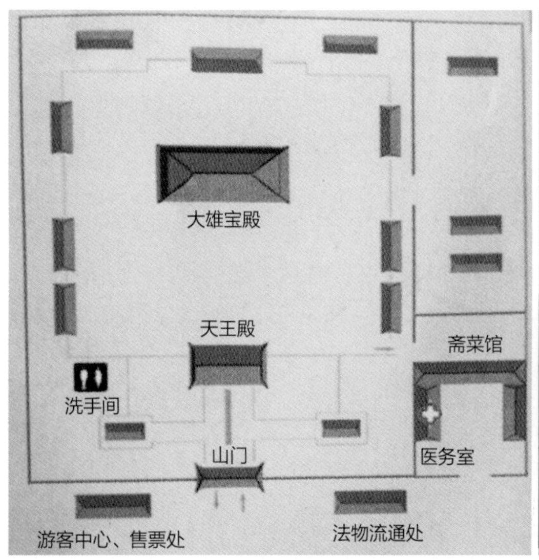

图2-2-72　澄迈永庆寺（来源：唐秀飞 摄）

米，圆满清净，澄澈定静。

藏经阁位于大雄宝殿之后，为歇山重檐式双层楼阁，高14.4米，两层面积864平方米。

普贤殿外形与文殊阁基本一致，由缅甸白玉精雕而成。

地藏殿其外形跟观音殿基本一致，由缅甸白玉雕琢而成的地藏王菩萨盘坐于莲台之上。

伽蓝殿高14.4米，建筑面积395平方米，伽蓝手拈胡须，身穿文袍。

大雄宝殿建筑为重檐歇山顶，殿内供奉释迦牟尼佛、药师佛、阿弥陀佛与十八罗汉等，飞檐翘角、气势恢宏，高约23米，建筑面积达1200平方米，大雄宝殿及各殿供奉之四十二尊佛像均采用整块缅甸白玉精雕细琢而成，其中三尊大佛高约9米，每尊重达30余吨，法相殊妙，莹白光润。寺内环境清幽，海天福地，禅林胜境。

（二）琼海博鳌禅寺

博鳌禅寺坐落于“博鳌东方文化苑”园区内，按正统禅宗寺院规制建设，东方文化苑创造了五项“中国之最”：最罕见的圣地佛主镏金像、最高大的青铜千手千眼观音菩萨像、最独特的江河出海地理奇观鸟瞰台、最丰富的名贵荷花品种荟萃、最高科技的莲花知识展馆。博鳌禅寺是海南佛教历史的延续与发展。公元748年，唐鉴真高僧东渡日本，遇风漂流到海南，居住了一年半，在岛上修建佛教寺庙，开始传播佛教文化。

博鳌禅寺建筑布局呈“川”字形，中轴线由正南北偏东南12度，取意“紫气东来”。以南北为中轴线，依次为通慧门、天王殿、普济殿、大雄宝殿、万佛塔，东西两旁设置有东西配殿、钟鼓楼、方丈楼、上客堂、僧侣宿舍等。大雄宝殿的造型，融中国皇家建筑与佛教建筑特色于一体，体现皇家宫殿的富丽堂皇，同时又能展现中国梵刹清净道场风貌。博鳌禅寺大雄宝殿的建筑格局，是中国佛教建筑的国际展示范本。普济殿还供奉有十二尊独具特色的“十二生肖观音像”（图2-2-73）。

“万佛塔”海拔高77米，塔高55米，是博鳌地区最高的建筑。塔内供奉有一尊高16.8米的青铜千手千眼观音菩萨像，塑造有2344只观音手，是世界上最高大、最完整的青铜千手千眼观音像。

目前，万佛观音塔内供奉有尼泊尔国王贾南德拉向博鳌禅寺赠送的释迦牟尼佛祖的铜质镏金佛像，以及台湾佛国会星云大师赠送的白玉释迦牟尼像。博鳌禅寺为各国佛教文化交流提供了一个国际交流平台。

（三）澄迈美榔姐妹塔

美榔双塔，始建于宋朝，为佛教舍利石塔，原为辑瑞庵

图2-2-73　琼海博鳌禅寺（来源：唐秀飞 摄）

图2-2-74 澄迈美榔姐妹塔（来源：费立荣 摄）

图2-2-76 海口市迈德村的曾氏宗祠（来源：费立荣 改绘）

图2-2-75 澄迈美榔姐妹塔（来源：费立荣 摄）

前塔，又称“姐妹塔”，位于海南省澄迈县美亭乡美榔村东南面，距今已有800多年历史。该塔分姐妹两塔，双塔相距有20米，中间一条石路把两塔分开，妹塔在北，姐塔在南。姐塔为六角形，层数为七层，高13.6米，妹塔四角形，层数为七层，高12.55米，塔身造型美观、匠工精巧，下有地宫，塔的身后有仙寿庵遗迹，四周遗有石碑石板。周围林木苍翠，景致幽雅（图2-2-74、图2-2-75）。

五、传统礼制建筑群体与单体

（一）祠祭建筑

祠祭建筑是居民进行祭祀活动的地方，也是后人对祖先和神灵特别选定居住交流的场所，包括神庙和祠堂。祠祭建筑的平面形制轴线对称，受风水思想的影响，讲求趋吉避害，方便宗族祭祀活动。

琼北地区祠祭建筑的选址大都讲求背山面水，在营造过程中与自然环境完美结合，大多坐北朝南，择址也是有一定的灵活性。少数坐西朝东，海口市桂林洋迈德村的曾氏宗祠为坐西北向东南，大门外是宗族活动的广场，宽敞广场的东边不远处有一口认为能给宗族带来文运昌盛的水井，又称神龙井（图2-2-76）。

祠祭建筑沿用中国传统建筑的中轴对称、沿纵深方向布置建筑单体的院落布局方式，都由门屋、享堂、厢房、寝堂等建筑单体组成。规整对称模式是礼制建筑中较为普遍的布局方式。祠祭建筑的特定严肃性质和人流空间开敞性需求，决定了建筑空间的主次分明，对称布局，公共祭祀空间的开阔性。

图2-2-77　文山村的周氏宗祠（来源：唐秀飞 摄）

在文山村中周氏宗祠（图2-2-77），宗祠为三进，祠门口写有："濂溪世泽，太史家风"，相传为明代书法家董其昌手迹。祠内的庆观堂摆列着周氏历代迁琼祖先的牌位。祠内墙跟下树立着历史宗亲捐修宗祠的碑文。

迁入文山村始祖周椝的后人经700多年的繁衍生息，周家在员山里（今文山村）定居后一脉薪火相传，人丁兴旺，成为海南的名门望族。

（二）典型建筑

1. 文昌孔庙

文昌孔庙位于文昌市文城镇古城区的东部，它是海南省保存最完整的古建筑群，被称为"海南第一庙"。该庙始建于北宋庆历年间，明洪武八年（1375年）迁到今址重建，占地面积共3300平方米。

该庙平面布局严谨，左右对称，建筑群整体坐北朝南，在中轴线上依次布置有泮池、棂星门、状元楼、桥边有"圣泉"古井、大成门、左右厢房、配殿、大成殿等诸多建筑，强调对称关系（图2-2-78）。大成殿为建筑群的核心建筑，是祭祀的主要场所。前有照壁，不朝南开大门，从东边开门进入前庭（图2-2-79）。

大成殿建造于月台之上，建筑为五开间，高大庄严，突出了其核心的地位（图2-2-80）。四周环绕外廊，屋顶为重檐歇山顶式。殿内正中供奉孔子坐像，孔子像两旁是

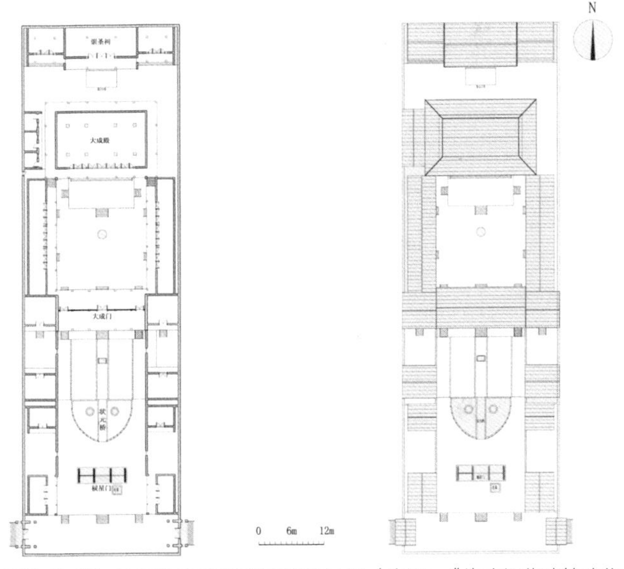

图2-2-78　文昌孔庙平面图和屋顶平面图（来源：《海南近代建筑琼北分册》）

图2-2-79　文昌孔庙大成殿（来源：吴小平 摄）

颜回、曾参等“四配”和“十二哲”的牌位，孔子像上方有“万世师表”等牌匾。屋脊上有龙形的雕饰，垂脊上有草尾纹、广曲等多种装饰元素，建筑等级较高，均施以彩绘，颜色极其丰富。建筑古朴庄重，雕刻的人物花草精致，建筑轴线对称，严格轴线关系，主次等级分明，也体现文化多元化建筑的礼制思想。

文庙内诸多建筑上雕刻有花草、鸟兽、历史人物，千姿百态，栩栩如生，富有文化内涵（图2-2-81）。

图2-2-80 文昌孔庙大成殿（来源：吴小平 摄）

图2-2-81 文昌孔庙雕刻（来源：吴小平 摄）

2. 五公祠

五公祠位于海南省海口市，始建于明万历年间（1573~1619），陆陆续续建至20世纪初，总体建筑依地势而构建，主要由五公祠、苏公祠、伏波祠、观稼堂、学辅堂、洗心轩和五公祠陈列馆组成“五公祠”建筑群，风貌独特，整体协调，蔚为“瀛海人文”之壮观。在这里，树木蓊郁，流水潺潺，环境清雅，饶有幽趣，好一派得天独厚的自然景观。整个五公祠占地100亩，建筑面积2800余平方米（图2-2-82）。

五公祠为该建筑群的主体建筑，其建筑风格带有南洋建筑的痕迹，也深受岭南建筑的影响。五公祠为楼阁歇山顶建筑，是一座二层木质结构、单式斗栱的红楼，后墙柱处砌墙，其余三面辟为廊，人称“海南第一楼”（图2-2-83）。整座大楼始建于清光绪十五年（1889年），是为纪念唐宋两代被贬谪来琼五位历史名臣：唐朝宰相李德裕、宋朝宰相李纲和赵鼎、宋朝大学士李光和胡铨，而得名“五公祠”。楼正前方及两侧，竖立着这五位受人敬仰的先贤大雕像，个个栩栩如生，它们经历了海南的沧桑和见证了海南的变迁。

五公祠右侧是学圃堂，乃清代浙江名士郭晚香来琼讲学旧址。学圃堂再右是五公精舍，是晚清海南学子研习经史之处，郭晚香来海南时带书800多卷，置于五公祠楼供五公精舍学生研习。两厢房均为素瓦红木建筑，具有典型的明清风格。后来，学圃堂和五公精舍被重新修缮后，改为文物陈列馆，主要珍藏有：黎族古代铜鼓、宣德炉、明代禁钟等（图

图2-2-82 五公祠（来源：吴小平 摄）

2-2-84）。

五公祠左侧是观稼堂，观稼指观赏“粟井浮金”、“金穗千亩”景色，堂取此名为纪念苏东坡指凿井泉（图2-2-85）。苏公祠与五公祠毗邻，祠前有碑坊、拱桥、荷池、风亭。祠东有琼园，园内有浮粟泉、粟泉亭、洗心轩，占地十亩。宋徽宗赵佶手书《神霄玉清万寿宫诏》碑为五公祠重要文物。

六、传统教育建筑群体与单体

（一）文昌铺前溪北书院

溪北书院是海南著名书院之一，位于文昌市铺前镇文北中学校园内（图2-2-86）。书院于清光绪十九年（1893年）所建，书院坐北朝南，占地面积6377.25平方米，建筑面积10000平方米，由清末著名书法家潘存发起，在雷琼道朱采和粤督张之洞的支持下筹资建造。

溪北书院是一座以中轴线为轴对称的三进式院落，以连廊连接前后建筑，东西各两进附属用房，主体形成“品”字结构，规模宏大。书院南开山口，俗称头门，处在整体中轴线上（图2-2-87、图2-2-88）。门上为“溪北书院”匾牌，两边有砖砌的侧间，上为卷棚顶，铺盖琉璃瓦。

书院正前方有一口半月形水塘，在风水择址上满足了学堂选址的追求。以水塘为龙脉，“水注而气聚”。水塘位于中轴线的开端，中轴线成规整的轴对称基本格调，“择中”观念，窥“中”已知通经史。确立了整座书院庄重的氛围，是习书研学之地。

书院由南至北依次单体建筑有：泮池、头门、讲堂、东西配殿以及经正楼。头门、讲堂、经正楼处在同一条中轴线上，均为面阔五间，进深三间的建筑。

1. 头门

书院头门为书院空间序列之开端，面阔五间，进深由四行结构柱支撑。入口处形成凹廊，为三开间外廊，外侧以石柱支撑，大门为石质门框。头门为抬梁式木构架，大门内以

图2-2-83 五公祠（来源：吴小平 摄）

图2-2-84 五公祠学圃堂（来源：吴小平 摄）

图2-2-85 五公祠观稼堂（来源：吴小平 摄）

图2-2-86 文昌铺前溪北书院（来源：吴小平 摄）

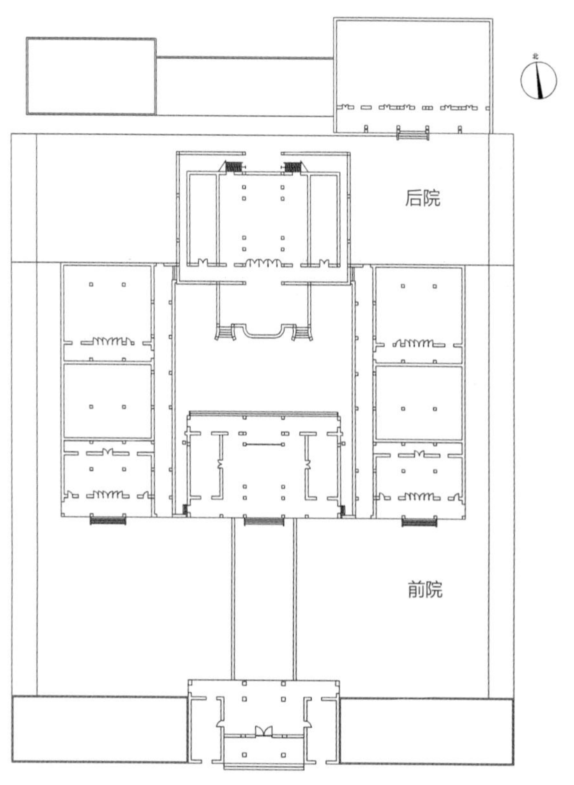

图2-2-87 文昌铺前溪北书院一层平面图（来源：根据《海南近代建筑 琼北分册》，唐秀飞 改绘）

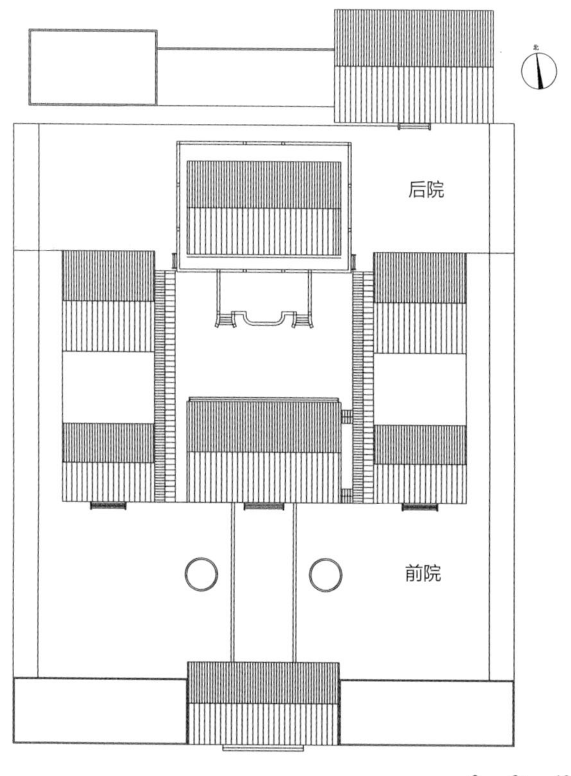

图2-2-88 文昌铺前溪北书院屋顶平面图（来源：根据《海南近代建筑 琼北分册》，唐秀飞 改绘）

四根圆木立柱支撑屋顶，木柱下设石柱础。下梁精心打造断面呈八边形。梁上的镂空雕刻，有麒麟兽、如意卷纹和鲜花围拱宝瓶等，前檐枋有七组动植物花卉雕刻，在廊下楣梁之上，刻有鹦鹉轻立与繁华枝头，表达对生员学子志在四方，勇攀高枝，如愿获取功名的期盼，可谓惜才重教，重视细节，用心良苦。

穿过头门，第一进院落内视野开阔，中轴线两侧各有一株茂盛的枇杷树。院落西侧，立有一座石质日晷，遒劲有力地刻有“寸阴如金”四字箴言，是这里惜阴如金、严谨治学的最好诠释（图2-2-89）。

2. 讲堂

讲堂位于中轴线第二进，处于书院最核心的位置。建筑面阔五间，进深十九檩。正中为讲学的正厅，明间三开间，前后开敞，无墙体围合。正厅两侧安排有辅助教学用房，为休息和教学备用。屋顶为抬梁式木架构，中间由四根圆木立柱支撑，以瓶形石柱础为基础，屋脊下方大梁断面呈六边形，梁下的支撑使用大块的透雕木板。梁下雕刻为莲花状，是海南民间传统建筑“托梁花篮”的建造手法。平梁断面为六边形，舌形梁头，其上刻有卷曲的云纹，整体做工讲究，雕刻精美。

讲堂空间开阔无墙体分隔，书院轴线上视线穿透深远（图2-2-90）。从头门沿轴线望去，可以穿过讲堂看到后一进院落及经正楼的借景，讲堂框景与院落的实景，虚实对比，结合中国古典建筑造景手法，相映成趣，妙不可言。

3. 经正楼

中轴线最末端是书院的最高潮部分，原址为传统的木构架建筑“经正楼”，于1921年重建，现为一幢南洋风格的二层建筑，共五开间，分上下两层，层高约4米，挂有牌匾名曰“经正楼”，曾经为书院的藏书处和日常办公之所（图2-2-91）。

建筑沿中轴对称形式布局，楼外为白色石灰饰面，立面简洁明快。

前后各由六根方形石柱支撑，柱枋之间有装饰性雀替。四周设有回廊，楼前入口分两边进入，正中设一排圆孔栏板轻挡，石雕围栏环绕。围栏顶部圆孔、出入口两边竖立的望柱、柱顶瓜瓣形纹饰皆为简约的欧式风格。明间梁架为抬梁式木结构，一、二层回廊为钢筋混凝土结构，体现教育中为西用思想以及建筑中西合璧的意义。

图2-2-89　文昌铺前溪北书院头门（来源：吴小平 摄）

图2-2-90　文昌铺前溪北书院讲堂（来源：吴小平 摄）

图2-2-91　文昌铺前溪北书院经正楼（来源：吴小平 摄）

4. 东西廊庑

讲堂与经正楼人流交通由东西两廊相连接（图2-2-92）。廊面阔七间，为抬梁式六架卷棚顶，梁架敦实，雕刻装饰简洁明了。廊子南北两端为视廊空间对景，分别设有八角形门洞，借景、框景院落中园林小品，形成书院空间的视觉连续，环境淡雅相宜，知书成趣。

通风和遮阳是海南建筑中必须考虑的因素。廊庑将前后建筑联系起来，为教学者提供了方便的步行交通空间，可在步行中散心赏景，又避免了恶劣天气中的来往不便。在建

图2-2-92　文昌铺前溪北书院东西廊庑（来源：吴小平 摄）

造中，廊的外檐与侧面建筑留出了数尺的距离，方便雨水的排泄。

5. 配殿及斋舍

走廊外侧分别为一座三进式院落，属辅助用房。东西两侧南面两座房屋面阔三间，均为单层，墙体砖石砌筑，具有海南民居传统元素八字带、彩绘窗框。北面一座规模较大，面阔五开间，接檐式屋顶，层高较为低矮，为生活居住场所（图2-2-93）。

（二）文昌文城蔚文书院

蔚文书院位于海南省文昌市内，临近文昌文庙，坐西朝东，占地面积1650平方米。

蔚文书院规模宏大，从明代建成起形成三进式院落，整体院落建筑形制规整，主次分明，结构清晰，重檐雕刻等级较高，空间序列上层层递进，重檐尊经阁在序列末端，从高度上控制全局，完美诠释书院逐层递进的空间序列（图2-2-94）。

建筑的细部木雕，主要作为檐下檩条的支撑存在，以动物鸟兽和植物花草为主要题材。其中动物有龙、麒麟、狮、猴、鹰、鹦鹉、画眉等；植物以花、草尾为主，讲求整体构图，结合动物形态造型点缀有松树等，各类元素灵动而传神，形态各异。木雕装饰是海南书院中高品质的艺术作品，也是民间工艺雕刻在书院的完美展示。

七、传统市政建筑群体与单体

（一）海口钟楼

海口钟楼的历史悠久，位于海口长提路，清康熙二十四年（公元1685年）海口设立统管本岛沿海十处的海关总口，贸易繁盛，东南亚各国及国内各港口来往商船日渐增多，咸丰八年（1858年）海口被清迁辟为对外口岸，港口商务更加繁盛，来往客商明显增多，推动了港口的繁荣。政府为统一计时标准，统一商务、交通的计时，方便市民生活，于1929年在码头建钟楼。大钟楼为混砖结构，墙体用红砖砌筑，白石灰塞缝，底层入口为圆形穹顶。大钟设置在五楼，四面为四个三角形立面，钟时刻在大理石上，并嵌上铅牌涂以黑色，每隔30分钟报时一次。钟楼于1987年改建，共六层，钢筋混凝土结构，采用先进计时的电子钟。钟楼一至三层设欧式扶角柱，入口和顶层檐口勾勒角线，楼顶矛头柱林由8个矮立柱组成，每面三角形顶居中，三角形顶两边为折线，每面对应三角形顶点设一个立柱，钟楼顶层每个角设一个立柱，顶层共8个矛式立柱形成四高四低，中间高，四角低，有很好的视觉效果，为海口市的标志（图2-2-95）。

（二）邢氏祖祠

邢氏祖祠位于琼山街道办事处，总体布局合理，清代建筑风格，为一般砖木构筑，祠宇坐北向南，院落二进，由祠

图2-2-93　文昌铺前溪北书院配殿及斋舍（来源：吴小平 摄）

图2-2-94　文昌文城蔚文书院（来源：吴小平 摄）

图2-2-95 海口钟楼（来源：吴小平 摄）

图2-2-96 邢氏祖祠（来源：吴小平 摄）

门、过堂、后堂、东西廊庑等组成（图2-2-96）。东西宽21米，南北深42米，占地面积882平方米。祠门面阔3间，进深2间，前檐插廊抬梁结构，单檐硬山式筒板布瓦顶；过堂面阔3间，进深2间；前后插廊抬梁结构，单檐硬山式筒板式瓦顶；东西廊庑阔2间，进深2间，前檐插廊抬梁结构，单檐硬山式筒板布瓦顶；祠门与过堂间距5米，过堂与后堂间距3米。前堂右侧6米处有一石砌古井。百年前的豪宅规模。邢氏祖祠的兴衰足以了解先民们渡海迁琼、兴家创业的艰辛历程。

第三节　传统结构、装饰、材料与构造

一、建筑要素特征

（一）屋顶

屋顶是中国传统建筑中人头顶上的“天”，反映着人对于天地间尺度的真实观念，为建筑的第五立面，其重要地位自然提升。它不仅仅体现着对人的庇护，顶天立地的宇宙观，最重要的还是构成遮风避雨的建筑构件。屋面技术主要指与屋顶形式、屋面构成、屋面材料相应的构造处理。在琼北民居中，正屋的屋顶往往做得极为讲究，受天地居中，轴线对称思想影响，其四角与正脊两端筑有翘头，翘头的大小是一个家族社会地位与经济地位的象征，出于辟邪和对神灵的崇拜，翘头内容和走兽各不一样。富贵人家蛟龙走凤，威严壮观。琼北传统民居屋顶形式吸取了闽南和岭南传统民居的建筑艺术，在继承和发展中原传统建筑屋顶中创造出具有海南地域特色独特的屋顶形式。

琼北传统民居中使用最广泛的屋顶形式是硬山两坡顶，五脊两坡式（图2-3-1）。特点是有一条正脊，四条垂脊，形成中原传统建筑两面出水屋坡。多用砖石，垒砌山墙，防水防火，山墙多高出屋顶。琼北由于气候炎热多雨，民居中屋顶只

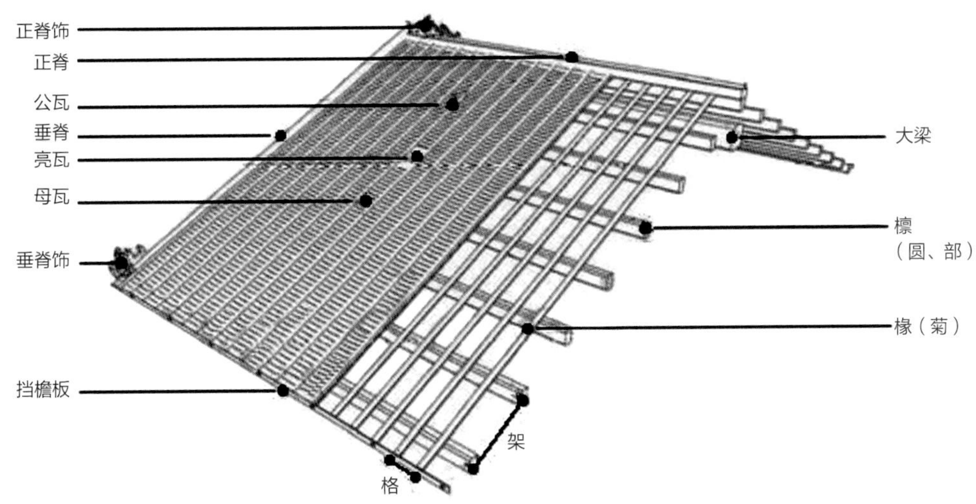

图2-3-1　屋面构成及各构件名称示意图（来源：《琼北传统民居营造技艺及传承研究》）

做防水层，一般人家的屋面中望板与底瓦功用合一，也有大户人家为丰富视觉效果将底瓦的背面做出精美雕刻或彩绘，与屋脊大梁上的雕花图案一起形成屋顶第五立面的天花内装饰。

琼北地区正屋间的散热防潮大多是通过庭院和巷道组成完整的通风体系来解决，琼北传统建筑自身的屋顶材料采用当地烧制的青瓦，屋顶檐口上翘，有利于形成通风灌风口，亦可带走大量湿气。屋顶青瓦隔热效果好，大户人家为提高防潮效果常常铺设多层瓦片（图2-3-2）。

琼北传统民居在正屋正脊上以灰塑为主要工艺，多用草尾或云头吉祥神兽图案做成脊吻收边装饰。同栋正屋的正脊和垂脊采用对称相应的装饰图案，主题装饰一样，垂脊装饰多用云纹、草尾、花朵、广曲、吉祥兽等为元素互相组合成不同造型（图2-3-3）。

图2-3-2　屋面（来源：唐秀飞 摄）

（二）墙体

琼北传统建筑墙体主要由屋内山墙承重的屋心墙、前后立面屋外围合至封檐口的风头墙和与相邻建筑分隔和防火的山墙三部分组成。

1. 屋心墙

屋心墙是分隔卧室和客厅的墙体，由木质墙体演变成后来的砖墙。风头墙与屋心墙T形结合共同承重，人字形山墙的顶端通常开有圆形的高侧窗，供室内透气、通风采光。

2. 墙身

墙身的做法分为实心墙、有压斗墙和无压斗墙三种。为节省红砖和防热辐射，墙体均用砖砌空心状，俗称“行

图2-3-3 正脊和垂脊（来源：唐秀飞 摄）

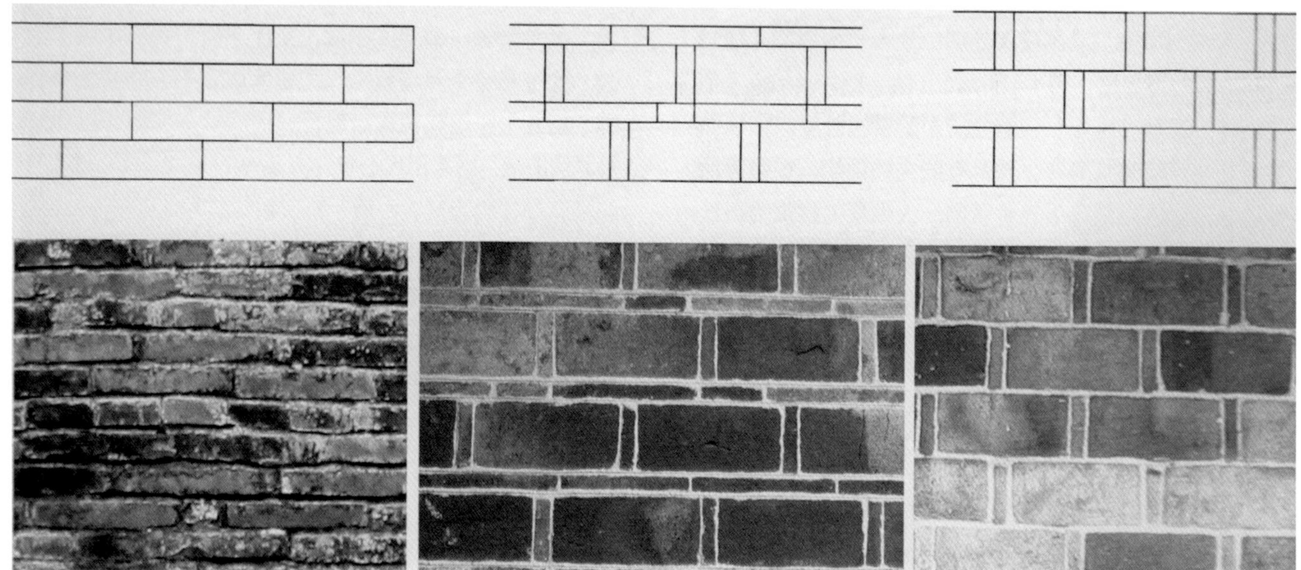

图2-3-4 墙身砌法（来源：《海南近代建筑琼北分册》）

斗”，也称空斗墙。

建筑墙体使用本地烧制的青砖，由于青砖的烧制没有形成统一的规格，导致墙体的建造砌法上也大不相同——根据青砖尺寸用材量多少和砖瓦匠习惯分为两起一斗、三起一斗和四起一斗三种做法（图2-3-4）。

琼北建筑的墙体以烧结砖墙为主，少量的砖石混筑墙体或石墙。砖作为墙体建筑材料的特点有：砌筑方便、标准统一、耐久性好、整齐美观，砖墙砌筑完后为防止雨水的渗透采用多抹灰或贴砖防水的做法（图2-3-5、图2-3-6）。如骑楼建筑墙面通常都有在外墙抹灰或在砖缝填充石灰砂浆、桐油砂浆、糯米浆砂浆、红糖砂浆以及蛋清砂浆等，这样处理的砖缝材料透气防水，并且具有隔热防噪等性能。也有人家在内外墙面贴上陶瓷砖，既能防雨，又能起到美观的作用。

3. 女儿墙

琼北传统建筑中的女儿墙当数南洋风格的骑楼最为典型，不仅有屋顶的维护作用，更多的是丰富了建筑立面造型，强调装饰的作用。其建筑风格变化多样，吸纳了欧洲、南洋以及海南本土的传统元素和营造思想，具有多元性和创新性（图2-3-7）。

4. 山墙

岭南民居尤为突出的灰塑工艺，镬耳形制变化（图2-3-8），在琼北地区也有传播与发展。琼北地区的建筑文化深受

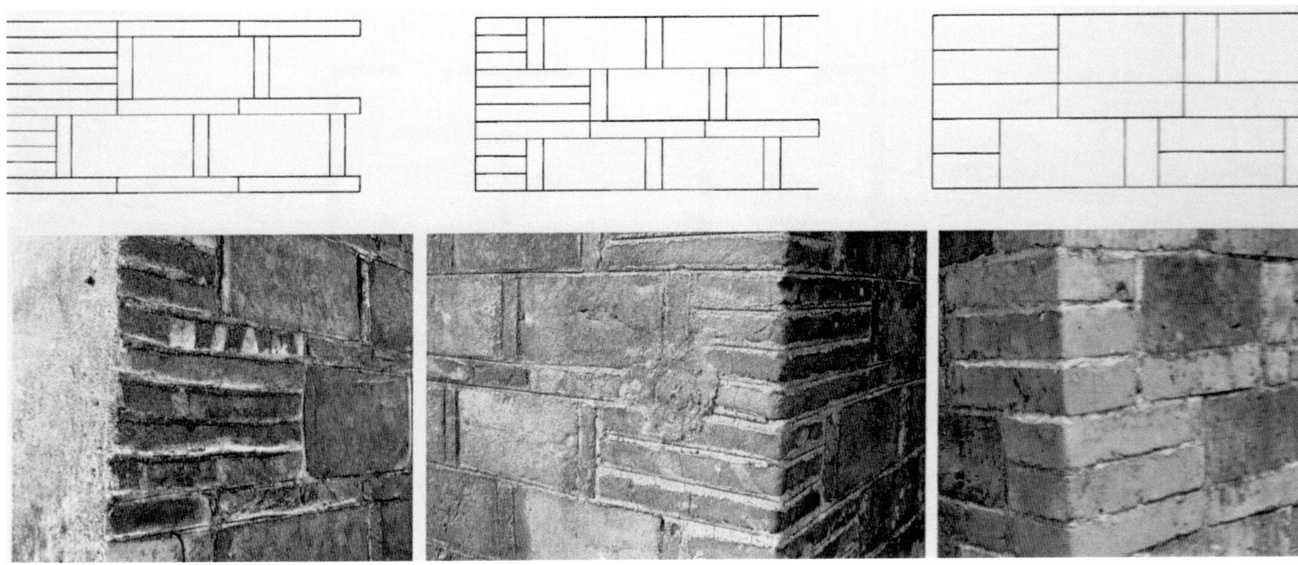

图2-3-5　墙角砌法（来源：《海南近代建筑琼北分册》）

图2-3-6　墙身（来源：唐秀飞 摄）

图2-3-7　女儿墙（来源：唐秀飞 摄）

图2-3-8　岭南民居山墙（来源：百度图片）

闽南、岭南两地的影响，其传统民居的风格有着许多共同特征。山墙建造方面，琼北建筑山墙特色分为人字山墙、镬耳山墙、方耳山墙三种形式，人字山墙受典型中原文化影响，其中“镬耳”是当地的传统建筑山墙形式（图2-3-9），带有明显广府文化特征，是最具代表性的特点，屋两边墙上筑起两个像镬耳一样的既能防雨又能防火挡风的山墙而得名，有地位和家道殷实的人家通常以此来彰显富足与气量。这是受广府民居影响而来，但随着琼北人民的创新改造，已然形成了自己的特点：相比较广府民居的山墙奢华庞杂，琼北民居的山墙更显简洁、大气、朴实。如海口天后宫的“木

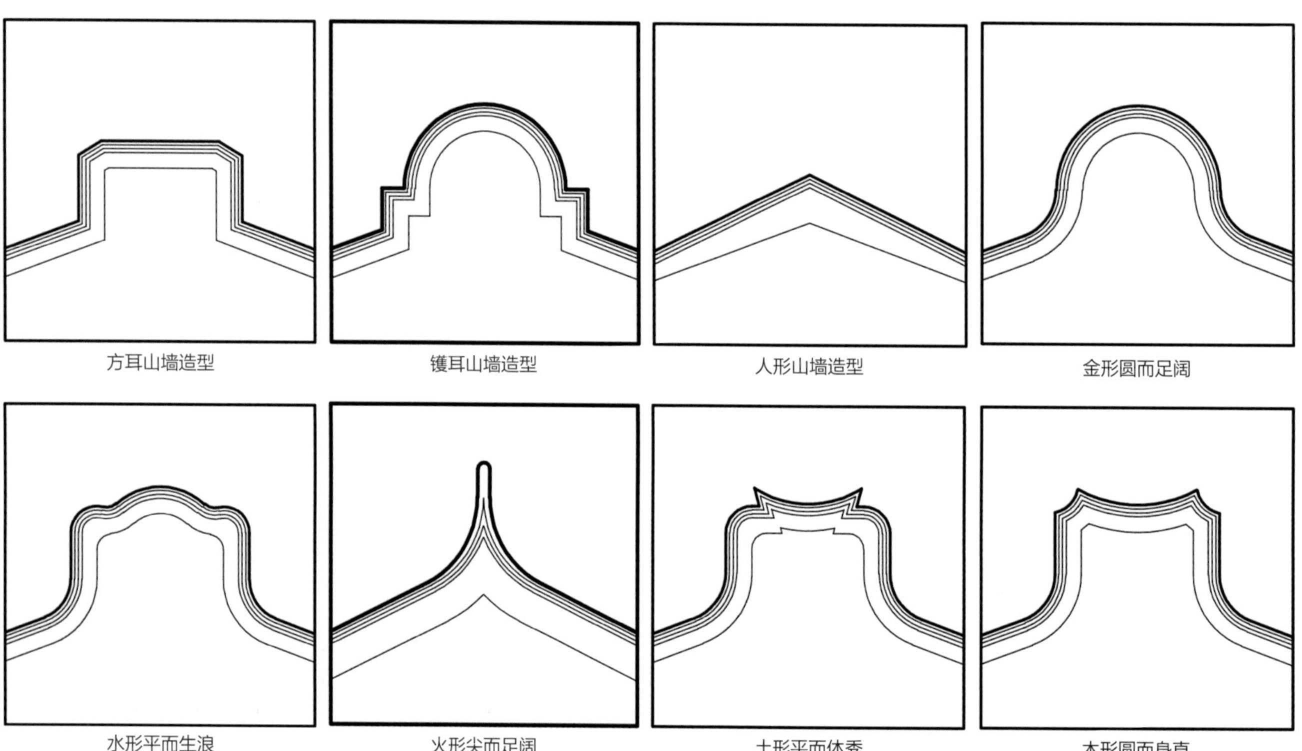

图2-3-9　琼北民居山墙类型（来源：《演丰统筹城乡示范镇建筑风貌规划设计》）

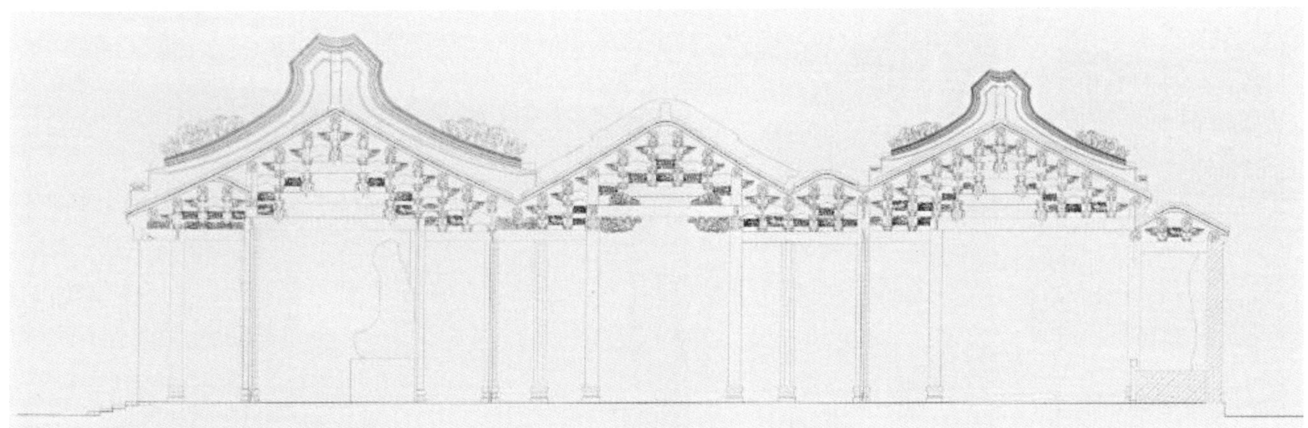

图2-3-10　海口天后宫正殿与寝宫“木形”、“人形”山墙（来源：《海南 香港 澳门古建筑》）

形”、“人形”山墙（图2-3-10），是由岭南地区的镬耳山墙演变并简化形成，形成海南地域化特点。

松树大屋和林家宅类似岭南“镬耳”山墙造型（图2-3-11），使用了彩绘灰雕作为装饰，山墙弧形造型采用变化丰富的几何线条勾勒，大小深浅宽窄变化简洁而有张力，大方而不失庄重。这正是建筑中的海南人进取的生活态度和自然质朴的情感记忆。南洋风格的大气和海南民居的质朴相映成趣，中西融合的宅院情调层次丰富，镬耳山墙建筑装饰由群马、山林、水组成一幅生机勃勃的水墨画卷，淡雅相宜。

（三）门窗

1. 门

琼北传统建筑中门作用除了对室内外场所进行分隔，保护室内空间安全，更多的是加强室内通风采光，散热防潮。

①路门

路门是进入琼北传统建筑中院落空间的入口（图2-3-12），与外部环境联系，是建筑外部进入院落空间连接的主要通道，也是保护家庭安全、防盗的重要通道。

图2-3-11　松树大屋、林家宅山墙（来源：唐秀飞 摄）

图2-3-12 路门（来源：唐秀飞 摄）

②正门

琼北传统民居中，正屋明间即大门入口处内凹一至三个步架的宽度，形成一个内凹的门廊。门扇通常为四或六扇，门板中间设有可拆装的门柱，采用四块或六块木板组成（图2-3-13）。当地传统习惯，褂厅用于供奉祖宗牌位只能做四扇门，厅堂正门用于接待客人可做六扇门。

正门下有竖向尺寸极其夸张的门槛。门扇以上的亮子顶部顶着额枋下沿。门扇有的为平木板，有的在上面作木雕或者彩绘。有的门扇为上下三段式，多数门扇下部为实心木板，刻有线脚和花纹，中间有腰线和雕花，上部多做镂空雕花。亮子形式丰富多样，多作镂空雕刻。

③中堂门

中堂门是指正屋明间厅堂与后堂分隔的门扇（图2-3-14）。通常左右两侧对称开门到后堂，中间设神堂为供奉牌位的主公阁，放置祖宗牌位的神龛均置于高处。为了获得最大程度的穿堂风，下方或为四至六扇平开门，或做成上部镂空的屏风，下作实心木板，前面放置八仙桌。

④房间矮栅门

房间门是正屋明间与暗间空间联系房屋内部的建筑要素，双扇的平开门，宽度约为90厘米，其门槛低于正门门槛。

传统建筑在大门外部设有低矮的栅门（图2-3-15），大门开启时，为获得穿堂风关上低矮的栅门，不仅保证了穿

图2-3-13 正门（来源：唐秀飞 摄）

图2-3-14　中堂门（来源：唐秀飞 摄）

图2-3-15　房间矮栅门（来源：唐秀飞 摄）

堂风的流通，还能有效控制家禽进入室内，保持室内清洁卫生及空间环境清新。

2. 窗

琼北传统建筑中的窗主要起通风采光的作用，同时兼有丰富立面及建筑装饰的效果，在琼北传统建筑中通常善于采用平开窗、推拉窗，有时为装饰作用采用百叶窗、镂空窗（图2-3-16）。

①平开窗

琼北传统建筑中的平开窗主要用实木板封闭制作，防止强烈日晒和暴风雨侵蚀，各建筑中使用广泛。

②百叶窗

百叶窗在建筑中的通风作用大于采光作用，其在建筑中应用主要是为了满足通风与建筑立面的装饰效果。

③推拉窗

推拉窗是琼北传统建筑中构造做法较具特点的窗户形式，分内外两层，外层为封闭的实木板，起到防晒，抵御暴风雨、防盗的作用；内层为镂空的窗，起通风、散热的作用。推拉窗用于院落靠外侧的横屋上。

④镂空窗

镂空窗类似推拉窗中的内侧窗，主要用于通风以及具有一定的装饰效果，为建筑外立面和室内空间营造出一种优美的视觉环境，各式各样变化的吉祥图案，体现房屋主人对理想生活的追求，也满足人们的心理愉悦感。多以高窗的形式设于正屋山墙面顶端或大门左右侧。

（四）走廊

走廊在琼北传统建筑中的应用较为广泛，主要出现在骑楼建筑和富裕人家的住宅中。

南洋风格骑楼建筑的走廊分内廊和檐廊，内廊一般不设廊柱，而檐廊建筑外围带有廊柱，既起承重作用，也有装饰作用。最早的廊柱通常在木柱与地面的连接处加做石柱础，

图2-3-16 窗（来源：唐秀飞 摄）

同时在木柱的底部预留防蛀等特殊的处理，有的抹上桐油填缝，在一定程度上减少了雨水、虫蚁对木柱的侵蚀破坏，但雨水顺着木柱流下而渗入柱础难免使木柱内部受潮而引起破坏。石制工艺的改进以及烧制砖的出现，木柱逐渐被石柱、砖柱代替。直到水泥钢筋的出现，钢筋混凝土结构技术的应用，砖柱、石柱又逐渐被钢筋混凝土柱代替。内廊主要起联系组织内部交通封闭的空间。檐廊也称外廊，首先是室外到室内的过渡空间，既能满足室内空间通风采光，又能遮风避雨；其次是交往中的公共空间，是日常商业、生活娱乐、交流等活动的场所，闲聊时在外廊下打麻将、喝茶、聊天、玩扑克等休闲娱乐活动，“人看人”的商业街人流川流不息，防雨防晒的室外走廊吸引更多人流攒动，增强了街道活力，充分体现了海南悠闲中不乏活力，慢中富有节奏的生活；再其次是半开放的街道空间，外廊属于开敞空间，在外廊没有被使用或者晚上闭户以后，其外廊空间可纯粹供行人通行、避雨的人行道交通空间。

琼北传统民居中走廊主要作为交通联系和人流组织空间，正屋与横屋之间、正房与过厅之间、走廊与院落之间，走廊与走廊之间都有联接（图2-3-17）。由单横屋或双横屋围成的走廊都称开廊，独立的走廊称窄廊。廊道是琼北天井院落中的主要交通空间，长短、宽窄、高低变化能有利于组织人流，加强对空间的人流主导，避免不必要的人流交叉，体现空间的主次关系，符合中国传统的礼制观念；走廊也能有效组织庭院及内部空间的通风，在保证良好的通风效果前提下，更好地满足人们私密性空间心理上的需要和室外相对独立休闲过渡空间的生理需要。

（五）基础

主要增加建筑的稳定性与防治产生不均匀沉降之外，琼北地区传统建筑中的基础还具有防水防潮的功能，除了石础防潮，基础中的石刻艺术在一定程度上也具有一定的装饰作用（图2-3-18）。基础垫层其主要的建筑材料为黏土、三合土以及灰土等。主体基础主要有碎石混凝土、石砌基础、毛石混凝土基础、条形钢筋混凝土基础等。

二、建筑细部装饰

琼北地区传统建筑装饰主要在屋脊、山墙、檐口、梁柱、门窗、墙面等有雕刻、灰塑、彩绘等分类。如山墙增高，镬耳屋变化能加强抗风和防火功能，屋顶瓦上加灰塑压瓦带等装饰，可以抵御海岛台风的侵袭，木构上的油漆彩画既有美观的作用，又具有防水、防潮、防腐的功效，嵌瓷工艺在建筑的表层可以防止海岛特有的海风侵蚀等。琼北传统建筑的装饰主要分为室内和室外，室外主要运用在屋脊、山墙、瓦面、廊柱、檐口、门窗、栏板、墙面等，室内主要运用在梁架、室内地面、门窗、公阁处。

（一）雕刻

雕刻装饰无论在私宅，还是在公共建筑中的应用较为普遍，从宅邸、戏院、祠堂到商业建筑都有所体现，取材方便，做工讲究，地域传统历史悠久。雕刻类型按材料加工分类可分为：木雕、石雕、砖雕、铜雕等。雕刻方法有：透雕、平雕、浮雕、圆雕等。

1. 木雕

海南琼北地区传统建筑的木雕包括木制梁架、屋架、木构件、门窗、隔断、金柱、公阁、家具等（图2-3-19）。

图2-3-17　走廊（来源：唐秀飞 摄）

图2-3-18 基础（来源：唐秀飞 摄）

图2-3-19 木雕（来源：唐秀飞 摄）

由于海南的气候优势，海南的植被十分丰富，另外，大批华侨也多从东南亚买进木材，因此，海南传统建筑中的木雕数量也是比较大的，这就必然带来木雕技艺的发展。琼北传统建筑的装饰木雕工艺主要有线雕、浮雕、暗雕、透雕等。由于琼北地区的居民多为闽南移民，对闽南的木雕装饰结合南洋风格的也不在少数，回乡侨民建房在融合当地传统特色下，也都会借鉴南洋当地的建筑装饰风格。

琼北传统建筑的木雕多用于门窗、梁架、柱头等结构构件，如瓜柱、梁头纹饰等。因木制门窗对散热和通风的要求较高，所以采用镂空透雕的方法较多。琼北民间经济一般，装饰要求不高，木门出于安全考虑多作实心木板，部分有钱人家则会在门板上部装亮子透雕，下半部为实木板上施浅浮雕装饰，这样既透风，又能较好地丰富视觉效果。

2. 石雕

石雕是在大小已定的石材上进行雕刻加工。石雕按雕刻方法分为平雕、透雕、浮雕、圆雕等（图2-3-20）。石材质坚耐磨，防水防潮，常用于受压构件装饰。琼北传统建筑石雕常用于入口门柱的柱身、柱础、门槛、台阶、扶手等位置。建筑檐廊外立柱因琼北地区本地石材原料较缺乏，石雕作品石材多为外地水运而来，吸纳本地和外来文化，风格多变，手法质朴。

琼北地区火山岩分布较广，石质坚脆、耐磨，颜色较重，适于受压，但不利于雕刻。所有琼北地区石雕应用不是很多，确需石雕装饰时，也会引进闽南、岭南等地的石材。

3. 砖雕

砖雕是模仿石雕出现的雕饰类别，既凸显刚毅，又不乏精致。所用材料是青砖，和墙砖材料做法一致，整体风格统一。砖雕运用烧制成砖前的土坯，雕刻成各种图案形状，以檐口、门楣、照壁、屋脊等用者较多（图2-3-21）。由于琼北气候原因，海风常带有盐分和水汽，对石灰黏土合成的砖产生较强的侵蚀作用，抗风化能力差，难以保存，但使用方便，便于就地取材，节约成本。

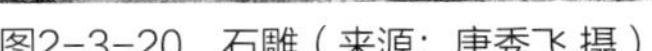
图2-3-20　石雕（来源：唐秀飞 摄）

图2-3-21　砖雕（来源：唐秀飞 摄）

（二）灰塑

灰塑是海南传统建筑装饰常用的处理方法，是利用石灰材料进行图案的塑造，各地地域文化、审美艺术的不同，其灰塑的风格也不尽相同。海南传统灰塑受闽南和岭南的灰塑工艺影响，传承闽南、岭南地区工艺的精致，也对闽南、岭南灰塑复杂装饰经过简化与升华后，在传统建筑中对不同需求创造不同的形式，主要应用在宗庙、祠堂等建筑的屋脊、规带、墙面以及书院、民宅中八字带、门窗套等位置上。如琼北民居侯家大院的灰塑风格体现了海南灰塑装饰艺术的地域性特色，多以祥云、鸟兽为主题要素（图2-3-22），同时也表达了对自然生活的热爱和对地域文化的尊崇。

（三）彩绘

传统建筑常用的彩绘装饰处理手法，是在建筑墙体或装饰构件上画上优美的图案，绘画内容通常以山水和花鸟等吉祥符号为主题（图2-3-23）。在施工工艺上，先在墙体上进行抹灰处理，再在平整的墙面上进行彩绘处理；彩绘在一定程度上受到南洋绘画风格的影响，展现了彩绘的异域风情。在绘画位置上，海南骑楼建筑中的彩绘严格要求必须是在内外八字带、屋檐下面、窗套、门楣等位置。随着文化的传播以及技术的输入，琼北骑楼建筑的彩绘装饰艺术不仅充分体现了海南当地淳朴的风土民情与地域特点，又融入南洋风情，色彩更加丰富，寓意更加深刻。海南传统彩绘的颜色在原有四种颜色：群青、土黄、土红、黑烟的基础上，加上当地矿物制成和外来添加剂成分，提高颜料纯度和颜色保质耐久性。

图2-3-22 灰塑（来源：唐秀飞 摄）

（四）室外铺地

琼北传统建筑室外铺地通常用火山石、鹅卵石、青砖等，铺装出一定的艺术造型的几何图案（图2-3-24）。为便于排水天井室外空间的铺地由高到低向天井向心性的铺设方式进行铺装。院落与天井是人们平时的主要室外活动空间，也是家人交流集聚的主要场所，天井和院落的凝聚作用对人们放松心情显得尤为重要：宅前、宅间的铺地基本以整齐的简单重复韵律进行铺设，营造出清净安逸，舒适自然的居住室外空间。

（五）建筑装饰元素

琼北传统建筑装饰所选题材大部分与中国传统文化相一致，多为长寿、富贵、吉祥、喜庆等内容。尽管建筑装

图2-3-23 彩绘（来源：唐秀飞 摄）

图2-3-24　室外铺地（来源：唐秀飞 摄）

饰形式多样，但以动植物元素、吉祥内容为主题出现的频率很高，如蛟龙、喜鹊、蝙蝠、广曲、草尾、云纹、花卉、虫鸟、文字等。在建筑装饰中，彩绘绘有的自然山水图案、戏剧故事、哲理、人物聚会图案等也多有展现。在琼北传统建筑的装饰中，文化的内敛、简朴、精炼、低调、包容，简化闽南民居装饰的繁复、多样、气派，而是自然质朴、原生原真的元素的广泛应用，体现出海南的原真原生文化特色。

1. 基本图案

①广曲

广曲图案在中国传统民居中因图案形似“回”字，称为回形纹，图形为方折的回旋线条或圆弧形卷，以连续的回字形线条构成；“卍”字又名回纹或“卍”。“卍”字纹，最早为一种符号，“卍”字纹在中国古代为宗教或护身符标志，是太阳或火的象征，佛教普遍认为是释迦牟尼胸前呈现的瑞相，在梵文中为吉祥之意，常寓意万福万寿吉祥，在木制漏窗、隔板等处均有应用，其基本特征是以连续的回旋形、“卍”形线条构成连续的几何演变，互相衔接延伸的图形，寓意绵长不断的万福万寿，不断头之意，也称之为万寿锦（图2-3-25）。在琼北传统建筑中，广曲形元素应用较多。

②云纹

云纹在中国古代为吉祥图案，象征高升、如意以及平步青云，在传统民居中也是常见的一种装饰元素，云即为天，有上天、吉祥、仙境之意。琼北传统建筑继承了来自大陆的文化，云纹形态多样，有生动形象的自然图形，也有规则抽象的几何图形，云是人们心中的抽象和升华，是对天、对自然的崇拜和敬畏。在建筑的屋脊、山墙、檐口等处都喜用云纹来装饰，以象征吉祥如意（图2-3-26）。

③草尾纹

草尾纹是以花草为基础加动物尾部流线型纹样组合成

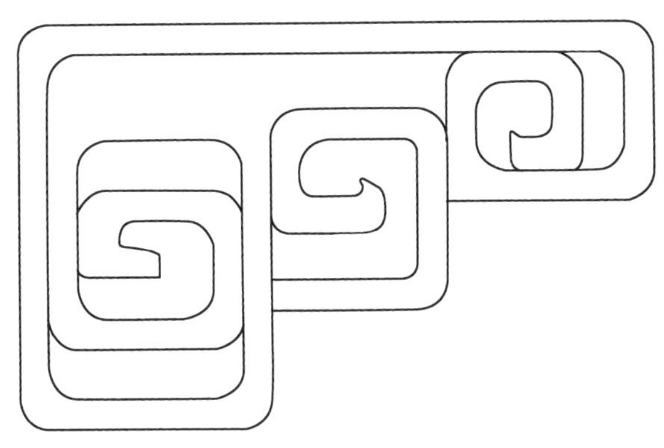

图2-3-25　广曲（来源：《海南近代建筑琼北分册》）

图2-3-26　云纹（来源：《海南近代建筑琼北分册》）

图2-3-27 草尾纹（来源：《海南近代建筑琼北分册》）

连续的纹样，草尾纹寓意永恒，福泽绵长。草尾纹元素在中国传统民居中不多见，而是琼北传统建筑中最常见的装饰元素，也是海南建筑对自然崇拜文化特色的展示。草尾纹形式多样，但是基本都是带状缠绕，花草似龙似凤尾，形成连续曲线状造型，比较多地应用于内外八字带、规带、屋脊檐下等处（图2-3-27）。

2. 吉祥符号

除了基本图案外，在琼北传统建筑中还有不少运用中国传统的吉祥符号进行装饰的实例，这些符号主要有文字、植物、动物等（图2-3-28）。

①文字符号

在琼北传统建筑装饰中，有不少直接用文字的形象进行装饰的实例，常用的有“卍”、“福”、“禄”、“寿”、“喜”、“鹿”、“鹤”等吉祥字样，文字字样装饰多用于漏窗、墙面、木雕门窗、彩绘八字带、花篮梁托等处。在南洋殖民风格的商业街的立面装饰中，还有不少中西结合的山花、墙面装饰，也都有文字的应用。

②用动物原型加以塑造

有一些动物，或因其名称，或因其形象，或因其特性等，常常被人们用来借喻。琼北传统建筑装饰中也采用动物的形象来美化、装饰建筑，常用的吉祥动物有龙、凤、蛟、虎、狮、鹿、鹤、蝙蝠、喜鹊、麒麟等。龙、凤、蛟应用较多，主要用于屋脊上的灰塑装饰；虎、狮象征人世的权势、富贵，也有镇宅驱邪之意；麒麟有送子之意；蝙蝠与“福”谐音，常用五只意为“五福临门”；鹿同“禄”，鹤代表仙，喜鹊象征喜庆等。

图2-3-28 吉祥符号（来源：唐秀飞 摄）

③用植物原型加以塑造

与动物一样，许多植物因其名称、姿态、习性、色彩等，成为传统文化中常用的隐喻素材，甚至与之配套使用的器皿、构件，都会被赋予祈盼、希冀幸福的含义。琼北传统建筑常用的吉祥植物常因人的喜好不同，植物选择也不尽相同，如牡丹象征富贵，仙桃象征长寿，荷花象征高洁；梅、兰、竹、菊则有“四君子”之美誉，松、竹、梅号称“岁寒三友”；就连插花的花瓶，也常被用在装饰图案中，寓意平平安安。

3. 基本图案的组合

琼北传统建筑装饰是由基本元素按规律组合而成的，其装饰规律主要有：龙与云相伴相生，花与草也是经典组合，云兽组合，广曲插花，凤和草尾，蝙蝠、如意云纹，鹿鹤插花等。多种元素组合成动物形象、植物图案或与其他人物，要么作为广曲背景的核心，要么作为彩绘、灰塑的题材表现的重点。琼北传统建筑装饰的元素多为组合图案，少量独立构图，和谐统一，主题鲜明（图2-3-29、图2-3-30）。

①广曲云：广曲和云组合的图案，寓意福泽绵长，吉祥高升。

②广曲藏花：广曲和花组合的图案，牡丹寓意吉祥富贵，为广曲藏花首选。

③广曲藏蛟：广曲和吉祥兽组合的图案，多为蛟，寓意风调雨顺。

④草尾龙（凤）：草尾和吉祥兽组合的图案，多为草尾龙或草尾凤，寓意威严权力永恒。

⑤云兽：云和兽的组合图案，多为祥云，吉祥福到的蝙蝠或祥云，威猛的龙形上天护佑的图案，祥云蝙蝠寓意吉祥多福，祥云龙寓意吉祥和威严。

⑥吉祥兽组合：每种吉祥兽都有不同的寓意，将它们组合起来形成新的图案，有更丰富的寓意。如龙和蝙蝠的组合寓意福与权力。

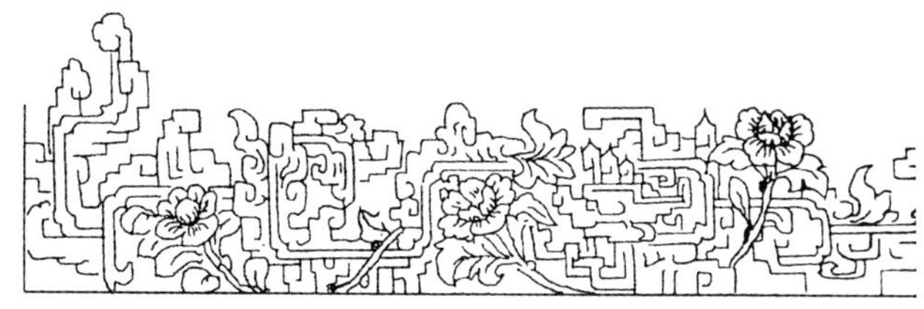
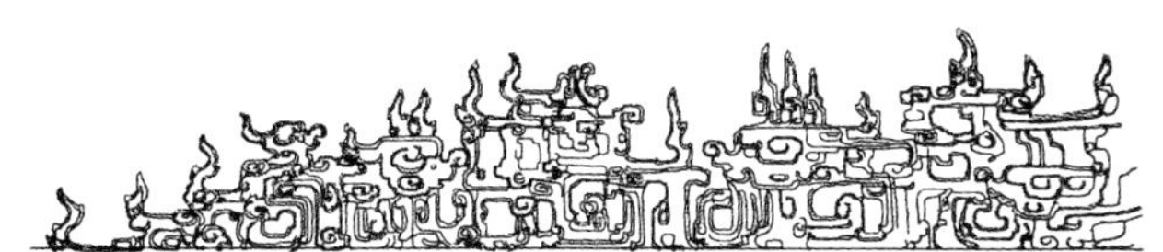

图2-3-29　基本图案的组合（来源：《海南近代建筑琼北分册》）

图2-3-30　基本图案的组合（来源：唐秀飞 摄）

⑦广曲、云、花的组合：广曲、云、莲花组合，寓意祥和高升超凡脱俗。

⑧双龙戏珠：龙和火珠的组合图案，由民间舞龙演变而来，火珠代表祥光普照，双龙戏珠，包含着庆丰祈福的吉意。

三、建筑材料与构造

（一）传统民居建筑材料与构造

1. 建筑材料

琼北传统民居通常使用的建筑材料有砖、瓦、木、灰浆等材料。这些材料中既有地域性天然的本土材料，如：木材、灰浆，也有利用本土原料加工的人工材料，如砖瓦。

①砖

砖作为建筑的应用材料，在琼北传统民居中砖的类型可以分为青砖和黑石砖两类，一般采用黏土烧制的青砖，也有采用火山岩加工成的砌块黑石砖（图2-3-31），例如在琼北的侯家大院中发现使用黑石砖。青砖是一种普通的烧结砖，由黏土模制成型并经过烧结而成的，也是琼北传统民居中使用最多的主要建筑材料，方便取材及有较好的抗压性和耐久性，主要用作墙体承重、围墙、女儿墙、屋脊的压顶以及地面的铺装材料等。黑石砖的主要制作材料为火山喷发而形成的火山岩，因此黑石砖具有火山岩材料的特性：坚硬、多孔、耐高温、不褪色、抗风化等性能；黑石砖较普通青砖具有更好的吸声、防噪、隔热、防水特性，同时能起到调节室内空气散热和改善环境的作用。

②瓦

瓦是琼北传统民居屋顶的主要材料，也是建筑的主要防晒隔热、防雨排水材料，对防水具有较高的要求。瓦所选用的原材料和制作工艺与青砖的做法差不多，但瓦的防水性能要求较高，一般采用颗粒较细、粘结度更好的无砂石细粒黏土。黏土经过牲口或人来回搅拌去渣、去杂、去砂粒形成土坯后，放到模具上旋转挤压塑形制作成瓦坯，再在场地通风晾干后，最后放到砖窑或瓦窑里用柴火烧制成具有一定强度的青灰瓦（图2-3-32）。

③木

木材在琼北传统建筑中主要作为承重和装饰用材，一般用作正梁、檩条、椽子、柱、额枋、门窗、屏风、屋心墙以及装饰构件（图2-3-33）。木材在建筑中的使用是极其讲究的，要根据坚固程度、耐久性要求、防腐要求以及生长特性等特点综合考虑，如制作正梁的木材对硬度要求较高，通常使用黑盐木、荔枝格木、莺歌木等木质较硬、密度较大、坚固耐久，不易被雨水渗透浸泡腐朽的材料，取栋梁之材和子孙兴旺的寓意；如苦子木是门窗和家具的常用木材，其木质较软，纹理也很好，便于加工，但“苦子”寓意不好，不

图2-3-31 琼北传统民居中的砖（来源：唐秀飞 摄）

能用作正梁；还有梨花木是上等的木材，其木材用作家具或装饰构件尚可，但该木材被砍伐后不再生长，其寓意为不能延续家族兴旺，有绝生气之意，一般不作正梁。

④灰浆

砖石建筑在中国唐代以前大多用强度极低的黄土作粘结材料。直到宋代，粘结材料的添加改进，砖石建筑中以石灰为主要粘结材料的使用范围越来越广。在琼北民居中，普遍用黏土和石灰，按照1：2的体积比进行人工夯实后作为粘结材料使用，属于最简单的一种灰料。在琼北民居当中，灰浆材料主要有草筋灰和纸筋灰两种（图2-3-34）。

图2-3-32 琼北传统民居中的瓦（来源：唐秀飞 摄）

2. 建筑构造

建筑构架是房屋的主要承重结构，主要由屋心墙和风头墙共同组成。屋心墙一般为柱和梁的构架，分为抬梁式、穿斗式或局部抬梁式，由木立柱、穿枋、木隔板及连接构件采用榫卯连接组成；风头墙是砖石砌筑的实体墙体，有承重和抗风遮风挡雨性能；采用搁檩造方式将檩条直接搁置在风头墙的山墙和屋心墙的立柱上，此种结构将横墙砌成三角形，

图2-3-33 琼北传统民居中的木材（来源：唐秀飞 摄）

图2-3-34 琼北传统民居中的灰浆（来源：唐秀飞 摄）

或柱架组合形成穿斗式，或局部抬梁式三角形木构架，构造简单，结构牢固，极大简化屋顶结构。中间木构、外面实体墙的砖木结构建筑构架形式不同于其他单纯的木构或实体墙结构，砖坚固耐压，木构利于空间拓展延伸和抗震。该建筑构架是一种各取所长，适用经济完整的构架类型，既保证建筑具有较高的刚度和强度，又美观实用。

木构架连接方式继承和发扬了中国古建筑木造匠作的精髓，主要为榫卯连接。榫卯连接是一种有效经典的连接，允许一定倾斜程度的位移形变，具有很好的柔韧性，能够消纳地震垂直或水平方向的破坏力，或台风的水平作用力，很好保证建筑主体结构的安全，做到“墙倒屋不塌”，这就是中国梁木结构的奇妙。

琼北传统民居建筑构造体系完整，还体现了建筑有机性。建筑构造体系中有横梁、檩条、椽子、穿枋等构件，若构造中的某个结构坏了，可以单独增加或替换，不会对房屋造成破坏，因为该建筑是一个完整的构造体系，是整体受力体系有机完整统一的表现（图2-3-35）。

图2-3-35 琼北传统民居中的构造（来源：唐秀飞 摄）

（二）南洋骑楼建筑材料与构造

1. 建筑材料

琼北南洋风格的骑楼建筑在材料的运用上继承了传统的木砖材料的同时又发展了新的钢筋混凝土新材料，为适应新的建筑形式和空间需要，既提高建筑的美观适用性，又提升了建筑地域适应性，方便建筑形式的创新创造。

2. 建筑构造

琼北南洋骑楼建筑的构造方式由清末传统的青砖木构抬梁式，到民国时期的砖墙与混凝土柱混合的构造，最后发展成现代具有南洋风钢筋混凝土框架结构，是一种构造技术与材料不断更新与进步，审美观不断变化的过程。骑楼屋顶也由传统的双坡屋顶发展变化到现代的四坡多坡大小长短连接，单坡与平坡结合等多种形式（图2-3-36）。

第四节 琼北建筑精髓

琼北地区传统建筑受中原文化的影响，传统民居并没有脱离大陆传统民居的基本格局思想，仍然延续了大陆传统民居的空间布局。但由于地域、气候、文化、材质等方面存在的差异影响，琼北传统民居逐渐形成自身的特征，强调轴线，主次分明，注重院落的围合感，遵循血脉亲疏关系，内外有别，对自然山水崇拜敬畏，受传统风水择址观念的影

图2-3-36 南洋骑楼建筑材料与构造（来源：唐秀飞 摄）

响，在确定宅院的选址朝向、路门开启方向、门楼形制、正屋的朝向及高度、开间形制等方面都有很重要的讲究。琼北传统民居遵循严格的空间序列，体现出建筑建制的封建等级。

多元建筑元素交融也成为了琼北传统建筑最大的特点，岭南文化、闽南文化、军垦文化、南洋文化、中原建筑传统文化是琼北传统建筑的主要文化渊源，它们在海南的长期交流融合，塑造了琼北传统建筑兼容并蓄而又独具一格的建筑特征。风格多样形式多变的传统建筑，闽南风格、岭南风格、伊斯兰风格、骑楼风格交相辉映，地域传统屋檐、灰塑阿拉伯弧形窗及穹顶、中原传统坡屋顶及堂屋、罗马式拱券及门廊柱式相得益彰。

琼北地区传统聚落的建构单元的基本构成为：入口的“路门”，正屋，“一明两暗”的横屋，包含厢房、厨房、杂物等辅助功能院落及围墙，这也是最基本的独院式院落的简单构成。

以独院式院落为基本单元，以正屋单进或多进递进拓展为主导，以横屋单侧或双侧长短为分布特征，以单进、多进院落联结为纽带，形成单、双侧布局形制完备、主次分明、类型丰富、空间有序的宅院体系。在独院的基础上，传统聚落居住空间的基本生成方式是以“列”的拓展为主要特点。

琼北传统聚落主要以院落纵向拓展成列，横向布置成“行”，多“行”族聚多列成村。因轴线的运用，地形的契合，等级尊卑思想的影响，其院落本身的构型、长横屋的自身功能以及围廊连接特征，使得传统聚落空间形态规整而严谨，聚落则为单纯“梳式”布局和双篦式对称布局。

第三章　琼南地区：南海风情

琼南包含陵水、三亚、乐东等。该地域历史上原属于黎族聚居地，汉族迁入后，使黎族逐步退居中部山林。黎族人在长期的黎汉交流中被汉化，大量运用中原汉族建筑元素，汉化黎族的生活方式及居住聚落逐渐与汉族接近，地域出现两种类型的“汉族”民居宅院：汉族民居宅院和汉化黎族民居宅院。汉化黎族与传统的黎族生活方式及居住聚落明显不同，所以汉化黎族的民居聚落应划入汉族聚落。琼南地区还聚居着回族，主要分布在三亚市凤凰镇回辉、回新两村。回族村落在地域空间分布上往往不是孤立存在的，而是成群落布局形式。“不与土人杂居”，回辉、回新两村全部为回民，没有掺杂汉族居民。回族村落是以海榆西线为轴线的带状形态分布，这是因经济发展情况所形成的，但村落的民居建筑围绕村里的清真寺建设，主要目的是便于做礼拜。因此，村落布局是以清真寺为圆心，以环状分布，街巷是以清真寺为圆心，呈放射状（图3-1-1）。

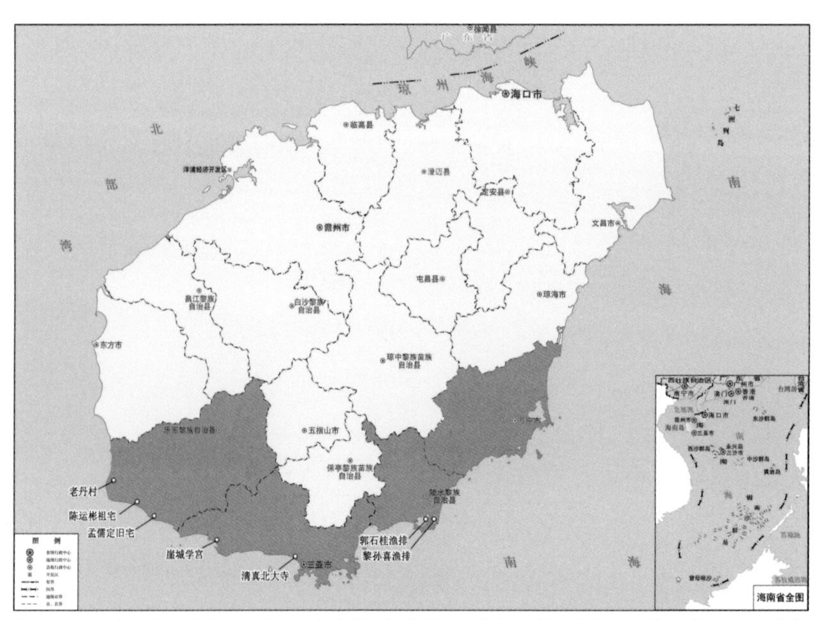

图3-1-1　琼南地区分布图（来源：根据海南测绘地理信息局《海南省地图》，唐秀飞 改绘）

第一节　聚落选址与格局

琼南地区的村落核心不明显，形态稍显松散，甚至很多村落基本没有核心，主要的原因在于从北向南村落构成基本单元发生南部宅院缩短的变化。随着宅院南部逐渐缩短，较短的宅院和横屋在轴线上难以形成，对村落形态的控制能力减弱，造成的原因在于人口相对稀少，文化相对落后，家族意识淡薄，居住相对分散，加之南部对于村落核心的重视不够，人口聚集度不够，更加促使形态的松散。宅院的缩短，家族聚居的传统难以为继。

这也印证了海南文化传播自北向南逐渐减弱，汉文化输入相对较少，人口迁居也逐渐减少，影响力也有所淡化和降低。

一、崖州合院聚落选址布局

（一）聚落成因

1. 受自然地理气候环境的影响

气候的多样性造就了建筑的多样性，不同的气候条件产生不同的建筑形态，建筑建造的初衷是利用气候塑造不同的建筑形式和居住舒适愉悦的空间环境。

崖州传统民居的建筑形态是在其气候影响下形成的。

崖州属于热带海洋季风气候，雨量充沛，夏热冬暖、温热潮湿。建筑的建造先要解决降温通风。崖州也是台风多发地带，民居建造要求牢固抗风，建筑高度普遍低矮带坡屋顶，有利于防止台风来袭时坡面降低风速，穿堂风穿堂而进，降低台风破坏是民居首先要选择的，其次是散热通风和防潮等问题。庭园的大小作用与调节居住的小环境气候越明显，庭院越大越开敞，绿化加自然地面反射太阳光，减小辐射热，庭院空间和外界的温度差异增大，温度降低，庭院越小调节能力也随之减弱。崖州传统民居在创造围合的私密空间之余，正是利用了院落空间特点，利用开敞的庭院改善小气候。

崖州气候湿热，除湿降低湿度的方法主要有两种。一是良好的日照通过太阳照射，蒸发潮气，降低相对湿度。二是加强空气对流通风，通过空气流动带走室内的湿气。开敞的庭院有充足的阳光，利于太阳光蒸发室内潮气和通风组织，从而降低居室内的相对湿度。

其次，庭院对空气有调节作用，也是良好的空气调节器。引导组织空气在庭院及周围的房屋间流动。受到海陆风的影响，夏季夜晚空气较凉爽，空气气流上下温差较大，院内外、室内外温差也大，空气气流下热上冷，加速空气流动，下降到庭院中，良好的通风使得室内外墙壁、屋顶、地面逐渐慢慢变凉，到了白天，庭院则把白天的热量反射到空中，起到散热的作用，降低湿度的目的。

再者，开敞庭院的太阳光光照充足，太阳光中的紫外线能有效杀死木构件上腐真菌和寄生虫卵。庭院内部分绿化，通过乔木和绿篱种植，通透式的庭院围墙，加之建筑物周边的遮挡和阴影的形成，达到一定的遮阳效果，也改善了小气候。

崖州村落的道路一般以顺应夏季主导风向为方向建设，门楼临近村巷开在侧面，有利于导入道路上的风。其次，门楼位置的改变，有利于引进村巷道路风，再将风引进院落内，这样也顺应了夏季主导风向，从入口至院落起到很好的导向作用。

直坡屋顶及接檐的出现，不但加深了走廊的进深，避免了台风雨引起的反水现象，争取了良好的遮阳效果和避雨效果。同时，由于接檐的高度较低，压瓦带压瓦作用还可以防止台风破坏，加之坡度较小，降低风速避免了整个屋顶都被破坏的情况。屋顶上瓦的做法为叠瓦，能避免雨水渗透，有很好的隔热效果。在瓦头上还要抹一层水泥砂浆做瓦头，有古时汉文化地区瓦当装饰作用，又能起到固定保护的作用。

2. 历史文化的影响

崖州地处偏远，中原汉文化建筑风格的宗祠建筑、寺庙建筑、书院建筑、会馆建筑等承载崖城记忆。崖州宗教文化较为丰富，不但受到道教、儒家文化的影响，还受到佛教文化的影响。

崖州的宗教文化历史可上溯至唐朝，各类宗祠、寺庙、神坛一应具备。据史料记载，唐代著名高僧鉴真第五次东渡日本漂流至崖州，在大疍港上岸后晾晒经书，留下晒经坡遗址。鉴真此后一年多时间内在崖城传道弘佛，形成佛教道场的信仰氛围以及琼岛佛教中心，重建并住持大云寺。崖州有南宋时由毛奎开辟的小洞天，是中原地区道家在海南岛发展的重要见证。此外，城西迎旺塔旁清代所建佛寺广度寺，南山寺则是当代中国及东南亚地区最大的佛教文化寺院。

纵观崖州的发展，受中原文化的影响日益加深，宋、元、明、清几个朝代，崖州的社会发展较快。这是因为：汉文化传播加快，新的生产工具使用使得生产力水平提高。一是移民文化的影响。宋代迎来了海南第一次移民大潮，中原移民日益增多，带来相应的文化。二是生产力水平发展的提升，耕作技术的改进。铁器农具和耕牛在大部分乡村普遍使用，提高生产效率。三是政治的影响，开始兴办学院教育。在宋代前无城池，崖州古城在北宋时仅用木栅备寇，因防御需要兴建古城池。

崖州属于多民族杂居，但从其历史文化发展脉络可以看出，仍是以汉文化为主，出现了以汉文化为中心的合院式住宅、书院建筑，以宗教文化和儒教文化为代表的寺庙、道教建筑，加之中原礼制和风水学的观念，在建筑上就出现了尊崇自然，山环水抱，均衡对称的崖州传统民居聚落。

（二）空间特征

崖州合院主要分布在乐东至三亚等市县沿海汉族村落。村落整体形态与河流紧密依存，都有绿水环绕，水系之丰，使得村落整体形态较为自然。密林环绕村落布置，耕田、鱼塘风光无限，并且自然灵活的街巷走向串起古树、古宅与广场形成有机的村落网络格局。整个聚落与自然融合，选址和布局也体现了中原风水学思想，是地域传统文化与汉文化传播结合的印证。整体村落建筑以院落为单位，布局自由，大门不能正对相邻道路，院墙在拐角处都做弧形墙处理等。

（三）典型聚落

1. 崖城镇保平村

①村落概况

保平村位于海南省三亚市崖城镇，地处崖州古城西南八里，古称毕兰村，是古崖州的边关重镇、海防门户。其东靠崖州古城、西邻崖州湾，交通十分便利，233国道从村域中部穿过，距三亚市区75公里（图3-1-2）。

2008年，保平村被评为“海南十大文化名村”，因其保存完好的明清古宅，是崖州古建筑最有代表性，又最集中的古代民居建筑群。其特殊的地理位置和独特的历史文化遗产，是热带海洋性季风气候下独有的文化特产和自然环境的产物，具有较高的文化和科学研究价值。

②村落布局

保平村位于山南水北，北侧为群山环绕，南有宁远河分支流过，于村西南入海。村后倚摩天楠巅，村前望福寿南山，地形为中间高，四周低，呈典型的“龟背”状，是一块神龟福地。村落门前视野开阔，群山环绕，背山面水（图3-1-3）。

保平村趋利避害的选址较为理想，“龟背”地地形有利于排水由内向外，道路方向感增强，便于建筑立面组织，通道也有利于接受来自不同方向的风，增加通风效果。由于保平村特殊的地形和道路走向，传统民居的朝向也自由灵活，街巷呈向心性。

保平村聚落的主要特征：一是中心不明或多中心格局，村落布局不是以祠堂作为中心的组团式布置。二是街巷线性清晰、布局自由、区段分明。街巷有一定的向心性，村落中心与街巷交叉的地方有小型的广场。保平村现状街巷布局较为均质，形态自由，整个聚落街巷线型比较清晰，区段分明。保平村内的村庄街巷走向自由多变，尺度宜人，同时街巷的总体走向大多平行或者垂直于河流，主要道路走向呈南北向，局部灵活多变，具有一定的趣味性。一方面，道路垂直河流，有利于古村的防洪排水与防灾。另一方面，道路垂直河岸线，能将河流水系以及天然风引入村内部改善村落的

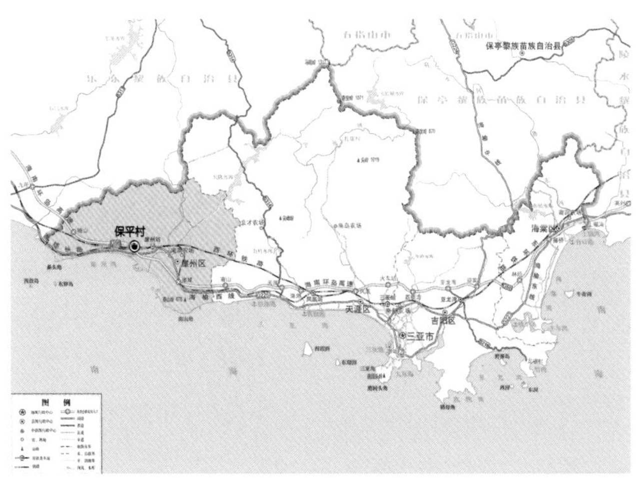

图3-1-2　保平村区位图（来源：《海南省三亚市保平村历史文化名村保护规划》图册）

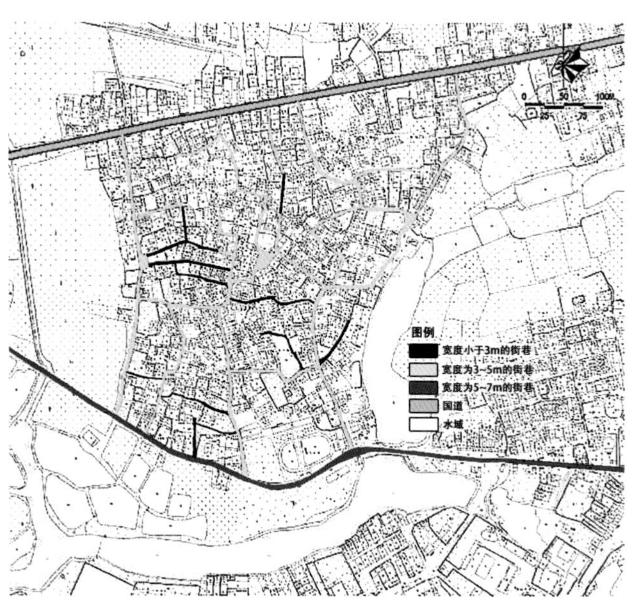

图3-1-4　保平村道路现状图（来源：《海南省三亚市保平村历史文化名村保护规划》图册）

图3-1-3　保平村鸟瞰图（来源：唐秀飞 摄）

图3-1-5　乐东老丹村传统民居（来源：费立荣 摄）

湿热气候。再者，道路垂直河岸线一头连接村内广场建筑，一头连接天然河道，空气温差形成压差，加强空气流动和通风效果。三者的方向和谐统一，顺应自然地形获得理想的通风效果，改善村落内部气候质量（图3-1-4）。

2. 乐东老丹村

①村落概况

乐东县佛罗镇老丹村的传统合院民居为适应琼南地区的气候特点，满足居民生活日常使用功能的要求，采用前坡长、后坡短、接檐式坡屋面，大进深前庭的布置，院落作为日常劳作和生活的过渡空间（图3-1-5）。

明朝嘉靖庚子年（1540年）丹村立村，隶于感恩县南丰乡，原名为“儋村”，村址在原月村（今佛罗镇）以西500米港边（现称旧丹村），最早从儋州迁徙而来的石姓先民为了怀念故土把村名命为“儋村”。儋村临海傍港，交通便利，物茂粮丰，利于生产。清初顺治年间，福建的部分明军官兵迁来琼崖。村民在顺治辛卯年（1651年），经过商议后决定把“儋村”改为“丹村”。

②村落布局

丹村原址三面环田，一面是港，西南出村门十几米是港湾和湿地，不出两公里是大海，林外河网纵横，水鸟成群，鱼虾戏水。先民也是因为这里自然环境的优越才在此定居，是“鱼米之乡”。

丹村老宅是海南民居中最为普遍的样式，村里的老宅都是以庭院或天井组成院落，间作为基本的组成单位，屋围着天井，院落由两间、三间、五间甚至七间组成。村里老宅无论是从建筑布局、功能还是风格都可以看出当年的富足。木质脊架式结构，做工美观讲究、实用，其布局和建筑特色属于明清建筑风格，具有较高的研究价值。

丹村拥有丰富的人文景观，有港有河，尤以八景更是远近闻名——“丹村古榕”、“清初酸梅林”、“虎鼻朝晖”、“龙沐湾夕照”、“鹤白禾绿（丹村田洋）”、“双溪嘴日出”、“白沙河芦苇荡”和“丹村港唱晚”。

二、疍家渔排聚落选址布局

海南疍家以海为家、以渔为生，是生活在我国东南沿海水域上的少数民族。主要聚集在三亚南海社区、港门村、海棠湾、鸿港码头、红沙港和陵水新村镇新村港等区域。

关于“疍家”的起源，根据疍家世代相传的是口头文字叙述，一种说法他们居住的船屋似蛋壳漂浮于海上；另一种说法是水上人家像浮于海面的鸡蛋，在海上长年累月的生活，所以被称为“疍民”。而疍家人则认为，他们常年如同蛋壳漂浮海上，与风浪搏斗生活，故称为“疍家”。

疍家以海为家，浮生江海，过着飘篷生活。一家人或一个小家族住在一艘船上或采珠，或捕鱼。服饰、语言等较多地传承了古代北越人的风俗。以蛇为图腾崇拜，并称蛇为龙种。这些构成了疍家特有的海上社会与民俗文化（图3-1-6）。

（一）聚落成因

疍家人是古代中国南方海上捕鱼、居于舟船、漂泊不定的特殊群体，是沿着长江流域水系和南方海域以水为家，迁徙生活劳作，以海为生，往来于水面的漂游渔民。相传为古百越族的后代，明清时期濒海而居的“疍家棚”成了海南疍民居所的主要特征。到了现代，随着水上养殖业的兴起，疍家人在避风的内港湾、河汊上修建渔排水上养殖，渔排屋成了新时期疍家人生产和居住的形式。

渔排屋的建造保留和传承了疍民的传统习俗，在渔排屋居住如在船上一样，坐卧席地无床椅，卧室不设蚊帐，地板打上蜡，经常擦拭得纤尘不染。

海南疍民与当地汉人相处，信奉佛教、道教，每个村落岸边建有庙宇，供奉五龙公、海神天后、观世音等，如陵水黎安港和三亚保平港有龙王庙，每逢正月初一、十五，疍民

图3-1-6 疍家渔排（来源：唐秀飞 摄）

都要去上香，并备猪、羊等祭祀。此外，在端午节，三亚疍家人还有祭祀海龙王的习俗，并组织龙舟赛，以祈愿风调雨顺。如今这些源远流长的传统仍在延续，同样不变的是疍民以龙、蛇为其主要的图腾。

（二）空间特征

与黎族村落分散性不同，疍家村落以渔船为基本单元排列紧凑，整齐划一。后来在海滩上搭起的船形屋疍家棚形成村落，中间的街道狭小，但却是疍家人交际和生活的重要场所，干净整齐，俨然是一个公共客厅。疍家渔村民居聚落空间特征主要有以下几个方面：

一是疍民的船即为生活工作的场所：船头是主要劳作区域，船中部有遮盖物的区域是主要生活起居场所和储藏区域，船尾则是厨房及排污区域。二是形成无定形的水上村落：渔船的出海和归来，村民之间的串门聊天，交易时热闹繁杂的海上渔市场等等，构成了不断变化的奇妙动态村落。尤其是傍晚时分，归港渔船整齐排列，拼成水上“渔村”，渔火通明，波光粼粼，水中摇曳着倒影等聚落肌理，每种都展现其独特的魅力。疍家人习惯一边在门前清理渔网，家务做活，一边与邻里聊天，相邻关系融洽，交流甚密。三是设有公共水上休息渔船：平时男性劳力出海捕鱼，女性则在中午时刻，聚集在水上渔船的休息仓内一起带孩子，聊天纳凉，形成了一个独特的水上休息船型平台。四是其独特的海上与陆地连接的纽带——栈桥：它不仅支撑起给水管为渔船及渔排提供饮用水，而且是渔船补给及停靠的所在地。栈桥由插入水中的树干所组成，表面虽不够平整，但也可走人，偶尔作为停靠渔船之间的道路使用。五是网箱养殖渔排，渔排漂浮于水上，形成一个个的格子，连成片形成群，远远望去，宛如“海上整齐的池塘”。渔排由泡沫塑料作为主要漂浮材料，上方用木板形成方格，下面是海鲜养殖网箱。渔排上用木板、铁皮等材料搭建出简易房屋。海上部分的渔排是依靠着餐厅而生存的，它们围绕着海上餐厅，形成独特的肌理，每个海上餐厅都有一个长长的栈桥与陆地相连接（图3-1-7）。

（三）典型聚落

陵水新村镇新村港

①聚落概况

海南陵水新村镇是海南疍家聚居地，位于海南陵水黎族自治县东南部，疍家渔排对海南传统建筑的研究极具影响。镇域内拥有天然良港——新村港，可容纳1000多艘渔船停泊，是国家级中心渔港，南濒南海。新村镇新村港的“疍家”来自福建泉州和广东顺德、南海等地，有渔排约450多个，从事海水养殖和捕捞业。

②聚落布局

渔排属于近海养殖饲养的工具，疍家渔排对于疍家人来说，这既是家的所在，也是疍民工作的作坊。疍民渔排相邻，木板相连，此家的木板连接着彼家的木板，一块块木板拼成的木排纵横交错，有如水上阡陌，在海面上形成巨大的网格状。在这些网格的中间，一块块木板规律地搭起了一间间单层的小房子，以木板底下的泡沫塑料为浮力，沉在海底的大铁锚稳稳地固定渔排在海面上。整个渔排由两部分组成，一部分是主人在海上居住的房子；另一部分则是门前木排网格吊在水里用渔网兜住作为养殖的网箱养殖区，海水在半封闭状的箱子中流动，疍家人根据各自特点、技术优势和市场需求在网箱中养殖各类的海产品。

由于生活环境的特殊性，疍家人家家户户都有船，除了捕鱼的大船，还有自制的日常用的小船。为了方便疍民的出行，又出现了专门穿梭往来各户门前的公交船，“公交船”的布置简陋，一个棚盖加两条长板凳，乘坐的人只需按规定缴纳摆渡费，就能搭载“公交船”行至目的地。没有固定的航行线路，随叫随停，也没有固定的时间班次，在港内任意穿梭，俗称“海上公交”。出门即行船，船来船往，已成为疍家港内的一道独特风景线（图3-1-8）。

图3-1-7 疍家渔排聚落（来源：唐秀飞 摄）

图3-1-8 陵水新村镇新村港疍家渔排（来源：唐秀飞 摄）

第二节 建筑群体与单体

一、传统民居聚落群体与单体

琼南民居多是独院式宅院，多进式布局较少。独院式院落的民居单体构型“檐廊”宽度加大，其院落以三开间为基本构成，以“一明两暗”三开间的居住为主屋，在主屋两侧布置横屋，一般横屋较短，少有长横屋出现，较少有围合，多为开敞式。琼南民居宅院类型也较为多样，构型中横屋变异较复杂，宅院间相互组合多样化。没有明确核心，宅院聚落整体而言多成组团状，稍显松散。

（一）崖州合院

1. 建筑布局

崖州主要受到中原文化和儒释道文化的影响，呈现出合院式布局。从北至南，受汉文化影响合院式布置分布广泛。合院式布局是以家族聚居为主，庭院为家族活动交流中心的组合体，并且具有主次分明，结构层次严谨清晰的空间序列。

崖州传统民居地处热带，台风雨水较多，传统建筑受封建礼制的影响，崖州传统民居呈三合、四合的庭院布局形式。民居在平面布局上形成外封闭、内开放的梳式布局方式，由于地域不同，布局形态也略有差别。院落的空间序列宽敞的变化使整个院落呈严格的对称布局，中轴线一端是堂屋，另一端则是照壁，尤其是接檐屋顶出现“一剪三坡”的崖州特殊建筑形式。

崖州的三合院布局有着共同的院落布局特点：院落轴线对称，左右侧屋和左右厢房均对称布置在中轴线两侧，入口门楼开在侧面（图3-2-1、图3-2-2）。

崖州合院民居是琼南沿海地区典型的传统民居形式，其建筑布局受闽南民居、岭南民居和广府文化的影响，琼南建筑抗风防雨的要求形成独具琼南特色的接檐式民居，延伸了走廊空间，降低了檐口高度，更好地遮蔽了夏日干热，抵御台风暴雨的侵蚀。

崖州合院沿村里巷道两侧呈梳式布局，一般为单进院落，少量有多进合院，单进院落有二合院和三合院。二合院由一正一横两栋房屋组成，三合院由一正两横三栋房屋组成。

合院民居为一层，门楼一层或二层。正屋为一明两暗三开间，明间为堂厅，堂厅两侧为卧房。正屋前有大进深（约2.7～4.5米）前庭，前庭的堂厅部分进深稍大，俗称“庭屋”，其两旁的前庭进深稍小，俗称“鸡翼”；横屋也是一明两暗三开间，明间为客厅，暗间为生活用房。正屋和横屋转角连接处一般为杂房或书房，有些还设有小天井或转角后院（图3-2-3）。正屋中门正对院墙位置一般建有照壁。

目前，水南村尚存明清民居，多为三合院式，平面布局紧凑、密集，外墙辐射面少但包含了最多的住屋单元，典型平面为门楼、照壁、天井、正屋、横房。如正屋一般三开间，中央为堂屋，两侧设卧室，采用五架抬梁式结构，卧室之间利用梁柱木架结构的特点，砌不到顶的隔墙，上空为预留通风的漏空空间；屋面是重檐硬山顶；正屋前檐为外廊，围合出半室外空间供邻里交往及日常休闲（图3-2-4）。水南传统民居主动适应气候以及本土原材料运用的原生态设计与建造都有独到之处。

保平的明清古民居多为独立的院落式布局，院落内都有门、前堂、后室、厢房、厨房以及四周围墙，按纵深为轴线、前低后高、左右对称的原则布局。面阔三间，中为

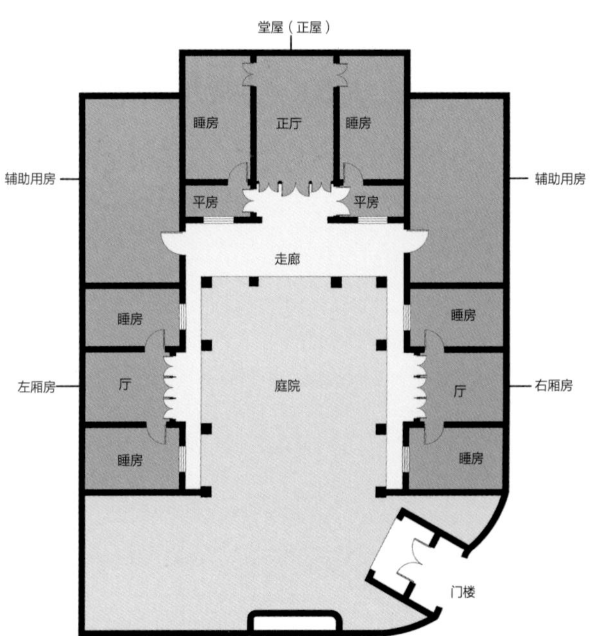

图3-2-1 崖州合院基本形制平面图（来源：根据《崖城传统民居的气候适应性研究》，唐秀飞 改绘）

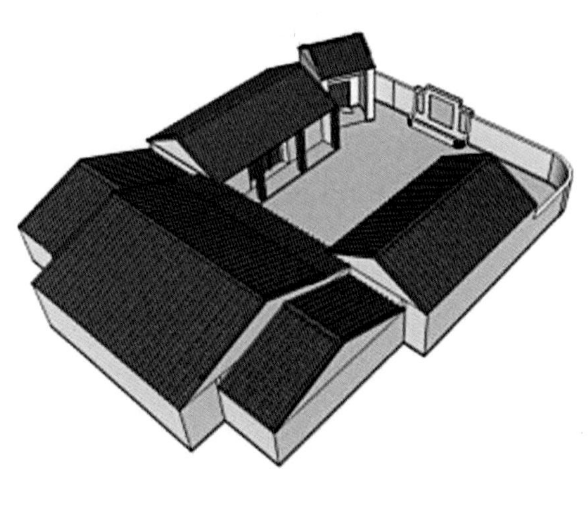

图3-2-2 崖州合院基本形制模型（来源：《崖城传统民居的气候适应性研究》）

图3-2-3　崖州合院民居（来源：费立荣 摄）

图3-2-4　水南村传统民居（来源：费立荣 摄）

厅堂，在横向上有厢房，一般东西各一厢房（图3-2-5、图3-2-6）。正前面为照壁，位于正堂中轴在线（图3-2-7），照壁左（或右）边为门楼，门楼大多不正对街巷，而与其形成一定的角度，大多数民居外绕围墙（图3-2-8）。

2. 建筑单体构成

崖州合院基本组成要素及功能特征如下：

■ 正屋（堂屋）

正屋为三开间，正中为堂屋，供奉祖宗牌位，正屋可会客，两侧为左右开间，一般可分为两部分，前部分为半廊，后半部分为睡房，两者均用作卧室用。正屋是主要的生活起居与待客之处，是整个院落的中心组成部分。

中间堂屋主要是用来祭拜祖先的，除了八仙桌放置牌位外，堂屋还设置神龛供奉祖宗牌位（图3-2-9）。在重要节庆，祭祀活动会有祭品供奉，八仙桌放置供品，祖宗牌位就需要上移到神龛。遇到洪涝灾害紧急情况时，祖宗牌位也要上移到神龛。民居空间中的开敞空间对湿热气候有更好的适应性。正屋是整个院落空间中对外开门最大的空间，也最为开敞。

图3-2-5　保平村明清合院式建筑（来源：费立荣 摄）

图3-2-6　保平村传统民居屋顶（来源：费立荣 摄）

图3-2-7　保平村传统民居照壁（来源：费立荣 摄）

图3-2-8　保平村传统民居门楼（来源：费立荣 摄）

图3-2-9　崖州合院民居堂屋（来源：费立荣 摄）

■ 左右侧屋

正屋的左右侧屋用作辅助用房，例如厨房和仓库等功能用房。这些辅助用房一般与正屋相连，布置在堂屋的两侧。在左右侧屋内，分隔为前后两部分，前半部分一般主要是仓库，后半部分是厨房。因为厨房对排烟功能有特殊要求，通风排烟要进行特殊处理，一般有两种：一种是直接在外墙上，利用砌砖的方式在与屋顶相接处做成镂空小窗。另一种就是屋顶的处理，局部抬高留缝形成透气口，以利于通风排烟。

■ 左右厢房

厢房分为左厢房和右厢房，沿轴线成对称布局。厢房多为三开间，也有两开间。三开间的厢房，一个厅在中间，两侧为睡房，布局形式与正屋相同；两开间的厢房，一个厅，一个睡房。正屋一般都是长者居住，晚辈则是住在厢房的。

■ 照壁

琼南地区出现的照壁样式多为马头式照壁，崖州合院的照壁结合院墙布置在正对正屋堂厅的院墙上，结合院墙用砖砌筑，位于整个三合院的中轴线。照壁前一般都有小的花池，大多设有香炉作祈福祭拜之用（图3-2-10）。

■ 门楼

崖州合院重要入口就是门楼，又称“门联”、“门面”。门楼的形式层数各有不同，有的门楼高为一层，有的高为两层。一层门楼上为硬山屋脊的顶盖，装饰门柱，面阔一间，两层高的门楼，在一层出入的门洞，上面加盖小阁楼

图3-2-10　崖州合院民居照壁（来源：费立荣 摄）

提供给守门人看护宅院，屋顶通常是硬山墙。门楼多为面阔一间，设双扇对开木门，木作门框，下有门槛。多为木作，少量石作门框上有连楹和门簪，设有固定的镇宅木或门楣，上刻篆字“福”、“寿”、“双喜”等。有的在门额之上镶嵌石匾，上刻吉语封号。

门楼的位置并不是在中轴线的末端，而是位于正屋侧面。崖州的民居朝向受中原文化影响坐北朝南，其次是坐西朝东。坐北朝南的门楼一般向东南方向开门。坐西朝东的门楼就在东北方向开门。门楼位置根据忌讳和避让不利而变化，依据风水有所偏转，与相邻街巷形成一定的夹角。门楼不正对正屋堂屋门，口与口相对即风水中的“煞”，而且门楼也不能正对街巷，对冲形成风煞，穿堂风有漏财之意，特

殊的门楼位置是相当讲究的（图3-2-11）。

■ 院墙（围墙）

崖州合院的院墙是建筑围合重要的元素。因居民比较随和，且受风水学的影响，院墙中多使用弧形墙，房屋还是院墙的转角都不正对着道路。房屋的外墙或者是院墙，遇到转角或者是弧形道路都必须因循就势做弧形处理（图3-2-12）。

图3-2-11 崖州合院民居门楼（来源：费立荣 摄）

图3-2-12 崖州合院民居院墙（来源：费立荣 摄）

3. 典型建筑

①乐东县黄流镇陈运彬祖宅

陈运彬祖宅位于黄流镇黄东村，建于清代末年，距今约120年，为陈运彬的曾祖拔贡公陈锡熙所建，坐北朝南，占地面积约600平方米。

陈运彬祖宅由一正两横围合成三合院，正屋正对院墙有一照壁，灰浆砖砌，上有“福”字、蝙蝠、花草等灰塑图案；左横屋旁另建有一书房及附院，书房正对附院墙也有一照壁，比正院照壁略小，上有“寿”字、蝙蝠、花草等灰塑图案；门楼位于左横屋前方，正对横屋山墙，砖木结构，坡屋顶，入口处地面和上方设有防盗木柱孔，进入门楼后，通过一段弧形院墙过渡到正院。

正屋一明两暗三开间，两横屋也为三开间（图3-2-13），屋顶均为硬山顶，正屋和左横屋屋顶为“一剪三坡三檐”的接檐式坡屋面（图3-2-14）。正屋结构为传统穿斗式木构，外墙为清水砖墙，横屋为砖木结构。

②乐东县九所镇孟儒定旧宅

孟儒定旧宅位于九所镇十所村，建于光绪三十四年（1908年），为清末拔贡孟儒定所建，坐北朝南，为五进三合院落，纵向轴线排列，其中第一进和第四进正屋后墙正中，分别开门连通第二进和第五进院落，除第一进外，每进

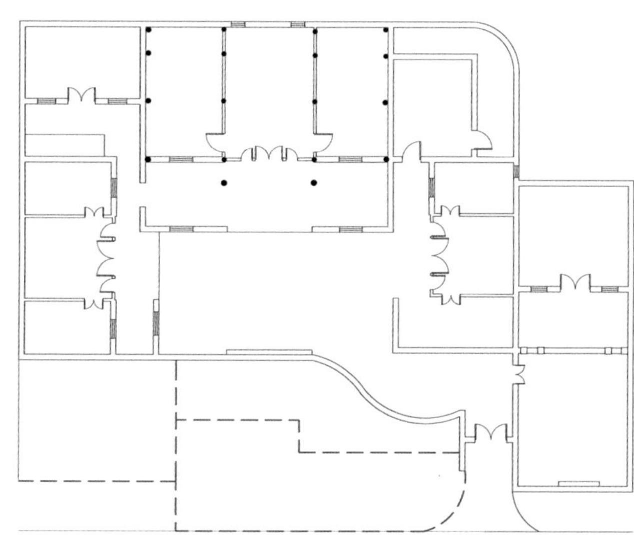

图3-2-13 陈运彬祖宅平面图（来源：中国传统民居类型全集中册）

图3-2-14　陈运彬祖宅鸟瞰图（来源：海南日报2018年07月09日015版）

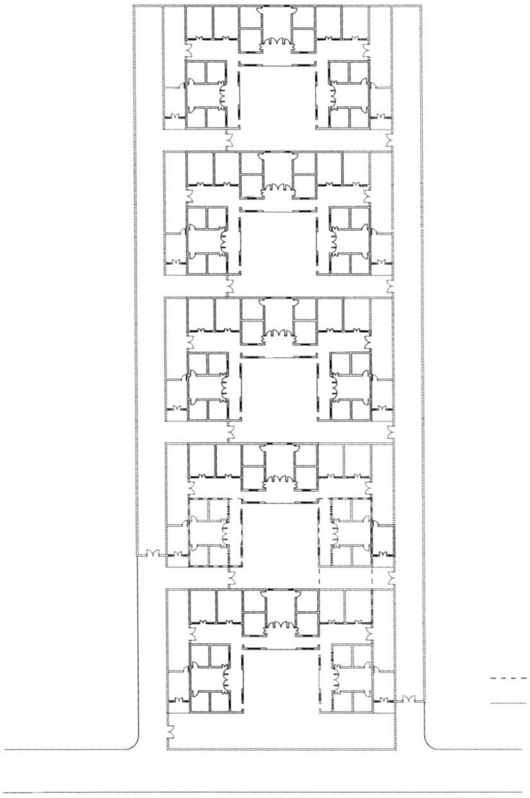

院落左右均设有小门楼（已损坏），另在第一进和第二进之间的左右巷道上各设有一个大门楼（已损坏）。

每进院落均为一正两横三合院，正屋和横屋均为一明两暗三开间，前面均有较大进深的前庭（俗称“庭屋”），横屋后有书房、杂房等附属用房和小后院（图3-2-15）。屋顶均为硬山式，一般均为前坡长后坡短，有些横屋为接檐式坡屋面（图3-2-16）。正屋结构为传统穿斗式木构，外墙为清水砖墙，横屋为砖木结构。

---- 新建部分
—— 已损毁部分

图3-2-15　孟儒定旧宅平面图（来源：中国传统民居类型全集中册）

（二）疍家渔排

“渔排”一般建在港湾、河汊等适宜养殖的区域，包括养殖和居住部分，两者为一整体浮在水上（图3-2-17）。渔排由多根格木纵横成方格网样式，横向为单根宽方木，纵向为两根并列的窄方木，形同一双筷子，又称“筷木”，“筷木”主要用来固定浮块。每个由格木围成的方格称为龙口，龙口尺寸一般为3.5米×3.5米或4.0米×4.0米，是渔排网箱养鱼和房屋建造的基本单元，每个渔排横向和纵向尺寸约3~5个龙口（图3-2-18、图3-2-19、图3-2-20）。

渔排房屋一般占用2~6个龙口的位置，自后向前分别为卧房、堂厅、前廊和工作台，厨房在堂厅一侧，厨房有时用来存放杂物，灶台搬至前庭或工作台使用；厕所在外边龙口上单独布置（图3-2-21）。堂厅留有安置祖先神牌和其他神祇的地方，并有电视机位，堂厅内正对大门后墙上一般悬挂装饰件，有福字或玳瑁等，寓祈福或辟邪之意。房屋由木骨架建构，为坡屋顶，室内地坪使用木板，并按卧房、堂厅、前廊分别设有不同标高，厅房内不置床和桌椅等家具，基本上是席地而坐，卧地而睡（图3-2-22、图3-2-23）。

1. 郭石桂渔排

郭石桂渔排位于陵水黎族自治县新村镇新村港内，由郭石桂于1985年建造，期间经过多次维护加固。该渔排左右宽5个龙口，前后深4个龙口，渔排屋坐东北朝西南，面宽和进深均为两个龙口尺寸，共占4个龙口，建筑面积约60平方米（图3-2-24）。平面从后向前依次为卧房、堂厅、前庭，卧室左右各一间，中间留出一通道，通道上方为供祖宗牌位架和储物架；堂厅为长方形，堂厅为活动起居空间，无桌椅

图3-2-16　孟儒定旧宅（来源：费立荣 摄）

图3-2-17　疍家渔排近景（来源：唐秀飞 摄）

图3-2-18　疍家渔排外观（来源：唐秀飞 摄）

图3-2-19　疍家渔排水上通道（来源：唐秀飞 摄）

图3-2-20　“龙口”的主要形制（来源：唐秀飞 摄）

图3-2-21 疍家渔排工作台（来源：唐秀飞 摄）

图3-2-22 疍家渔排顶棚（来源：唐秀飞 摄）

图3-2-23 疍家渔排内景（来源：唐秀飞 摄）

等家具，平时席地而坐，右侧墙角上置电视机；前庭主要为日常工作的场所，工作台置放养鱼饲料、渔网等用具；厕所在渔排最外端的龙口上。屋面为硬山坡屋顶形式，前坡长后坡短。

2. 黎孙喜渔排

黎孙喜渔排位于郭石桂渔排南侧，建造年代和郭石桂渔排相近，至今约20年。黎孙喜渔排左右宽5个龙口，前后深4个龙口，渔排屋建在中间1个龙口上，加上工作台前后共占3个龙口位置。自后向前，依次为卧房、堂厅、前庭和工作台，室内地坪依次降低（图3-2-25）。卧室分左右两间，门均开向堂厅，卧室尺寸较小，可席地而睡；堂厅稍大，长和宽均为1个龙口，尺寸约4米×4米，左边墙角安置祖宗牌位，右边放置电视机，无桌椅等家具；前庭和工作台是煮饭、织网等日常家务空间，工作台上有遮雨篷布。厕所在渔排的最外边角。屋面为硬山坡屋顶，主体左右坡，前庭为单面坡。

二、传统宗教建筑群体与单体

回辉村清真古寺

海南省三亚市凤凰镇的回族从唐代开始迁入海南，是唯一代表海南特色的民族共同体，也是我国最南端的穆斯林居住地。由于历史上的种种原因，回族先民多次迁徙，汉化、黎化，聚居定居，建筑具有鲜明特色。

回辉村清真古寺是村子里的核心建筑，始建于明朝成化九年（1473年），占地2519平方米，建筑面积636平方米，坐西朝东，呈长方形，这是清真寺独特的方位选择（图3-2-26）。因伊斯兰教的创始人穆罕默德诞生的地方麦加位居我国的西方，只有拜殿的神龛背向西方，教徒作礼拜时才能面向麦加所在的方向。

拜殿是清真寺的核心建筑，面阔三间，大屋顶式，中间呈穹窿顶，左右出廊，姿态高大雄伟、巍峨壮观。整个布局并不像中国传统的中轴对称式，而是以拜殿为中心，其余都分布在其周围。

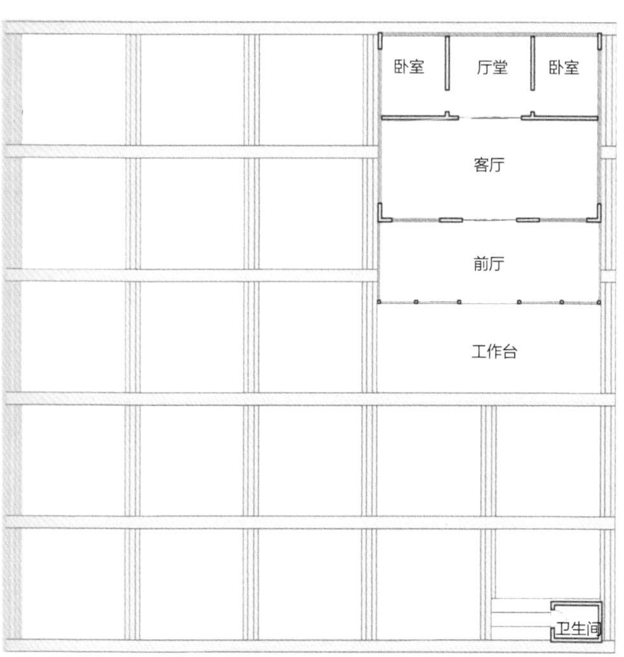

图3-2-24　郭石桂渔排平面图（来源：中国传统民居类型全集中册）

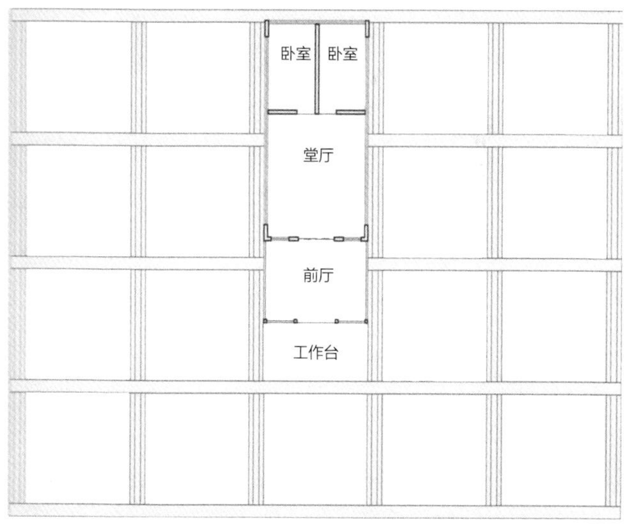

图3-2-25　孙喜渔排平面图（来源：中国传统民居类型全集中册）

三、传统礼制建筑群体与单体

崖城学宫

崖城学宫，又称崖城孔庙，位于海南省三亚市崖州区牌坊街，为古代崖州最高学府，是一座中国最南的孔庙，堪称“天涯第一圣殿”。宋始立，明清时，州学与孔庙结合，称

图3-2-26 回辉村清真北大寺（来源：费立荣 摄）

“孔庙”或“文庙”，合称“学宫”，是我国最南端的一座学宫。民国后，经过三次对原有已损毁建筑进行复原维修，较好地恢复孔庙历史原有的风貌。

崖城学宫占地面积6798平方米，建筑面积约有1530平方米。整座学宫坐北朝南，宫殿式建筑对称组合。学宫采用轴线布置，取鳌山之鳌头为拱向，由南向北中轴线上排列的圣殿等主体建筑，依次为文明门、尊经阁、少司徒牌坊、万仞宫墙、照壁、棂星门、泮池、泮桥、大成门、天子台、大成殿、崇圣祠（后殿）（图3-2-27）。“文明门”是崖州学宫整体格局中的标志性建筑，从学宫建筑布局、拱向特点上看，为崖州学宫昭示文教兴旺而开。主体建筑大成殿面阔七间、进深六间，重檐歇山顶，建筑四周外围一层围廊，是典型“副阶周匝”营造方式。大成殿陈设有：孔子和“四配”（颜子、曾子、子思、孟子）塑像5尊及木雕神龛；十二哲人牌位；大小供桌、香炉烛台和各种祭器；主要乐器有一架16口编钟、一架24块纺罄、古琴、笛、箫、牌、大吊钟、楹鼓、十六戟架等（图3-2-28）。殿内现存的大金柱、抬梁穿枋、砖花窗、石檐柱、石柱础、木雕花饰等均为清代遗存。大殿上下檐屋顶间作木质隔窗，不作墙体、斗栱，利用屋内上下空气密度不同压差形成气压流动，有利于室内通风，是传统建筑结合热带气候特征的典型代表（图3-2-29、图3-2-30）。

图3-2-27　崖城学宫棂星门（来源：费立荣 摄）

图3-2-29　崖城学宫大成殿（来源：费立荣 摄）

图3-2-28　崖城学宫古门、古钟（来源：费立荣 摄）

图3-2-30　崖城学宫屋檐（来源：费立荣 摄）

中西结合的大门

二进和三进之间的“聚宝盆”

图3-2-31 琼山会馆（来源：费立荣 摄）

四、传统市政建筑群体与单体

琼山会馆

琼山会馆，位于海南省陵水县陵城镇的解放东路，总面积1100平方米。琼山会馆为多进式院落，共有前、中、后三进建筑，结构为三进二层四合院，第一进牌门前是一座欧式的抱厦，四柱三间，青砖砌筑，券拱门，四柱顶设狮，明间顶部为圆弧顶，饰卷草脊饰，脊下彩塑双凤，其建筑形式明显受到巴洛克建筑风格的影响。第一进明间内有隔扇式屏风，入口门顶镶嵌一块石匾，题名“琼山会馆”。厅里正中面有木板雕刻屏风，有二个天井将三进院隔开，第一、第二进厅均砌成骑马脊。第二进“凤楼”厅前后有轩廊，屋顶为悬山式，明间梁架结构特殊，用镂空花板替代抬梁结构，装饰性很强，且简洁明快。第二、第三进均为二层楼阁，第三进为“龙楼”，龙楼和凤楼的屋顶上都分别雕刻有飞舞的龙凤，勾头滴水为绿琉璃瓦，地板用红砖、石板铺砌，外貌是祠堂式建筑格局。二进、三进中间为天井，两侧有厢房。总进深40.7米，宽13.3米，龙楼和凤楼的中间的天井上中空部分因收集的雨水而形成天池，被称为“聚宝盆”（图3-2-31）。三座建筑均为硬山式，板筒瓦、裹灰垄、绿琉璃勾头滴水剪边屋面。地板采用红方砖、石板铺设，方砖用于室内和楼面，石板用于天井等室外地面。琼山会馆建筑外形结合中国传统建筑的门窗、岭南地区清代以后常见的彩色剪瓷贴塑屋脊装饰等手段，运用西洋建筑手法，以丰富的立面构图和檐口线条装饰组成，朴实而不奢华。

第三节 传统结构、装饰、材料与构造

一、建筑要素特征

（一）屋顶

琼南传统民居基本为硬山顶、瓦屋面，屋面常见的是“接檐”形式，这种建筑形式在中国传统建筑中独树一帜，“接檐”一般在硬山坡顶前坡加大进深，在前坡房屋墙外走廊下直接衔接，形成了“一剪三坡三檐”的风格，为崖城地区所独有（图3-3-1）。

为抵御台风，传统民居大都较为低矮，屋檐高度一般在2米左右，屋脊处的高度为5米左右。正脊在琼海建筑屋顶有所变化，在没有伸到山墙，距山墙不到半米处断开，不与垂脊相接，并用灰塑开始起翘形成鸱尾。传统建筑的垂脊不平行于山墙顶边，形成特有的山墙顶部风格。

而疍家渔排也是海南传统民居的典型样式之一，其建筑构造简单实用，屋顶为简易坡屋顶形式。

图3-3-1　“接檐”式屋顶（来源：费立荣 摄）

（二）照壁

琼南地区的传统民居有别于北方民居，最常见的照壁是在院门的前墙正中、正对厅堂的对面墙上另起一座马头式墙。

照壁朝向院内一面的注重装饰，通常正中刻写祈福延寿一个斗大的“福”“寿”等字，两边书写对联，顶额上有砖砌压顶和彩绘图案。照壁多为对称布局砖砌而成，一般用于祭拜、吉祥、祈福、保平安。

（三）门窗

1. 门楼

门楼为主入口，又称“门联”、“门面”，门楼不位于院墙正中，不是正对街巷，而是与街巷呈一定角度。有的门楼修建成一层高，上为硬山式屋顶，有的为两层高。两层高的门楼，一层为出入的门洞，二层为阁楼，上面提供给守门人看护宅院或主人休闲纳凉。

门楼多为面阔一间、进深五檩的乌头门，双扇木门对开，有木门框，下有门槛门枕（俗称门墩石），门槛多为石质，少数为木柱。门内四椽栿下设花格子木棂，上门框上有连楹和门簪，设有固定的镇宅木或门楣，上刻篆字“福”、“寿”、“双喜”等。

门楼屋顶通常是硬山顶，是灰布筒板瓦，中间起脊，正脊的左右两端有外翘的戗角，又多缠枝形的鸱吻。山墙前面为墀头。有的在门额之上镶嵌石匾，上刻封号（图3-3-2）。

2. 窗

琼南传统建筑的窗基本分为三类：一类是木作直棂窗，以简单的竖向直棂为主；一类是以泥用模压烧制成，图案对称严谨；一类是绿釉瓷花窗，颜色基本为翠绿色，图案为“莲花”、钱币“菱形”和各类花瓣形，漏花窗规格为30厘米×30厘米，常见的有两块一组或四块拼成一组。漏花窗不仅具有通风换气的功能，还有较好的装饰性和隐私性（图3-3-3）。

这三种窗多用于围墙和建筑朝外的窗户，其中第三类常见于山墙山尖处，用于建筑的通风散热。窗框外一般以赤色、群青等颜色做彩绘。

（四）墀头

建筑前檐檐口下的墙体，称“墀头”或“腿子”。常用石头做成方框形，框形以下弧形内凹。墀头是方框形，为一弯曲斜面，四周用线脚起框，框内或直接作彩绘，或作泥塑彩绘（图3-3-4）。

图3-3-2 门楼（来源：费立荣 摄）

图3-3-3 窗（来源：费立荣 摄）

（五）神龛

神龛也叫佛道帐，常用木雕成，上为屋顶，中为柱身，下为基座开宫楼阁，阁内放置祖先牌位（图3-3-5）。琼南地区的神龛，图案精美、工艺精细。

图3-3-4　墀头（来源：费立荣 摄）

图3-3-5　神龛（来源：费立荣 摄）

二、建筑细部装饰

琼南地区的崖州合院民居装饰主要有灰塑、木雕、彩绘等；而疍家渔排为水上生产生活木构架民居，以防风、坚固和适用为主，外观较少装饰，室内因空间较为狭窄，只挂有神龛、壁钟等装饰物。

（一）雕刻

琼南传统民居古代的雕刻手法，主要采用阴刻、剔地阳刻、浮雕和圆雕（透刻）等，表现一种图案，多刻于梁柱、枋板、瓜柱、驼峰、槛窗等处，特别是大门、厅堂明间的廊檩下。图案为山水、云气、日月、星辰、花草、动物等，或者采用文字表达“福”、“寿”、“禄”、“喜”、“吉”等。大部分的民居都在瓜筒上加以精美的雕刻，常见图案样式有：波浪、飘带、花篮、灯笼、花草、鸟兽等，雕刻方法既有浮雕也有透雕（图3-3-6）。

（二）灰塑

灰塑主要在屋脊、墀头、山墙墙头、照壁等部位或构件得以应用，以卷草、云纹及吉祥图案为主（图3-3-7）。

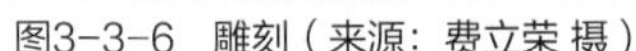
图3-3-6 雕刻（来源：费立荣 摄）

图3-3-7 灰塑（来源：费立荣 摄）

（三）彩绘

彩绘有保护木构或者墙体的作用，但更重要的则是古人通过丰富多彩的画像表达对美好生活的追求和期盼。琼南传统民居的彩绘多施于外墙窗边、屋脊、墀头、门楼、堂厅内墙等部位，除了“喜”、“寿”等字少数采用大红大紫外，其余比较倾向蓝色、金黄色、绿色、灰色、青色等作为彩绘的底色和线条。

室内彩画多出现在山墙顶部和屋顶交接的三角形区域。山墙顶部正中的图案增加了当地建筑的室内特色，图案多以蝙蝠、祥云、花草、鸟兽等为主。两边彩画的题材常用卷草纹，如意纹，回字纹，开卷纹等，也有少量纹式边框，框内绘有花草鸟兽等图案（图3-3-8）。

（四）室外铺地

琼南传统建筑室内室外主要以青砖铺地，不同的铺砌方式形成丰富各异的肌理，形式多样，少量建筑的铺地还刻有花纹（图3-3-9）。

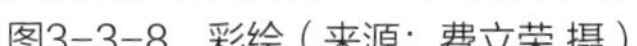

图3-3-8　彩绘（来源：费立荣 摄）

图3-3-9　室外铺地（来源：费立荣 摄）

三、建筑材料与构造

（一）建筑材料

1. 崖州合院

建筑材料主要是砖瓦、木料、灰浆（图3-3-10）。砖瓦经烧制后十分坚硬，用作桁梁柱桷等材料，灰浆由石灰、糯米、桐油、草木等原料精心调制加工合成，防水性、可塑性、凝固性特别强。

2. 疍家渔排

渔排的建筑材料主要为木条（或木板）、铝塑板、塑料布、泡沫块和铁皮，由下至上依次为：在木构架上铺一层铝塑板，再铺一层木板压紧，铺防水塑料布，隔热泡沫块，马口铁皮外包，铁皮上压钉木条（图3-3-11）。

（二）建筑构造

1. 崖州合院

崖州合院民居采用传统穿斗式木构架结构，外围护结构采用红砖灰浆砌筑成清水砖墙，屋顶为坡面，在木构上铺设椽子，椽子上铺板瓦（俗称“母瓦”），板瓦上倒扣筒瓦（俗称“公瓦”），筒瓦用灰浆铺砌，外批一层灰浆，瓦头为瓦当（图3-3-12），有装饰保护檐头防水作用，以提高

图3-3-10 崖州合院民居建筑材料（来源：费立荣 摄）

图3-3-11 疍家渔排建筑材料（来源：唐秀飞 摄）

图3-3-12　崖州合院民居建筑构造（来源：费立荣 摄）

图3-3-13　疍家渔排建筑构造（来源：唐秀飞 摄）

屋面抗风性能；地面多采用砖铺地。

2. 疍家渔排

渔排的建造先是在浅水区用螺栓将格木搭建成方格网的龙口，在龙口“筷木”下绑扎泡沫浮块或塑料圆桶，同时在龙口上搭建房屋，房屋墙体和屋顶均为木构架。墙体在木构架外采用马口铁皮围护，外墙开窗，屋顶在木构架上采用多层构造做法（图3-3-13）。

第四节　琼南建筑精髓

琼南地区常年干热、雨季有暴风雨的气候特点，形成独具琼南特殊的传统建筑。古代琼南一家往往几世同堂，同一屋檐下同吃同住。崖州合院的房屋分配充分体现了长幼之分和主次之分。在布局上，两侧厢房绝对不能高于正屋，因为正屋是家中长辈居住，而正屋的建造结构和规模是整个庭院最突出的部分，耳房或厢房依次按长幼次序分配。崖州地区是历代达官名流、文人墨客的流配谪居之地，岭南、闽南、浙江、福建等商贾留居落籍。建筑正屋可分为接檐、走廊和主屋三部分，其中接檐部分和加深走廊是为了琼南建筑能起到防热、防雨、防台风的功能，复杂的工艺极具中原和华南文化的色彩。

而琼南的“疍家棚”是疍民在海岸边用几根木柱作疍家简易棚的支撑，用篱笆或旧船板作棚围护墙，用旧船板铺作疍家棚的楼板，安有小木梯供人上下，用竹瓦或毛毡盖疍家棚的棚顶。蛋家棚的棚底离海面约两三米，楼板用油灰或桐油填涂，因为潮涨时，棚底下有海水浸泡。在疍家棚内，平面布局正厅和卧室，厅、室都很小，开有小窗，通风采光。有些疍家棚平面不分厅室的，整个疍家棚都是疍家人起居、会客、餐厅、厨房的场所，皆处于一室。“疍家棚”，传统建筑为竹瓦板壁，后来发展有轻钢结构的，里面陈设较为简单。

第四章　琼西地区：传统聚居

琼西地区是海南岛古代汉族主要聚集的地区，这里地势平缓，阳光充足，气候干燥但却水源丰富，具有极高的农业生产潜力，是人们理想的聚居地。

自汉武帝元封元年（公元前110年），在海南设置珠崖、儋耳两郡和十六县起，海南便拉开了有组织的汉族人口迁移运动的序幕。那时汉族居民迁入海南主要是朝廷委派的官吏、戍边军人、商人、流放的“罪人”、难民等。琼西地区因其良好的农业生产条件，成为汉族人与黎族人争夺的地区。为了镇守疆土，中央于琼西地区设置儋耳郡（今儋州中和镇），并派兵进驻以实现行政管辖，实行军队屯田制，让士兵开垦荒地为田，另外还通过军事镇压从黎民手中夺取良田，生活空间和生产资源遭受抢夺的黎民被迫退居山林，汉族人的势力范围不断扩大，屯田的军队也就逐渐稳定下来，并形成独特的军屯族群。

琼西地区还聚居另外一群富有特点的族群——客家族。这些客家人于明朝始渡琼，避开大陆的乱世以求生存，但作为后来者的客家族，无法从已经成形的全岛各族群空间分布格局中找到理想的肥沃平原用以生产生活，便只能见缝插针，开辟新的生活空间，开山垦荒，在山脚部位居住。得益于客家人的生性勤劳勇敢，既善于读书学习，又善于经济贸易，在琼经过多年的发展壮大，逐渐形成规模较大的墟市，如儋州的那大镇、南丰镇等。时至今日，海南岛的客家族独特的聚居形态也就成为海南传统建筑中的一支大系（图4-1-1）。

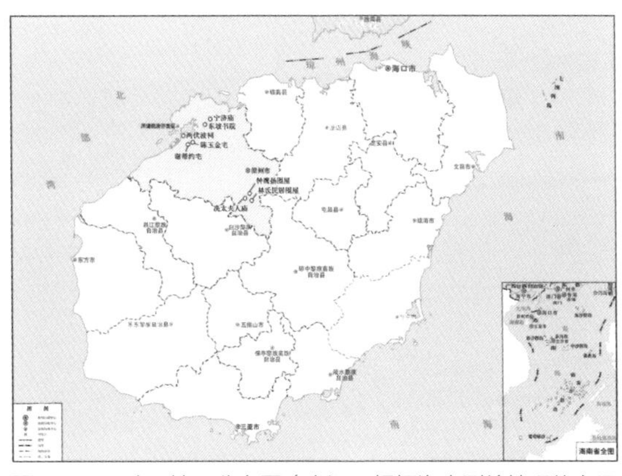

图4-1-1　琼西地区分布图（来源：根据海南测绘地理信息局《海南省地图》，唐秀飞 改绘）

第一节 聚落选址与格局

分布于琼西地区的传统聚落种类繁多，但其中较具特色并保存延续至今的，则为军屯民居聚落与客家聚落。

宋朝时期，中央开始深入黎区腹地的建置，关注琼西黎民发展。如大观元年（1107年）以黎母山夷峒（今东方市昌化江流域）置镇州。宋朝时期海南岛的移民数量众多，其中戍边军队官兵从大陆响应征召来到海南，主要任务之一就是汉化黎民和防黎，在当地多驻守于腹地山区，渐习当地风情，融入黎人生活，带去汉族文化和耕种技术。部分留居于此的军队逐渐占据黎峒田地，开荒辟路，设置村峒，长期融合的黎族居民多被称作“熟黎”（图4-1-2）。

元朝时期，元政府为进一步控制海南，采取了强制性军事移民政策，并实行了以军屯为主的大规模屯田，进入海南的人口较宋朝有大幅增加。这一时期以开垦农田，屯兵驻守为主，因戍边军基本都来自于大陆中原地区，大部分戍边军组成的聚落分布在平原土地较适宜进行耕种的地区，沿承着戍边军广亩耕田的生产习惯，所以这一时期的军屯民居聚落主要分布在儋州、临高等地势较为平缓的台地低山地貌地区，具有良好的耕种条件。长久的驻军，致使一些官兵就留在了这片土地上繁衍生息，也就是今天的军屯人（图4-1-3）。

相较于分布意图明确的军屯聚落，客家聚落在海南的分布则呈现较为分散的状况，主要的聚居地为儋州市的那大镇、南丰镇、兰洋镇、和庆镇，临高县的和舍镇、龙波镇以及琼中县的中平镇、黎母山镇等等。从主要分布的这些乡镇来看，其地形地貌均起伏较大，山水连绵，若从生产要素来看，可作为农田耕种的空间非常的紧张，同时这些乡镇位置与黎人距离相近，极易受到侵扰，故客家聚落均具有较强的防御功能，这一点在客家的民居建筑上最为明显（图4-1-4）。

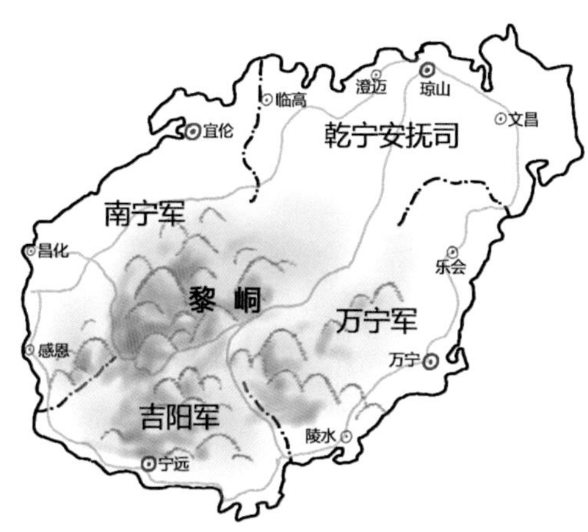

图4-1-3 元代海南驻军格局（来源：根据《中国历史地图集》，李贤颖 改绘）

图4-1-2 宋代海南驻军格局（来源：根据《中国历史地图集》，李贤颖 改绘）

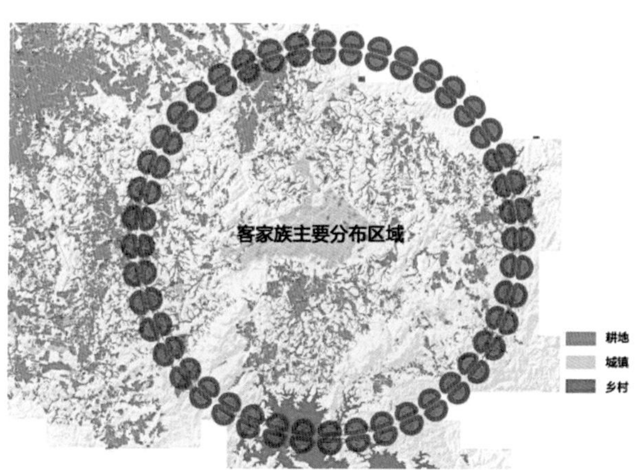

图4-1-4 客家聚落与耕种空间分布（来源：《儋州市土地利用总体规划（2006-2020）》）

一、军屯民居聚落选址布局

（一）聚落成因

1. 聚落选址

军屯民居聚落主要分布在四个镇：中和镇、那大镇、王五镇和长坡镇（长坡镇现并入东成镇）。

为军事政治目的而存在的屯军，其空间布局必然体现中央的政治意图。以制黎为目的的屯军活动区域则主要分布在了台地与丘陵一带，面向地势复杂的中部山区，近海一带分布有汉族人，可作为军队的重要补给支援腹地，即进可制敌定疆，退可防守固元，是军队较为理想的驻扎地点。从空间格局上看，中和镇曾为儋耳郡，是州府驻地，具有极高的行政职能，负责管控海南南部地区，同时从隋唐时期的历史地图上分析，海口湾连接至东方昌化直至南部崖州的西环道路，中和镇于道路北侧设城，扼守交通咽喉，而王五、长坡两镇辖区均将西环道路纳入管辖范围，长坡镇还扼守着西环至中部地区的交通要道，具有极高的军事战略地位。那大镇是平原地区通向中部山区的重要通道，亦是军队守护平原腹地控制山地黎民的桥头堡，必然驻扎有一定量的军队官兵（图4-1-5）。

军屯民居聚落的另一个重要选址考虑因素就是“屯”——屯田。军队的屯田则以军事节点为圆心向周边分散扩展，这样既能保证应对军事活动，同时又能兼顾屯田生产。

从语言方面进行验证，军屯人都有一个共同点，即是他们都会讲一种语言：“军语”，而军屯民居聚落的分布基本与操军语的区域在空间分布上有重叠，在儋州市内的中和镇、王五镇现存一定数量的军屯民居建筑。据史载，“军语”即中州正音，现主要分布在海南岛西部，故今日所见能显示古代屯军历史的物质和非物质文化遗产——军屯民居及军话，大抵分布于儋州市、东方市、昌江县及三亚崖城镇（图4-1-6）。

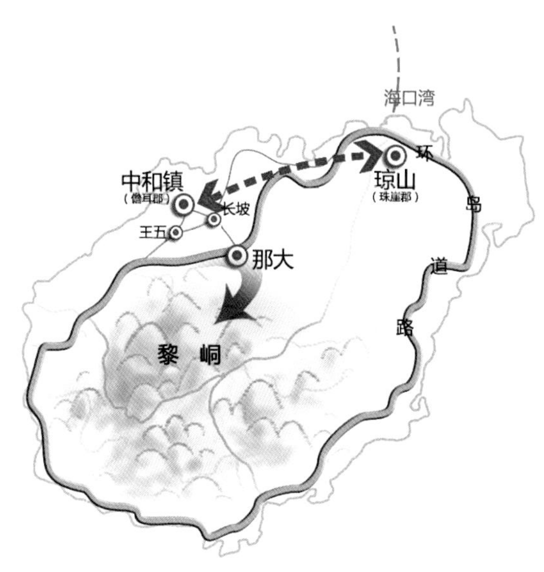

图4-1-5 古代海南岛黎汉聚落空间格局分析（来源：根据《中国历史地图集》，李贤颖 改绘）

2. 聚落的规模及分布

军屯聚落可以划分为三个等级：州府（中和镇区）、要塞节点（那大镇）、屯田分组（王五镇、长坡镇和现军屯自然村）。从规模上看，作为州府的中和镇等级最高，城市的形制最为完整，有城墙、衙门、庙宇、街市及居民的生活区，分区明确，可见其具有较高的行政职能；那大建墟至今约有400年时间，明代万历年间，琼州府于那大设那大营，驻军布防，以巩固政权，后来商贾往来频繁，规模逐渐增大，并成为儋州的中心城市；作为基础单元的军屯村落，规模大小较为平均，主要分布在四镇内，村落周边分布有大量农田，满足军队生产屯粮的需求。其中现王五镇和长坡镇的镇墟因其优越的交通区位条件，借由发达的商贸，也由村庄逐渐成长为具有一定规模的镇墟。

军屯聚落基本都分布在地势平缓，生产条件较好的地方，多为点状聚集，相互之间以道路进行连接，相邻村庄之间距离通常为200米至500米，大约10公里出现一处等级较高的聚落单位（如王五、长坡现已成长为乡镇区或集镇），呈现出较为明晰的层级关系（图4-1-7）。

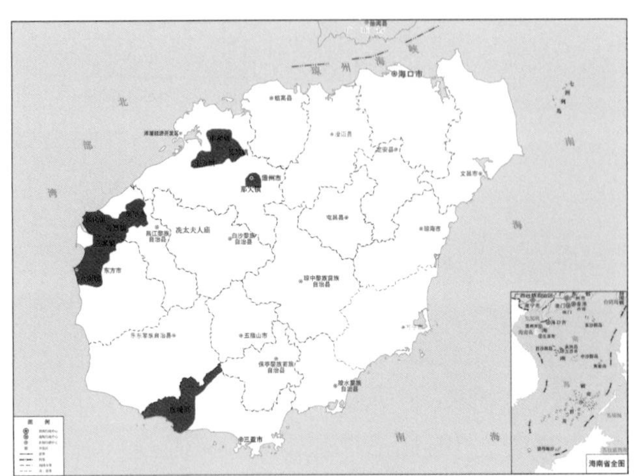

图4-1-6　海南军语分布（来源：根据《海南语言的分区》，李贤颖 改绘）

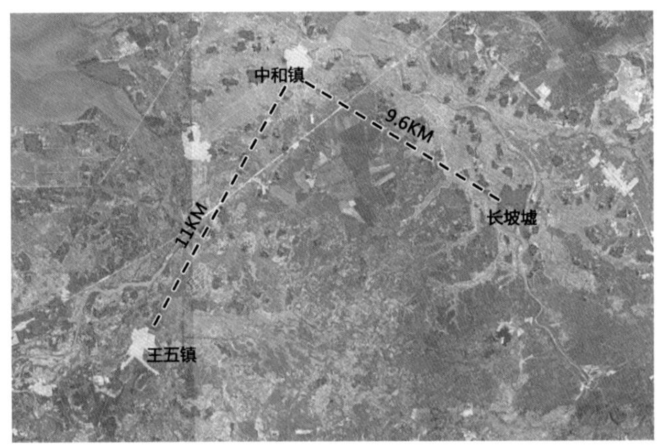

图4-1-7　军屯聚落空间分布与规模（来源：参考谷歌影像图，李贤颖 绘）

（二）空间特征

在军屯民居的传统聚落空间上，可以看出较为明显的儒家思想渗透。首先就是礼制思想对军屯民居聚落布局的影响；在聚落的空间布局上，较为高级的军屯民居聚落，如历史名镇中和镇，沿承了《考工记·匠人》中提出的礼制秩序，从规划布局和营建制度两个方面来强化城邑建设。“贵贱有别，尊卑有序”便是这种礼制秩序的实质。其次，儒家学说中的“天人合一”也淋漓尽致地体现在军屯民居聚落的空间特征上：分布在平缓的台地低山地区的军屯民居聚落，整体的建筑群体布局顺应地形地势，有效地减少了土方工程，并且地势的高低也符合了礼制建设的需求；基于海南闷热的气候条件，聚落的整体建筑布局不再死板的局限于正南正北的布局，而是巧妙地结合当地主导风向布局建筑群体，缓解了空间内的微气候条件，因为海南岛的气候闷热潮湿，日照充足，建筑采光需求已不占据房屋建设要求的主导地位，而是优先考虑排水通风，通常建筑的朝向多面向水体或者低洼处，这样的布局更易排出雨天的积水，保持环境的干爽；同时在聚落空间中积极引入植被水体，构建出人与自然和谐相处的良好生活环境。可以说，军屯民居聚落在继承了其中原民居聚落的空间布局思想的基础上，结合海南当地的地质气候条件，生成了一个新的民居类型。

1. 军屯民居聚落的空间形态

军屯民居聚落中体现着儒家的思想渗透，如中和镇，有明确的轴线，功能布局也遵循礼制建城的思想，相对简单的军屯村落则将礼制体现在家庭单元内，即严格的尊卑次序的建筑空间布局（图4-1-8）。通常的民居单元为合院式的布局，相互之间紧密排列，有明显的交通空间，体现其军队作为一个整体的思想。

①边界空间

军屯民居聚落的边界通常较为明晰，或以聚落内部的道路区分内外，或以河流水体为界，聚落外围则是大片的农田，与中原民居聚落的边界极为相似（图4-1-9）。

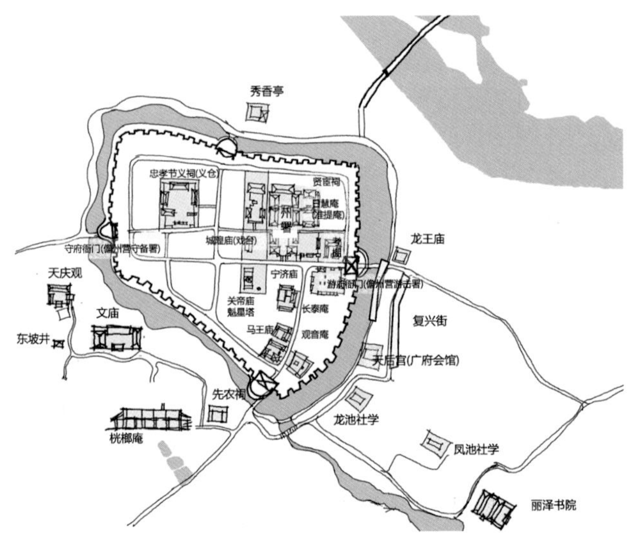

图4-1-8　明代中和古镇平面图（来源：《儋州市东坡文化旅游区总体规划》图册）

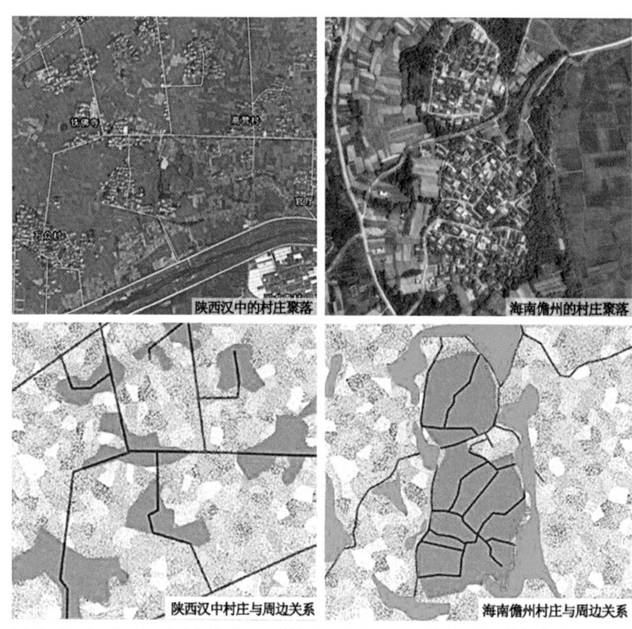

图4-1-9 海南军屯民居聚落边界与中原民居聚落边界对比（来源：参考谷歌影像图，李贤颖 绘）

发展规模较大的聚落会修筑起防御的工事（如城墙），带有较强的防守特征，这是因为宋元时期的海南仍为蛮荒而未开化之地，进驻的官兵承担着对当地土著进行管辖与教化的责任，用以强化中央政府的集权统治。黎族先民生性自由不羁，社会制度与汉族社会具有较大的差异，不同的文化价值观使得黎民对试图管制自己的汉族存在较大的抵触情绪。据史料记载，海南岛古代黎汉相交之地经常发生冲突，而为了强化军事管制，稳固驻军的生产生活，这些驻军的居所——军屯民居聚落在平面上都呈现出较强的内敛、防守特征。民居的单元个体并不以自我为中心向外扩张，而是有组织有秩序地凝聚在一起，并由道路划分出一个个片区，这种平面组成在遇到外敌入侵时，片区内的居民可以共同抵御外敌，有的军屯民居聚落还修筑了围墙和防御的楼宇，更进一步强化防御功能（图4-1-10）。

通过实地调查和辅助卫星影像图进行观察发现，军屯民居聚落与外部交通道路关系并不明显，沿道路生长的村庄数量较少，村庄的防守能力较强。另外，军屯聚落中民居单元自身防御工作也比较到位，院墙通常较高，门洞较少，内外相对独立，这也体现了中原人观念中族群关系紧密的这一特

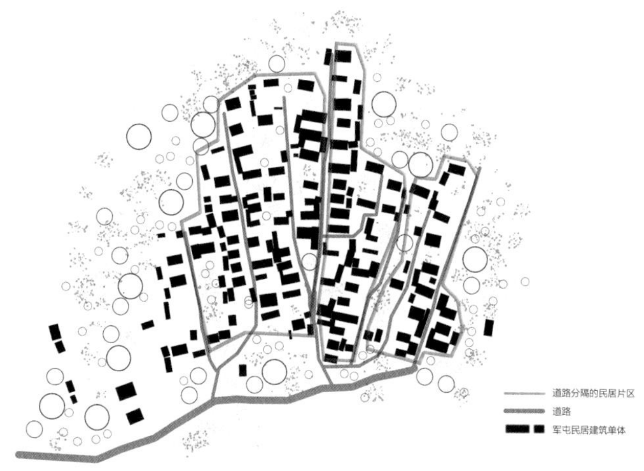

图4-1-10 军屯村庄聚落平面图（来源：参考谷歌影像图，李贤颖 绘）

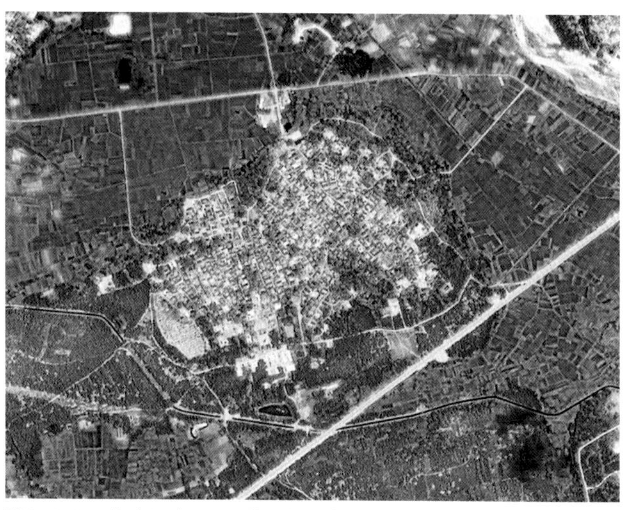

图4-1-11 海南军屯民居聚落影像图（来源：海南天地图）

点（图4-1-11）。

②内部空间

军屯聚落的内部空间关系明晰，礼制祭祀、生活居住、公共交往的空间划分明确，说明军屯人的生活受到礼制的约束，秩序井然。

A. 礼制祭祀空间：每一个军屯聚落都有用于进行礼制祭祀的空间，这一类空间通常为祭祀先贤的祠堂庙宇，如中和镇

的宁济庙、关岳庙等（图4-1-12）。礼制祭祀空间作为军屯聚落中等级最高的场所，形式通常也为合院形式，庭院尺度大气宽敞，可容纳人们来此进行礼制祭祀活动，院落内还种植乔灌木，并作园林景观的设计。礼制祭祀空间内的建筑形态优美，屋顶使用等较为高级的形式，如重檐顶、歇山顶，色彩也有绿色、黄色等，庭院内或建设有亭、廊及塔，既庄重又美观。建筑装饰精美，并书有诗文词赋，或立碑牌，体现出军屯人对先贤的敬仰，也是礼制思想的高度体现（图4-1-13）。

B. 生活居住空间：军屯民居聚落中的生活居住空间是以各个家庭为单位组成的独立个体。军屯族群因属中央指派到海南以实现行政管制的群体，其个体成员——官兵的构成亦来自不同血缘、不同地域的人家，所以军屯民居聚落当中，血缘关系形成的纽带主要只体现于家庭之中，这也就造就了军屯民居聚落在公共的礼制祭祀活动中以共同的先贤为祭祀对象，而仅在家庭内部供奉先祖。一户军屯民居基本涵盖了军屯人生活的全部：坐南朝北的堂屋作为供奉祖先的正屋，兼顾家庭中长辈及长子的起居，坐北朝南的堂屋则作为次子的起居用房，也兼顾客厅之用，左右横屋则布置厨房、杂间等功能用房，有条件的家庭会在房屋的边角建设小型的种菜的院子，或是可通行牲畜的牲畜用房。因在住房内设置了饲养禽畜的空间，为了避免对人的生活造成影响，通常采用禽畜笼养。庭院是开敞的空间，可作为晾晒谷物的晒场（图4-1-14）。

图4-1-12 中和镇关岳庙入口（来源：李贤颖 摄）

图4-1-13 中和镇关岳庙内重檐八角关岳亭（来源：李贤颖 摄）

C. 公共交往空间：军屯聚落中礼制祭祀空间通常也具备居民日常生活交往的功能，除此之外，居民进行日常交往交流的场所主要为街巷。居民或将路门向内后退半米，留出小片的空间，家庭内的人员可在路门处与周边街坊交流生活信息。而由家家户户院墙构成的街巷空间，曲折却顺畅，不仅是居民日常喜爱的交往空间，也是商贩喜欢聚集的场所之一，以街道为载体的街市既满足居民购置物品需求，同时街巷聚集的人气也促进了居民对这些街巷空间的充分使用（图4-1-15）。

2. 传统聚落的空间特点

延续至今的军屯民居聚落不论是城镇或是村庄，其平面建筑布局均呈现出一定的规律性（图4-1-16），可以总结为以下三点：

一是有明确的交通空间。军队讲究秩序，追求一个高效的交通空间，在民居聚落上则体现在其路网，主次分明，道路顺畅。

二是空间秩序感强。每户军屯家庭建筑体量虽不相同，但形制均为合院式，且房屋朝向都以坐南朝北为主，所以每一个军屯民居的个体单元（含前后堂屋、横屋及院落）所构成的空间平面会呈现出秩序感，使军屯聚落的整体空间紧凑有致。

图4-1-14　王五镇军屯民居院落（来源：李贤颖 摄）

图4-1-15　王五镇军屯聚落街巷空间（来源：李贤颖 摄）

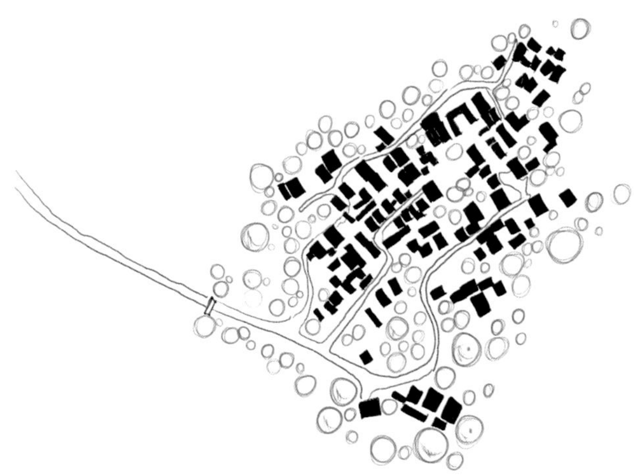

图4-1-16　儋州下黄村的聚落空间（来源：参考谷歌影像图，李贤颖 绘）

三是聚落与农田的关系。军屯聚落外围必定拥有大片的农田分布，这不仅是军队屯田的需求，也与这些来自中原地区的官兵所拥有的耕种习惯息息相关。在地势平坦的中原地区，聚落往往镶嵌于农田之中，方便农事。

军屯聚落空间带有明显的中原民居特征和军队的军纪作风，相对于海南其他类型的聚落空间，军屯聚落有着独特的地域印记。

（三）典型聚落

1. 王五镇（老区）

王五镇位于儋州市西部台地地区，是典型的军屯民居聚落代表，镇内分布大量形制完整的军屯民居建筑，空间格局完整，具有极高的代表性。

王五镇（老区）的街巷基本为南北走向，且大部分道路为丁字相交，街巷的末端通常为尽端式的鱼骨状，其中前进街市为东西向的轴线布置。镇中心的中山街布置有文昌宫，可见军屯人重视文人和科举，文昌宫还曾兼作为村民子女接受教育的学堂（图4-1-17）。

相较于作为州府的布局规整的中和镇，王五镇的街巷空间显得自由随意，这主要是因为王五镇是一个因商贸而兴的集镇，连接山海、沟通汉黎的要塞地缘，乾隆六年的《重修儋州王五市天后会会馆碑记》中称王五镇“地虽偏壤而为西路咽喉”。王五镇的商业主要由流动的摊贩构成，周边的货郎选择人流聚集的区域或是街道摆摊，对应这种需求，王五镇的街巷的空间曲折宜人，宽度在3至8米，街道没有一直到

图4-1-17　嵌于民居间的文昌宫入口（来源：李贤颖 摄）

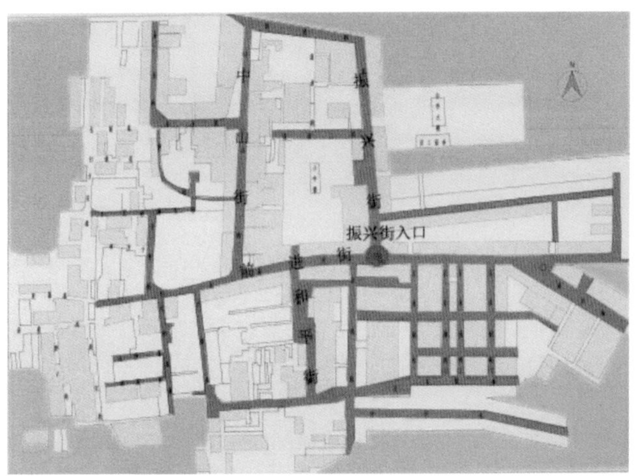

图4-1-18　王五镇街巷空间（来源：《海南儋州王五镇空间聚落邢台及民居特征研究》）

图4-1-19　王五镇军屯聚落空间特征（来源：李贤颖 摄）

底，而是不断地出现缩进及扩张，在一些道路的交叉口还会形成小型的广场空间，构成空间节点，为商贾活动提供了广阔的市场空间。可见为了满足人们市集交易的需求，王五镇的街道较为宽敞，而作为节点的小型空间，除去赶集外，通常还会成为居民聚集交流的空间，道路交会处也成为居民观察周边情况的场所（图4-1-18）。王五镇的居民非常喜欢与从道路上经过的人攀谈，以获取外界的信息。

王五镇的街道宽窄不一并且曲折变换，受这些为商贸而生的道路影响，王五镇内的居民宅基地的划分形态交错，空间上很难满足理想的中原民居布局形式，而结合地形地势及街巷空间的限制，王五镇内的军屯民居在有限的建设空间内变换出了多样的民居布局形式：王五镇的军屯民居房屋朝向基本相同，且几乎户户都有庭院，院落的布局也结合基地条件和街巷、周边民居进行布置，空间利用紧凑高效。从平面上看，既有以一间堂屋为中轴线对称布局的形式，也有一户民居内多条轴线组合而成的布局方式，但基本都延续了中原地区民居的建筑布局特征，显示其居民的文化审美与中原地区是一脉相承的。

在外观上，王五镇的传统军屯民居均显得朴实低调，青砖砌墙，或因气候较海南东部干燥，砖块颜色更偏土灰，砖块堆砌的形式也较为朴素，通常为平铺，一般的房屋采用淌白砌法，前堂则会采用丝逢砌法，且通常对墙体进行抹灰、粉刷处理。局部的墙体或檐柱还会使用火山岩材质的建材。军屯民居屋顶几乎无装饰，屋脊平直简朴，不设装饰，瓦片通常也为灰瓦，不设瓦头和滴水，仅使用黏土等材料加固，体现出军人简朴干练的特点。王五镇整体军屯民居建筑都显得低调沉稳，透着一丝中原民居的气息（图4-1-19）。

二、客家围屋聚落选址布局

（一）聚落成因

1. 聚落选址

海南作为避世之地，客家人较黎族先民之后，在明朝就开始迁入海南，由于入琼较其他族晚，大都居住于海南岛西部、中部山区，即儋县、临高、琼中、白沙等县市交界处。沿海肥沃的平原地带都早就耕作有主，客家人只能开山垦荒，或至西部中部荒田区域，以耕以殖，租赁田地。由于迁居的漫长时间，海南岛客家人保持的客家风俗语言来源复杂，家族相对不大，与外人交流较少，多为杂居状态，靠近山脚居住，为开辟新的生存空间或收或买。海南客家人分布呈现碎片化分布，且多分布于生产条件较差的区域。这些地方通常为山地丘陵交界处，耕作的空间非常有限，条件十分艰苦，对其他先入为主的汉族来说不值得争抢，而对于黎族区域且又距离汉族过近的村落，不利于其村庄的发展，故客家人选择在这些“夹缝”中的空间，仅可基本满足其生产生活需求。

2. 聚落的规模及分布

客家聚落的规模通常较小，一是受地形限制，聚落的发展空间非常有限，良好的平地基本都作为宝贵的耕种空间；另一方面则是作为“客家”的客家聚落，受到当地土著及先驱聚落的夹击，难以实现规模上的扩张，反而是更注重内敛和防守，以确保生存的一己之地。客家民居建筑通常通过一条至两条小路与区域交通性道路连接，呈现较强的防守特征，区域分布上并无明显的聚集，只要有些许平坦地形即可成为客家人的落脚地环境。

海南的客家人约有40万人，聚居分布在全岛各地，18个市县中除了东方市和乐东县外，其他市县有山有水的地方都有聚居现象。在客家人聚居地依照逢山有客，逢水有居的客家聚落的选址观念，必定选择在有山有水的“风水宝地”，即便不具备风水宝地条件，客家人也会“借山造水”，为了实现这一布局理想，客家人在聚落选址时更偏向于地形稍起伏变化、景色优美的丘陵地带，村庄周边生产用地明显可看出规模较小较碎。客家人崇文尚武，精于经商，在生产条件恶劣的情况下，客家人通过商品经贸，既联系汉族与黎族之间的商品贸易，同时又使得自我社会经济水平得到提升，所以在一些处于交通节点的客家聚落，如那大镇、南丰镇，借由商贸逐渐发展成为墟镇（图4-1-20）。

图4-1-20　儋州南丰镇曾经繁荣的街道（来源：郑小雪 摄）

（二）空间特征

海南客家人居住方式与海南岛其他汉族聚落有着明显的差别，仍然保持有闽南或者广东客家围屋的特点。儋州客家人民居形态为两种形式：一种为客家围屋，另一种为客家长横屋（图4-1-21）。

1. 传统聚落的空间形态

客家人以血缘联系彼此，是一个聚族而居的群体，同村通常来自同一祖先，具有极强的家族观念，体现在空间上，则为其共有的公共宗族祠堂，相对富有的人家则会在自家内设立拜堂供奉祖先。虽然客家聚落以血缘聚集，但通常聚落的平面上，单元个体之间却并未呈现较强的向心性，单元个

图4-1-21 儋州客家长横屋（来源：郑小雪 摄）

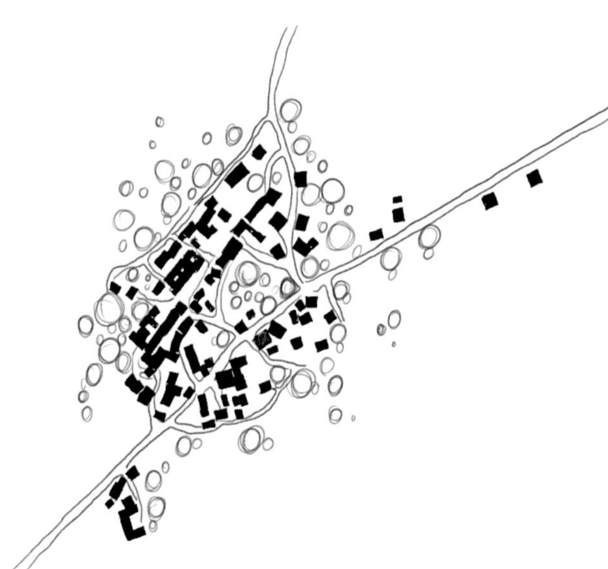

图4-1-22 儋州油麻村聚落空间（来源：参考谷歌影像图，郑小雪 绘）

体之间均相对独立，即便是居住在横屋的客家人，彼此之间也是相对独立的个体。只在建立起围屋的富有人家中，可以从建筑的平面形制看出其明显的向心性（图4-1-22）。

①边界空间

客家族因迁徙至海南的时期较晚，所以生存空间受到一定的挤压，为了保护聚落的安全，聚落外围通常密植乔灌树木以将聚落包围，将聚落隐藏于自然之中，具有较高的隐蔽性，外部分布有园地及耕地，是聚落进行生产的空间。受制于起伏地形的影响，聚落与外界联系的道路通常只有1至2条，强化了其防御性。

②内部空间

客家聚落规模通常较小，构成也相对简单，在由繁茂乔灌围合成的范围内，客家聚落的功能空间主要为居住空间和公共活动空间。

A. 居住空间

（1）客家围屋

客家人在漫长的历史过程中的建造以公共空间为中心的围屋，居住集中，面积规模大，防御安全，设施齐全。同一个祖先的子孙们在一幢围屋里形成一个独立的社会，共存共荣，御外凝内。因此，客家人居住的围屋属于以家族居住的集体性建筑。海南迁居的客家人始终保持着聚居和独立的族群特点，以及围屋的综合使用功能和大容量的居住空间的居住方式：屋内分别为厅堂、卧室、厨房及水井、畜圈、禽窝、厕所、仓库等生活设施，形成一个自给自足、设施俱

图4-1-23　体量较大的客家围屋（来源：郑小雪 摄）

全、安得其乐的居住生活社会小群体（图4-1-23）。

儋州客家围屋常与周围居住建筑有一定的距离，以独立的方式存在。因围屋的建造成本较高，仅大家族才有能力建造，故围屋建筑呈“点状”存在方式。

（2）客家普通院落——长横屋

海南岛客家小家族联合居住的方式难以形成以家族聚居为核心，在短期磨合下形成联合聚居，仅仅是相互依靠的聚居模式。自由组合，小家庭方式迁入，来源不同客家家庭短期相互帮助，适合在不同时间逐渐聚拢形成的聚落，聚落聚居时间较短，没有祭祀和议事的核心建筑，布局也较分散。

因此，受到居住地地形、家族人口及财力的影响，大部分客家人围屋规模较小，客家围屋居住典型类型较少，多个家庭联合采用“简化”的联排长屋以家庭为单元，居住于一排长屋中，客家人每家生活起居居住功能：房间用作客厅、卧室、厨房等，排屋相对或相邻的用地配置杂物间，“宅院”常没有明显的围墙围合。客家人在适应本地环境的过程中，形成的连排长横屋居住聚居的在一定区域内具有普遍性，也为海南岛传统居住类型的组成部分（图4-1-24）。

B. 公共活动空间

客家聚落的公共活动空间主要集中在晒场及村里的大树底下，以满足居民的日常交往需求。客家聚落中种植高大的树木，树底下则成为聚落的公共活动空间，人们在这里摆放桌椅纳凉、聊家常（图4-1-25）。另外，每个客家民居的

图4-1-24　客家长横屋建筑内部进深（来源：郑小雪 摄）

单元个体都将作物的晒场置于民居之外，这样既减少了单元个体的建造成本，同时又增加了聚落内公共交往的空间，农忙时期家家户户相互帮助晾晒作物也是增进彼此之间的感情联系，儿童在这些空间中嬉戏玩耍也可以受到大人的照看。

2. 传统聚落的空间特点

客家聚落空间整体上较为简单，但民居个体上却是功能齐备，一户客家人的居所中，既包含了日常生活起居、食粮存储，还具有宗族祭祀的功能，在面临外敌侵略时，单元个体还可以防御敌人，可足不出户在其屋内生活一月有余。单元个体之间由宽阔的晒场及道路分隔，彼此相对独立，抵御加大外界入侵的难度。从平面上看，一个客家聚落的空间结构并不明显，甚至是分散的，而相对的道路系统随单元个体的布局而自然形成，道路并非完全通畅，没有明显的规律，也是为了使敌人不易进行分辨，这是客家聚落的又一个特点（图4-1-26、图4-1-27）。

可以说，客家聚落构成的重心在个体单元上，呈现给外界的是独立、分散的表象，而对内，则是有序、完整和紧凑的格局。

3. 垂直形态特点

客家聚落通常分布在地形起伏的山地与丘陵交界处，所以在垂直空间上，客家聚落的建筑呈现出一定的韵律美感。

聚落内较为殷实的人家通常会在地势较高的地方建筑宅屋，而宅屋又以供奉祖宗的祠堂为重，首先将其布局在地势较高的地方。房屋建筑充分结合地形条件，逐次降低，形成了高低变化层次丰富的空间序列。

（三）典型聚落

南丰镇

海南儋州为客家人的主要聚居地，仅南丰镇的客家人数就占全镇的70%，故有“客家镇”之誉。南丰镇大部分的客家人宅院受到广东福建客家人围屋的影响，具有明显的客家围屋的特点，大规模的围屋与福建广东客家人围屋基本无异。但

图4-1-25 客家聚落公共活动空间（来源：郑小雪 摄）

图4-1-26 儋州油麻村聚落（来源：谷歌地图）

图4-1-27 客家长横屋（来源：郑小雪 摄）

结合海南岛的地域特色，小型院落的“围屋”已与福建广东客家人围屋有明显区别，创造性的继承和发展客家围屋特点。小型院落的“围屋”一般排成直线，呈一个规矩的长方形。院落居住主体是长横屋，而不是“正屋”连排的多房间组成的

图4-1-28　儋州客家长横屋内部狭长的院落与功能用房（来源：郑小雪 摄）

图4-1-29　儋州客家长横屋内部空间利用（来源：郑小雪 摄）

“长横屋”，辅助用房主要为客厅、卧室、厨房等连排“短横屋”。长横屋（房间数量较多）及与其平行或者垂直的几处短横屋（房间数量较少，多为2～3间）组成院落（图4-1-28）。“长横屋”与“短横屋”之间的院落为公共活动空间和交流场所，也用作晒谷场。小型院落的“围屋”由矮墙围合或者直接开敞于外部空间，多数未形成封闭的宅院。

小型院落的“围屋”活用大型围屋的“横屋”，将其作为宅院居住主体和辅助性建筑单元，也作为宅院的构型要素。从某种角度而言，采用海南岛传统宅院构型中的长横屋来建构宅院。典型客家人的围屋一般是围绕正堂而建，有明确核心，家族大且人数多，建筑规模大，所需房间数量也就多，自然形成了多环半圆形长屋。与其相比较，海南客家人多是迁徙而来，没有典型围屋核心的“正屋”，聚居人数少，建筑规模小，房间需求不多，直线的“围屋”就可满足房间需求数量不多的要求。同时，家族建造围屋时，是由家族内每户出钱共同完成，典型客家围屋建设成本较高，海南的客家人经济财力并不充足，海南客家围屋整体连续并排的长屋规模集中且偏小，这显然是客家人居住在海南的传统与地域气候适应性的印记（图4-1-29）。

第二节　建筑群体与单体

一、传统民居聚落群体与单体

（一）军屯民居

1. 平面形态特点

军屯民居主要由路门、上下堂屋、横屋、杂物间等构成，依据家庭单元的大小，构成的元素可重复组合。独立的一个军屯民居单元通常会由建筑通过组合构成合院形式的平面空间形态，具有强烈的中原特征。

军屯民居以路门区分内外空间，路门通常设置在宅基地地势较低的位置，由路门进入，有的人家会设置照壁，有的则直接进入内部的院落空间。院落的尊位布置前堂（也称堂屋、正屋），地势较高，朝向通风条件较好。院落对外封闭，对内却是一个开敞的家庭公共空间，沿街多不开窗或开小高窗，院内房屋均向中庭内开门窗，前堂、后寝、路门和横屋（厨房杂间）等围合出的院落空间一般为方形，院落通常为一至两进，大户人家可有三进院落，院落通常铺设石

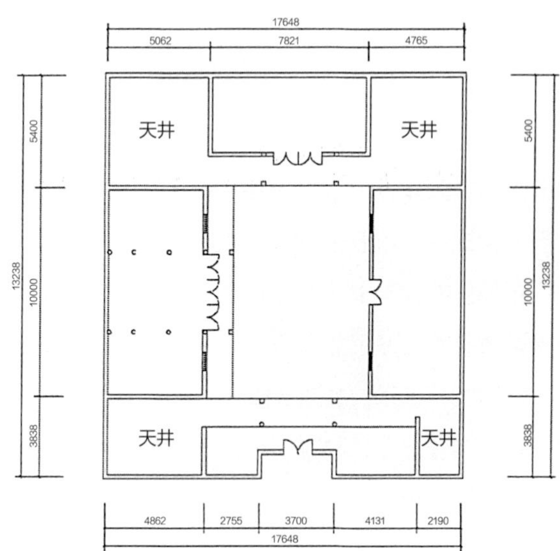

图4-2-1　军屯民居平面图（来源：《海南儋州王五镇空间聚落邢台及民居特征研究》）

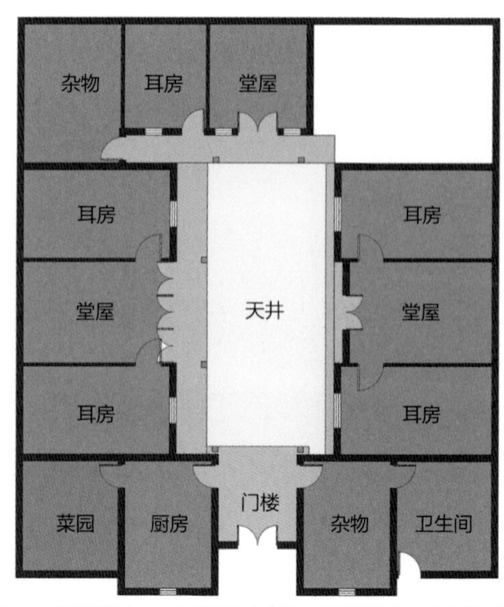

图4-2-2　王五镇周坤良宅平面图（来源：根据勘查，李贤颖 绘）

板或青砖，也有部分民居为土路面，院落内会在四角的方位种植树木或设置一口水井（图4-2-1）。军屯民居少有建设厢房，或因采光通风需要，极少设置，前堂的左右一般为横屋，横屋通常用作厨房和杂物间。由前堂后寝和横屋围合出来的院落，通常在四角会有小型的院子，会用做饲养禽畜和种植简单的蔬菜。整体平面布局体现了较为严谨的对称形式，是古代人讲究的对称、中庸、和谐、不偏不倚、统一完美的表现。从整个军屯民居平面上看，房屋门窗均朝向内庭，围绕这一公共空间分别布局堂屋及相关功能房，可以感受到较强的向心和凝聚力，大门向北根系大陆，御外凝内、稳敛固疆思想是为军屯人对家族观念的重视和团结的体现，而从建筑形制上看，儒家思想的尊卑、礼制、忠君等思想也淋漓尽致地体现出来，可见儒家思想对军屯人的影响至深。

受用地的控制，军屯民居空间尺度较为紧凑。如王五镇的周昆良住宅堂屋进深仅为5.6米，房屋墙面高度也仅为2.5米，建筑内部空间感受较为低矮局促。庭院宽4.8米，长10米，为狭长的院落空间，相较屋顶高度4.5米，也显得较为拥挤（图4-2-2）。部分军屯民居前堂屋外设廊，也有的堂屋不设外廊，堂屋较宽，耳房较窄，面阔三间，若有两进以上院落则前后开门，同样对称式布局，作为家族小辈的居住场所。

2. 民居建筑单体构成

路门：是进入军屯民居的第一道门，与院墙相连，门匾饰有家族起源的牌匾，通过踏步进入民居内部，门口通常饰有砖雕或木雕。

堂屋：堂屋中的上堂屋为军屯民居中最重要的单体，修建在宅基地中地势较高一侧，坐南朝北，木架砖墙灰瓦。堂屋墙面通常以色彩或材质区别于其他房屋，如墙体漆彩，贴琉璃砖，贴火山岩等，开窗较少，室内用隔板划分为三间，中间用于祭祀供奉先祖，左右房间则供家中长者及长子居住；下堂屋除可供次子居住，通常还兼具客厅功能。

横屋：横屋通常用作厨房、杂物间，厨房大多设置为开放式，并设置镂空的花墙，利于室内空气的循环，部分人家设置木隔板，在日常不使用的时间将厨房隔开（图4-2-3）。做杂物间使用的横屋墙体基本不开洞，用作储藏柴火等物品。

3. 典型建筑

①儋州王五镇陈玉金宅

陈玉金宅位于儋州市王五镇王五村子安巷，于清末民初兴建。该民宅坐南朝北，为四进三横屋合院形式，青砖实

图4-2-3　作为厨房使用的横屋（来源：李贤颖 摄）

图4-2-5　陈玉金宅檐下彩绘（来源：李贤颖 摄）

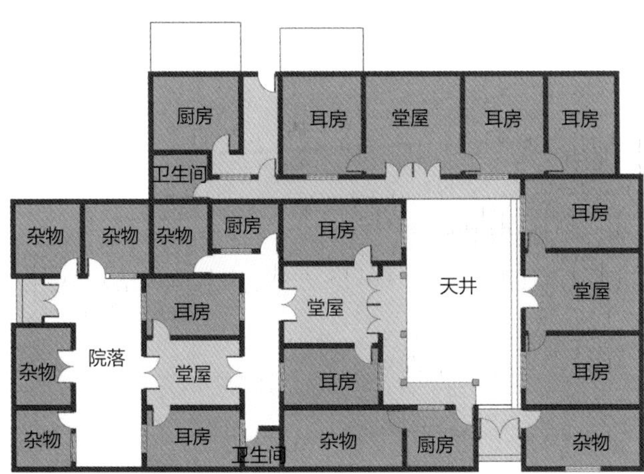

图4-2-4　陈玉金宅平面图（来源：根据勘查，李贤颖 绘）

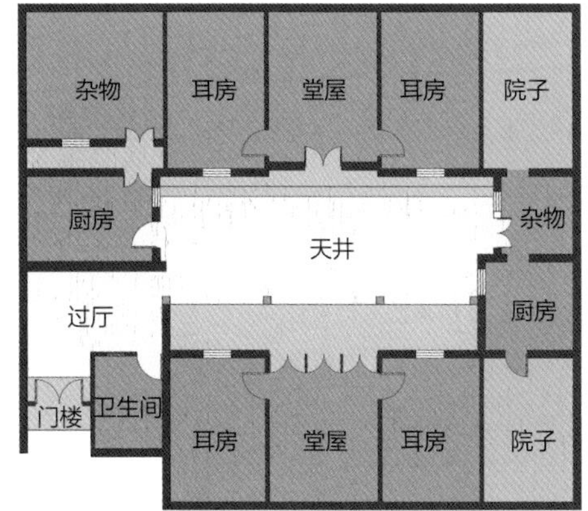

图4-2-6　谢帮约宅平面图（来源：根据勘查，李贤颖 绘）

墙，青灰瓦面，穿斗式木结构。平面布局以主屋为中轴线展开布局，每进院落均呈现规整的合院形态，总占地约600平方米（图4-2-4）。

陈玉金宅宅基地较路面抬高约45厘米，路门装饰喻示家族起源的门匾，经由踏步过路门即进入住宅内部，民宅庭院内有一口水井，并栽植一棵小乔木。整座民居尺度较小，空间宜人，对开的各房间大门促进了民居内部微气候的改善，非常适宜当地干燥炎热的气候条件。另外，此民宅先祖曾任清朝的拔贡官员。

民宅内檐部施以灰塑彩绘，图案为花草、飞禽与蛟，寓意祥瑞（图4-2-5）。民宅内木质窗格及门板风格简约，花心处雕刻竹样柱，绦环板花果飞禽，寓意人丁兴旺，事业顺达。院内地面铺设烧纸的平砖，显得整洁清爽。

②儋州王五镇谢帮约宅

谢帮约宅位于儋州市王五镇王五村，于清朝晚期兴建。该民居坐南朝北，为典型的四合院形式组合院落民宅，两进两横屋形式，青砖实墙抹灰，穿斗式木结构。民宅平面布局呈现规则、典型的四合院形式。该民宅占地约300平方米（图4-2-6）。

谢宅路门位于民居侧边，为结合地势高低而设置，门匾上书“宝树家风”字样，路门两级踏步进入民居内部，正对路门设置一处影壁，墙面灰塑彩绘，线脚分明，檐下雕刻花草，墙帽则雕有彩云。照壁侧通过转折空间的一道门进入院内，门上饰灰塑，为院落平添几分美感。院落由四间房屋构

图4-2-7 谢帮约宅上堂屋（来源：李贤颖 摄）

成合院，堂屋较庭院平面高出三踏步，踢脚线使用切割磨平的岩石砌筑，大门处使用石块构成入口，层层缩进，显得厚重沉稳（图4-2-7）。其余则为砖砌，砖砌墙体抹灰，色彩为较浅的粉红色，墙体开两窗洞。整体造型平直简洁，屋顶基本不做装饰，风格硬朗。后寝墙体抹灰也为粉红色，但大门使用木质隔扇门，显得轻盈灵活，木门装饰较为简单，仅花心处雕刻竹样柱。后寝构架为穿斗式木构架，檐下彩绘蛟龙和花草，寓意吉祥。

院落内布置有一口水井，通往内部院落通过地面铺砖方式变化及设置一个门洞，强调功能空间的变化及庭院的围合感，且该民宅建筑尺度较小，布局上紧凑集约，私密性极强。而较小的空间尺度也避免了过多的阳光直晒，有效地改善了民宅庭园内的微气候，住宅空间适宜性适合当地居民居住。

（二）客家围屋

1. 平面形态特点

传统客家民居的基本形制是称作“上五下五”的中轴对称的合院式布局，一般坐北朝南，上房和下房各四间，加上中间的厅堂合称五间，左、右横屋各一至二间，中间是房子四周围合的天井，屋顶的滴水都归汇到天井中，即寓意四水归一，亦即民间讲究的“肥水不流外人田”聚财之意。

海南儋州的客家围屋一般排成直线，是一个规矩的长方形，而传统围屋多呈圆形、半圆形，除此之外，水塘、晒谷场，以及内部构造都相似。客家人的围屋一般是围绕正堂而建，有明室为聚集中心，家族大，人数多，向心和防卫功能增强，所需房间数量也就多，自然就形成了围合度高的，向心性强的圆形、半圆形。海南客家人多是迁徙而来，来源复杂，家族群居的中心需求降低甚至弱化，人数少，规模小，以院落、晒谷场和天井为聚居点，围屋建成直线，房间就足以满足使用。

海南儋州的“围屋”是方形的，这种方形围屋讲究凝聚宗族感情和等级尊严，兼具防卫的功能，围屋配有一座碉楼用于站岗放哨，关键时候即是“炮楼”。

海南多数客家村落居住建筑主体未采用“一明两暗”的三开间居住方式，而采用连排长横屋，多个家庭连排聚居居住。横屋根据客家人的需求变化，间数减少，长度缩短，变异为三间以下的单元结构，正堂分两侧布局，成为双侧横屋式构型。正屋两侧横屋呈拱卫状，与潮汕地区的“四点金加从厝”相似，常被称为护厝式宅院。横屋变异的灵活性使这种布局方式也具有客家地区堂屋加横屋的特点。其区别在于，海南的护厝与主体建筑，可相邻建造，也可分开建造，而潮汕客家的从厝和横屋则是在主体建筑的两侧相邻建造。海南客家正房与护厝的连接方式存在四种情况。一是正房居中，两侧护厝向外凸出。二是护厝的后墙与正房的山墙齐平。三是护厝拉出于正房山墙之外。四是护厝在两侧包围正房（图4-2-8）。

①客家围屋

海南岛的客家围屋规模相对较小，且数量不多。客家围屋轴线对称，中轴线分明，大门、主楼、厅堂都沿中轴线布局，横屋和附属建筑分布在轴线左右两侧。以厅堂为核心组织院落，以院落为中心轴线对称严格进行群体组合，廊道交通通畅，贯通全楼。儋州客家围屋传承闽南和广东等地围屋的特征，大门前有一个半月形池塘和一块布置晒谷用的禾坪，禾坪也可兼做小型聚会交流、乘凉和其他活动，池塘则具有蓄水、灌溉、养殖、防火等作用。大门之内，轴线明确，分上中下三个大厅，建筑主次关系明确，左右分两厢或四厢，俗称横屋，内部空间紧凑，一直向后延伸，以家族为单元聚

图4-2-8　儋州客家围屋（来源：郑小雪 摄）

居。与闽南和广东等地的围屋不同，儋州客家围屋相对规模较小，减少了部分横屋，有的没有正堂后的“围龙”。

客家围屋内部空间较为紧凑有序，这与用地紧张有很大关系。围屋中部的天井为家族的中心，设置有上下堂屋，上堂屋摆放祖先牌位以供祭祀，因其面向天井敞开，故空间感受较为宽敞，其余房间则相对较狭小，通常仅为2.4～3.4米宽，5.5米左右长度，而屋顶高度可达4.5米，给人以紧凑的空间感受。

在海南地区，素有“客家镇”之称的儋州市南丰镇是海南客家人的主要聚居地。南丰镇原油麻村林氏民居由三进院落组成，一进、二进为东西向的通长内庭院，内庭院四周为连续的“回”字形通廊，通廊南北侧设置排屋；中轴线上第三进的正堂屋，又称祖公堂，是整座建筑的主体建筑；正堂屋前天井的左右两侧横屋，是主人的住房，正堂屋与横屋之间有横廊连接。东西横屋与东西厢房之间各设一个方形小天井，东侧小天井内设有水井。每个天井都是传统客家民居的“四水归一”格局（图4-2-9）。正堂屋后面是一排居住用房，各排房屋均通过纵横向通长内廊相互连通，各处通廊均为双挑或单挑屋檐遮盖的无柱子内廊。在二进与三进之间的东侧位置设有一座两层具有防卫功能的碉楼。林氏民居南向正面设三个出入口，主出入口位于主中轴线上，正对正堂屋，东西两侧在东、西厢房纵廊起点分别设次出入口。一进、二进与三进之间通过隔墙上设置的三道门相连通（图4-2-10）。

图4-2-9　儋州客家围屋天井（来源：郑小雪 摄）

②客家长横屋

一间长横屋通常面宽一间，进深可达23檩，因为进深过长，采光自然较差，通常会在屋顶设置一两处小天窗用以采光。居住的家庭或占据一间，或占据两至三间，入口处通常用作客厅，往内则分别设卧室、厨房等功能房间，内部或设有小庭院，厕所置于后部。一长排或几排长横屋会建设一处祭拜宗祖的祠堂，祠堂不开窗，仅保留一处门。

儋州客家人中多以长横屋作为居住主体单元，以长横屋左右连接，横向拓展为主要方式，并以此横向拓展形成村落，即多个家庭以多个长横屋山墙左右连接，形成一排。单个家庭的院落空间横屋长短出现变化，由一个长横屋及相对或垂直的短横屋组合而成，院落较为松散，较少出现围合封

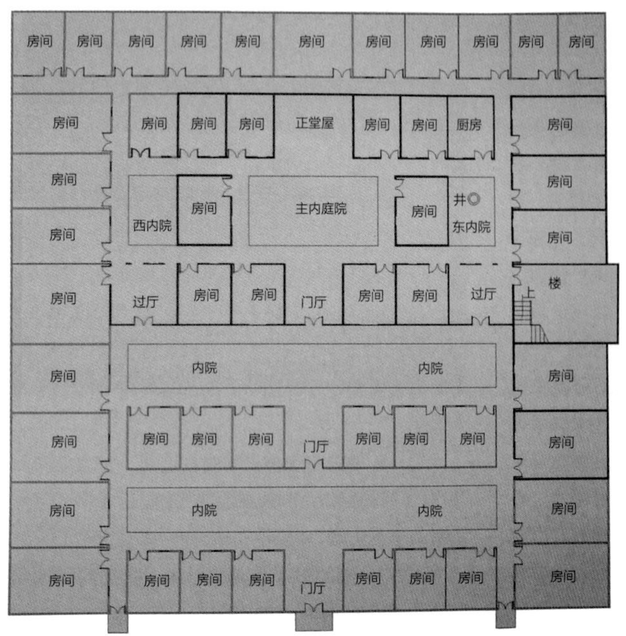

图4-2-10　儋州油麻村林氏客家围屋平面图（来源：《海南 香港 澳门古建筑》）

闭的院落。围屋建筑布局较为松散，没有明确的核心，多个院落较为分散地分布在不同地段，形成村落的聚居空间。

受建设形制的影响，客家长横屋空间显得狭长，第一进房屋进深可达12米，宽度为3.5米，给人一种压抑的空间感受，内部房间尺度均较小，但能满足基本的居住需求。

图4-2-11　客家围屋内的照壁（来源：郑小雪 摄）

2. 民居建筑单体构成

门楼：通常作为防御工事，设置攻击之用的射洞及枪孔，楼体较高，从围屋内部可登上门楼。

堂屋：正堂屋内供奉祖先，并向内院敞开，建筑高度最高，墙檐装饰木雕或彩绘，日常也做村民的聚会场所。两侧房间则居住家中长者及长子。下堂屋通向围屋外界，两侧也为住房。权势富贵的人家会在下堂屋设置隔扇。

横屋：与正屋一起围合成天井，横屋用于居住，门窗均饰有彩绘或木雕。横屋的尺度较小，若围屋有多进院落，横屋会进一步缩小以留出交通的空间。

照壁：规模较大的围屋会建有照壁，通常书“福”、“寿”字样，图案精美（图4-2-11）。

3. 典型建筑

①油麻村林氏民居

位于南丰镇油麻村，由林氏祖先林耀祖于1925年所建。原林氏民居坐西北向东南，呈方形，占地面积约900平方米，布局较严谨规整。主要由堂屋、横屋、横廊、纵廊、排屋、碉楼等组成，三进式建筑布局，为砖木结构。主体是堂屋，位于中轴线上，堂屋两侧的横屋，用于居住。现存的油麻村林氏民居主要为三进院落、碉楼及部分厢房。三进院落保留基本完整，包括三进主体及主门厅、过厅、正堂屋前天井、正堂屋、东西横屋、东天井及水井、碉楼和部分厢房等。左横屋旁有一幢二层碉楼，用于站岗放哨等防卫作用。堂屋与两横屋的后墙处在同一直线上（图4-2-12）。

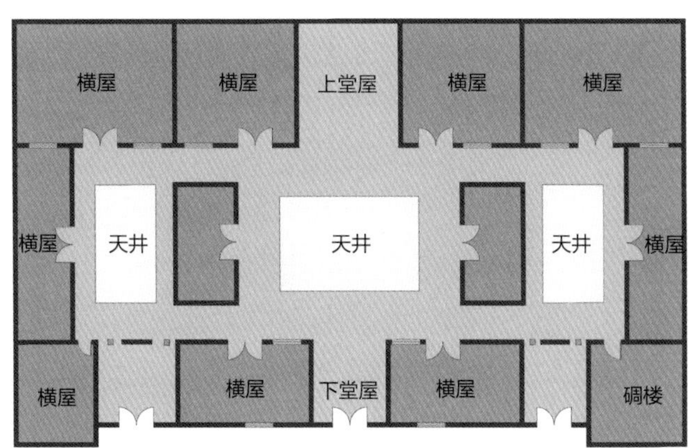

图4-2-12 油麻村林氏围屋平面图（来源：根据勘查，郑小雪 绘）

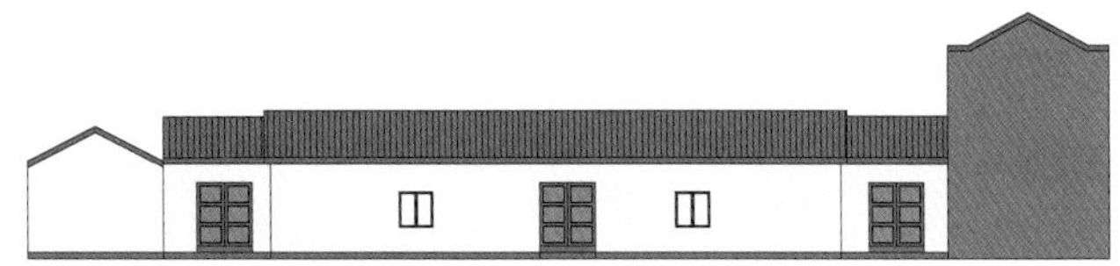

图4-2-13 油麻村林氏围屋立面图（来源：根据勘查，郑小雪 绘）

林氏民居的每个房间仅在院内开一门、一小窗，除碉楼二层东侧设有一个小窗外，四周都不设外窗，整个建筑具有极强的防护功能。建筑除碉楼为两层外，其他建筑物均为单层建筑物，硬山顶，双坡灰色板筒瓦屋面，碉楼为砖木结构，其他建筑物为砖、石、大土坯木结构。整组建筑依坡势而建，前低后高，具有一定防卫功能（图4-2-13）。门前为开阔的禾坪。

民居内两侧横屋墙体抹灰，黑色墙面勾勒砖块线脚，墙上以砖块砌镂空纹样，窗洞装饰彩绘花边。下敞堂檐下灰塑彩绘以黑色打底，纹样为暗八仙，并书“吉星拱照”。上敞堂檐下及博风则绘制梅花与飞鸟，显得精致美观。

②海雅林氏民居

海雅林氏民居位于儋州市南丰镇武教村委会海雅村。古民居坐西北向东南，依坡势而建，前低后高。整个民居建筑平面呈长方形，布局较为严谨规整，由门楼、正屋、横屋、横廊等组成，砖木结构，屋顶呈硬山式，并建有围墙，面宽30米，进深18米，占地面积约600平方米。正堂屋建筑在中轴线上，十分突出，左右均为横屋（图4-2-14）。正堂屋为主体建筑，内供奉有祖先牌位，又被称祖公堂，也是林氏

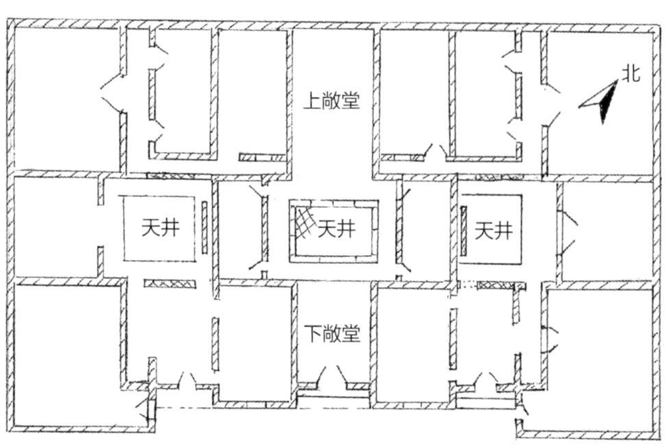

图4-2-14 海雅林居平面图（来源：儋州市博物馆）

家族日常议事的场所（图4-2-15）。

正堂屋前置天井，堂屋与左、右横屋之间有横廊相连接，横屋则主要用于居住。门楼高耸，门楼内置枪孔用以防卫。林氏民居整体建筑基本上仍然保存着原有的历史风貌，现堂屋和左横屋的主体结构比较稳定，但右横屋部分檩、椽建筑构件已腐朽。从林氏民居的建筑布局和风格特色来看，当属海南客家民居，一般也称之为“客家围屋”，是林氏先祖迁移到海南岛后所修建。

该民居下屋屋脊装饰卷草，为硬山搁檩造，屋面简洁，并无过多装饰。外墙为烧制的砖块加上三合土制成，坚固耐用，墙体抹灰为深色，开门窗，形式均较朴素，两侧横屋檐下砌花式砖墙。门口设有防盗的栅栏孔，为室内防贼通风所用。从侧门进入有蝠寿纹样镂空照壁，能为室内增添几许光明，房屋砖砌平整严密，表面施以白色抹灰并勾勒墙线。民居内设置多处券廊，为空间增添了美感。民居木构架用料讲究，木质平直坚韧，门窗隔扇雕刻干净而不繁杂，美观实用。檐下施以彩绘，有鸟兽虫鱼等，一些券廊上还浮雕有蒲扇、文章，显示出该民居主人的文化追求。院内设置照壁，上书大“福”字，并配有对联与横额，照壁上部雕花书字，十分精雅（图4-2-16）。

③钟鹰扬旧居

钟鹰扬旧居位于儋州市南丰镇陶江村委会深田一队。

图4-2-15 海雅林氏民居（来源：郑小雪 摄）

图4-2-16 海雅林氏民居内部（来源：郑小雪 摄）

旧居坐西北向东南，整个建筑平面近呈长方形，布局比较规整，面宽40.2米，进深20米，占地面积约800平方米。主要是由堂屋、二横屋和门楼等组成，都为砖木结构，硬山式屋顶，并建有围墙（图4-2-17）。

主体建筑是堂屋，建在中轴线上，近似方形厅堂，分为二个堂屋，堂屋之间以一个天井相隔。堂屋分为上敞堂和下敞堂，上敞堂为祖公堂，其两侧为横屋，堂屋与横屋的后墙同在一条直线上。下敞堂进深较小，近呈长方形，设有一门厅，该堂屋两边建有村祠，以巷径隔出明间、次间、梢间和尽间等（图4-2-17、图4-2-18）。

旧居是清代四品昭武都尉钟鹰扬所建，属客家民居围屋。在选址上依山坡地势而建，前低后高，建筑中轴线较为突出，主堂屋显得蔚为壮观，门楼前设有照墙和半月形的池塘。现旧居保存较好，堂屋和右横屋还保存着原来的建筑风

图4-2-17　钟鹰扬围屋平面图（来源：根据勘查，郑小雪 绘）

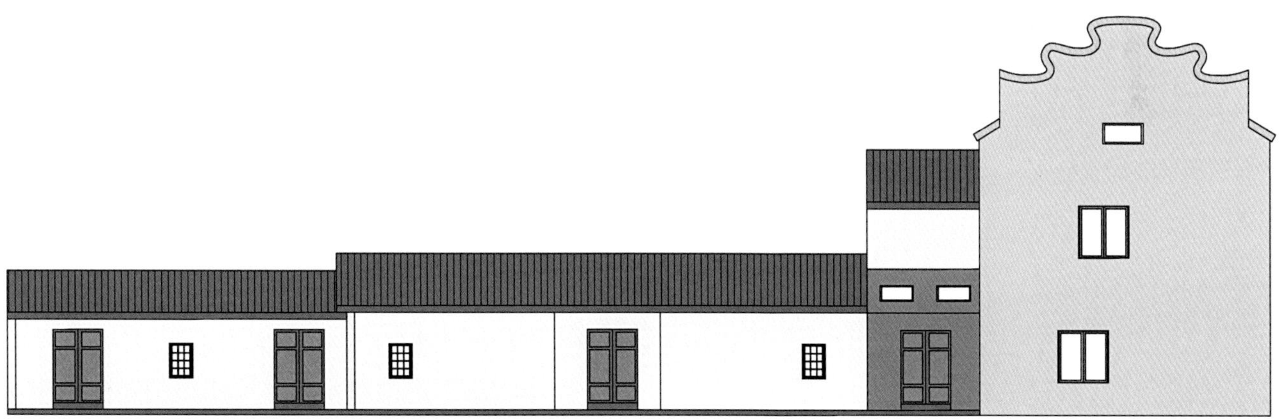
图4-2-18　钟鹰扬围屋立面图（来源：根据勘查，郑小雪 绘）

貌，上敞堂仍然供奉着钟氏家族祖宗牌位，仅左横屋于1996年进行了一定程度的维修，但其结构大体上没有改变。建筑装饰富有一定的官方色彩，如下敞堂中部设置门隔扇，上书“晋爵”、“加官”，格栅窗格简约美观。内屋博风及檐下装饰灰塑彩绘，绘有寓意吉祥的花鸟图案，以黑色打底，线条流畅，色彩美观。墙角及屋檐下装饰祥云图样，以示地位尊贵。上敞堂为供奉先祖的堂屋，摆供桌、八仙桌，墙挂对联，并有一“福”字坐镇，显得威武沉稳（图4-2-19）。

④下海村赖氏民居

赖氏民居位于南丰镇油麻村委会下海村，始建于清初，光绪辛卯年（1891年）重修。占地面积约803平方米，建筑面积近320平方米，属于较为典型的客家民居。该民居坐东南向西北，呈二进建筑布局，为砖木结构。现存二进堂屋及部分侧房，整组建筑宽17.3米、进深18.5米。二进堂屋建在

图4-2-19　钟鹰扬围屋（来源：郑小雪 摄）

中轴线上，二堂之间以天井相隔，前堂进深小，呈长方形，为门厅，后堂为祖公堂（图4-2-20）。

围屋正面墙体油漆颜色较深，常年风化褪为白色，从剥落的墙皮可以看到内部使用土砖、三合土进行墙体的砌筑，屋檐下施以彩绘，堂屋大门前额上方镌刻楷书“世能永万”，两旁有英雄图、报喜图等彩绘，其左边的一幅为一只喜鹊、一只豹子的英雄图，右边的一幅为一只公鸡、一只豹子的报喜图，门后上方镌刻篆书“万福朝堂”。堂屋两侧的房屋，用于居住，门窗额枋上饰有彩绘。民居依坡势而建，前低后高，沿中轴线布局，具有一定的防卫功能。民居内的檐下以黑色打底，灰塑彩绘祥云、诗文及花草。窗洞边围绘彩色祥纹，门楣处砖块镂空砌筑，并施以彩绘，显得精致美观。民居左右两侧还各设置一处小天井，天井内设置一台基，墙面则设为精美的照壁（图4-2-21）。民居内瓜柱、梁枋，施以雕刻，使建筑显得生动有趣（图4-2-22）。

耳房　耳房　上敞堂　耳房　耳房
天井　杂物　天井　厨房　天井
耳房　耳房　下敞堂　耳房　耳房

图4-2-20　下海村赖氏民居平面图（来源：根据勘查，郑小雪 绘）

二、传统宗教建筑群体与单体

（一）儋州敬字塔

海南的古塔中，由于中原文化的传播，崇文尊教，根脉尊宗思想，儋州现存敬字塔最多，古塔十七座，除中和镇的魁星塔、白马井镇的文峰塔等少数塔为风水塔，另外两座为灯塔外，其余绝大多数皆属敬字塔，而且都集中在儋州的中部和北部沿海地区，塔层数有三、五、七层的，多为阳数，其中以五层的最多，高度大都在四米至八米之间，约占总数的80%以上，只有极个别的为三层或七层；从形制来说，以

图4-2-21　赖氏民居内部天井与照壁（来源：郑小雪 摄）

图4-2-22　赖氏民居（来源：郑小雪 摄）

方形的居多，约占敬字塔总数的60%以上；从始建年代上分析，最早的建于清代中期，绝大多数为清晚期。儋州市西井村的崇正塔建于清末宣统元年（1909年），时隔二年，辛亥革命就推翻了两千余年的封建帝制，建立了中华民国。所以西井村的“崇正塔”有可能是海南创建时代最晚的古塔，在全国也可能是时代最晚的古塔。

儋州的这些敬字塔还有许多明显的地方特征：大都是用石条或石块建成的阁楼式，有的在首层正面刻“敬字亭”三字，如新英镇黄鱼村西北的敬字石塔，为方形三层，二、三层刻弦纹、梅花、飞鸟图案，建于清光绪十六年（1890年），通高3.1米，敬字亭的左右两侧分别刻“修士赵臣祥敬修”和“光绪十六年吉旦”。

洋浦经济开发区书井村的敬字塔首层刻“字纸亭”三字，一层为拱门，门左右两侧刻“幸有六经藏鲁壁，休将一炬认秦坑”对联。峨蔓镇西沙村的敬字塔建于清代，为八角七层，通高6.2米，是层数比较多的一座。该塔二层正面刻“字纸亭”三字，拱门的两侧阴刻对联为“一堂开囗囗，六书总大纲”。

还有洋浦经济开发区盐田村的一座敬字塔始建于清光绪十九年（1893年），该塔为五层楼阁式，全部由石条砌筑，规范整齐。塔刹呈莲花形，塔基边长1.4米，塔高4.5米。塔身除刻字外，雕刻精美，且文化寓意深厚，小拱门门洞东侧阴刻“光绪十九年”，西刻“季春月吉旦”，额上阴刻“大清”二字，至两边转角处阳刻花带纹。二层的朝南正面刻“字纸亭”，“字纸亭”三字刻在卷册上。北面刻麒麟，东西均设钱形窗。三层四周刻海池棠纹。四层的东面刻方胜纹，南面刻八卦图形，西北两面刻宝瓶、串枝宝相纹、荷花纹等。五层的东面、西面、北面分别暗刻蕉扇、葫芦等。明眼人一看，都能猜出一点：敬字亭也好，字纸亭也罢，都是敬春秋战国之交的孔圣人孔丘。但仔细一想，古代的儋州人为什么对孔丘情有独钟？“字纸亭”又有什么含义呢？

有学者做过研究：“儋州受苏东坡的遗泽，文风兴盛，英才辈出，分布在儋州大地的‘敬字塔’和‘文峰塔’格外之多……在儋州过去对文化的尊崇，儒生用过的废纸和旧书籍，放在塔内或者门洞内进行焚烧，不能随意处置或丢弃，表示对文化载体——书籍的重视，也是对文人、圣贤的爱戴和尊敬。”

从儋州敬字塔的刻文中，还可以发现塔中所“敬”的不仅孔子一人，还有早于孔子几千年的历史传说人物——汉字的发明者仓颉，推崇文字发明和雅颂，传播古代文化的孔圣人。

敬字塔作为祭祀我国古代文化先祖的传统建筑，塔周身雕刻的图案也充满了吉祥如意、福禄寿喜和辟邪的意涵，如糯村敬字塔二层雕刻麒麟，三层雕刻龙凤；黄玉村的敬字塔二、三层雕刻如意纹、梅花；三都镇迪锡村的敬字塔身雕暗八仙。至于塔纹常见的芭蕉更是寓意明显，海南盛产芭蕉，叶大果满，常雕刻彩绘于孔庙、书院建筑上，古人取其谐音，喻“子承大业”。葫芦籽多，取其谐音寓意“福禄子多，儿孙满堂”。敬字塔上龙凤纹饰中的龙象征皇帝，凤代表皇后，凤又是珍鸟孔雀的化身，其形象为鸡头、蛇颈、燕颔、龟背、鱼尾。凤又分雌雄，雄者为凤，多尾，雌者称凰，单尾，多有望子成龙、望女成凤的寓意。尤其是敬字塔每层多金钱窗，这是其他建筑少见的现象，无疑是用窗象征财富、富贵，求得全家生意财源滚滚，脱贫致富或升官发财（图4-2-23）。

三、传统礼制建筑群体与单体

宁济庙（冼太夫人庙）

宁济庙位于海南省儋州市中和镇，始建于唐代，作为海南建筑年代最早的冼庙，是全国重点文物保护单位“儋州故城”内的古建筑之一（图4-2-24）。据《儋州志》载：“自唐末已立庙”。千百年来，宁济庙几经重建，南宋绍兴年间，封冼夫人为显应夫人，为宋高宗赵构亲题庙额诰，名其庙为“宁济”。

庙占地面积约900平方米，为三进式院落，有庙门、大殿堂、八角亭、影壁墙、石雕、石碑、墙壁上彩绘。宁济庙经历了从“庙貌空复存”到“堂高花木秀”的时代变迁。

进入大门，院落里一棵老树下设有一口老井，井旁立着一块石碑，井口上有铁铸成护盖，石碑上书“太婆井”。

宁济庙的中堂与中堂平太婆井斜对，中堂后有小院。院内建有一座柔惠亭，穿过亭子是供奉着冼夫人木质金身像的冼太夫人庙（图4-2-25）。还有另一个院门，内建有春晖堂（陈列馆）和碑廊。

庙中最引人注目的，是里院一字排开的九个人形跪状石像。九尊石像所雕的是古时归顺冼夫人的俚人九峒首领，石像均由灰色玄武石雕成，均为唐代工艺所雕，迄今已有1000多年，神态各异，桀骜不驯，惟妙惟肖。

四、传统教育建筑群体与单体

儋州东坡书院

东坡书院为纪念北宋大文豪苏东坡所建造，位于儋州市中和镇东部1公里处。书院包括正门、载酒亭、中殿、载酒堂、大殿、东西庑、钦帅堂、望京亭等建筑，是一组历史悠久的古建筑群。据史料记载，东坡书院初在旧城南桄榔庵，元延祐四年（1317年），廉访佥事大都军建，后迁载酒亭，元泰定年间（1324—1328年）重建，称“东坡书院”，清光绪十九年（1893年），周秉忠倡修大殿、正门，增建两廊及厢房。1918年琼崖道尹梁迈修葺中殿、载酒堂与厢房、围墙、池塘等。1934年王定华重修书院。东坡书院虽经历代修建，但基本上还保持了原貌。东坡书院正门、载酒亭、中殿、载酒堂、厢房为对称布置，而西园的大殿及东园的钦帅堂、望京亭等为非对称布置，在庙宇建筑中颇有园林艺术的特色。整个书院建筑屋顶为深绿色琉璃瓦，载酒堂屋顶四

图4-2-23 儋州敬字塔（来源：郑小雪 摄）

图4-2-24 儋州宁济庙（来源：郑小雪 摄）

图4-2-25 儋州宁济庙（来源：郑小雪 摄）

角用龙凤虎豹狮等动物雕像装饰，其他建筑屋脊顶到四角为龙凤尾装饰，形象逼真，衬以红檐屋梁和绿树丛，整个建筑群显得更为古雅别致。正门上横书“东坡书院”四字，熠熠生辉。载酒亭又称东坡亭，平面布置为中间四根大红柱直通亭顶，外围为八根柱与中间柱支撑第一层八角亭顶，结构合理，建筑精巧，气势雄伟。载酒堂是东坡书院的主体建筑，包括两侧厢房，朴实素雅。堂中两侧有历代名人学者所撰的诗文碑刻13座，后墙上有两幅大理石石刻，左边一幅是明代大画家唐寅所画的《坡仙笠屐图》，右边一幅是明代大文学家宋濂的题书。同载酒堂相隔西园的是大殿，殿里陈列着苏东坡的生平事迹。东园是钦帅堂、望京亭等园林建筑。

东坡书院的布局形态，体现了其书院选址的匠心独运。东坡书院据土丘之上，坐东北朝西南，与儋州古城隔东坡塘遥望相对，原是儋州人士黎子流的宅地，苏东坡居儋时常于此与儋州的开明之士把酒论道。东坡书院三面低洼环岛地形，其中南面有占地2.78公顷的水塘；西面为占地4.49公顷的农田；北面为低洼湿地，以外100多米为北门江；东面原有农神庙与社稷坛（位于现废弃粮仓所在地），再往东与东坡村相连。四周绿树翠竹环绕，形成与周边有所区别的小环境，和风习习，气候宜人。东坡书院形成、扩建、定型等一系列活动，是历代建造者的匠心独运结果的体现。

东坡书院空间肌理以中国南方庙宇建筑布局为主（图4-2-26），前低后高，载酒堂为合院结构；东坡书院传统公共空间的古建筑有70%为明清、民国时期原形态，自身完整程度较好，总体地形地貌改变不大，植被除山门外的滑桃树有400多年，为明万历二十三年知州陈荣选植，载酒堂大殿前的天井左右两侧各有树龄约260多年的芒果树、凤凰树外，大多为新中国成立后栽植。

东坡书院特征：

大门：东坡书院的大门坐北朝南，面阔三间，进深十一檩，门外一棵粗壮的榕树，门内明间四根圆木立柱，进门内一对楷书楹联就把人带入浓厚的文化氛围里。东北柱上

图4-2-26 东坡书院平面图（来源：《儋州市中和国家历史文化名镇保护规划》）

的楹联为“岂图黎子追陪，人更从文教昌明，见当日雪鸿不偶”，西北柱的楹联是“非是荆公善妒，无故假兹游奇绝，博先生诗酒余欢”（图4-2-27）。

载酒亭：明清时期的建筑，坐落在第二进院前面的正中，原称“东坡亭”或简称“坡亭”，是为纪念苏轼而建。该亭饰有绿色琉璃瓦顶，重檐八角，亭内十二根圆木立柱，红色圆筒状石柱础，朝南二层檐下悬挂木匾，上书“载酒亭”三个遒劲大字（图4-2-28）。厅内的楹联也颇有新意，东南柱上联曰“地乃一州胜景，湖光荷影，踪迹堪想黎先生”，西南柱下联刻“我也十年读书，经济文章，自愧不如苏学士”，署“清进士儋州知州罗栋材撰”。

莲花池：亭外四周有莲花池，石条砌岸，池内莲花竞放，寓意苏轼的道德品质清廉高洁。清代的莲花池是设在载酒亭一旁，有清代陈有壮的《游坡亭感事》诗为证：“莲花池畔认坡亭，庙食千秋德尚馨”。在堂前磊砌一池，本是学宫的常有设施，称为泮池。儋州东坡书院虽有此设置，却不称泮池，而称莲花池，形制上也不是泮池的月牙形，而是四边呈直角的长方形，很可能原是月牙形，在近现代重修时又改成了长方形（图4-2-29）。说明书院内的泮池既受学宫的建筑影响，又有书院建筑自由、活泼的一面。

载酒堂：载酒堂的建筑颇有一番有趣的来历。苏轼携幼子苏过刚来儋州时，住在州衙，后被逐出，于是就住在城东南的桄榔庵内。他是一位天生的乐观主义者，来儋州不久，就用他的才华和真诚，与当地居民结下了深厚的友谊，“老书生”黎子云便是其中的一位。苏轼经常和黎子云一边喝酒吃菜，一边和他讨论学问，故将此处起名“载酒堂”。《儋州志》有云，：“苏轼被贬至儋，与乡人黎子云等友善，尝携酒会饮于堂，故名载酒堂。”

在宋代，此处只不过是形制简陋、结茅为屋的“桄榔庵”，到了元代才有了“载酒堂”这么个妙趣横生的名字。元延祐四年（1317年）春，人们在原地“构堂三间而像其中，周以堂庑门室，作东坡祠”。元泰定三年（1326年），又将东坡祠迁往城东，更名为“载酒堂”。“明代，儋州知州陈敏主修，易茅以瓦，知州罗杰、千户张钥又捐俸聚材加筑垣墙。

图4-2-27 东坡书院大门（来源：唐秀飞 摄）

图4-2-28 东坡书院载酒亭（来源：唐秀飞 摄）

图4-2-29 东坡书院莲花池（来源：唐秀飞 摄）

后来，知州陈荣选主修时，又在堂左建‘钦帅堂’，作为诸生会文之所，与载酒堂并峙”。到了清代，儋州进士王云清、举人唐丙章在此掌教，“发明苏文忠公教儋之说，诸生心悦诚服，风气蒸蒸日上，因名‘东坡书院’”。

从这些记述中可知，作为东坡书院的核心建筑，载酒堂是先有了桄榔庵（茅草），再在翻盖成了瓦顶的“载酒堂”纪念性建筑物的基础上，到清代时才成为“当地人士在此掌教”的书院中的教堂，这一发展变化与一开始就作为书院的理念迥然不同。

载酒堂位于第二进中轴线的正中，门前有九级台阶，堂面阔五间，进深十五檩，灰布筒板瓦顶，龙头鸱吻。明间使用抬梁式木构架，乳状蜀柱，次间和梢间用穿斗式木构架，中柱上方四穿，明间柱上下悬挂楹联，隶书，东联为“高人庭院故依然，何时载酒寻诗，重约田家笠屐”，西联是“学士文章今见否，此地标奇揽胜，请看大海风涛”。值得一提的是，载酒堂明间悬挂的一匾，为民国24年（1935年）王铎声题写的“先生悦之”四字匾（图4-2-30）。

东坡祠：位于第三进的正中位置，建于月台之上，也是东坡书院中的主要建筑，始建年代不详。从书院内的元延祐年始刻的一通《东坡先生祠记》可以判断出，该祠的初建年代也相当早，为清代建筑。清代儋州举人陈烺《东坡居儋歌》中有句“先生道范儋人思，俎豆于今崇祀祠”，疑即指此祠。该祠门前五级石台阶，门额上悬挂木匾，楷书“海外奇踪”四个大字，上角竖行“光绪二十四年冬月谷旦”，左署“知儋州事苍梧罗栋材敬题”。门外悬挂楹联，为清宣统乙酉科拔贡谢尚莹撰，东联为“公来四载居儋，劈开海外文明，从此秋鸿留有爪”，西联为“我拜千年遗像，仿佛翰林富贵，何曾春梦了无痕”。祠面阔三间，进深十七檩，前后有廊，廊下六根方形小八面石柱。

东坡祠屋顶呈重檐，绿色琉璃瓦顶，鱼龙形鸱吻，垂脊上有六个走兽（图4-2-31）。明间抬梁式木构架，梢间为穿斗式木构架，是祠堂建筑中规格较高的一种。祠内明间金柱上悬挂清乙丑科进士王云清撰写的楹联，上联为“灵秀毓峨眉，纵观历代缙绅，韩、富以来如公有几”，下联为“文明开儋耳，遥想三年笠屐，符、黎而后名士滋多”。

两庑：东坡祠前面左右两边各有面阔五间、进深十一檩的厢房，皆为卷棚顶，前面有廊，廊下四根方形小八面石柱，南北两边又有廊心墙，以便通向南北两边。其中，东厢房明间柱上悬挂楹联，为清道光已酉科拔贡曾志耀所撰，上联为“东壁图书，经笥墨庄真富贵”，下联曰“坡亭风月，玉堂金马比清华”。

耳房及其他：东坡书院的载酒堂和东坡祠的左右两边，各有面阔两间、进深九檩，且形制较小的耳房。耳房前面皆有廊，廊下立一石柱或木桩，这些耳房应是书院的山长或教谕、先生的办公之所。载酒堂的东边还有“钦帅堂”，面阔

图4-2-30　东坡书院载酒堂（来源：唐秀飞 摄）

图4-2-31　东坡书院东坡祠（正殿）（来源：唐秀飞 摄）

图4-2-32 东坡书院钦帅堂（来源：唐秀飞 摄）

五间，“作为诸生会文之所”（图4-2-32）。围墙东面两边还开辟有东园、西园，均为近现代所置。

第三节 传统结构、装饰、材料与构造

军屯民居外观造型整体较为朴素，房屋大部分为双坡屋顶硬山墙，多见房屋构成三合院、四合院等，封闭但不厚重，墙面材料多使用青砖，使整个村落都浑然一体。虽然外观以素面砖墙为主，但不同高度房屋组合构成的高低错落的轮廓线、沉稳简洁的立面景观，都让军屯民居聚落空间散发着古时中原地区民居的韵味。

客家围屋的外观较为朴实，砖墙立面抹灰，出檐基本不做装饰，外露的木构架造型均较为简洁，门洞窗口也显得极为低调，这正是客家人在异乡隐忍坚强的精神体现。而围屋内部则是客家人装饰的重点，体现了其凝聚内敛力极强的家族情怀。

客家长横屋装饰极少，常见的为墙体抹灰，而作为祭祀祖宗的一间则会在墙上镶嵌一块匾。盘头不做花样，为简单的层叠，窗口则会选择有图案的烧制的窗格。

一、建筑要素特征

（一）屋顶

海南西部地区屋顶通常选用硬山顶，硬山顶的房屋有利于防风防火，在相较干旱的海南西部地区，特别是军屯民居分布的地带，海风对建筑的侵蚀较为明显。而客家民居分布区域，相较湿润，基本沿用硬山顶屋顶构造，多雨地区使用硬山搁檩造，屋檐稍向外延伸以保护墙体（图4-3-1）。总体屋顶装饰均较少，屋面色彩缺乏变化，建筑风格简约而不造作，突显其吃苦耐劳的开拓精神。

（二）山墙

西部地区山墙较少做装饰，一般为清水墙或抹灰墙，相比美观而言，更注重实用性。山墙的墀头和盘头也不做过多装饰，通常只为砖块的叠加（图4-3-2）。

（三）墙体

墙体一般使用烧制的青砖、土砖，民居内的墙面在砖块的砌筑方式上会有一定变化，以丰富墙面的艺术效果。重要的建筑如前堂，则会使用石块切割打磨的石砖砌筑，以示地位的

图4-3-1 西部民居常见屋顶形式（来源：李贤颖 摄）

尊贵，墙面装饰较少，在檐部及窗洞处或施以灰塑彩绘，寓意生活的美好（图4-3-3）。客家围屋屋内的砖墙面也是装饰的要点之一，大户客家人会使用彩色抹灰装饰墙面，墙体砌筑方式也变化多端，常见的为淌白，也有使用丝缝工艺进行砌筑。

（四）门窗

门窗形式不复杂，以简单实用为主，一般为木质材料做成，窗格门栮使用回纹、“卍”字纹等纹样，既美观又具有美好的寓意。窗的形式多种多样，有平开式、推开式、支架式，窗格设计巧妙，实用美观，地砖铺设也随着使用功能的变换进行改变。门的式样一般为双开门，民居内部门在门栮处及绦环板做彩绘处理（图4-3-4）。

二、建筑细部装饰

（一）雕刻

西部的居民建筑较少使用雕刻，常见的雕刻手法为剔地阳刻、浮雕和圆雕（透雕）等多种技艺，造型活泼生动。军屯民居在照壁及檐下彩绘处略施雕工，一般也为平直的线脚和简单的花草，可见军屯人骨子中带有的一种官兵将士的硬派作风。客家围屋雕刻较军屯民居丰富，除去照壁及屋檐，影壁、券廊、博风及民居内的门窗、墙体、木构架上，都可以看见工匠精心雕刻的纹样，如屋顶的瓜柱或有象形的雕刻，屋檐下或装饰彩云以示“行云流水”之意，体现了客家人对美的无限追求（图4-3-5）。

图4-3-2 西部民居常见山墙（来源：郑小雪 摄）

图4-3-3 西部民居常见墙体砌筑形式（来源：李贤颖 摄）

图4-3-4 西部民居常见门窗形式（来源：李贤颖 摄）

雕刻常见的表现手法有：文字表达法，如雕刻“福”、“寿”等字；形象寓意法，如仙桃因味美营养成分高，历来是长寿的象征；谐音表现法，如蝙蝠的“蝠”与“福”谐音，往往在门额、连楹上刻五只或两只蝙蝠的形象，寓意“五福临门”、“双福临门”；组合表现法，将各种动植物组合在一起共同表达一个喻意或成语，如蝙蝠展翅围绕一个“寿”字来表示“五福朝寿”。西部有的民居还设置了精美的照壁，书福字，绘花草，以纳福气（图4-3-6）。

图4-3-5 “行云流水”（来源：李贤颖 摄）

（二）彩绘、灰塑

彩绘有保护墙体的作用，但更重要的是，古人通过丰富多样的彩绘来表达对美好生活的追求与向往。海南盛夏时间长，所以除了“喜”、“寿”等字极少数用大红大紫的颜色外，人们比较喜欢用蓝色、金黄色、绿色、灰色、青色作为彩绘的底色和线条，而海南西部地区的人则偏好使用较深色系的灰色，代表着平静、稳健、调和与持重。海南西部灰塑式样均较为简单，从一定层面上反映了当地人们的生活较为艰苦，无暇顾及过多的装饰。海南西部的民居通常屋檐下施以彩绘，有花草虫鱼及鸟兽，既保护砖墙免受雨水侵蚀，又有美化效果。军屯民居灰塑基本都在檐下及门窗处，图案以花草虫鱼、蛟龙纹饰为主，式样不多，一定程度上体现了军屯人对生活的追求。而客家围屋灰塑纹样更为丰富，色彩更为艳丽，花果、飞鸟、人物、文字等纹饰多种多样，形态变

图4-3-6　民居照壁（来源：李贤颖 摄）

化丰富，寓意繁多，可见勤奋耐劳的客家人喜好将自家宅院打造成闲适的避世桃源（图4-3-7、图4-3-8）。

（三）墁地

有石板铺制，也有使用砖块铺制墁地，主要用于谷物粮食的晾晒，在传统节日及红白喜事期间则可作为公共的场所，供人群聚集交流。客家的天井内通常铺设石板或砖块，四角有孔隙排水，古时客家人会在天井内养龟，而天井则是家族财运的象征，正所谓“水聚财来”（图4-3-9）。

三、建筑材料与构造

（一）建筑材料

在古代，海南交通不便，建筑材料的获取受到一定的限制，且相较封闭的海岛上，人们的经济水平普遍不高，生活方式简单，对精美华丽的装饰并无过多需求，故琼西民居建筑材料通常就地取材，式样简单大方。建筑材料构成简单，因地制宜，主要是土、木、砖、石等传统建材。

砌墙使用烧制的砖块，墙体抹灰，也有使用三合土垒筑而成：先用黏土、砂子掺入红糖、糯米浆、草筋等发酵后与石灰拌合，这样造出来的墙体能够很好地适应南方风雨的侵蚀，坚韧耐久，甚至能抵御炮击。通常会采用切割好的石块或青砖砌筑勒脚，加固墙身，屋面使用三合土加固（图4-3-10）。在房屋的结构上，通常选用菠萝格木等当地常见树种，经济实用。屋顶为硬山顶，灰布筒瓦敷设，不设滴水，建材基本都为素面，少有使用琉璃的砖瓦，这与琼西地区干燥少雨有关。内部间壁和前檐的门庭均用木板装修，外墙通常使用烧制的青砖、土砖，局部使用火山岩石的砌块。房屋的明间前后都有枋板，左右两侧一般有隔板，各开一个门，通向次间，材质一般使用木板，轻便耐用。隔板下凡用石板的称“地栿”，以阻挡地下湿气的上升。门窗多用木制，窗洞也有使用烧制的琉璃窗花构建，木质的门窗通常进行一些

图4-3-7 民居彩绘（来源：李贤颖 摄）

图4-3-8 民居灰塑（来源：李贤颖 摄）

图4-3-9 民居天井墁地（来源：李贤颖 摄）

图4-3-10　建筑材料（来源：郑小雪 摄）

简单的雕刻，造型轻盈美观。庭院内的地墁通常为烧制的砖块砌筑而成，纹样简洁低调，使得整个庭院干净整洁。

宗教建筑在部分建筑材料上区别于一般民居，如墙面抹灰使用色彩纯正的红色，屋瓦为青色或绿色的琉璃瓦件，增强了建筑的耐水性。屋脊还装饰有脊吻和走兽，屋角飞檐，有的宗庙建筑还修筑了防火的山墙。

（二）建筑构造

琼西民居形制通常为前庭后院，有的人家只有前庭，基本都为砖木结构，通常使用抬梁式木构架，用材厚重，给人以庄重、豪华、有气魄之感。也有穿斗式木架结构，比如东坡书院和王五镇内的文昌宫等。前堂一般面阔三间，高级建筑可有五间，进深通常十一檩、十三檩甚至十五檩，前后一般不开门，出檐较短，为家族长辈及直系嫡子居住，建筑的内部空间不算宽敞，明间的脊檩多为重脊，檩下有瓜柱，矮的则称为“柁墩”。

琼西民居还有砖木结构的房屋，硬山搁檩造，是一种使用最为广泛的大木屋架，在屋架构成中也是最简单的。一旦建筑平面和开间确定之后，再确定用几檩的木架，在梁与梁之间架设檩、枋等构件，就基本组成一个硬山式大木屋架。如果两端不用木架，则叫“硬山搁檩”，这种建造形式通常只用于民间建筑。客家围屋所有屋子的屋顶通常彼此相交，屋面呈现规律化的相接，雨水顺着屋面交接处形成屋面天沟，雨水汇集至庭院天井（图4-3-11）。

图4-3-11　民居室内木构架（来源：李贤颖 摄）

屋顶结构有常见的硬山式、卷棚式、悬山式，还有重檐歇山式等。重要的庙宇还采用了西部民居中少见的斗栱、重檐等建造方式，以提升建筑的整体美观度。

第四节 琼西建筑精髓

琼西地区建筑非常注重实用性，民居建筑装饰普遍较少，以满足最基本的居住需求为主。且西部地区的交通并不发达，沿海水路网较少，渔民仅近海捕鱼，与外界联系较少，所以西部的民居建筑大部分都保留了祖先最早迁入海南时的形制，这点在军屯民居建筑上体现得尤为明显。同时因为生活条件的艰苦和材料的匮乏，西部民居建筑整体风格显得较为简约，较之海南北部与东部的精致，西部民居建筑则体现了铮铮的硬派气息，这深刻地体现了琼西人民艰苦奋斗的精神特质。

琼西民居的构架基本都为大木架，一般为抬梁式木构架，也有少量穿斗式木构架，以及硬山搁檩的构造形式，材料因地制宜，喜好选用长直的菠萝格木。屋顶形式上，民居建筑基本都以硬山顶为主，雨水较多的地区则在硬山顶的基础上稍加变化，屋面装饰极少，通常只铺设瓦片，屋脊和屋檐较少做装饰。墙体通常为青砖或土砖，重要的建筑如堂屋会使用切割打磨好的石块砌筑，墙体抹灰用以防潮和增加美观度。民居内部空间格局简单明了，一般为上下堂屋和两侧横屋，有条件的还可形成天井，追求室内的明亮度。少部分民居设置照壁，大部分民居的内部装饰主要集中在檐下及窗洞，以灰塑彩绘为主，对梁和柱的雕刻美化极少，体现其实用为主的观念。

第五章　琼中南地区：黎苗村寨

黎族和苗族是海南省主要的少数民族，主要聚居在海南省中南部的琼中县、白沙县、昌江县、东方市、保亭县和五指山市等。而黎族作为海南最早的移民和开发先驱，陆续登上这块岛屿的南北海岸。

秦始皇统一岭南广大地区，汉人最初迁入海南主要集中在沿海河口地带，黎族不敌汉人，又不愿归顺杂居，由河岸海口开阔地带退居迁移内地，形成了黎民与汉人族群最早的“外汉内黎”的原始分布格局。中央王朝在海南统治力也是时紧时松。汉初元三年（公元前46年），因黎人不服统治反抗，政权瓦解瘫痪，黎族内迁的趋势也有所变化，汉政权撤销儋耳、珠崖二郡和十六县，生产生活居地范围缩小，遗留的汉人归置于岛北朱卢县，直到隋唐时期，黎族迁回开阔地带，“外汉内黎”逐渐转化为“汉依北，黎居南”的分布格局。随着中央王朝郡县政权在海南全面恢复，大量汉人举迁入岛，并重新占据了沿海平原地带，沿海地区黎族被持续向内陆压迫，黎族聚居地又一次向内陆迁移。隋唐至宋，黎族聚居地的演化及居民人流迁移有新的变化：一种是汉族逐渐迁入增多，初期，黎族人抗争对外来的干扰排除，较强的自我保护意识，黎汉呈拉锯态势，迁移缓慢；另一种是岛外迁入海南岛的部分湖广、福建汉人及俚人在长期与黎人的接触之下，长期的接触交流，带着汉化的农耕种植技术，受其黎族人影响或受生活等原因加入黎族。至元明清，汉族与黎族融合交流进一步扩大，部分黎族被就地汉化，黎族向内陆山区迁移的态势加快，黎族融入汉族，汉化着与汉族融合群居。到清末，海南岛从外到内，依次形成汉人、熟黎和生黎的环状圈层居住空间格局。

由此清晰看出，海南岛人类迁移历史，主要是汉、黎之间聚落居住相互争夺，逐渐相互融合杂糅的过程。

第一节 聚落选址与格局

黎族、苗族聚落通常位于山地和丘陵地带，汉族多居住平原，以及“局部地域杂糅混居”的形成“外边为汉族，中部为熟黎，内核为生黎”分层格局。海南岛占人口绝大多数的主要民族为汉族、黎族，汉、黎、苗、回等30多个民族，汉族占人口的96.3%，海南有20多个少数民族总人口仅占海南的3.7%。海南岛聚落文明是以汉、黎的聚落文明为代表。

黎族是海南岛的土著民族，为古代百越族的后裔。黎族可分为润黎、杞黎、美孚黎、哈黎、赛黎五大支系。润方言分为白沙、元门两个土语，黎族主要聚居在白沙县，杞方言黎族主要分布在保亭县、琼中县和五指山市，乐东、东方、昌江等市县，另外万宁、三亚、陵水的部分地区也有分布。美孚方言黎族分布于东方市和昌江县，村落多在昌化江中、下游两岸地区，以东方市为多，昌江次之。哈方言黎族主要分布在乐东、东方、陵水、三亚、昌江等市县，少量分布在白沙、保亭、琼中、儋州等市县。哈黎是聚居在黎族外围，与汉族最近，住宅汉化现象最大。赛方言黎族主要分布在保亭、陵水两县交界处（图5-1-1）。

船形屋是黎族最古老的居屋，关于船形屋的历史，有着许多动人的传说。丹雅公主的船漂洋过海，历经劫难，终于在一个荒岛岸边搁浅。丹雅公主后来定居荒岛。她用勤劳双手竖起几根木桩，与自然融合，与海相伴，把小船倒扣在木桩上当屋顶，割下茅草当盖顶，既躲避风雨又防动物虫蛇侵害，这是船形屋的雏形。

当地的村民承继先祖，感恩上苍，世代居住在船形屋。黎族的祖先木船渡海，依海而居从大陆沿海来到这里，靠岸后，倒扣在木桩上的船架空起来用树枝围护，用木船当房屋住。不远万里的黎族先人的长途跋涉，加之取材用材方便和抗台风需要，黎族后人为了纪念先祖便模仿船的样子，对船形屋构造技术和围护结构经过不断改良，最后形成了今天的船形屋。

一、黎族、苗族聚落选址布局

（一）聚落成因

1. 聚落选址

海南黎族和苗族多依山地险峻处选择聚居，有黎人居险先居之。有宋人谓：“邕宜以西，南丹诸蛮皆居穷崖绝谷间。”黎族、苗族的聚落选址“南夷之性好险阻而不乐平旷”，有严格的要求，防卫意识较强，择水而居，安全隐秘，村子周围树林茂密，多在山谷缓冲的坡地或山间盆地之中，形成营寨，故称“黎苗寨”，黎族、苗族人遍布海南岛。黎族、苗族村落周围地形从小范围看并不都是丘陵坡地，往往是山谷冲击方便耕作的缓坡平地。

黎族、苗族村落小区域选址原则具体归纳为：第一，背靠山林。村落北靠山脉和丘陵坡地，建造在相对平缓山下开阔地带，依山就势有利于生产生活，山林有效防台风袭击，依山靠山便于狩猎，搭盖房屋就近取材用木方便，解决日常烧柴用火及建筑用木用材选材，还可以狩猎以满足日常生活的需求。第二，择水而居。方便生活饮用水源农田灌溉及捕捞鱼类等。以黎族、苗族的生产力条件，黎族、苗族人只能就近饮用自然山泉小溪流水。山泉水文受季节影响，地质灾害也常有发生，过度靠近也会受到山洪威胁，因此，临水但不近水，预防山洪地质次生灾害，成为选择的居住基本考虑。第三，利于耕种，靠近水田耕地。村址靠近耕地农田等平缓坡地、熟地便于耕种劳作，利用周围的小丘陵或山坡洼地种植杂粮充饥。第四，趋吉避害，清净辟邪。避免鬼魅传说的地方，选址阳多阴少的吉地，防止“恶鬼”作崇等邪气之地，危害人畜，趋吉避害。第五，生产安全。利于保护农作物耕种生产安全，防野兽出没，尽量避免野猪、猴子等动物对农作物的破坏。

背靠山脉，面水临河，平坡为基，田地环绕，黎族、苗族村落背山面水的布局选址。黎、苗人择水而居，遇水而憩，于山林中选择平缓坡地，紧邻溪流，山谷沟壑田地多为分散状小地块利于灌溉耕种。因此，黎族这种聚居地山水融合，原生原真。

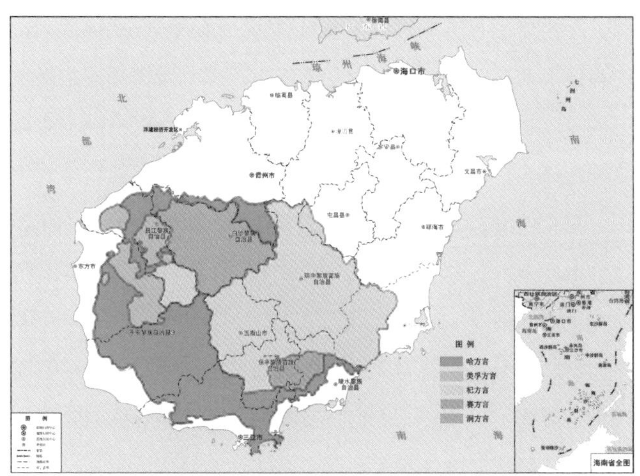

图5-1-1　海南省黎族分布示意图（来源：《海南岛黎族的住宅建筑》）

2. 聚落的规模及分布

中部山区河流源头众多，河网稠密，黎族、苗村落择水而居，选址于山区盆地和峡谷平坦之地，规模大小不一，小村居多。由于河网水系分隔呈独特的放射状水系，客观地分割黎族、苗族的村庄的分散，加之河流季节变化悬殊，耕地的范围受水位变化明显，量大但不集中。由于简单的生产工具对耕种改造能力小，就近和依赖原状较多，黎族、苗族村落往往分得很散。

纵向式茅草屋（船形屋和金字屋）的聚落依山就势顺应自然地形条件，平行于等高线或河流滩地边界等，建筑单体以茅草屋（船形屋和金字屋）为基本要素，以线形方式带状生长拓展。在平缓开阔地自由生长拓展，建筑单元朝向基本遵循茅草屋（船形屋和金字屋）方向一致的原则呈自由生长排列（图5-1-2）。

横向式茅草屋（船形屋和金字屋）是居住形式汉化的结果，是顺应海南气候地形的聚落居住形式（图5-1-3），以此为主体的聚落存在三种情况：一是以单个建筑单体为基本要素，结合自然条件呈线形带状生长或自由生长拓展，与纵向型茅草屋聚落相似，聚落内茅草屋（船形屋和金字屋）建筑单元在平地呈自由排列生长，所有船形屋朝向统一。二是院落式布局，受汉族院落式围合居住方式的影响，以院落为居住单元，建筑单体对居住需求的不同，安排在不同的建筑单体中，以庭院为空间联结，将这些不同需求单体组合成

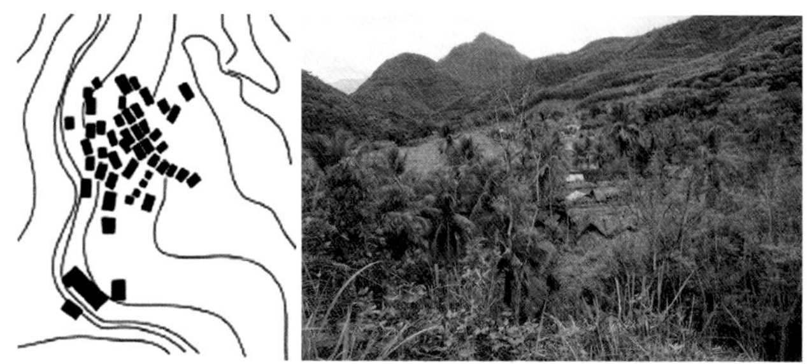
图5-1-2　纵向式船形屋为主体的聚落生成方式（来源：石乐莲 摄）

图5-1-3　横向式船形屋为主体的聚落生成方式（来源：石乐莲 摄）

聚居完整的院落，以汉族院落式单元为单位结合地形进行布局。黎族、苗族聚落中院落单元松散自由，相互间保持距离，入口一般也不相对，院落相对松散自由保持一定的距离，表明黎、苗人仍以茅草船形屋和金字船形屋的形式，将院落以居住单元为单位来进行空间布局。三是组合联排式布局，以横向式茅草屋（船形屋和金字屋）为单元，山墙连接进行联排式组合布局。横向式茅草屋（船形屋和金字屋）以山墙相接成一排，前后相接拓展形成多排。成行成列方式显然受到汉族聚落联排行列式聚居影响，黎族、苗族聚落中横向联排行列式布局较为稀少。

（二）空间特征

汉族迁入，黎族、苗族由最初分散于各地的聚居区域逐渐缩小，黎族、苗族现在聚居在中南部山区，五指山腹地，主要聚居在鹦哥岭、黎母岭、霸王岭、雅加大岭等，地势东北高，西南低。黎族、苗族的村落就散布在北回归线以南的热带和亚热带地区，盆地、河谷台地和滨海开阔平缓地带。黎族、苗族聚居区以山地、丘陵为主。雨量充沛，光照充足，优越的自然地理条件，天然的植被为黎族人生产生活生

存提供理想场所。

1. 传统聚落的空间形态

黎族、苗族传统聚落规模较小，质朴简单。以船形屋为主，围绕山林、溪河等形成的清晰居住领地即聚落，围绕布局村落环村林带、谷仓、牛栏、猪舍、寮房、环村石墙或竹篱等，土地庙设在村落入口，村外为稻田、菜地。

在不同的黎族、苗族聚落中以较为固定构成要素形成界限明确，布局自由，独具黎族、苗族人地域特色的生活环境。环村林地在各个黎、苗村中相同布置；谷仓在有些聚落中有时紧邻各家住宅分散分布，也有些在村落中一块集中布置。明确的边界、简单质朴构成、相对自由的内部空间是黎、苗传统聚落总体特点。

①边界空间

在海南岛的历史上，黎族、苗族居住地域长期受汉族空间挤压导致居住地范围逐渐缩小。黎族、苗族聚居区域边界既要处理好与汉族的关系，黎族、苗族内部相邻之间的也要协调好分布，边界清晰在黎、苗人心目中固定领域属性尤为重要。黎族、苗族聚居选址要求，选取明确的自然要素，如河流、山脊等界定。并采用村口植树、竖碑、埋牛角、砌石植树等。确定为标志性边界，林带采用，石砌围合确保边界封闭的属性。黎苗村落一直在村落周围出于防卫需要种植密林，强调聚落拥有的领地。现在的黎苗村依然种植环村林带，不再是密布的竹林，大多是槟榔、椰子等棕榈科植物，也有亚热带阔叶林、灌木林。逐步以石砌、果树等围合传承村落界限的文化传统。部分的黎族、苗族聚落以古树，尤其古榕树作为村落入口标示和边界界定，黎苗村村口栽植大榕树，具有生命力旺盛的生长历史，村入口供奉土地神，逢年过节土地神、古树一起祭祀。

②内部空间

黎族、苗族聚落内部空间为黎族人居住茅草屋（船形屋和金字屋等）、寮房、谷仓、圈养栏、晾晒架等构成要素。空间功能分区为居住空间、储藏空间、道路广场空间、晾晒空间、种植圈养空间等。

A. 居住空间：黎族、苗族聚落主要居住空间以茅草屋居住为主体构成。黎族、苗族聚居单元是以茅草屋构成单个小家庭。茅草屋（船形屋和金字屋等）纵向和横向的各种组合方式联排组合的院落式空间成为黎苗村的聚落聚居单元群体（图5-1-4）。寮房为黎族未婚青年男女独立成家前的居住空间，也是黎村的历史传统特色。寮房在村落中有时分散布置在村头、寨尾或村外的山坡树林里，也有在住房的前廊设置单人睡的寮房，村落集中建设且面积较大的寮房则集中建在村头和村尾。

B. 道路空间：黎族、苗族聚落道路空间是随着聚落建筑延伸生长而逐步形成。黎苗村内部道路顺应地形，在河水溪流山川的导向作用下，根据建筑排列和人的生产活动、生

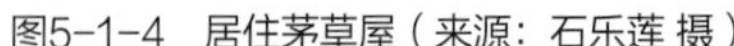
图5-1-4 居住茅草屋（来源：石乐莲 摄）

活需要延伸拓展而成。道路因黎苗村山地地形变化较为复杂而曲折多变，村道也多为屈伸变化的带状空间，冲沟形成，排洪排雨水结合人行道路设置，山地高程变化复杂，采用迂回折线道路形式降低道路坡度和防止道路坡度过陡和陡坡段坡长过长（图5-1-5）。

C. 活动广场空间：黎族、苗族出于对自然尊崇、宗教信仰和祖宗祭祀逐步弱化，以歌舞为主要方式表达对自然敬畏和对神灵祭祀，村落中央预留地域作为集中歌舞大型庆祝主要活动空间场所（图5-1-6）。

D. 储藏、晾晒空间：黎族、苗族对粮食视如生命，黎

图5-1-5　黎族村落道路空间（来源：石乐莲 摄）

图5-1-6　黎族村落活动广场空间（来源：石乐莲 摄）

族、苗族建设保护粮食安全的谷仓保障了居民生活，成为黎族聚居中重要的建筑。谷仓采用天然、结实较优良的建筑材料建造，聚落不同单独设置在聚落中的谷仓设置位置有所不同，且谷仓相对独立。有集中设置，也有分散设置，与居住地距离也有所不同。东方市感城镇坨头村每家都有一座紧邻住宅的谷仓；与坨头村一河之隔的上、下振兴村，谷仓设置一部分在住宅相邻，一部分与聚落居住建筑分离，在村落主干路的一侧设置。昌江县白查村，谷仓全部集中设置在聚落里面东边椰树林里，与居住建筑分开设置。紧邻家庭住宅的布置，表明谷仓紧邻住宅，便于家庭方便看护，集中布置在村落中能集全村之力，合力同心保护谷仓的安全，统一看护（图5-1-7）。

晾晒是粮食生产保管保质重要环节，在早先合亩制的黎苗村中是黎族聚居重要的生产辅助性设施，有着重要的地位。有集中设置，也有分开设置。晾晒架集中建造的大多在公共广场旁边，便于村民集中晾晒谷物。以家庭晾晒为单位小规模劳作方式在合亩制解体之后。晾晒采用简易的方法，用树木竹竿自由搭建。最简单的形式是在地上立多根木桩，高3米，相距3～4米，在木桩上绑扎若干横杆，竖向分层设置，最低层离地面1.2米左右，每层横向或纵向横杆间距大约30厘米，在竹竿或木杆上悬挂谷穗，利于通风，又有良好光照晾晒。

E．种植圈养空间：黎人生活自给自足，除了粮食以外，黎人、苗人由原始狩猎到对动物和家禽进行有意识圈养，牲畜和家禽较好改善黎人、苗人的生活和生产问题。猪、鸡等则在住宅旁边围合简易围栏，牛栏安排在村边较低洼的地方。甚至有的利用船形屋侧檐或杆栏式，吊脚楼底层设围栏。此外，日常所吃蔬菜种植的菜园安排在自家居住房

图5-1-7 黎族村落储藏空间（来源：石乐莲 摄）

屋周边，方便采摘。

2. 传统聚落的空间特点

从以上空间布局和聚落构成的要素分析来看，黎族、苗族聚落特点如下：一是建筑类型原生原真。黎族、苗族聚落以船形屋（茅草屋或金字屋）为居住建筑主要类型，对自然简单利用，建筑就近取材，原始茅草屋顶、黏土墙、地面、原生竹木支撑。二是步行系统简单。黎族、苗族聚落步行系统依自然地形山川、谷地形成，是人最初级的本能需求而产生的交通行为，简单出行对原有路面未作适应性改造，步行系统无法适应步行以外新的交通方式。三是保障防御空间集中。以谷仓为主要粮食安全空间，以晒场或晒架集中晾晒谷物，保障谷物不至于腐烂的晾晒空间相对集中布置，村内环村林地竹木种植，石砌矮墙增强边界识别和领地的不可侵占，防御意识凸显。由原始狩猎到对动物家禽圈养等都处于自发的自我保护意识集中布置。四是辅助功能空间自由、松散。家禽牲畜圈养围护栏、蔬菜种植等原始初级自由布置，处于松散自由的状态。黎人、苗人对聚落整体空间形态完整性和秩序性由原始原生原真到自发集中防御意识转变增强，尤其是在组织公共空间上，有明显的以谷仓为中心，统一方向布局居住，集中设置看护的特点。

总而言之，黎族、苗族聚落在公共空间布局中既有黎人、苗人原始“自发”的理性，在个人私密性空间布局又有原真“自由”的感性。聚落原生原真空间形态对外表现出原生的整体性、紧凑性和质朴秩序感，而对内则表现出原真松散性、自由性和致用无序感。

3. 平面形态特点

聚落平面形态布局主要指聚落构成要素的平面布局方式。黎族、苗族聚落没有标志性的聚落建筑，宗教类村庙、祠堂、娱乐类精神需求建筑也匮乏。主要建筑类型为居住建筑、辅助性建筑（谷仓、动物牲畜家禽圈养棚舍）以及土地庙等。黎族、苗族聚落处在初级的物质满足阶段，精神、心理需求简单，以原生原真船形屋茅草房为居住建筑单元，组成聚落平面组织形态（图5-1-8）。

船形屋作为黎族的生活载体，其简单的外形，原生的建筑材料，原真的空间构成几乎容纳了黎人所有的生活内容。“一”字形船形屋成为聚落基本的建构单元，船形屋按

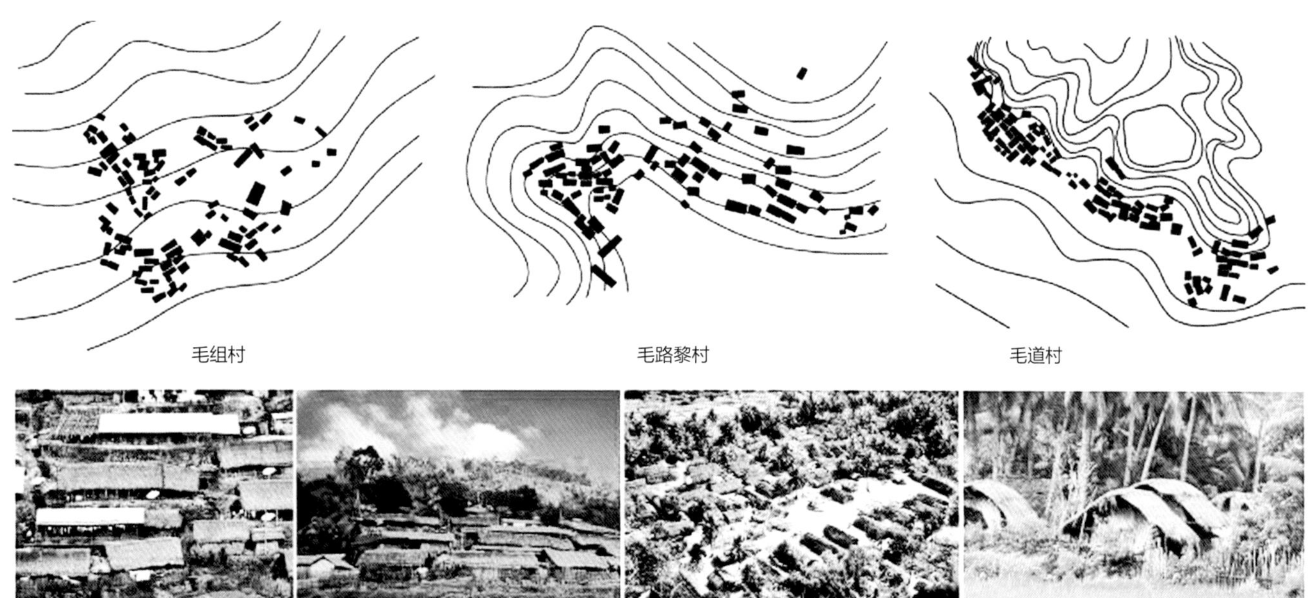

图5-1-8　黎族村落平面形态组织（来源：杨定海《海南岛传统聚落与建筑空间形态研究》）

“一”字排开，联排成行平行排列，相互分开或相互平行，院落式布局较少，聚落自由式布局，局部呈现规则式布局。

船形屋以自由式集合在一起，保持建筑各自的独立性和隐密性。其聚落居住建筑没有明确的规划，各自依据自身要求或场地条件而自发建设，独立式联排成行布置、自由松散的布局方式。由于场地的有限，需求和人口的增多，聚落空间逐渐混乱无序。

黎族、苗族聚落对自然地形的顺应，呈现出聚落建筑布局趋于一种整体、秩序的空间布局形态。这是在追求和谐的自然环境的同时，依托自然地形的条件来实现追求一种建筑布局的合理性。如黎族、苗族聚落临河居住，船形屋依河流方向布置在河滩河岸开阔地上，呈带状排列。建筑之间出现平行河岸排列方式，整体带状的秩序井然。黎族、苗族的村落坐落于山腰，这种村落原生的船形屋布局，顺应山势走向，依山而建，平行等高线布置，由于村落随着山势高差而逐级变化而逐层升高，从整体上看，便出现高低错落、层次变化丰富的聚落景观，黎族、苗族村落布局呈现出有序状态，而这种沿山体布置是依托自然地形创造的结果，也是人与自然融合的产物。

多数黎族、苗族聚落建筑虽然一部分表现出统一的朝向布局方式，但是也出现内在松散离析状态，聚落在平地也一样。如昌江县叉河老裂小队、东方市江边乡白查村等，相互之间有一种防御封闭的，布局甚至“相斥”在一起，这种与外界的“离析”状态，体现了其对自然漠视或相对交流封闭。保持距离，内部布局相对分散，聚居生活交流与封闭共生共存，同时也是聚落积极防御排斥外力方式的一种体现（图5-1-9）。

4. 垂直形态特点

黎族、苗族聚落以灵巧的方式，原生的建筑顺应自然肌理，因地制宜、随高就低地灵活应对地形竖向高差变化，建筑布局方式也高度契合自然肌理变化，形成层次丰富而独特的山地聚落空间。

就聚落本身而言，没有凝聚聚落核心的标志性建筑。“一”字形展开的船形屋没有竖向的强调，整个聚落平展于地表之上，建筑均为一层高度的船形屋，山林之间茅草屋顶形成聚落天际线，整齐并富有水平韵律感，原生建筑外形与周围自然山水完美的融合。聚落建筑质朴，简单实用。

黎族、苗族传统聚落在平面形态上遵循自然机理，顺应地形地貌，原生原真，因地制宜，简单致用方式体现聚落单元的独立性。在垂直形态上，原生外形，原真的住民，船形茅草屋融入自然聚落整体与山水相融（图5-1-10）。

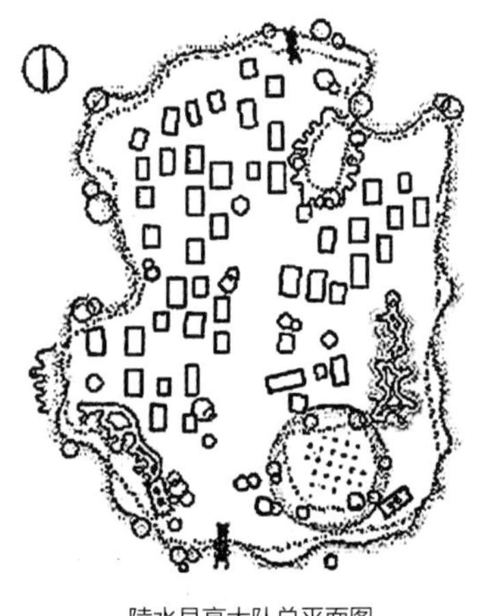

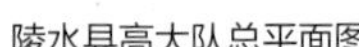

陵水县高大队总平面图

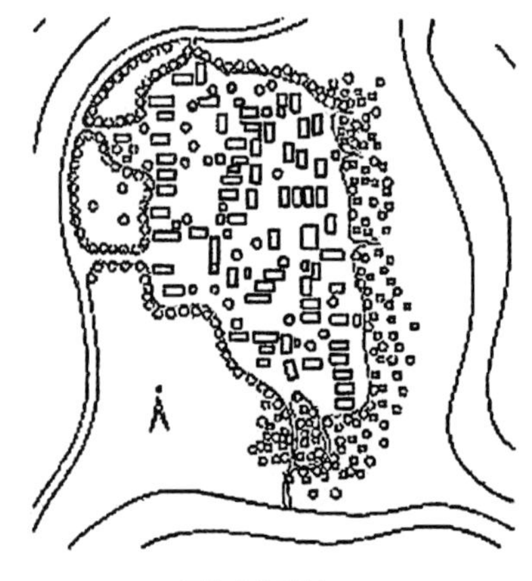

江边乡白查村

昌江县叉河老裂小队总平面图

图5-1-9 黎族村落“离散”的建筑组合方式（来源：杨定海《海南岛传统聚落与建筑空间形态研究》）

昌江王下乡洪水村

东方市江边乡白查村

五指山初保村

图5-1-10　黎族村落与山坡、田地的依存关系（来源：石乐莲 摄）

（三）典型聚落

1. 东方市江边乡白查村

海南省东方市江边乡白查村，四面环山，地势开阔，是典型的黎族传统村落。船形茅草屋作为白查村传统居住建筑，村前田地充足，山林环绕。白查村的茅草房犹如一艘艘倒扣的船，村民习惯称之为“船形屋”，村民还在使用原汁原味的独木器具，原始的生活方式，并保留着古老的织锦工艺和黎族古老建筑技艺。白查村现存船形屋是黎族优秀建筑技艺的载体，是海南船形屋保存得最完整的自然村落之一。2008年，该村船形屋被列入国家非物质文化遗产保护名录（图5-1-11）。

白查村的外围环村种植椰林、槟榔，外围环村林带明确界定了村落的标志及界限。村落仍然在中央保留了一处公共活动空间，为村民节庆、聚会的场所。村里东南边集中地安置谷仓，与居住建筑完全分离。谷仓底层悬空，石砌垫底便于防潮、防鼠；地板糊一层约4厘米厚的泥，谷仓内外用黏土和泥加少量草筋糊一层，均起到防水密封作用；以茅草盖顶，用于防雨。白查村还有一种建在村头村尾的小房子叫“隆闺”，是成年男女约会的场所，有时紧挨住房搭建，“隆闺”一般结合山林，多远在偏僻寂静之处。

白查村的船形屋建筑存在两种朝向，数量基本相当，相互垂直，建筑排列顺应地形。白查村茅草船形屋以地面为基底，屋盖为半圆筒形，呈“一”字形长而阔，茅檐低矮，有利于防雨防风。房子两端开门，分为前后两节。

2. 保亭县加茂镇毛林村

毛林村周边环境良好，紧靠665县道，响水河从西南边流过。地处丘陵地区，梯田高低不平且不连成片，水田面积小。

毛林村由两个自然村组成，一个陈姓和一个黄姓，每个

图5-1-11　东方市江边乡白查村（来源：石乐莲 摄）

自然村由纯姓族人组成，因族姓不同，建筑朝向不同，村子面积较小，建筑之间距离较近。陈姓建筑坐北朝南，黄姓建筑坐东朝西。在20世纪60年代，此地受汉文化传统印象，按汉族建筑，盖金字形土坯瓦房，每家三间。村内农业种植橡胶、槟榔、芒果等，牲畜以猪、牛为主，家禽为鸡鸭鹅等，生产自给自足。

3. 五指山市毛阳镇番满村

番满村位于五指山腹地，四面环山，居住分散，全部保留船形屋方式。集中迁居后，建筑依地形而建造，分布较自由。谷仓分散建设置于村边，未集中建造，村落设有男女寮房各一间，村口有小石庙。船形屋房子地面防潮采用藤编地板悬空布置，离地面约1尺左右，屋内卧室和厨房等空间未进行分隔。房子两端开门，没有窗户，屋檐外伸较宽，形成门廊，作为入口、休息、堆放杂物、树木劈柴等。

第二节 建筑群体与单体

一、传统民居聚落群体与单体

（一）船形屋

船形屋是黎族的主要居住建筑形式，早期的船形屋状如船篷，为半圆筒形，用竹木扎成轮廓，盖以茅草，房间内一般不再分隔。用藤条或竹片编成地板，离地约半米，并留有煮食用的火炉塘，因其形如船篷，故称船形屋。

船形屋以山面为入口，作纵深方向布置。船形屋最原始又最常见的为单间平面，由居室、杂用房、前廊三部分组成，居室内部空间不分隔，空间较大，起居活动如客厅、卧室、厨房、餐厅等都在这里进行。后部杂用房多放农具或堆柴草杂物、养鸡之用（图5-2-1）。船形屋平面尺度较小，将内部空间按功能划分后，进深约为4米，长度一般为6米，

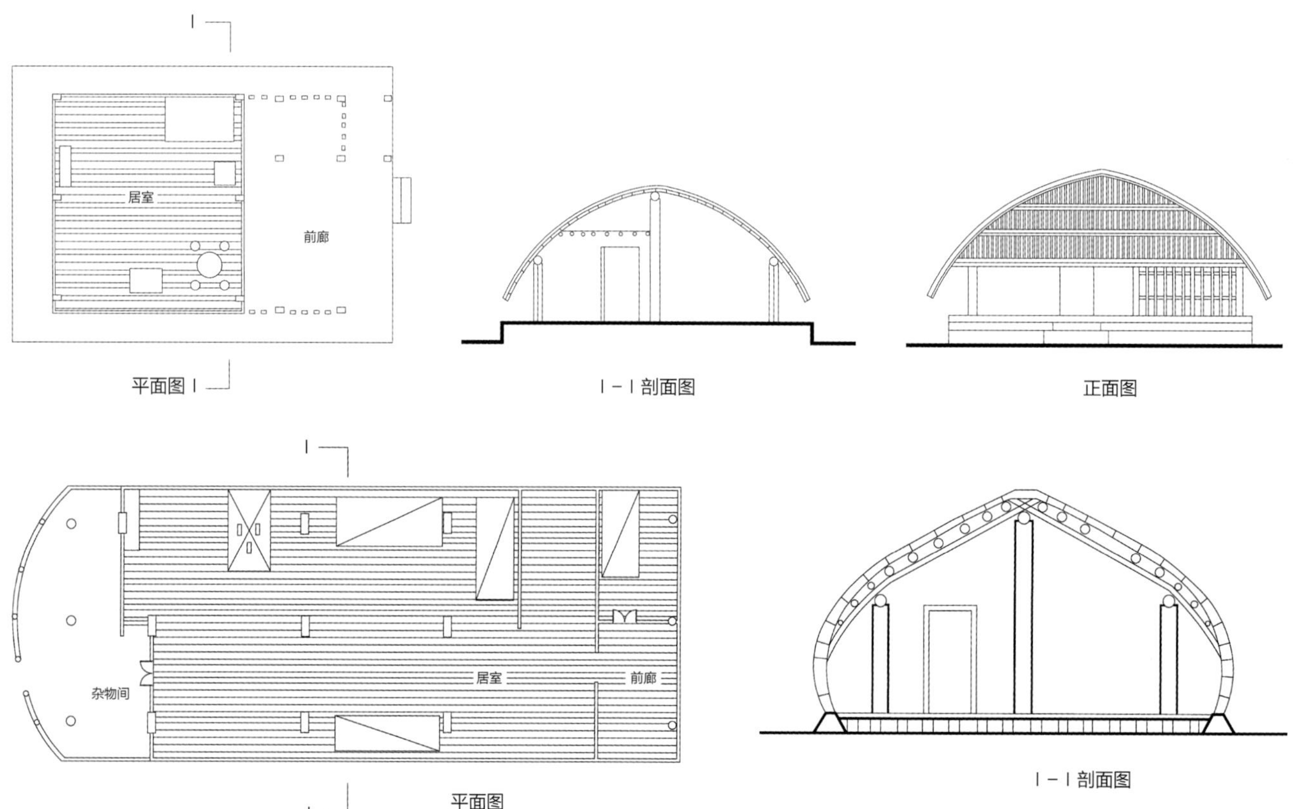

图5-2-1 黎族传统建筑的基本构成（来源：唐秀飞 绘）

船形屋顶最高点距离居住面（或地面）2.3～3.2米，强调平面功能。船形屋具有可加性，出现多个房间可以沿长度方向扩大面积。船形屋只在前后山墙上开门，沿四周墙不开窗，有开敞的门廊，还有一种用柱子支承屋盖形成的门廊，有的由入口处山墙后退形成凹廊，有的在山墙部分包一个半边穹窿式的流线型屋盖，船形屋顶覆盖茅草。在封闭的室内环境中保持室内干爽，因为开窗较少，通风较差，只有通过火的烘烤加温加热，加强室内下垫面热空气与室内上层温度稍低冷空气形成温差，而产生空气流动，既取热能干燥的环境，又能抵御野兽、害虫侵袭。

船形屋按功能分为三种类型：居室、隆闺、辅助用房。

隆闺：黎语大意是“不设灶的房子”。按照黎族习俗是孩子到了青春发育期十三、四岁时，不与父母同住。“隆闺”有大有小，式样和住屋相似，是黎族男女青年约会谈情的地方。狭小的房子大的可住三到五人，小的仅一人可居，室内不分隔，开一个小门，人都只可低头弯腰而入。

辅助性用房包括谷仓、土地公庙、竹楼、晒谷场、晾谷架、牲畜圈和山寮房（图5-2-2）。

谷仓：一般都选在村落外缘单独式集中设置，选址在较干爽的向阳处，为了与用火分隔，不与居室相连。出自防火安全，独家独户分开建设，互不相连，集中成片，也是保护粮食的安全，便于集中看护。

土地公庙：土地公为镇村之神。土地公庙建造方式也与汉族较为相似，在村子入口古树大树下，用石头堆砌而成：一块平坦的石板作为地板，三面用石块作墙，顶上用石板作瓦盖一块作为“庙顶”，里面中央放一块形状较好、下宽上窄、近似人形石块。作为供奉的神，有的用三块石头垒砌成人字形，作为供奉土地公的偶像。

竹楼：黎族的村落内，由于取材方便，竹木为建筑承重支撑常用材料，黎族搭建竹楼用来悬挂皮鼓。节日、庆典、祭祀祖先、庆贺丰收等全村活动常使用皮鼓，皮鼓是黎族人的崇拜物之一。黎村已基本少有竹楼，更难听闻皮鼓声。

晒谷场和晾谷架：在公共空间或者自家住房旁，多家联合或独家先用树木在地上立矮桩，再用树枝或竹片围合成一

谷仓　谷仓　山寮房

晒谷架

牲畜圈

图5-2-2　黎族村落辅助性用房（来源：杨定海《海南岛传统聚落与建筑空间形态研究》）

块场地用作晒谷场，晒谷场旁用树立桩，横向纵向竹木架加固绑扎成网格状架设成晾谷架晒稻谷。

牲畜圈：黎族人村中常见牛栏、猪圈、鸡舍。牲畜圈多为露天式，也有用茅草盖顶的圆形和长方形的牲畜圈，规模大点的用树木打桩，然后用较细的竹木或粗藤编成篱笆，高约有1.5米左右，入口处门角柱用结实的木枋，活动的横木为插栓，藤条和细木棍编连可围护成简易的牲畜圈围墙。

山寮房：由于传统村落农田较少且分散，多处于山岭谷地，村民在农田旁边临时搭建简易的高架小茅草房，作为耕作时休息和看护农田之用，也作为用餐、巡园、驱赶野兽的田边临时住所，称为山寮房。

传统居住建筑为船形屋，船形屋有如下类型：

船形屋分为干阑式船形屋和落地式船形屋。干阑式为底层架空的船形屋：底层架空干阑式船形屋按围合围栏的高低又分为高栏和低栏两种类型。

高栏船形屋：黎语称“隆咩”，即“高栏”，分散布置在南渡江上游南溪峒等地的本地黎村里。高栏船形屋一般建在山坡上，是黎族最古老的一种住屋形式，在山坡上由于垂直等高线布置，形成底层架空，居住面由柱子架空离地1.6～2米左右。底层形成横形空间，四周以竹、木栏围护，上面住人，下面养牲畜、生产工具存放，平面布局已趋定型，山墙左侧为入口，由晒庭（晒台）、厅堂、卧房、杂用房等几部分组成，最前面为厅堂，上下有简易木梯（图5-2-3）。

矮栏船形屋：黎语称“隆旁”，即“低栏”。分布于昌化江上游的毛栈等地的杞黎村庄。矮脚船形屋居住面降低，底层架空但底层空间高度较低，“低栏”的底层一般在离地0.3～0.5米左右处，居住地面地板铺一层厚竹片，基本建在平地上，除了隔热防潮，底层不再圈养家禽，从前面山墙左侧入口，由前庭、居室和后部杂用房三部分组成，建筑呈纵深方向布置（图5-2-4）。

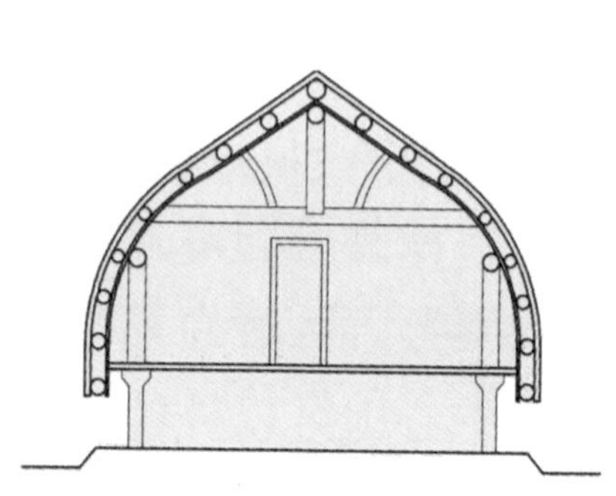
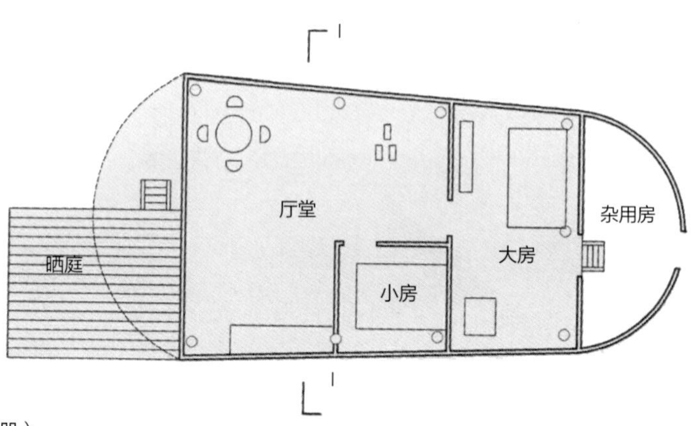

图5-2-3　黎族高栏船形屋平、剖面图（来源：中国传统民居类型全集中册）

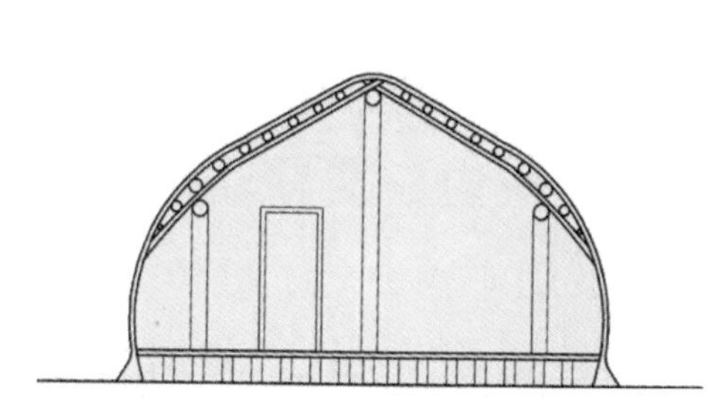
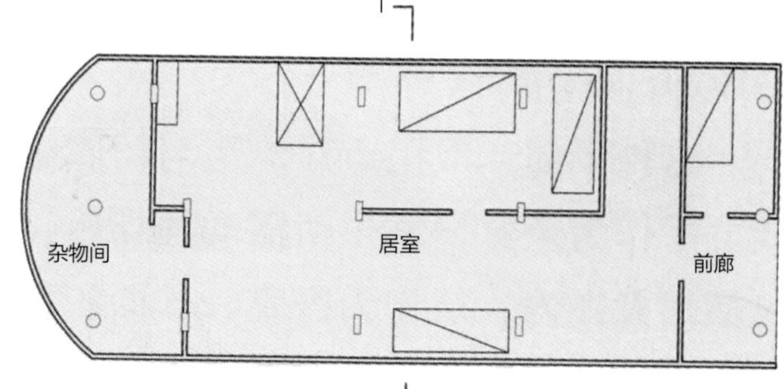

图5-2-4　黎族矮栏船形屋平、剖面图（来源：中国传统民居类型全集中册）

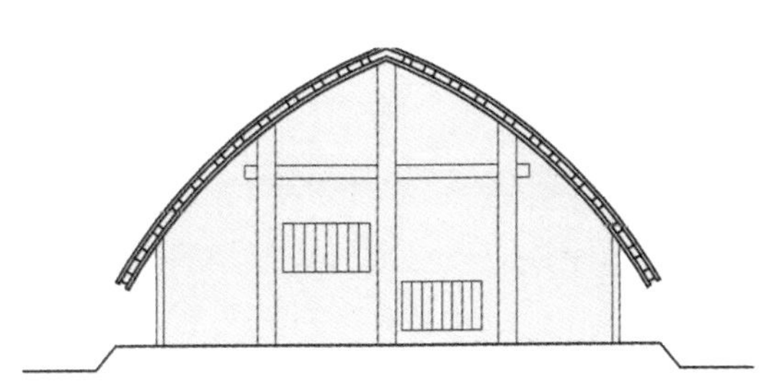
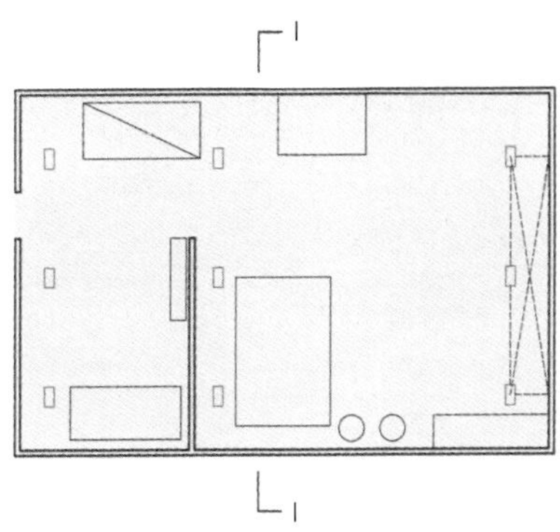

图5-2-5　黎族落地式船形屋平、剖面图（来源：中国传统民居类型全集中册）

落地式船形屋：落地式船形屋也就是直接在平地上建造船形屋。为节省材料，受汉族席地而卧的居住方式影响，直接在地面上建造房屋以避免地面湿气，逐渐将干阑式船形屋的栏脚去掉。这种落地式船形屋，屋顶受汉族影响也出现了金字顶盖与船形顶盖并存的现象，为降低雨水和台风的侵害，其顶盖两侧都是一直弯贴到地，顶盖与檐墙合而为一。其平面沿纵向呈方形，由前廊和居室两部分组成（图5-2-5）。

1. 东方市白查村船形屋

白查村船形屋的保存完整程度在国内是最好的。作为黎族千年以来的建筑结晶，船形屋取材简单，却融入不少建筑智慧，讲究颇多。白查村船形屋为落地船形屋，长而阔，茅檐低矮，这样的风格有利于防风防雨。屋子为东西向，通长14.7米，通宽6米，墙体宽4.7米，墙体厚15厘米，屋高3.2米。屋内为泥地。村民从外面挖回黏土，把地面铺平，浇上水后双脚踩平，晾干或晒干地面，使之平坦坚硬。房子分为前后两节，两端开门，茅草屋中间立柱很有讲究，立柱代表家庭主人是由男女共同组成家庭脊梁，三根高大的柱子，象征男人的黎语叫“戈额”；两边立6根矮的柱子，象征女人的黎语叫“戈定”，柱子象征顶天立地，也代表了一个家庭重担是由男人和女人共同完成的。房屋四壁是用细软竹子树枝扎成网格状龙骨后，用稻草和黏土加水搅拌成泥糊在网格状竹木龙骨上混合筑成，形成支撑屋顶的土墙（图5-2-6）。

2. 东方市俄查村船形屋

海南省东方市俄查村位于东方市东南面，全村有500多人，100多户。俄查村船形屋的平面是纵方向呈长方形，船形屋支撑结构为竹木构架，拱形的人字屋顶盖着厚厚的芭草或葵叶，用藤条构架捆扎成形，屋顶几乎是一直延伸到地面，从远处看，屋顶犹如一艘倒扣的船。

俄查村的船形屋屋顶为圆拱造型，两边延伸到地面，有利于抵抗台风的侵袭和防雨水渗漏，底层架空的结构则起到了防湿、防潮、通风、防雨的作用。船形屋屋内不隔间，由前廊和居室两部分组成，房屋不开窗户（图5-2-7）。

除了居住用的船形屋，谷仓也是每户俄查村人都会另外搭建存放稻谷的小型船形屋。黎族谷仓的建造用料颇为讲究，整个框架都是用花梨木制成的，木材也多选用防虫蛀的坡垒、子京等珍贵木材。谷仓有大有小，谷仓底部用石头铺平，然后压上一层结实的木条，木条上再铺一层用竹片编织的网格状竹片，最后用新鲜牛粪与草木灰搅拌成糊状涂于仓底压实以防虫蛀。谷仓不开窗户，对开的两个小门，便于存取谷物和空气对流。俄查村重视宗教祭祀，有自己的图腾崇拜，在村里，巫师大葛巴是为当地村民祈福免灾、驱魔除鬼的特殊人物。

（二）金字屋

海南黎族人在建筑的形制上得到汉文化的启发，汲取了汉族金字形的建筑形式特征，兼在汉族建筑的构造技术以及

图5-2-6 东方市白查村船形屋（来源：石乐莲 摄）

图5-2-7 东方市俄查村船形屋（来源：石乐莲 摄）

结构用材上结合海南实际地域情况进行学习与改用，包括选址择居。独具海南地域风格的黎族金字屋主要分布范围是黎族聚居或黎、汉族杂居的海南中西部山区。

金字屋平面横向是长方形，在屋顶方面，受汉族两坡硬山顶启发用金字顶代替圆拱形的船形顶，正门改成前面檐墙进出，前后的檐墙砌得更高。檐墙上设置门窗，门窗在檐墙上设置改善了建筑内部的采光（图5-2-8、图5-2-9）。金字屋的平面构成可分为单开间平面、双开间平面、三开间平

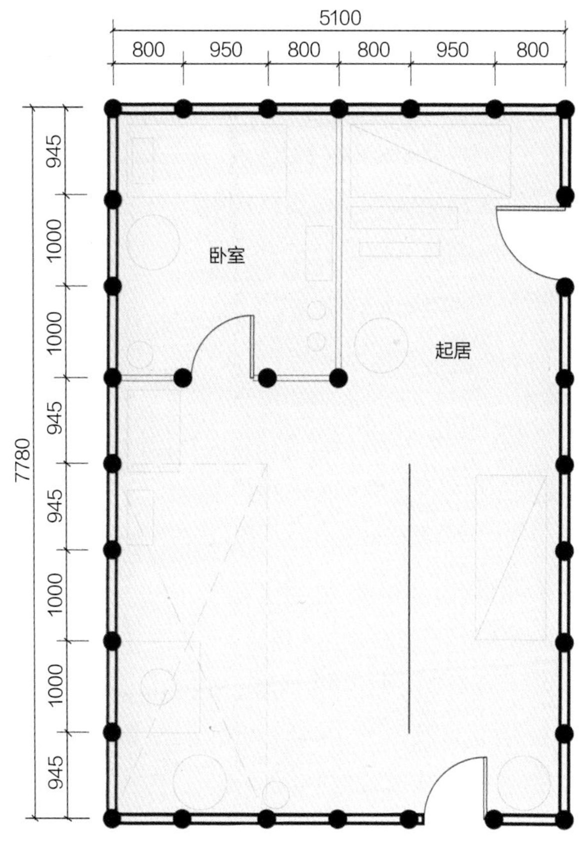

图5-2-8 金字屋平面图（来源：中国传统民居类型全集中册）

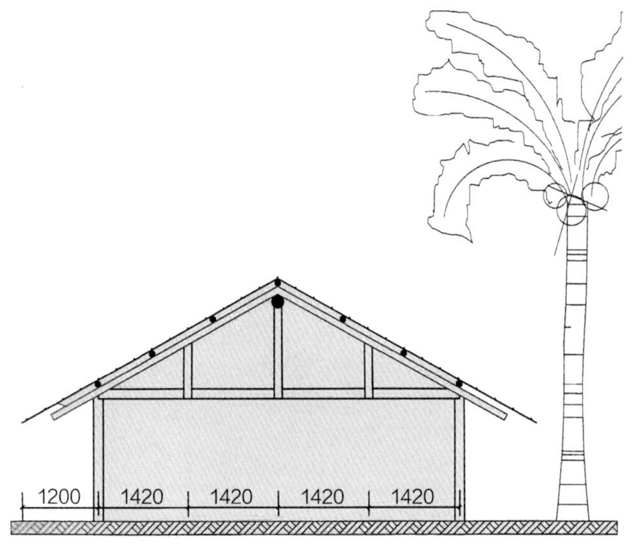

图5-2-9 金字屋剖面图（来源：中国传统民居类型全集中册）

面、院落式平面。

单开间平面：这种平面一般由居室与门廊组成。居室的面积有大有小，依据家庭经济及人口多少而定，平面按门廊的形式可分为矩形与“L”形两种，日常生活都容纳在居室内。居住功能没有细化，室内没有分隔，居室内显得窄小、局促。有的单开间平面，将厨房部分移出室外，在房子的边上另搭一小间。

双开间平面：这种平面一般由门廊、厅堂、卧房组成。厅堂作为全家日常生活活动的场所，包括厨房在内。卧房即为卧室，其面积要比厅小，卧室存放家里较贵重的物品。有的双开间平面也将厨房部分移出室外，在房子的边上搭盖一小间厨房。

三开间平面：这种平面一般由门廊、厅堂、三开间组成。厨房部分与厅堂卧室分离，门廊的一端或三开间的一旁另建一间厨房。

院落式平面：院落式平面是从横向式住宅发展而来的。经济收入的增长和人口的增加，孩子大了分家立户的需要，居住需求增多，原有住房不够时，儿子成家在原有住房旁边另立门户，在两幢房之间构成L形空间，两边用竹子或树枝编织篱笆围合形成一个院子。作为晒谷、堆放农具、杂物和交流纳凉的场所，也有在院落里种菜养花。

1. 昌江王下乡洪水村金字屋

从明代开始，就有黎族居民在洪水村聚居。洪水村是海南黎族文化保留较完整的一个村落，位于海南昌江县王下乡霸王岭山间盆地之中，土壤肥沃，依山傍水。这里有昌江县保护较为完好、集中的黎族金字形茅草屋150间。黎族茅草屋属传统竹木结构，山墙形式金字故称金字茅草屋，也叫金字船形屋。洪水村的金字形茅草屋是当地黎族人智慧的结晶，既保留了古代黎族住宅的传统营造技艺，又融合了汉族择址观念传统的建筑建造艺术，洪水村金字形茅草屋是迄今海南保存最完整的群居聚落，原始的生存、原真的生活印记堪称黎族传统文化的活化石。

洪水村沿着洪水古河道两侧分布，四周环山，房屋沿河道两侧并列排布，村落旁有适合种植水稻大面积的平地，村落整体布局紧凑，屋与屋间距较小，形成狭小支巷。雨水和污水顺着简陋明沟排向古河道，竹木树木枝条绑扎用土垒成的篱笆围成村落围墙，洪水村传承黎族织锦工艺（图5-2-10）。

2. 五指山市毛阳镇初保村金字屋

五指山初保村是保留最完整、最美丽、最独特的黎族民居群。初保村依山而建，村前有潺潺流水和层层梯田，全村全部住在极富黎族特色的干阑式楼房里，是区别于海南其他黎族船形屋的一个特例。

初保村的房屋四壁均为木板结构，空间大小和分割略有不同，顶部是茅草材料盖被，金字屋顶茅檐一直披到离地不足1米的地方，四周廊檐很低，行人难以通过。

平面为5房1厅的布局，屋内长约10米、宽约5米，从左向右分别为前后2个小房、厅堂、前后2个小房和1个大房，父母住在靠右侧的大房里，小房是子女们住的；整座房屋没有开窗，屋内的2个小房开有小门，正面靠前的小房、厅堂和大房共开4个大门。屋内光线昏暗，通风条件较差。

初保人刚搬到现址的时候，居住房屋的墙体最初采用泥石结构和茅草屋顶，也没有像“吊脚楼”底层悬空。五指山脚下的水满一带（初保村以东15公里），由于交通不便，人口增多，村民就近取材，利用现有树木加工成木板，将木板构造房屋引入村落，一块块拼接建起了板房，实用方便易于建造，其他村民相继仿效，在初保村里有部分还依地势底层架空铺以石块铺砌堆放杂物及农具，有的还圈养牲畜，即利用空间，又防潮防湿。屋顶受汉文化影响，由圆拱形变为“金”字形，室内用木板上、下层隔开。茅草顶的木板金字屋形成统一的建筑风格（图5-2-11）。

初保村现有的“金”字形茅草屋是黎族传统民居建筑智慧的精华，巧妙利用地形，建造就近取材，木板墙壁运用，方便建造和汉族工艺融入记录着黎族从“船形屋”向“金字屋”演变的轨迹，具有宝贵的历史研究价值。

（三）吊脚楼

海南苗族传统民居建筑一般选在向阳面的山坡或山脊上，建筑建造顺应山体的地形地势，充分利用地形形成了海南又一独特的传统地域建筑风格——海南苗族吊脚楼。

海南苗族吊脚楼内部空间由主屋及附属空间（灶屋、牲畜棚、杂物间、厕所）组成，外部空间以吊脚楼的空间为主要特征。主屋朝向阳面，与吊脚楼垂直布置争取更多阳光。

海南苗族吊脚楼在建筑结构上采用了传统的穿斗式构造方式，建筑材料主要遵循就地取材的选材观，通常利用木

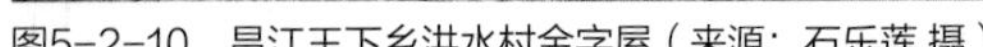

图5-2-10　昌江王下乡洪水村金字屋（来源：石乐莲 摄）

图5-2-11　五指山市毛阳镇初保村金字屋（来源：石乐莲 摄）

材、小青瓦、茅草、石材作为主要建筑材料。石材用作建筑的基础、柱础，木材用作建筑的承重结构与围护结构，室内地面用木板分隔上下面，底层架空，地面石板平砌，小青瓦作主要建筑的屋面，茅草用作附属用房的屋顶，主屋与吊脚楼垂直，坡面大小搭接形成了与黎族建筑不一样的立面形式更富于变化，层次更丰富的艺术效果。

1. 五指山市毛阳镇初保村

初保村既有船形屋又有干阑式屋（吊脚楼），茅草屋的发展演变过程，即早期的船形屋—金字架屋—干阑式屋（吊脚楼），由于村里茅草屋种类齐全，因此，这里被认为是黎族传统民居的博物馆。吊脚楼分上下两层，上层住人，下层关养畜牲或堆放柴火。上下层以木板隔开，下层与地面多以竹篾铺垫。屋顶为茅草，墙壁多是木板，少有泥巴和草涂成。立柱及横梁为木，多为金字架结构。室内有做饭用的土灶，有钱人家单独设一间厨房，与卧室分开。楼上有木板阳台，竹笆为栏，供人歇息、晾晒衣物或小孩玩耍。这种干阑式建筑的房屋，多数都是依山势而建，如果地势较平且有一定面积，一般都是盖金字架的草房（图5-2-12）。干阑式建筑民居在云南泸沽湖“女儿国”还保留着些许，只是它建在平整的地面上，屋顶是用木板，板上压以石块，以免跌落松散。

图5-2-12　五指山市毛阳镇初保村（来源：石乐莲 摄）

第三节　传统结构、装饰、材料与构造

一、建筑要素特征

（一）屋顶

海南琼中南地区以少数民族为主，其传统建筑主要分为船形屋、金字屋和吊脚楼三类。大多数黎族、苗族传统建筑屋顶呈半筒状形体，酷似船篷，故称为“船形屋”；部分黎族、苗族传统建筑借鉴汉族建筑屋顶形态，采用金字顶代替圆拱形的船形顶，这类建筑被称为“金字屋”。这三类传统建筑的屋顶上面都是用编织的茅草、藤叶、椰子叶和葵叶覆

盖而成，屋面檐口延伸到离地面1米左右茅草垂下来，较好地降低风速，起到了很好的挡风和避雨的作用，海南台风多雨，更好地适应了海南湿热热带气候条件（图5-3-1）。

（二）墙体

黎族、苗族传统民居中的墙体通常采用不承重的生土墙，生土墙不像夯土或土坯墙那样承重，是非承重结构，生土墙本身不承重。黎族、苗族传统民居中是木立柱承重，生土墙是砌在承重结构的木立柱上，用竹、木、藤条编制而成整体的网架结构形成墙体的固定黏土骨架，即“龙骨”，再在骨架上一层一层地抹上黏土，黏土中掺有稻草等，在黏土表面硬化后抹上一层白石灰，防止黏土受潮脱落，这样就形成了黎族、苗传统民居的生土墙。黎族、苗族传统民居生土墙只是起到围护的作用，竹木骨架大大提高了生土墙的耐久性和稳定性，墙体不易产生开裂和变形。生土墙最主要特点是就地取材、实用经济、施工方便、保温隔热，生土墙也有其自身的局限性，主要体现在对待风雨侵蚀的耐久性差和未开窗户采光不足等方面（图5-3-2）。

（三）门窗

1. 门

黎族、苗族传统民居建筑的门在山墙开出，门向两端开，宽度约90厘米，由木板制成，较为简单朴实，与建筑墙

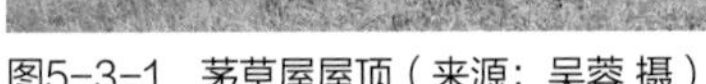

图5-3-1　茅草屋屋顶（来源：吴蓉 摄）

图5-3-2　茅草屋墙体（来源：吴蓉 摄）

体浑然一体（图5-3-3）。

2. 窗

黎族船形屋一般不设窗户，所以整个房间阴暗，通风采光较差。金字屋的墙壁仍较少开窗，少数开窗的在其窗洞装有垂直的小木棍子或砌有直条、十字等形状的简单窗花，立面装饰比较简单。建筑外形显得粗犷朴实，更加与其自然环境融为一体。

（四）底面

黎族、苗族传统建筑作为“干阑式建筑”的一种类型，其典型的特征是底层悬空，地面采用木柱支撑，用木板搭建成平台，形成上下层分隔作为居住底面。对于“悬空构屋”底层架空的“干阑式建筑”而言，木板铺就的居住底面又是底层架空部分屋顶面。黎族、苗族传统建筑的底面依据地形高差变化作不同的处理。部分黎族、苗族传统建筑前部架空，后部落地，垂直等高线布置，尽量朝向阳面，最大限度地利用地形，形成底部架空层可使用的空间，又更好地防潮、透风，同时也为杂物、牲畜、生产工具存放提供便利空间（图5-3-4）。

（五）基础

黎族、苗族传统建筑多为高脚或矮脚船形屋（或金字屋），地板离地面有一定的高度，以木柱作为支撑，而有些则是地居式建筑，建于石础之上（图5-3-5）。

二、建筑细部装饰

在满足环境和功能要求的前提下，黎族、苗族民居充分发挥材料、结构、技术的地方特点，以最简洁、最经济的手段去创造富于民族个性的建筑艺术形象，其造型构图、尺

图5-3-3　茅草屋门（来源：吴蓉 摄）

图5-3-4　茅草屋底面（来源：吴蓉 摄）

图5-3-5　茅草屋基础（来源：吴蓉 摄）

度比例、建筑装饰、材质色泽等方面，无不表现出一种朴素美、天然美、本色美的特质。

三、建筑材料与构造

（一）建筑材料

黎族、苗族的居住区域具有黎、苗人发挥生活经验和民族的智慧，利用丰富的天然建筑材料。就地取材，如利用木材、竹子、石材、茅草、椰子叶、红白藤、野麻、葵叶、生土等大自然的天然材料作为建筑材料（图5-3-6）。在生产力水平较低的黎族、苗族社会，对居住空间的建造不仅在技艺上、居住上要满足黎族、苗族人民的生活需求，还要重视建筑材料的实用经济和建筑构筑的方便和技术性，就近取材，当地建筑材料的运用与传统营造技艺结合正是建筑原生原真性的完美体现。

（二）建筑构造

黎族、苗族传统民居的结构属于竹木结构，形式较为原始，建造方法也较为独特。黎族在建造民居时，在长方形平面立柱，柱子通常采用天然带树杈的以支撑固定屋梁，中柱支撑脊梁，两侧的檐柱支撑檐梁，中柱高度一般约为檐柱的两倍。梁柱都用藤条或麻皮绑扎，半圆形拱券木搁置在梁上，再在拱券放置檩条、椽子相互绑扎固定形成方格网，最后在屋顶上铺茅草或葵叶或椰子叶等作为屋盖。黎族、苗族传统民居无论是结构还是构筑技术都比较原始，基本上通过采用藤皮或野麻皮等于建筑构件之间捆绑来衔接，使之形成建筑整体。这种没有采用榫卯结构连接方式有很好的弹性，能有效分化销蚀台风推力造成建筑倾斜和局部位移，有利于增强建筑结构的稳定性和抵御台风的能力。后来金字屋渐渐采用结构较为复杂的抬梁式榫卯结构，木桩粗大，梁柱纵向横向榫卯连接牢固，屋顶呈流线形，多个粗木条做成的人字

图5-3-6　茅草屋建筑材料（来源：吴蓉 摄）

图5-3-7　茅草屋建筑构造（来源：吴蓉 摄）

夹压住茅草屋顶，或覆以破渔网，增强其抗风性和稳定性（图5-3-7）。

第四节　琼中南建筑精髓

黎族、苗族是在历史演化中一步步走向大山深处的民族，在长期的生息繁衍中，具有敏锐的感知自然的能力。其传统聚落多选址在山溪谷底，靠近水源，前有良田的自然环境。其聚落顺应地形地势，空间布局不拘形式，构成了格局自由的传统聚落景观。

传统聚落尊重自然，“靠山吃山，靠水吃水”，多就地取材，借助聚落选址、空间布局、建筑形制以及建筑材料等与当地环境紧密衔接，以求和谐统一。聚落缺乏强有力的宗族和阶级的制约，以个体小家庭为组织单元的方式凸显其相对的自由个性，其聚落在尊重自然的基础上，呈现出自由、松散的空间形态。

黎族、苗族长期在历史中的弱势角色又决定了其团结、互助的集体原则。就传统聚落整体空间构成而言，仍表现出黎、苗人对聚落形态完整性和秩序性逐渐有着清晰的重要意义的认识，临水临河居住统一朝向，尤其是对公共性空间的组织上，无论是广场、谷仓和晾晒场和村落界定明显，显示出其统一组织的特点。

黎族、苗族传统建筑虽经历由高到低，由纵向转成横向，且室内空间相对增宽、增高，但始终保持相对封闭的空间。黎族、苗族传统建筑采用茅草、竹条、木棍、黏土等自然原始材料，以自然枝杈及绑扎为主要连接工艺，这在本质上就已经决定了其建筑不可能高大宽敞，使用面积也较有限。为保证建筑整体的稳定性及生活的实用性，不可能大面积开窗而使内部空间开敞通透。黎族、苗族是在汉族的干扰下逐步退入山地居住，长期的偏僻生活环境及对外戒备的文化特点也造就了船形屋相对封闭的空间特点。大部分黎族、苗族传统建筑未对室内空间进行清晰界定，一般来讲，居住、煮饭、会客接待、杂物储藏等日常活动容纳在同一室内空间。

总体而言，黎族、苗族传统聚落尊重自然，因地制宜，整体与环境融为一体。其空间构成在公共性空间布局中彰显黎、苗人原生性，原住民在个人私人空间的布局中则表现为原真性。聚落空间形态对外表现出紧凑性、整体性、质朴秩序感，而对内则表现出松散性、自由性，实用无序感。

第六章　海南传统聚落的建筑思想基础与主要特征

传统聚落利用自然界的物质要素在实践中以具象的方式表达着自己的聚落与建筑空间形态。然而，在以聚居为同一目的的主题下，传统聚落与建筑空间形态在不同的地域表达着不同具象内容。在这些具象内容下隐藏着引导这些聚落实践的不同的营建思想和审美观。

在海南岛缓慢的开发历程中，自然环境曾长时间主宰并深刻影响着海南岛人们的聚居生活。黎族最先受其影响，并逐渐接受和融于其中。以茅草、藤条、黏土等“真实的自然”创造自己的聚落建筑，并享受着自然原真、和合、逸静的美感。这种对自然“智慧性的适应”和“真实的体验”逐渐成为其民族文化的一部分，诠释着黎族人淳朴、致用的思想和审美，并世代传承。海南岛优美的自然环境与汉族文化中流淌的“和合、天人合一、正统、逸静”思想和审美相契合，然而低下的生产力以及湿热、台风、暴雨等极端气候环境的现实决定了需要对汉族迁入带来的传统汉文化影响下的聚落空间建筑形态结构进行调适。

无论是迁入的汉族还是退居深山谷地的黎族都经历了战争、灾难等迁徙的动荡生活，渴望安全、稳定的聚居。海南岛封闭的岛屿环境，自然优美的生态环境、使他们深刻感受到大自然的真实、和合、逸静之美。这种美感渗透到他们的文化中，并与各自民族的传统思想相融合，最终主导了整个海南岛文化的形成。共同的文化认可影响下的聚落与建筑空间形态在生产力低下的现实下，最终以淳朴务实的方式表达出来。

第一节 海南传统聚落与建筑形态营建思想文化

一、自然生态观——原真之美

海南传统聚落从一开始就扎根于自然。最先入住的是海南黎族“……结茅为屋，状如覆盆，上为阑以居人，下畜牛豕”。从一开始，黎族住宅的建筑材料茅草、竹木、葵叶、藤叶就全部取自自然界，甚至其煮饭器具也是地下挖掘，置石等纯自然的方式。这种自然原真的生活方式一直延续至今，现在还保存一些完整的黎族村落，其居住生活方式仍以茅草船形屋为主体，不忍抛弃。

黎族的建筑及聚落方式一直延续自然原真之美与其长期的自然生存经验及形成的黎族文化中自然生态观密不可分。早先进入海南岛的黎族，在面对四面环海、中部密布森林的地理环境，潮湿、多雨、炎热的气候环境，烟瘴和毒虫野兽侵袭的生存环境时，智慧地借助自然之力，选择了构居室于木竹之上，形似鸟类一样离地而居的“巢居”方式。正是对于自然、地理与气候诸因素的认识和理解促成了其独特的居住形式。随着汉族的进入，黎族聚居区域逐渐退进深山谷地。这种环境中，不仅能获得建造住宅的便利材料，还能获得野果野兽的食物补给，得自然之利的黎人处在深山谷地环境中深得自然之妙。这种自然观不仅显现于黎族建筑材料的自然性，而且彰显于聚落的选址、形态布局、建筑结构等各个方面。

黎族人将自然界作为一个整体来看待，聚落的存在不能破坏自然界的整体性。因此，黎族传统聚落选址于自然山林谷地，以山林、水溪为界，因地制宜。聚落内部一字形船形屋依地形自由疏密分布。低矮茅草船形屋掩映于高大的阔叶林、灌木林、竹林以及椰子、芒果、槟榔、荔枝、菠萝蜜等植物丛中。聚落融于自然，展现了自然生态的原真美。

黎族传统聚落力求建构一个整体的各要素共存的自然生活系统。黎族村落“镶嵌”于自然界中，以一种谦逊的姿态与其他自然要素和谐相融。其建筑类型以居住船形屋、谷仓、牛栏、猪圈、菜地、隆闺等为主，基本没有与生活无关的建筑类型。聚落内部建筑布局以船形屋为主体，其余建筑围绕船形屋自由分散。整个村落多以分散、自由，看似无意识地嵌入自然要素中。

黎族人对室内空间的使用与聚落布局相似，从原始空间的状态出发，彰显空间的整体性和元素的共存性，在强调边界存在的基础上保持内部要素的共存。传统聚落船形屋以一个统一的空间容纳整个生活，将居住、煮饭、接待、储物融于一室。

黎族建筑结构更加直接地表达了自然界的原真之美。采用绑扎、木棍自然枝丫支撑等原真的工艺手法，使用茅草、木棍、黏土等建构建筑。由木骨泥墙作为围护墙体，竹条网架作为半筒形屋盖。室外茅草盖顶，泥墙围护；室内竹条、木棍结构裸露。

黎族人将这种自然生态观，以及自然的原真之美从古代一直延续至今。黎族传统聚落建筑始终保持着人类单纯、质朴、真实的生活状态。

自西汉汉族进入海南岛以来，汉族的聚居方式就逐渐成为岛内的主要聚居方式之一，并最终成为主流居住方式。来自中原大陆的汉族聚居方式受到中国传统文化的熏染，也表达着对自然生态原真之美的认识。

海南岛汉族传统聚落选址多遵循背山面水，山林环保，绿水缠绕，藏风聚气，曲水有情，相对封闭的地理环境，多选择布局于土地肥沃、生活方便、风景优美、视野开阔之地。从现在所分布的地域、地理环境来看，进入海南岛的汉族选择岛内河流的下游平原作为聚落选址点，主要分布在南渡江、昌化江、万泉河、珠碧江中下游流域及其支流流域。对于聚居小环境，则注重避风防水、山环水抱、绿林荫蔽，自然生态环境良好的吉地建村。这种选址原则即是对自然和谐，质朴至真之美的追求。

而在建筑材料的选用上，根据岛内各地不同的气候环境和地质地貌，因地制宜，因材施建。琼北地域被火山岩覆盖，木材、土壤缺少。与黎族采用茅草、藤条、木棍等自然材料建构建筑相似，传统村落的建造自然选择了火山岩作为材料。火山岩遍布的海南岛北部和西部的海口、琼海、定安、澄迈、临高、儋州等市县就地取材利用火山石天然物理性能，火山石天然形成气泡，能耐腐防噪、坚固隔热，无论墙壁、院墙、道路、墓地等都取材于火山石。住、行都能见到火山石，如石门、石屋、石墙、石路、石井、石磨等，建筑、生活、劳动用具等都离不开火山石，火山石已融入黎苗人生活。这些村落形态及村落生活仍保留着原生态的方式，充满着原真、质朴的美感。

无论茅草船形屋、火山石头村，还是青砖瓦屋都是以材料本身的色彩为主，未做过多的修饰。因此，海南岛的传统村落总是呈现出黑灰、褐黄自然的本色，与周围环境融为一体。

以前在很多人眼中，海南岛建筑古老而破旧。现在审美观的改变，人们逐渐认识到海南岛传统建筑代表着一个地域的建筑发展历史，表述着地域内人们对建筑的理解，结构单纯、技艺古拙也是一种质朴、原真的美。这种美体现的不是其聚落建筑结构和建构技艺的创新和先进，而是其聚落建筑和建构技艺真实地表达了地域经济、文化的本真特点，是在立足地域本身环境，以一种纯真的方式表达和实践着对聚落建筑结构和技艺的理解，并把它一直延续下来。

二、因地和顺观——和合之美

因地和顺即和谐，“天人合一”。和谐之美是所有传统聚落的基本特征。无论聚落的选址、聚落格局，还是聚落形态以及建筑结构，都体现出和合之美。黎人最早出现在海南岛土地肥沃，雨水充足的地域，丰富的各种植物资源把黎人寻找食物的方式引向植物采摘，狩猎，利用茅草、木材建屋。黎人选择了与自然环境和谐共处的生存方式，并且一直延续至今。黎族人的因地和顺观是在与自然环境长期的磨合中形成的，虽然未形成系统的思想观念，但自然对生活的深刻影响已使黎人客观上对自然充满感情，并以因地和顺作为基本聚居原则。

黎族传统村落多处于深山谷地，选址遵循借山依水，聚落一般处于山脚下，沿等高线呈带状分布，其前分布梯田、小河。整个聚落掩映于密林之中，有所谓的“山包围村，村包围田，田包围水，有山有水”之说。这种选址与布局方式既满足聚落防台风袭击，山洪冲刷，又能借山林狩猎、采集，水溪取水、捕鱼、浇灌等。聚落成为居住环境生态系统中的一环，和谐自然。

黎人传统聚落不仅体现自然和谐，而且传统聚落内部形态遵循和合之美。整个聚落由高度、长度形态基本相似的船形屋构成，或平地疏密有致的排列，或依山就势，顺坡排列，要么是整齐、平和的建筑轮廓，要么是层层叠叠、韵律十足的建筑轮廓，都勾勒着和谐的聚落形态，彰显着聚落整体的自然和合之美。

汉族人携带着传统文化进入海南岛聚居生活。其聚落或依山傍水，或临河沿路；宅前屋后，林木成荫；荷塘溪池，家禽成群；小溪曲径，阡陌纵横。处处体现融于环境、归于自然的和合之美。

海南岛汉族传统聚落在借自然之美的基础上，自发地创造与自然和谐的聚落环境。海南岛气候湿热，常有台风、暴雨等异常天气。传统聚落有意识地界定保留聚落周围密林，环村林带形成天然屏障，既可阻挡台风，又能明确聚落边界，同时天然林带又能形成绿地“冷湖”效应，内外温差形成空气流动增强通风，降低聚落温度。聚落形态布局受汉族选址影响多借自然地势，择水而居，聚落建筑顺坡拓展成梳式布局，利用聚落周围自然水体，朝向小气候风向，或人工开塘，形成村在林间，水在田里，林环水聚的布局结构，既解决了通风、防风、排水、降温等问题，还可利用水面养殖。形成传统聚落整体和谐的生态系统。

与黎族聚落借用自然，彰显“自然而然”的和合之美不同，汉族传统聚落则明显表达着“自为”的和合之美。这种之美不仅表现在村落选址及营建的基本格局上，还体现在聚落建筑群的空间形态。汉族传统聚落空间形态表现出明显的聚居核心，这种核心往往不像内陆地区聚落，核心在聚落中心，且表现为具体的物质载体——祠堂。海南岛传统聚落核心更多表现为“绿地”核心，村落建筑群呈扇形向“心”布局，而由此形成的“梳式”布局，也多呈现扇形。这种布局方式以“自然”为核心，和合之美自然而成。

三、承祖尊礼观——正统之美

黎族虽然是少数民族，没有文字，亦未形成系统的民族文化，但黎族仍是一个承祖尊礼的民族。黎族信奉万物有灵，表现出典型的自然崇拜及祖先崇拜。天、地、石、山、树以及云、雾、雷、风、雨等天象都是崇拜的对象。这些质朴的自然崇拜对聚居形态的影响逐渐形成民族传统，而被传承下来。如树的崇拜使得大树常出现在聚落入口处。对地及石的崇拜常表现黎族大部分地区都祭拜土地公。在黎族村落入口处是黎族人民经常朝拜的土地庙。这些自然崇拜及崇拜祖先的行为方式和文化传统影响着聚落空间形态，并逐渐成为民族普遍遵循的思想准则。

南迁的汉族受自身传统的生活观念、宗法礼制和伦理道德影响深厚，根深蒂固。这种生活观念、宗法礼制和伦理道德在迁入海南岛，结合地域环境后而具有了海南地域特点，影响着聚落的空间形态布局。

尊祖敬老是汉族血缘关系衍生的千古遗风。汉族祖庙、宗祠遍布各个村落。村落祠堂在村民的生活空间中占据重要位置，但与内地以祠堂作为村落中心的布局方式不同，海南岛村落祠堂大多不在村落中心位置，往往单独建在村外不远之处，村落的中心多为公共活动场所。这种方式的布局与村落村庙的布局有相似之处，祠堂与村庙被划分为同一类型空间，更加强调了宗庙空间的神圣性。

与尊祖习俗相关，在封建宗法制的长期影响下，汉族喜聚族而居。世代同居以院落作为家族聚居的基本单位，也成为聚落构成的基本单位。院落中分上房下房、正房侧房、内院外院，庭院与建筑物融为一体，成为封闭独立的住宅建筑群。院落向纵深拓展，形成一列宅院，多组宅院构成聚落主体。院落中建筑及宅院空间位置反映出个体家庭等级差异。长幼尊卑的宗法观念在社会的人际关系中演变为等级观念。几千年的封建社会一直强调群体，不突出个体，提倡尊卑有序。强调群体对个体的约束，强调人际关系的和谐。这些传统观念在聚落空间形态结构组织中也得到表达。传统聚落以群体形态与周围环境取得和谐，聚落中建筑群的构成遵循群体秩序。这在海南岛村落中亦是如此。再以“自然”为核心（部分村落也以祠堂形成聚落重心），各组宅院按照等级关系依次排列。聚落空间形态结构主次分明，秩序井然，整体和谐。如澄迈县东山村以村前水塘为中心，以多列纵向拓展的宅院组成聚落；兴隆万石村以村外祠堂为中心，以扇形分布的多列纵向拓展的宅院组成聚落；文昌市会文镇十八行村顺坡而建，村前坡脚为椰林稻田及蓄水水塘，十八列宅院以坡顶祠堂为核心，依次顺坡呈扇形排列。聚落形态结构呈现“稻田—古井水塘—椰林—村落—祠堂”的秩序结构。

海南岛传统村落先祖多是由福建等内陆地区迁入。异地迁入及继承闽地传统，村落布局遵循以血缘为基础聚族而居的空间组织方式。建筑群布局及功能受儒家礼制思想影响，居中为上，重礼制秩序。院落布局呈前后对正的多进式院落，秩序井然。多列同进院落彼此间左右对正，高度相同，体现彼此尊重的传统礼制。

四、淳朴务实观——致用之美

海南岛四周低平，中间高耸，热带岛屿季风性气候，潮湿、炎热、多台风。如此环境下，如何解决通风、隔热、遮阳、防台风、排水、防潮等问题成为首要任务。

淳朴务实的生活观决定海南岛传统聚落自古就形成了有针对性地解决上述问题的经验，务实为先，致用为美。无论是早期干阑式建筑还是后来的砖瓦建筑，都结合海南岛的特殊气候环境进行了相应的调适。如降低房屋高度，采用干阑居住，加固建筑结构，使用厚重材料，甚至远离滨海地段等方式，来创造舒适的聚居方式。

古代建筑措施具有综合性。本质上说，通风、防潮、抗风、防雨等规律是相互联系的，甚至是互为基础的。例如低矮的建筑，厚重建筑材料等本身就可以起到抗风、防雨等作用，底层架空通风、防潮。

海南岛传统聚落及建筑虽然结构简陋、形象粗犷，空间简单，但对于防风、防火、防潮以及通风、降温等方面适应环境气候的调适表现出清晰、务实的思想。以上关于抗风、防雨、防火、防潮的措施和思路在海南岛传统聚落和建筑中发挥得淋漓尽致。

海南岛传统村落，植物空间是影响通风、降温、防火、防台风等自然环境的主要因子。海南岛人口密度较低，传统村落规模较小，布局相对分散，村落有足够的土地空间，村落外围能保留或种植环村植物林带，其规模多是村落居住建筑群的几倍面积，村落内部公共空间中植物则多以散植或单植为主，庭院只在前院种植果树或观赏花卉。整体为外围植物紧密，内部自由松散的植物空间结构，村落掩映在浓密的树林中，建筑群敞开于四周空间中。外围植物空间为防止台风的屏障，不断往村落内部输入低温新鲜的空气，与太阳辐射热、生活产生温度较高的热气流形成流动，此种结构“内外流动，交融更替”，既有效抵御台风的侵袭，又增强了村落内部建筑空间日常的通风降温效果。

海南岛传统建筑防风降温建造技术简朴实效。屋顶采用双层瓦形成通风间层隔热散热，一方面利用通风间层的外层遮挡太阳辐射热，使屋顶间层空间分隔减弱热传递；另一方面利用自然通风，带走进入夹层中的热量，双层瓦屋面结构白天能遮挡太阳隔热，晚上易空气流动，增加散热。但双层瓦屋面为防止被大风吹翻，多在檐口部位的双层瓦屋面上用瓦压或水泥灰浆砌砖压住瓦面。琼南建筑外檐廊加大，形成建筑外宽大的室外通廊，处于阴影面的通廊成为通风廊道；琼北地区传统建筑火山石自然干砌的墙面相互咬合，形成的细微缝隙，加强了室内通风和补光的需求。

黎族人利用木棍、茅草、黏土、藤条，通过绑扎建造空间简单，形态自然的船形屋。汉族琼北地区火山石村落的建筑以天然火山石为材料，完全干垒而成。建筑、门楼的火山石外立面平整，石材形状不规整，经过仔细打磨，因材就形，缝间隙平整密实。围墙、后院圈舍等火山石大小不一，没有打磨，互相垒叠，整个砌筑未用粘结材料，全凭手工精致营造技艺。

第二节　海南传统聚落与建筑形态的主要特征

一、海南传统聚落与建筑形态共性——“多源融汇”

海南岛的开发历程中明显的特征是人员构成复杂及人群流动性大。来自不同地域的人群在不同的时间逐渐聚集在海南岛，并在相当长的时间内人员在岛内持续流动。这种特征决定了海南岛各民族及不同民系在开始进入海南岛时是具有不同的文化、经济、社会、思想观等，即各种因素构成的“多源渊源”。然而，当这些因素处在一个相对密闭的空间中，具有相同的聚居环境，并组成同一个经济、社会圈层，彼此逐渐认识，相互影响，相互交流，相互交融，“多源融汇”，逐渐会产生基本的认同。

这种基本的认同是建构在同一个生存环境中。在这种整体环境下逐渐形成了适应自然环境，因地制宜，承祖尊礼、避世隐忍的聚居思想和以原真、和合、正统、逸静、致用为美的审美观。

黎族分为杞、孝、润、赛和美孚五个支系，不仅五个支系的服式不同，且各支系内部因居住地不同或分为更小分支，亦有一定的差异。但就黎族传统聚落而言，聚落构成的基本型表现为“一”字形船形屋。“一”字形船形屋的绑扎、支撑等建造技术、简单的矩形空间形态、单一的内部结构以及茅草、竹棍、黏土等建造材料无不表达出上述所形成的基本认同。

汉族传统聚落基本构型由一明两暗三开间正屋、侧边横屋、路门及院墙形成基本的院落。这种构型的院落也是上述基本认同的体现。这种基本型与其他地域的基本型存在明显差异。整体院落形态并没有呈现中原对称规整的布局，而是以不对称均衡处理的方式，将居住、辅助功能明确划分，表达实用为先的原则，它封闭的院落及三开间正屋表达了家族聚居的正统文化传承，旁侧横屋展现了务实、致用的思想和审美。整个架构单元所使用的砖石、木材等材料及简易的穿斗及抬梁结合的建筑结构而言，也表达了彰显原真、逸静的特点。

黎汉虽是不同民族，处在不同的聚居区域，拥有不同的民族文化，具有不同的聚落基本构型单元。但就聚落空间形态结构所表达的营造思想及审美观的基本内容是相同的。即表现为共同的适应自然环境，因地制宜，承祖尊礼、避世隐忍的聚居思想和以原生、原真、和合、正统、逸静、致用为美的审美观。

海南传统聚落与建筑形态结构相同的共性。

无论黎汉传统聚落，都遵循基本相同的选址原则，亲近自然，融于自然。黎汉聚落选址基本表现为植物茂密、水源充足的山岭谷地坡脚，或是河网密集、资源丰富的微地土丘，既要通风、近水，又要防风、防潮、防水；聚落选址注重安全需要，远离交通干道等等。

质朴的建筑风格，古拙的建筑工艺。黎汉传统聚落选用木、竹、茅草、泥土、砖等自然材料建造，表现自然材料的本身质地和色彩，基本未做多余的装饰。即使出现装饰，亦表现出手法粗糙、技法古拙。如，黎族茅草船形屋是仅通过绑扎、支撑等简易工艺完成，基本满足居住的建筑；琼北火山石村落，仅通过将火山石敲打成块，自然垒叠的方式建造住屋。墙体参差不齐，处处留缝，技艺简陋可见一斑。即使是最为精细的砖木建筑，也仅以常规砖块砌筑，而未有精细的装饰，即使在内地传统建筑中受到特别重视的檐柱柱墩，也是如此。

二、海南传统聚落与建筑形态个性——“和而不同”

琼北地区是海南岛汉族聚居最为集中，文化传统最为深厚的地域。传统聚落从选址就注重“风水”，注意选择自然环境优美的地段，空间布局尽量做到“面水背山”。因此，常见的布局为地势前低后高，村前人工水塘，村后茂密树林。村落入口分布村庙或祠堂、戏台、古榕、土地庙、广场等等。村落建筑群面水沿坡呈梳式布局，每列宅院正屋厅堂前后对正。村落空间形态结构清晰、规整、紧凑。

琼东南地区少数民族增多，汉族传统聚落规模相对较小。聚落选址注重自然环境优美，但并不刻意追求传统的“风水布局”，以适应自然环境气候为主要原则。村庙或祠堂、戏台、古榕、土地庙、广场等并不是村落必备要素。家族聚居逐渐淡化，聚落基本构型居住单元结构变小，聚落内部空间形态相对自由松散。

自然地理气候环境的差异决定了传统聚落与建筑形态个性的差异。琼北火山地区的火山村落不仅火山材质独特，其自然石块垒叠的建筑建构方式和缺少横屋的村落建构方式也体现了适应石质材料粗犷、简洁、质朴的特点。琼北及琼东地区砖瓦房砖材砌筑精美，裸露的墙体清晰地表达了砖材清雅、逸静的美观。琼西南炎热气候环境下，砖材表面涂白，檐廊加宽的做法彰显了务实、致用的特点。

三、海南传统聚落与建筑形态特性——“原真质朴”

海南岛湿热，雨量充沛、频发台风等气候环境以及粗糙、古拙的建筑建构技艺决定了海南岛传统聚落不可能将重点放于建筑的审美装饰，而是关注于如何应对自然环境的特点，营造适合人居的居住环境。在传统聚落选址、建筑形态空间布局、建筑营建技艺及构造等方面突出根据自然环境对建筑进行调适。这种调适表现在，密林环绕聚落以防风；村前水塘以排水、通风、降温；茅草、火山石建屋以就地取材，隔热保暖等。而垒叠、砌筑、支撑、绑扎等等简单的工艺实现了应对海南岛各种自然环境下的聚居聚落的要求。虽然海南岛传统聚落与建筑形态结构整体表现为原始、简陋、粗糙的特点，但正是这种“质朴”的表达方式完整、深刻地诠释了海南岛传统聚落与建筑形态结构“原真”性。

历史上历代的移民、官吏、流放者、经商者陆续迁入海南岛，并带进来各族群原住地的传统习俗和聚居方式。因此，大量的相关信息应用并沿袭下来。这与内陆地区传统聚落的营建历程基本相似。但海南岛四周环海，山、海、岛的地理屏障决定了其封闭性、保守性、滞后性的特点，使其具有了不同于其他地域的特点。在内陆地区快速发展，演变迅速，大量原始信息消失的情况下，海南岛则更多地保存了相对原真的历史信息。尤其是黎族传统聚落建筑，并逐渐接受和融于其中。以茅草、藤条、黏土等“真实的自然”创造自己的聚落建筑，并享受着自然原真、和合、逸静的美感。这种对自然“智慧性的适应”和“真实的体验”逐渐适应的适用性成为其民族文化的一部分，诠释着黎人淳朴、致用的思想和审美，并世代传承。

下篇：海南传统建筑传承研究

第七章　海南现代建筑发展综述

20世纪末以来，建筑的现代化、趋同化已经在我国大江南北成为建筑发展的趋向。同化特征在大力推进城镇化的今天，现代建筑把握特色避免同质化，挖掘地域特色是今后的主要发展方向。

海南一直以来，以特有的地域环境和独特旅游资源为中外游客打造热带岛屿旅游休闲度假天堂，旅游业的迅速兴起，带动海南旅游地产业发展。旅游地产业发展的同时，建筑开始慢慢地出现各种问题：大量现代建筑抄袭国内外各种风格，比如欧式风格、地中海风格等，在海南随处可见，造成风格趋同、特色缺失，更缺乏海南地域特征。

到了21世纪，海南的建筑也颇受瞩目，专家学者纷纷提出了“乡土建筑”、“地域建筑”、“传统继承”等主题。这为海南现代建筑的发展指明了方向，这也造就了海南酒店建筑的地域特色，如凯宾斯基三亚度假酒店、三亚鸟巢度假村、南山树屋酒店、分界洲岛船形屋等，通过充分利用自然环境、气候特征和文化特色，打造各具特色的建筑群体。

第一节　海南现代建筑发展的自然文化背景

一、海南多元文化及地域特色

想要研究海南的现代建筑，不得不从海南的多元文化开始，只有在这样大的背景下，才能较为全面地了解海南的城市发展脉络。

海南文化的形成，是各民族文化在海南地域上长期交流融合的结果。以黎族文化为本底，汉、苗、回等民族文化融入，以及南洋文化、军垦文化等多种文化长期碰撞，如中原汉族、潮汕、闽南客家、广府人、广西人等，以及贬官、商人、手工业者等，错综复杂的相互作用后，在地域环境下融合生成有明显地域特色的海岛文化。

据统计，海南文化遗存中有古遗址14处、古建筑30处、古井3处、古陵墓10处、古牌坊29处、古石刻12处、古禁碑10处、木匾石刻4处；宗教寺院18处、日军侵琼遗址15处。

海南岛位于中国版图的南部，也是我国的南大门，具有自己的地域特色。

从自然地貌上看：海南岛中间高耸，四周低平，山地、平原、丘陵、台地构成环形层状地貌，以五指山、鹦哥岭为隆起核心，向外围梯级结构逐级下降。

从民族分布上看：海南的少数民族大多集中在中部山区，而后来迁入的汉族则聚集在沿海平缓地区。海南汉族是从汉朝起逐步迁移而来，主要由闽人、潮州人、客家人组成，主要分布在北部和沿海岸周围的经济较发达的平原地带。黎族是海南岛上最早的原住居民，也是海南岛上人数最多的少数民族，主要居住在中南部山区的黎族苗族自治县为主，还有与汉族杂居在万宁、琼海、屯昌、定安、澄迈等市县。苗族则是16世纪从广西入琼的士兵后裔发展而成，生活在黎族居住地的周边和中部山区。三亚的羊栏镇有回族聚居，在海南回族中有波斯人、阿拉伯人，多数是越南人。

从宗教类型上看：海南是多种宗教文化繁荣的省份，现有佛教、道教、伊斯兰教、基督教、天主教五种宗教，而这些宗教与海南建筑有着密切的联系，如佛教的永庆寺，是琼北地区规模最大的佛教寺院；道教在海南唯一的合法庙宇——玉蟾宫，就建在定安县文笔峰。

从文化特色上看：海南文化主要来源境外，从地域文化上归纳了海南文化形态。据考古分析研究，海南岛原始文化遗存当属华南地区史前文化的范畴，海南岛与岭南两广的渊源可以归纳入“岭南文化”体系，在历史社会变迁和文化传承形成过程中，地域文化特征与两广的岭南文化、古南越文化、闽越文化、中原文化等交流融汇，形成海南多元文化。

海南多元地域文化的特点也是其相应建筑特色的文化来源，主要为山区地貌——建筑纵向发展；单一民族为主，融合多族文化——建筑的多元特性；多种移民文化——建筑的多元价值。

二、海南现代建筑发展的社会历史背景

（一）开放建设特区之前：农业社会，均衡分散型空间结构

1950年海南解放之后，海南在很长一段时期处于农业社会自给自足的封闭状态（图7-1-1）。

城乡发展整体上呈现出规模小、自我完善的格局，以小城镇及农垦场部为中心。海南1985年，城市体系呈首位明显特征，城镇化水平为14.5%，海口占到了全省城市人口的35%；而三亚仅为7万人，其他中心城市仅为2～3万人的规模。

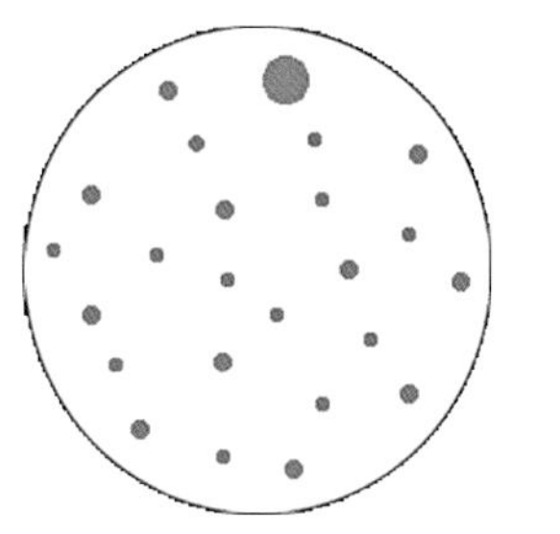

图7-1-1　海南农业社会时期的城乡空间结构（建省办特区之前）（来源：唐秀飞 绘）

（二）开放建设初期：工业社会取向，据点开发、经济区、多层次体系

1988年建省办特区，在国家明确指明海南应该成为整个对外开放格局中“外引内联”新据点的战略要求下，受中国政府委托，日本协力集团借鉴日本国土开发规划的思路和方法编制了海南岛综合开发规划，对海南整体的发展及空间开发进行了详尽系统的安排，这一规划直接指导了海南建省后10年的发展思路，其影响一直延续至今（图7-1-2）。

规划的基本取向是谋求工业化、城市化和产业结构现代化，目标是引导海南由农业社会的封闭、分散向工业社会的开放、集中转变。为满足工业发展，尤其是出口导向加工工业的发展，选择了“据点开发、组织经济区”的空间模式。

一方面，强调空间集中，重点培育海口、三亚、东方、洋浦、琼海等核心城市快速工业化；另一方面，依托这几个核心城市及其所具有的出海港口，跨县市组织经济区，在每个经济区内部培育相对完整的工业体系，带动整个区域的发展。按照空间组织的要求，规划还强调了要提供广域而有效的基础设施网络作为最基础的支撑。在城市体系上强调了构建均衡的中心城市分布和多层次规划体系。可以看出，这一时期的空间组织模式完全是工业化取向，追求空间的集聚效益和规模经济（图7-1-3）。

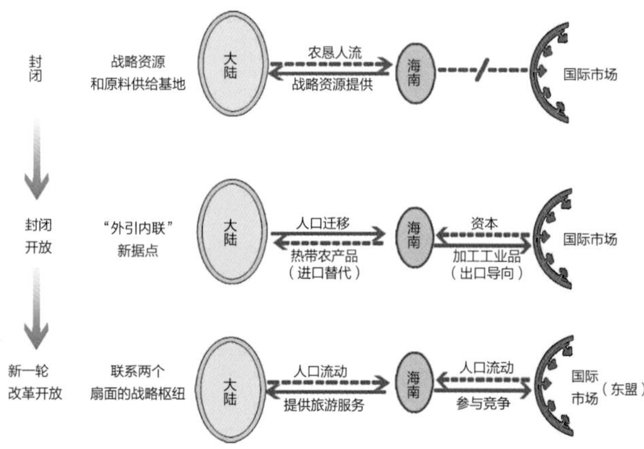

图7-1-2 不同历史时期海南发展取向及在国家战略格局中的地位（来源：唐秀飞 绘）

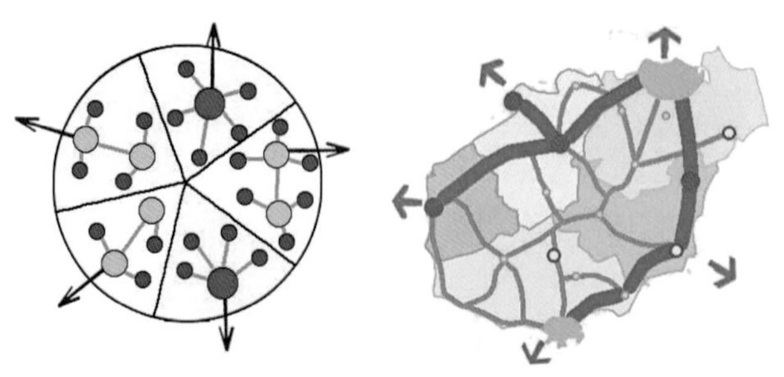

图7-1-3 海南工业社会时期的城乡空间结构（来源：唐秀飞 绘）

（三）国际旅游岛的建设

新时期海南总体的发展目标和战略方向是全力建设国际旅游岛目标升华，是全岛建设自由贸易试验区和中国特色自由贸易港，也是海南实现跨越式发展的根本路径。国家从战略层面，明确提出了海南全岛建设的目标是建设自由贸易区和中国特色自由贸易港，全面改革开放试验区、全国生态文明建设示范区、国际旅游消费中心、国际经济合作和文化交流的重要平台、国家重大战略服务保障区、南海资源开发和服务基地、国家热带现代农业南繁育种基地。

国家在海南办经济特区，海南建省30年发展积累的基础上，在谋求新一轮改革开放的起步时期，将海南自贸区建设，自由贸易港上升为国家战略，其意义通过海南岛的进一步开放，促进海南发展模式的战略转型，共享新机遇，积累新的经验，为参与全球竞争与合作探索推进我国新一轮的全方位对外开放。

第二节 海南现代建筑建设历程

一、萌芽期——解放后至建省前海南现代建筑发展

1950年5月1日，海南岛全境解放，设立行政区和黎族苗族自治区，海南隶属广东省特殊地理位置，1978年的改革开放政策，加强了海南开放性、独立性、自主性。1983年3月，中共中央、国务院批转了《加快海南岛开发建设问题讨论纪

要》，加快海南岛社会变迁的高层驱动。1984年海南行政区的建立，极大地促进了全岛区域开发和社会变迁。行政建制隶属广东省，海南岛社会变迁具有明显的被动性和跟随性。孤悬于海的区位，海南社会变迁又表现出一定的封闭性和迟滞性。

解放初期，海南产业结构始终是以农业为主体。改革开放前，海南由于地处海岛，交通闭塞，封闭政策和计划经济体制，农业经济长期占据主导地位，当时特殊的政治军事形势和历史条件，海南岛经济始终处于欠发达状态。海南岛作为国防前哨，国家对海南创立了一种特殊经济体制——海南农垦。改革开放以来，市场经济体制转变和建立，经济变迁由于人口、资源分布不均，表现出明显的非均衡性。本阶段，海南国家一级行政区建置，改革开放基本国策的正式确立，海南岛社会变迁完整呈现出开放性、独立性和自主性特征。

解放以来到1987年建省办经济特区之前，海南城市经济不发达，建设相对滞后。

二、起步期——建省至1994年（泡沫中的实践与沉浮）

1988年海南建省之后，改革开放给海南带来了蓬勃的生机和无限的希望。作为全国独一无二的“大”特区，海南人经历了一次如梦如幻的经济狂潮。这一时期，海南为改善落后的基础设施建设，加大力度投资建设，如海南环岛公路（东线）（图7-2-1）、大广坝水电枢纽工程、海口美兰国际机场一期、洋浦港工程、海口南大立交桥（图7-2-2）、三亚凤凰国际机场等项目启动。

这一时期，无数的投资商南下迅速炒热了海南的房地产业。大量建设资金的投入使许多先进的建筑技术和建筑材料得以应用，高层建筑高速发展。较早的20世纪90年代初期的作品大多为现代建筑，强调“体、块、面”的造型，在材质上喜用强烈的对比表达对工业现代化的渴望，例如位于南大桥畔的鸿泰大厦，建筑造型简洁明快，富有现代气息的弧形玻璃幕墙大方、典雅，曾被评为海口市十大标志建筑之一（图7-2-3）。同一时期的还有金海岸罗顿大酒店，从两幢

图7-2-1　海南环岛公路（东线）（来源：唐秀飞 摄）

图7-2-2　海口南大立交桥（来源：费立荣 摄）

图7-2-3　海口鸿泰大厦（来源：吴小平 摄）

图7-2-4 金海岸罗顿大酒店（来源：吴小平 摄）

图7-2-5 昌茂花园（来源：费立荣 摄）

住宅楼改建为五星级酒店，是较早的“新古典主义”的作品之一，它的构图严谨，立面细部刻画丰富，建筑造型很好地体现了酒店建筑的特点。更可贵的是它还隐隐约约地体现了不少海南老的建筑文化（图7-2-4），时间证明，即使多年以后，它也是一座经典的建筑精品。

但那个火热的年代，建筑更多的是求高求大，没有充分考虑市场的需求和承受能力，大量的粗制滥造、只求数量、胡拼乱凑的设计极大地制约了海南建筑业的发展，从那个时期下来的大多数建筑上不难发现，海南建筑不仅没有保持原有的文化特色，也没有能够形成新的能够代表特区形象的风格特征。可以说是那个时代盲目模仿抄袭的典型产物，一时的冲动和欠理性的设计给这个城市的脸上永远地刻上一道疤，时刻让人们警醒。

三、重塑期——1995—2009年（具有海南地域特色建筑的探索）

泡沫经济的崩溃使海南的建筑业界痛定思痛，众多的触目惊心的“半拉子”工程也时刻提醒着人们。从1995年开始，海南的房地产进入了一个新的发展阶段，海南的建筑正在悄悄地寻找自己的方向，形成自己独特的风格和特色。开发商已从最初的项目策划转向品牌策划，通过对项目的市场定位来决定建筑设计规划的方向。比如在海南房产最低潮1998年开始兴建的“昌茂花园”就成功走出了“品牌”战略的第一步。昌茂花园定位于工薪消费阶层，以经济适用房为主，而为避免出现同以往一样的毫无特色的小区重复建设，规划设计之初，就确立了“花园式的人居环境”的主题，在确保城市整体规划要求的容积率的同时，将大部分楼幢底层架空，把传统的“骑楼”形式加以丰富和推进，以苏州园林的造景手法，设计了立体生态环廊式的小区环境，建筑立面造型丰富，用线脚、屋檐、窗套等建筑细部的处理丰富了建筑形体，改变了住宅楼过去的单调呆板的形象，也与原有海南建筑文化更加融洽（图7-2-5）。在充分的市场调查的基础上，改善户型平面，户型结构更加合理，落地凸窗，更能适应海南的炎热气候，立面色彩以热情活泼的玫瑰红、橘黄为主，既迎合了国际色彩潮流的变化，也丰富了小区周边的环境。而昌茂花园7期在6期的基础上，更加注重环境的整体规划和建筑的独特风格，可以说昌茂花园的开发带动了海口城市经济型住区的发展。

又如在“高品质的居住环境，贵族式的生活空间”为目标的海口市长信海景花园也是较好的实例。长信海景花园的定位为高阶层、贵族式的海景别墅区，这对环境和建筑的风格提出了更高的要求，小区设立大型私人会所，有180°的全海景景观，私家花园和天台花园成为生活间的外在延伸，

图7-2-6　长信海景花园（来源：费立荣 摄）

图7-2-8　海南省博物馆（来源：吴小平 摄）

图7-2-7　海南省图书馆（来源：吴小平 摄）

小区内公共环境设计以多层次的欧式造园手法为主，整齐的绿化丛、古意盎然的雕塑，雅致的叠落式水景，与建筑单体统一融合（图7-2-6）。

这一时期，海南更加注重公共文化建筑和商场建筑的建设。随着海南经济的复苏和多元化元素的介入，海南一些建筑师保持清醒的头脑，创造了一批具有海南本土地域特色与现代技术相结合的建筑精品，他们重视现代结构、现代材料与地域形式的结合。例如海南省图书馆，由同济大学设计院设计，馆顶全由墨绿色琉璃瓦盖顶，是海南最具有民族建筑特色的图书馆（图7-2-7）。海南省博物馆更加注重与周边环境的和谐，其设计由三条矩形建筑平行展开，水面穿插其中，互为映衬，营造出宁静、高雅、清新的氛围。为充分利用阳光、空气，使馆内外景色穿透厚重的墙体，和谐共生，馆内专设了阳光大厅、水景庭院、竹园和屋顶花园（图7-2-8）。

此外，海南涌现出大批商场建筑，如明珠广场、宜欣广场、南亚广场、友谊广场和上邦百汇城等。宜欣商业广场设计

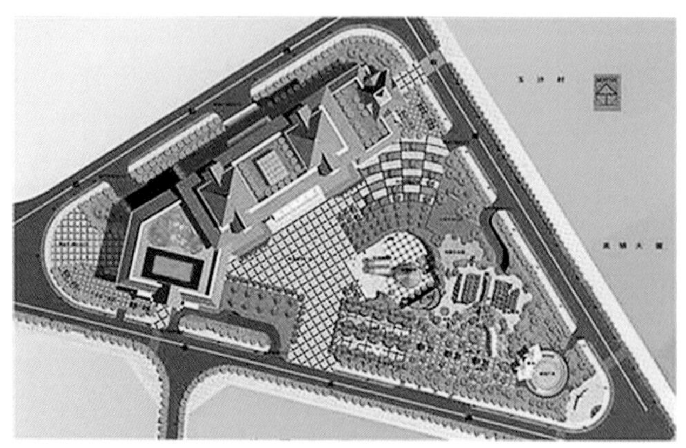

图7-2-9 宜欣商业广场（来源：海南宜欣房地产开发有限公司 提供）

从园林特点入手，采用前广场后建筑的布局方式，其中广场又分为入口广场和下沉式广场，形成参差变化的外部空间，步随景移之中，自然地完成了人们行为方向的引导。空间的营造结合建筑单体的特性，与园艺设计相结合，同时反映建筑的亲水性，以构筑物、建筑小品、各色铺地界定空间，体现建筑与环境的多样统一性，打造一个综合性园林生态广场（图7-2-9）。上邦百汇城是以围合式建筑将骑楼与连廊、步行街与三大广场衔接，充分将海南传统骑楼文化和巴洛克风格相结合，打造成一个开放性的中心商业广场（图7-2-10）。

图7-2-10 上邦百汇城（来源：海口溯源房地产开发有限公司 提供）

从上述设计实践反映出了建筑师对海南建筑进行了许多有益探索，尽可能地体现了海南的地域特色，并合理选择实用建设技术和建筑材料。

四、创新期——近10年来的建筑实践（与国际接轨中的建筑浪潮）

2009年12月，海南国际旅游岛建设上升为国家战略，要求海南探索人与自然和谐相处的文明发展之路，使海南成为全国人民的四季花园。为实现这一目标，海南省政府顺应国际和国家发展趋势把推进建筑节能与发展绿色建筑作为加快建筑产业发展方式转变的突破口。

在经历了20年的探索和反思之后，海南近10年来的建筑设计逐渐趋于理性。作为海南省的支柱产业，建筑业伴随着国际旅游岛建设战略的步伐，有较快的成长。海南省既有建筑中的公共建筑和居住建筑各占一半，其中，公共建筑的类型以酒店建筑居多，办公建筑和商场类建筑次之。因此，酒店建筑、办公建筑和商场建筑是海南省主要的公共建筑类型。酒店建筑方面，随着国际高端酒店的纷纷入驻，对海南建筑的提档升级注入新活力。国际品牌酒店的到来，也带来国外的建筑设计思潮，不断刺激和带动了本土酒店建筑的创新、突破和提升。比如三亚亚龙湾丽思卡尔顿酒店、三亚希尔顿逸林酒店、三亚喜来登度假酒店、万宁石梅湾威斯汀度假酒店等堪称经典。三亚亚龙湾丽思卡尔顿酒店由上海建筑设计研究院和美国WAT G设计，用东方元素和西式现代手法配合得天衣无缝。酒店为与周围环境融合，采用中式风格，同时结合高科技手段，体现其现代化与国际化（图7-2-11）。万宁石梅湾威斯汀度假酒店结合海洋文化和当地民俗特点，以独特的空间形态构成产生自然通风的建筑内环境，节省能源，减少群体建筑电热能耗对环境的影响。同时，开敞式大堂针对台风设计了屋顶泄风区应对地方季节性气候影响都体现了绿色环保建筑的理念（图7-2-12）。三亚凤凰岛建筑群设计始终最为看重整个建筑群的生态性，所有6座酒店建筑的顶层都有高达20米的人工热带雨林花园，整个设计力图消除建筑群在大海与群山中产生的尺度感，既要具有极强的现代感，同时又要体现热带建筑形式特征。建筑设计充分实现了建筑与环境的对话交流，造型糅合了海洋和生态元素，塑造了一组另类而具个性的标志性建筑群（图7-2-13）。办公建筑中，新海航大厦（图7-2-14）、

图7-2-11　三亚亚龙湾丽思卡尔顿酒店（来源：三亚丽思卡尔顿酒店 提供）

图7-2-12 万宁石梅湾威斯汀度假酒店（来源：唐秀飞 摄）

图7-2-13 三亚凤凰岛建筑群（来源：唐秀飞 摄）

图7-2-14 新海航大厦（来源：吴小平 摄）

海南大厦（图7-2-15）等办公建筑开创了海南建筑艺术的新篇章。商场建筑方面，海口日月广场以“日月星辰”“双凤呈祥”为设计灵感理念，通过弧形的星光大道，飘逸的金属桁架，彩色的灌木种植，东西两侧以12星座命名的建筑形成“双凤环绕宝玉”，与中心沿着轴线两端伸展设置公共活动空间的布局。正是这个公共活动空间的设计使建筑与城市有了互动，为城市留出了宝贵的绿化公共空间，形成海南新一代的购物公园（图7-2-16）。进入21世纪，住宅的设计手法更加多样化，亲近自然，强调与环境的和谐共处已成为这一地区的设计主题。在会所、售楼部、小型公共建筑的

图7-2-15　海南大厦（来源：吴小平 摄）

图7-2-16　海口日月广场实景图和效果图（来源：海航集团 提供）

图7-2-17　海口万科浪琴湾（来源：李贤颖 摄）

图7-2-18　海口紫园小区（来源：唐秀飞 摄）

设计上更加大胆，造型多变，而且加强了园林景观与建筑的联系，让建筑的美得以在看似随意，实则一草一木皆精心排布的园林绿化的衬托中升华。如海口夏威夷海岸、海口万科浪琴湾（图7-2-17）、海口鲁能海蓝园筑、海口紫园小区（图7-2-18）等。

近10年来，海南建筑设计努力探索海南建筑的地域文化和热带海岛文化特色，同时积极采用新技术、新材料，创作了一批精品建筑，为海南设计建设了一批内涵深刻、功能良好、造型独特的优秀建筑，初步塑造了具有海南地方特色又充满时代精神的城市新面貌。

第三节　海南现代地域性建筑实践

一、以地理环境气候为导向的地域性建筑实践

（一）三亚亚龙湾5号度假别墅

1. 概况

亚龙湾5号度假别墅总用地一共200亩左右。项目主要是充分考虑海南热带气候特征的地域性特色，利用当地材料表现热带乡土气息，围绕户型设计和立面设计展开，两个方面的结合使建筑具有浓郁的海南特色。

2. 地域性特色分析

①户型设计——充分考虑海南热带气候特征

对海南传统民居研究，建筑采用分散式布局，形成更广的联系空间，延伸视廊景观，比如走廊、连廊和露台等。其次，客厅和主卧朝向都有良好观景效果。首层部分架空，强调通风和娱乐方便。露台和观景平台，丰富造型遮阳和增加观景层次效果，同时引入露天浴模式，让建筑融入环境，达到步移景异和自然融合的效果（图7-3-1）。

②立面设计——利用当地材料表现海南乡土气息

立面设计处理运用热带建筑造型元素，受海南传统民居启发，材料选用和造型风格上，如架空外廊、遮阳构件、深挑坡屋檐等，多种元素混搭，使建筑热带氛围渐渐显现。在处理立面加入一些地域的设计元素，体现的是功能现代、外观质朴，具有海南传统民居当地乡土的原生气息。

在立面外观上，坡屋面天然石片瓦砌成不同颜色。围墙木料选用当地的菠萝格等等，这些材料原生原始自然的纹理本地化建筑地域性特色，正是海南热带建筑的特别之处（图7-3-2）。

图7-3-1　亚龙湾5号度假别墅（来源：吴小平 摄）

页岩

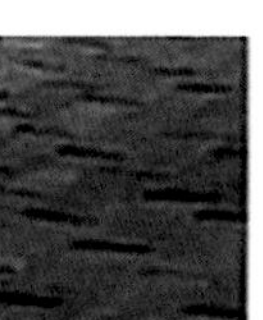

石片瓦

木遮阳

涂料

图7-3-2　亚龙湾5号度假别墅材料分析（来源：唐秀飞 绘）

（二）粤海铁路海口站

1. 概况

海口站地处海口西部海滨，海口站距离海口市区20公里，是我国第一座列车渡海联运铁路站，全国第一个生态型铁路站。海口站东侧广场面积最大，站房坐西向东，广场东西长约480米，南北宽约326米，面积超过150000平方米，是海口新的城市标志。

海口站主体四合院结构、前后两进的二层建筑和两个长约五百米的站台构成。二层建筑为仿古宝塔亭榭造型，庭园和建筑物与外界融为一体，两边宽敞的廊道自然通透，凸显热带海岛园林风格。

2. 地域性特色分析

①建筑功能的地域特色——平面设计

海口火车站旅客具有两大特点：一是旅客流量的不均匀性；二是团体旅客占比例较大。

针对游客流量两大特点，设计中平面内庭式布局和宽阔进站通廊，利用庭院和通廊扩大候车面积，适应游客高峰时流量；设立团体旅客进站廊道，减少团体与散客之间相互干扰，保证了旅客的快速进站。

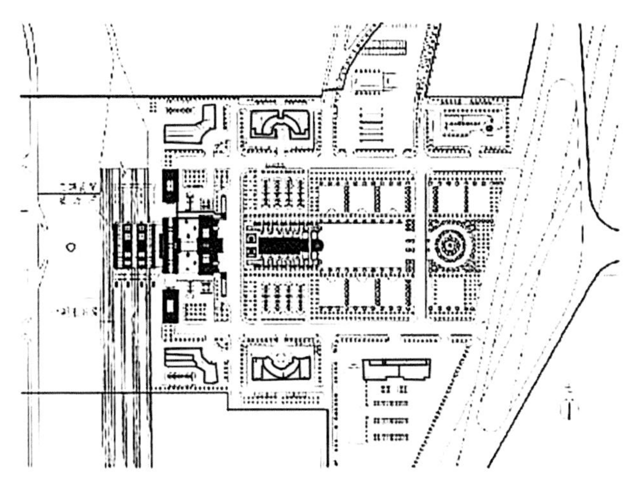

图7-3-3 粤海铁路海口站总平面图（来源：《建筑地域性的解析与实践——粤海铁路海口站建筑设计》）

火车站分主站房和两侧的行包房、站台办公楼三幢建筑。主站房呈“中”字形，构成前后两排三条通廊两个内庭的布局（图7-3-3）。

候车厅内庭院、售票厅、综合服务厅与站前廊道之间的折叠门采用了适应人流高峰季度变化的弹性空间设计，设计整排的折叠活动门，必要时可全部打开，候车厅空间延伸至廊道和内庭，售票厅延伸至前廊（图7-3-4）。

②台风暴雨的防御——立面造型

海口火车站采用了折坡屋面作立面造型，折坡屋面的

图7-3-4 粤海铁路海口站（来源：唐秀飞 摄）

产生是海南人长期适应自然的产物，由茅草屋在长期抵御台风暴雨中演变而来，防御台风携雨水倒灌而在檐口处坡度变缓，屋面下半段，雨水流量较大，流速由于屋面雨水下流的加速度而加大，被风吹动逆上的可能性相对较小。折坡的上半段采用35° 左右斜度，并局部采用暴露架构，屋面造型设计上分主次、序列、群体组合而确定屋面架构、攒尖顶等布局，构成整体的均衡，形成了反映地域性格的造型特征。

折坡形式在缓冲雨水下流速度体现地域建筑的形象因素，与下部开敞的空间组合时，和谐地表达了地域的综合性格（图7-3-5）。

③热带滨海气候的适应——剖面设计

建筑的地域性更多地反映在对自然气候的适应上。海南岛属热带湿热气候、台风、暴雨侵袭迫使人们在现代建筑中运用发展气候适应技术，创造地域建筑特色。

海南民居是长期生活中对自然气候适应的结果。海口市中山路的骑楼建筑的宽敞前廊是室内与室外的过渡空间，有遮阳、避雨的作用；海口长流地区的民居采用落地窗，庭园与廊道结合，通风散热。建筑采用丰富多彩的出檐遮阳构造，都可视为原始的两层皮建筑；民居拥有较大面积的凉棚，黎族民居茅草棚船形屋，一半有墙一半为棚，干阑式船形屋地板底层架空地面，适应湿热气候的典型创造。

归纳和总结民间这些创造与智慧，注意朝向、风向及通风的组织和台风的防御，采取了开敞、庭院与廊道组合、出檐遮阳、室内外可分可合、可封可敞等措施，在海口火车站建筑设计中得到充分运用。

海口虽属湿热气候的热带，气温并不高，海口火车站通透和开敞的空间形式，人员活动为主的空间均采用开敞空间，有顶无墙。如售票厅、候车厅等休息空间，均采用封闭或半敞的空间形式，设计为折叠活动门；办公室采用封闭的空间形式。候车、售票等自然通风需要也采取更为宽敞的空间。

海口火车站坐西朝东，常年多为东北风和东南风，舒适宜人的海风东北风居多，再就是东南风，台风暴雨时多东南风；火车站进出站通道为完全开敞式，三条都为东西方向，开敞式廊道和庭院，自然风导入毫无阻隔。当台风暴雨袭来之时，东面的折叠活动门可全部关闭。火车站借鉴骑楼外廊做法，并吸取黎族民居的外挑檐口，达到较好的遮阳效果，这使室内空间的围护墙及门窗由于外廊及挑檐较好遮阳效果，减少太阳的辐射热。室外热空气在外廊及遮阳构件的阴凉空气交换中实现冷热空气对流，达到室内清新凉爽的气流。

对于中央大厅人流集聚的空间，采用增加空间垂直高度，通过垂直增加层高空间加快气流的上下流动，上部高处设有侧向排风口，中庭开口，下部进风，室内空气对流自如顺畅。廊柱上设置空中花池，开敞空间层高较高，垂落的植被与花池一并成为侧面的遮阳构件。建筑主要出入口为了避雨遮阳，均设置人流集散的廊、棚式入口。

售票厅、候车厅在炎热的夏季正午时节可以关闭折叠门，阻隔辐射热（图7-3-6）。

④生态策略运用与建筑地域性的追求

海口火车站是一座现代化火车站，有效的气候适应技术智能化管理达到节能、防御灾害、融入自然的目的。

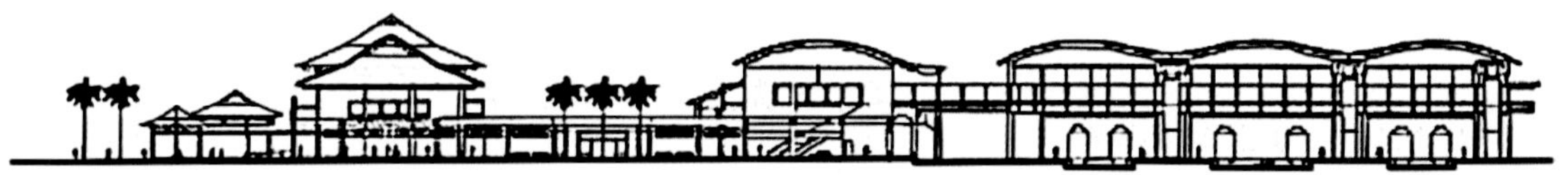

北立面

东立面

图7-3-5 粤海铁路海口站立面图（来源：《建筑地域性的解析与实践——粤海铁路海口站建筑设计》）

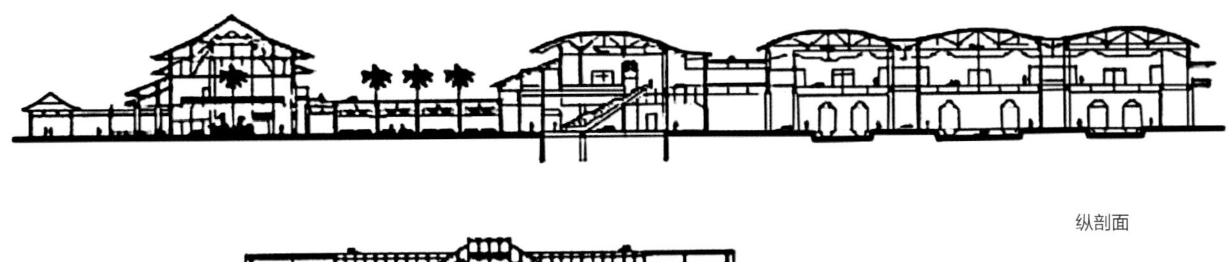

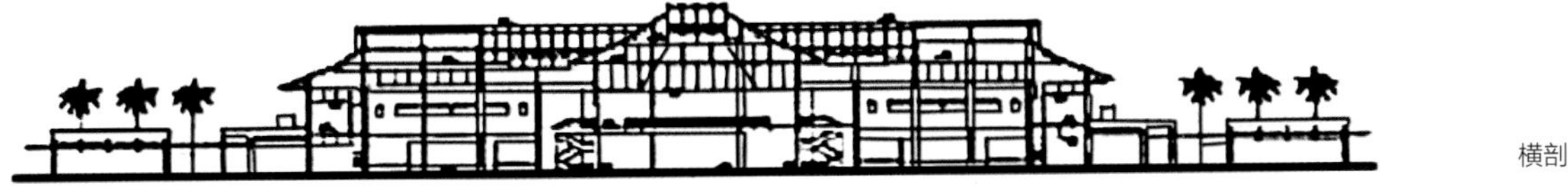

图7-3-6 粤海铁路海口站剖面图（来源：《建筑地域性的解析与实践——粤海铁路海口站建筑设计》）

海口火车站为开敞及庭园式布局，庭园廊道组合，屋顶为海水的灰蓝色，墙身是沙滩的灰白色，以开敞通透来引导海风。大挑檐和外部遮阳结构来抵御强烈的日照，成排的折叠活动门防御台风暴雨，以高耸的空间加强空气流动和减少热辐射，以屋顶和侧墙的空中植被遮阳减少热气侵袭，建筑大多空间采用自然通风。少量可封闭空间中，大多时间敞开，通过技术处理实现自然降温通风，大大节省能源消耗。开敞建筑门窗数量减少降低建材消耗。海口火车站建筑方案采用开敞与院落，生产技术和地域性特色结合。

生态探索的过程中运用气候适应技术，智能化的节能管理，建筑的地域性特色浓厚。建筑地域性特征对气候的适应方面也愈趋成熟，大大降低了造价，建筑也更好地融入自然。

二、基于村落格局、传统民居为符号原型的地域性建筑实践

（一）三亚亚龙湾鸟巢度假别墅区

1. 概况

三亚亚龙湾度假别墅区是以围凤岭、飞龙岭、龙头岭和青梅岭等组成，总面积有1500公顷，位于三亚市东南方向25公里处。别墅区四周环境景观建设尽显生态自然之美，多方面细腻地传达着海南热带地域性建筑特色。

下面就从整体设计和材料选择对海南基于村落格局、传统民居为符号原型的地域性建筑实践研究。海南传统民居作为整体设计源泉，经典传统黎族“船形屋”为原型，对建筑外形进行简化与重塑；另一方面是本土化传统材料与新型材料选择，对传统住宅的材料生命力与新型材料必要性进行深入比较分析。

2. 地域性特色分析

①整体设计——以海南传统民居作为设计源泉

三亚亚龙湾鸟巢度假别墅区，整个别墅区整体设计以海南传统民居黎族船形屋作为设计原型，单栋别墅自由地散落在海南的大山森林自然环境中，别墅采取架空，天然树木植被，顺应山地的走势和保护其中的生态植被。黎族传统民居住宅村落聚集形式是自由散漫的，住宅有时为了避开一棵大树变换位置；为了临水在一条小溪旁聚集；为了依山就势而部分底层架空……防潮通风各种环境因素影响，主动应对气候适应性都会影响和改变住宅选址、朝向和结构（图7-3-7）。

②材料选择——旧材料的生命力和新材料的必要性

在材料选择方面，鸟巢别墅区选择当地传统建筑材料，运用现代建筑材料去模仿民居传统材料取代了一些传统民居中不够坚固的或者防腐防潮能力差的建筑项目的材料。在当地天然材料和新材料、新技术相互融合的模式下，建筑原始原生外形，功能先进，时代感强，生态休闲更具海南地域特色。

保留传统原始草料、木材和石材，原始建筑材料、环保的生态材料是具有良好的隔热作用。草料、木材和石材的搭配具

海南黎族原始村落布局

三亚亚龙湾鸟巢度假别墅区布局

图7-3-7　整体设计分析图（来源：唐秀飞 摄）

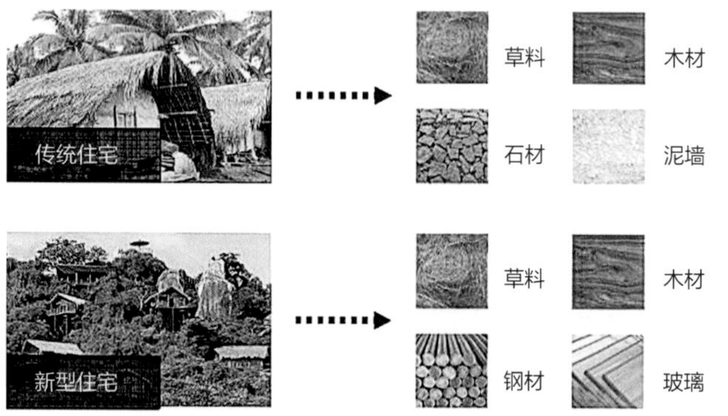

图7-3-8　三亚亚龙湾鸟巢别墅区材料分析图（来源：唐秀飞 绘）

有浓郁的热带乡土气息，是海南地域性原生原真特色。然后是钢结构钢材选用，钢结构具有良好的装配性和灵活分割空间的特点，具有超强的硬度和韧性，在陡峭的山体森林中，在用传统石头堆砌的方式无法完成建筑的基础时，选用方便、易于联结钢结构作为建筑的基础部位并作架空处理，最大限度地保留了原有地形地貌，大大增加了住宅空间开敞通透性及结构稳定性。大面积玻璃门窗隔断运用代替了传统民居中的泥墙，居住空间有着开阔全景视廊，在森林中享受天然氧吧，在绿色生态中享受大自然的舒适、静美和安逸（图7-3-8）。

（二）博鳌金海岸大酒店

1. 概况

博鳌金海岸大酒店位于海南省东海岸三大河流入海口，琼海市博鳌镇，基地三面环水，自然景观得天独厚，建筑面积占地22368平方米，有120间客房。

2. 地域性特色分析

①自然环境

热带地区着重考虑自然通风和自然采光的设计，建筑沿主空间序列形成自然通风道、客房采用内天井布局，利用自然通风增加主动空气交换，提高室内空气流速。自然通风既提高了舒适度，又自然生态、节能降耗。

②建筑外部造型、材料和颜色设计

酒店的造型、体量不应破坏自然景观与环境，应在空间、体型、尺度控制上与环境取得整体的和谐。酒店平缓简洁的坡屋面形式、多层错落的体型、分散灵活的空间布局，设计讲求建筑与环境的融合、共生关系，色彩设计采用白色以及深棕色，以素雅为本（图7-3-9、图7-3-10）。建筑材料首层外挂灰色花岗石，以大面积白色涂料墙面为主，点缀天然材料，木、竹，营造朴素自然而不失雅致效果。屋顶采用绿色BHP压型钢板坡屋面。简洁明快，绿色坡屋顶在融合自然特色之中和谐统一。

（三）清澜半岛会所

1. 概况

清澜半岛会所占地9600平方米，总建筑面积2855平方米。包括一幢两层高的交流中心、一幢一层的健身中心以及一幢一层的酒吧，建筑总高度为15米。平面规划松散自由而又具有内在的秩序感，软质和硬质景观的碰撞、人工与自然水系的穿插、冷暖色彩的交织都让建筑和环

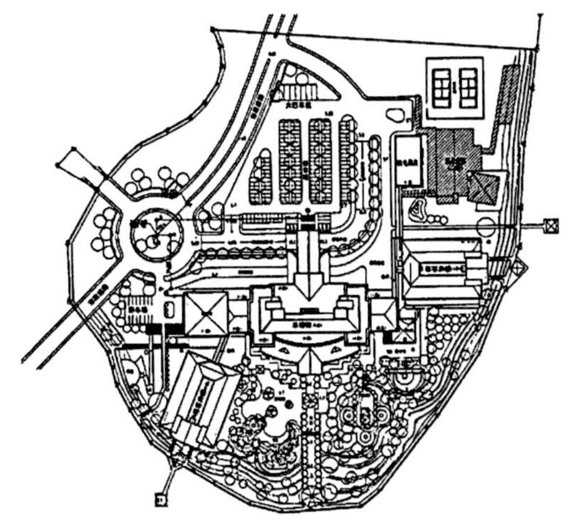
图7-3-9　博鳌金海岸大酒店总平面图（来源：杜松《建筑与环境共生——博鳌金海岸大酒店设计》）

境有机融合，使整个区域呈现出其包容性和活泼感（图7-3-11）。

2. 平面分析

清澜半岛会所包含三幢建筑：交流中心、酒吧和健身中心。三幢建筑前后错开水平布置，在整个近似矩形的大平面中，通过建筑之间产生的夹角规划出几处较为安静私密的庭院，又通过建筑之间的半围合关系设计出开放活泼的戏水空间。并且大幅度地利用屋面之下的灰空间，将廊道、室外栈道与庭院和水池相联系，使人们在不同建筑之间穿行时得到步移景异的体验。

图7-3-10　博鳌金海岸大酒店剖面图（来源：杜松《建筑与环境共生——博鳌金海岸大酒店设计》）

01. 入口广场
02. 中央步道
03. 璀璨之星
04. 观景码头
05. 嬉水亭
06. 内庭枯山水
07. 娱乐水吧
08. 泳池
09. 滨海休闲区
10. 无边界水池
11. 生态体验区
12. 儿童沙滩
13. 样板区泳池
14. 景观水系
15. 样板区休闲吧
16. 阳光草坡
17. 迷你高尔夫
18. 水上休闲吧

图7-3-11　清澜半岛会所总平面图（来源：周伶洁《海南清澜半岛滨海旅游度假区公共活动中心设计研究》）

卫生间被单独设置在了主体建筑之外，这种设置在保证建筑空间的完整、流动性以及提高环境体验度甚至在清洁管理方面所带来的积极性可以让我们完全忽视其位置较远导致的不够便利的问题。

交流中心和酒吧之间设有一座可供登高瞭望的景观塔，人们可通过登上景观塔眺望不远处的卫星发射基地和其主题公园，并且能够为高度较低的公共活动中心创造一个竖向的制高点，与半包围在三幢建筑中的水吧以及完全开放的大海，共同营造出多层次的竖向关系和丰富的体验感，使人们在其中享受海风所带来的惬意（图7-3-12）。

3. 立、剖面分析

清澜半岛会所建筑的立面和剖面并不是单独设计，而是结合从海面逐级抬升的地形、同时考虑到弧形屋面对下部的遮挡来进行的。前者能够让我们更准确地去控制每一个断面，更清楚地了解建筑与建筑、建筑与基地之间所发生的联系，后者可以让我们能够更好地表达出三维大屋面之下的其他组成部分。

建筑的形态根据我们的设想是典型的现代热带建筑风格。以交流中心为例，金字形屋面大而陡峭，采用茅草铺盖，为了取消传统大屋面所带来的笨拙感，建筑的屋脊被设计为一条内凹的弧形，整个屋面成了三维形态，屋脊的两端出挑深远，横向线条被得到强调，因此弱化了屋面的体量感。同时为了加深室内外光线的互补及室内外空间的交融，在屋面还设计了一处突起的天窗。由于弧形屋脊和天窗的设计，导致建筑在不同的断面呈现出标高的变化，带来丰富的室内变化感的同时也将增加后期施工的难度，为了保证弧线的完整、延续和准确度，需要严格控制每一个建筑的断面，这也是为什么采用立、剖面结合设计方法的另一个重要原因（图7-3-13、图7-3-14）。

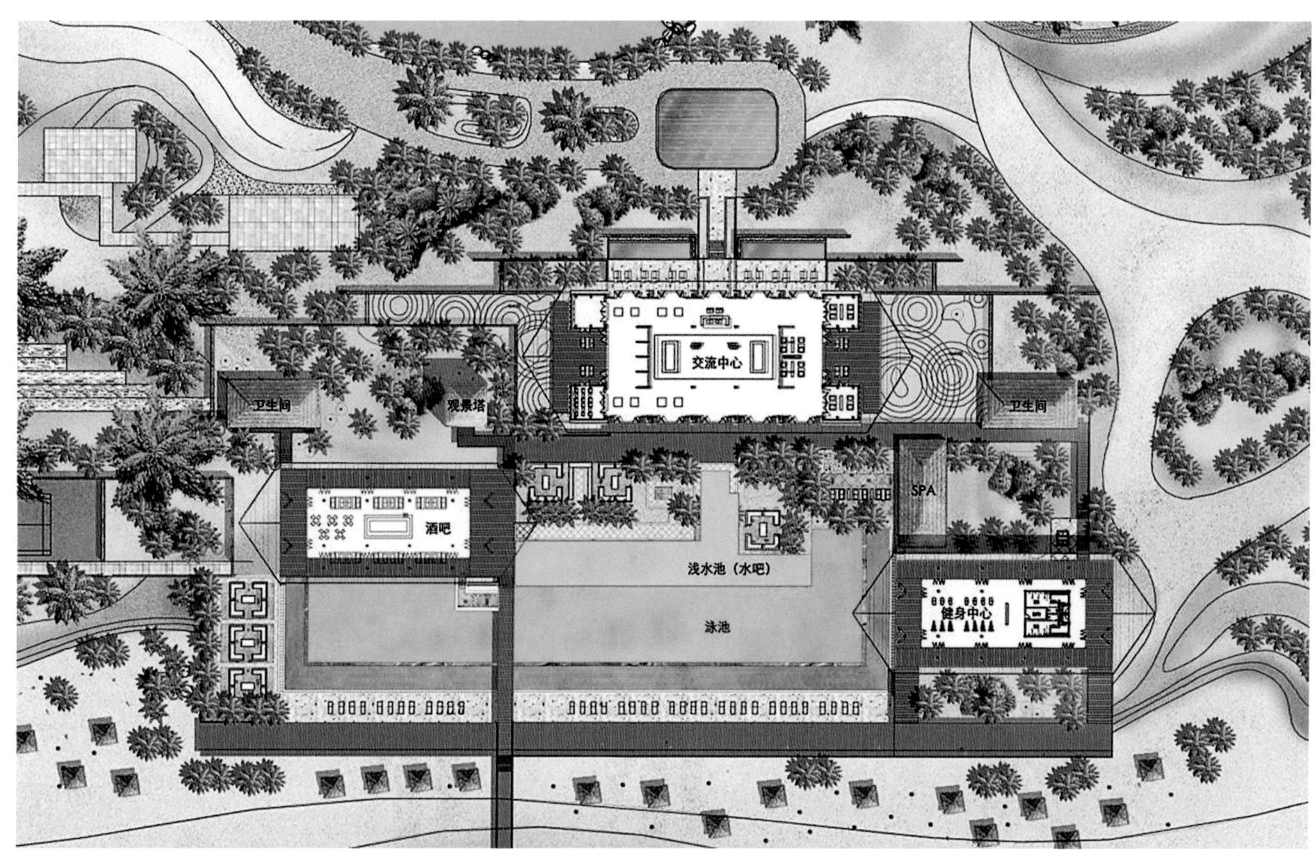

图7-3-12 清澜半岛会所平面图（来源：周伶洁《海南清澜半岛滨海旅游度假区公共活动中心设计研究》）

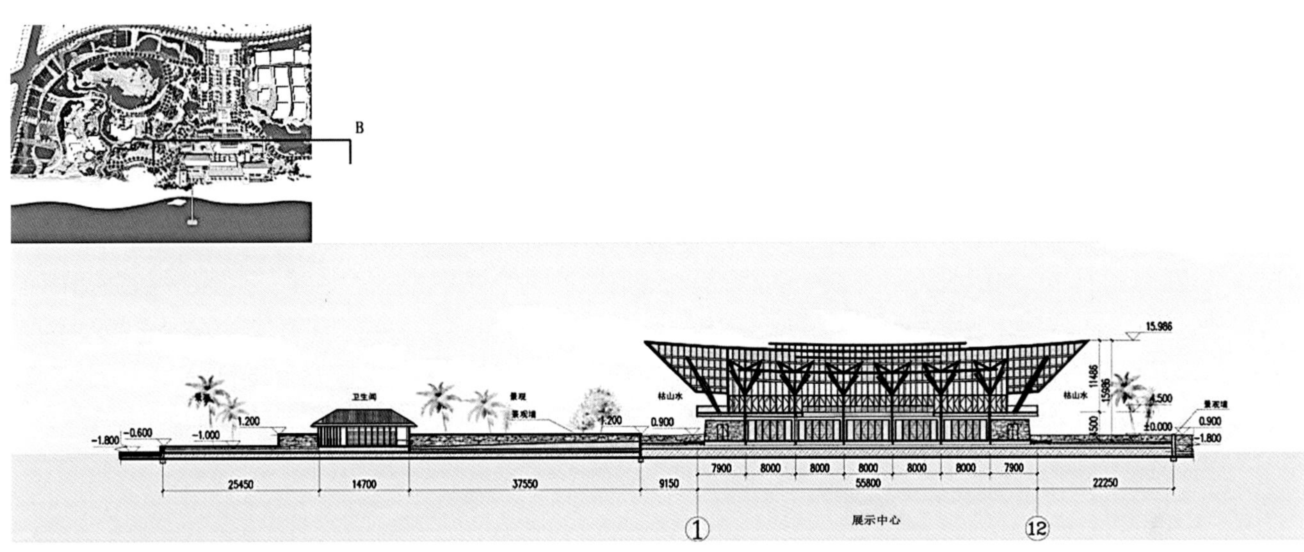

图7-3-13　清澜半岛会所剖立面图（来源：周伶洁《海南清澜半岛滨海旅游度假区公共活动中心设计研究》）

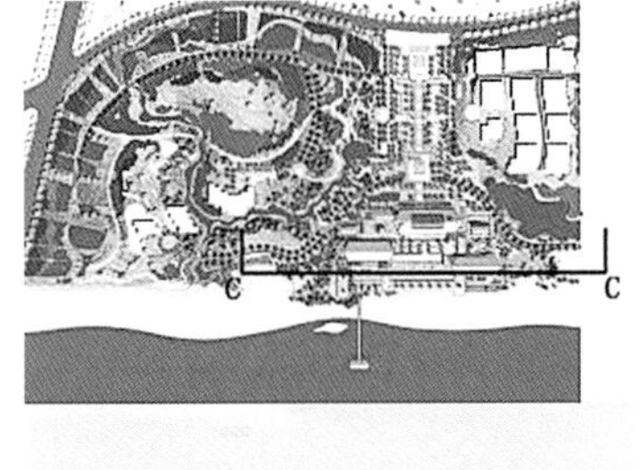

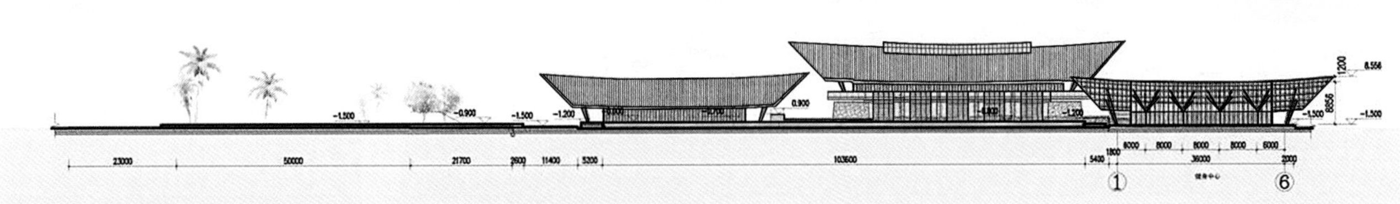

图7-3-14　清澜半岛会所剖立面图（来源：周伶洁《海南清澜半岛滨海旅游度假区公共活动中心设计研究》）

屋面向下是大片的玻璃幕墙以及支撑整个大屋面的柱状结构，玻璃幕墙系统由固定花格窗和开启窗以及折叠门组成。花格窗做了传统中式图案，充当木质屋面和玻璃面的交接角色。与东、西立面不同，山墙立面（南、北立面）的支撑结构为两个仿佛像是从二层的地面长出的巨大分杈柱，柱形为两端小中间大的弧状，分杈的两枝和屋面形成三角支撑形态。

建筑底部的四角为梯形的基座，作为基于传统封闭式骑楼的变异。基座内部为可使用的大空间，深灰色的文化石以自然砌筑的方式表现，与木质的折叠门以及明净的玻璃，共同塑造出建筑稳重的形象。健身中心与酒吧两者在形式上基本移植于交流中心的二层，只是体量上有所区别，并且置于相比交流中心地势较低处，体现出其从属性（图7-3-15）。

4. 建筑符号运用

在清澜半岛会所建筑形态的设定上，屋面借鉴了海南传统茅草屋的金字形顶，在建筑做外遮阳的同时也保持其

图7-3-15 清澜半岛会所立面图（来源：唐秀飞 摄》）

图7-3-16 清澜半岛会所建筑形态设定（来源：唐秀飞 摄》）

通透性特征，就如海南当地的草帽一样，帽檐伸出很长，这样遮挡的阴影面大，避免太阳直射。同时将屋脊处理为下凹的弧形，能够有效削减大屋顶的沉重感。建筑的主体部分为骑楼的演变形式：大面积的室外连廊代替了骑楼的底层门廊；整个建筑的一层通过石材基座的分隔，如同多个骑楼拼联；保留了骑楼建筑中富有特色的花窗并予以变化（图7-3-16）。

船型屋和金字屋为建筑的造型和远观的地域识别性、图示语言的表达性创造了一个很有意思的基础。而骑楼的借鉴为人们提供了室内外空间交流和融合的灰空间，是人与环境交流的有机体现。茅草屋是柔软而温暖的，而骑楼是硬朗而灰冷的，我们将这两种看似相互对立的元素融合，希望利用这种结合传统建筑形体语言的方式让人们可以感受到一种海南的文化特征、地域特征：即以自然为背景烘托出建筑，主体建筑与自然相互交融，借鉴民族形式、借鉴民族风格，产生符合当地文脉和纹理的建筑形式（图7-3-17）。

图7-3-17 清澜半岛会所建筑形态远景（来源：唐秀飞 摄）

在清澜半岛会所主体建筑形态上，将海南传统的建筑——茅草屋和骑楼的建筑元素加以提取、转换、融合。通过传统、自然的手法加强建筑的地域性格，提升区域的整体文化性，将自然生态的基底延续，形成与风景环境相融合的建筑图像。

5. 建筑材料的借鉴

①屋面系统

整个清澜半岛会所建筑屋面原设计为混凝土上铺设茅草。赋予建筑原生态的形象并使其更具热带风情。在茅草的选择上，应考虑其颜色、粗细、软硬等所产生的美观问题；采购和运输的难易问题以及茅草自身的耐久性、耐候性问题（图7-3-18）。

建筑屋面考虑到各种材料的特点以及安装和维护的技术性问题，最终确定人造茅草。人造茅草自身具有更好的防潮防虫和防火性，并且能够大量生产，同时便于加工。人造茅草在颜色的一致上较有保障，可以有效避免维护增补时不同批次材料带来的色差问题（图7-3-19）。

②木饰面系统

清澜半岛会所的木饰面范围涉及建筑的室内到室外，包括

图7-3-18 茅草屋面（来源：周伶洁《海南清澜半岛滨海旅游度假区公共活动中心设计研究》）

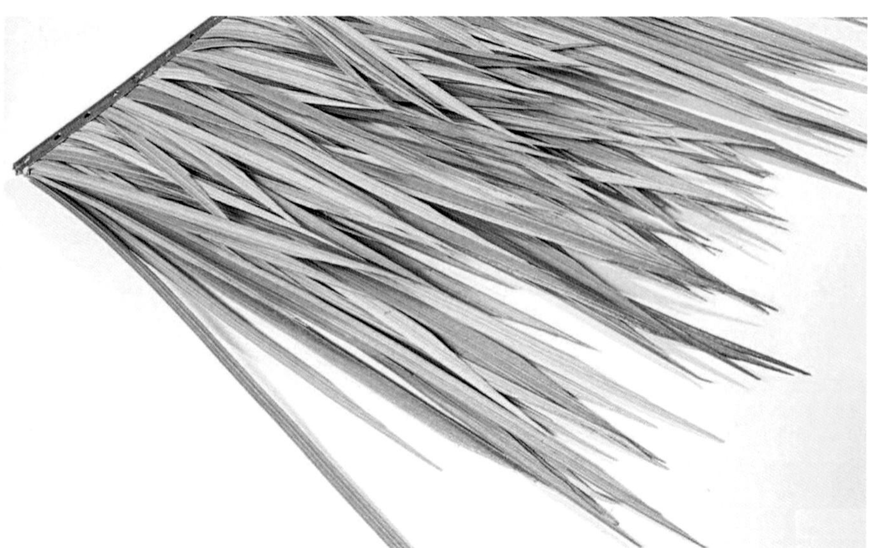

图7-3-19 人造茅草（来源：唐秀飞 摄）

地板、屋面檩条、吊顶、梁柱外包装饰、窗花，是实际用量最大的材料。文昌当地降雨量大且日照时间长，据此应优先选择质量硬、密度高、稳定性好并具有一定的防蛀防潮防腐性能的木材。且在一定程度上还要根据屋面实际铺设茅草的色彩来决定木饰面的选定，以达到协调统一的效果（图7-3-20）。

在清澜半岛会所的花格窗扇上，可考虑选择千思板，因为其可用雕刻机床镂刻出所需花纹并且具有良好的强度，相比实木更易于生产并且价格较低。

会所不同区域要求材料有所不同：地面因为需要经受长时间的踩踏，实木更加适合。而屋面檩条、吊顶、梁柱外包装饰、窗花部分由于并不承重，因此采用质量较轻的仿真木饰面材料可以有效地降低建筑自重。公共活动中心室外连接水吧和泳池，对于地面的稳定性要求高，且菠萝格木的颜色饱和度较低，纹路虽粗犷但不粗野，不易造成视觉疲劳。

③基座系统

石材基座位于交流中心的一层，颜色配比发现黑灰色将使建筑显得更加的稳重和柔和。并且这种黑灰色石材的肌理不是大理石般的光洁镜面，而应该是能够与细腻的木质饰面形成对比的粗糙自然面。

由于石材具有运输困难、耗时长、运费高等问题，材料选择倾向采用海南当地石材，既能降低工程造价，便于日后

图7-3-20 木饰面范围（来源：周伶洁《海南清澜半岛滨海旅游度假区公共活动中心设计研究》）

维护，又能表现出当地特有材料特色，使建筑具有地域性。海南当地可用于建筑建造的黑灰色石材基本均为一种名为海南黑的石材（图7-3-21）。

三、基于传统文化的地域性建筑实践

（一）琼海“海的故事”酒吧

1. 概况

“海的故事”位于海南岛东部琼海市博鳌镇望海街后海，临海而建。这里有广阔洁白柔软的沙滩，有无边无际的蓝色海洋，有挺立的椰树和成片的绿林，还有半渔半农的集镇。

图7-3-21　石材基座（来源：周伶洁《海南清澜半岛滨海旅游度假区公共活动中心设计研究》）

“海的故事”酒吧是当地居民及旅客休闲娱乐的重要场所，是展示本土文化面貌的重要场所。在“海的故事”酒吧的设计中主要以海南疍家传统文化为主题，以人为本为理念，考虑时代的发展，结合新工艺、新技术，建造出契合现代人生产生活需求，同时又具备本土文化灵魂与特色的设计。

“海的故事”酒吧在整个空间的设计中，充分地考虑了海南疍家传统文化的内涵，结合整个城市的自然环境及发展建设，提取出了富有海南疍家传统文化内涵的设计元素并运用。废弃的木渔船、旧船木、渔灯、珊瑚石，还有一个老渔人，是表现设计主题的主要元素（图7-3-22）。

2. 地域性特色分析

“海的故事”酒吧的设计古朴、自然，与周围优美的自然环境融为一体，似一个海南疍家传统文化博物馆。

①运用色彩习俗烘托空间的主题

空间的氛围营造主要依赖于形、色两方面，所以通过应用色彩习俗来表现空间的氛围是不可或缺的，在“海的故事”酒吧设计中也是如此。海南疍家传统文化中具有代表性的色彩是木材的原色、蓝色、黑色（图7-3-23）。纯朴的海南疍家人的传统住所、生产生活用具等大多以本土木材作为材料进行建造，并保留其原色。而蓝色、黑色常常出现在海南疍家人的传统服饰上，两色服饰主要反映了海南疍家人对海洋环境的认识，是一种图腾崇拜与敬畏。

“海的故事”酒吧的室内设计中，桌椅、吧台、陈列柜等都是以旧船木打造而成，并保留其原色，木材原色几乎覆盖了整个室内空间，在窗框及部分构件上运用了黑色、蓝色。在少数的软装上应用了红色，使得室内空间的色彩更富有层次（图7-3-24）。

②运用特色陈设强化室内空间的主题

在室内设计中合理地应用特色陈设品，不仅能强化室内空间的主题，还能烘托室内空间的气氛，反映室内空间的文化。“海的故事”酒吧的室内设计中陈设品主要划分为实用性陈设品和装饰性陈设品。实用性功能的陈设主要包括废弃木船改造的门框、酒架、书架、许愿墙，以树根与海螺为

图7-3-22 琼海“海的故事”（来源：唐秀飞 摄）

图7-3-23 琼海“海的故事”（来源：唐秀飞 摄）

图7-3-24 琼海“海的故事”（来源：唐秀飞 摄）

材料的灯具制作的吊顶灯，传统渔灯等等（图7-3-25）；装饰性功能的陈设品主要包括风干的椰子及椰子树叶，废弃的舵、渔网、缆绳、鱼篓及海南疍家人早期使用的木箱等等（图7-3-26）。“海的故事”酒吧室内空间中陈设品无论是实用性功能的陈设品，还是装饰性功能的陈设品，都是从海南疍家传统文化中提取出来直接应用，或是再创造后应用，都具有显著的海南疍家传统文化内涵。具有海南疍家传统文化内涵的元素符号在“海的故事”酒吧的室内空间的应用，强化了室内空间的主题，反映了海南疍家人传统的生产生活方式及精神文化。

③运用灯光营造空间的主题

光是人们感知物体色彩、质感等等的必备条件，灯光设计对于环境氛围营造尤为重要。合理的灯光设计能突出其主题，还能带给人舒适、愉快的心情。“海的故事”酒吧灯光

图7-3-25　琼海“海的故事”功能性陈设品（来源：唐秀飞 摄）

图7-3-26　琼海“海的故事”装饰性陈设品（来源：唐秀飞 摄）

设计，主要以低色温光源为主，缩小了空间，拉近了人与人之间的距离感，营造出温暖、暧昧的环境（图7-3-27）。“海的故事”酒吧室内陈设品位置的灯光设计也根据陈设品不同的性质而进行了不同的灯光设计，让其显得突出、灵活，强化了室内的氛围，突出了室内海南疍家传统文化的主题。“海的故事”酒吧空间中别具特色的渔灯等灯具和灯光效果，让空间使用者在温暖、暧昧的空间环境中感受海南疍家传统文化的内涵。

④运用材料与肌理表现空间的主题

室内空间的气氛营造脱离不开材料与肌理，不一样的材料与肌理能营造不一样的空间环境。“海的故事”酒吧的室内空间设计中应用的材料主要有木材和石材，其中绝大多数的木材材料都是废弃的旧船木，天然的肌理效果及历史的印记记录着海南疍家人当时的生活环境及情感，是人工技术所不能创作出来的。石材主要以珊瑚石为主，珊瑚石是生活在大海里珊瑚的分泌物，天然的肌理效果给室内空间使用者带来了无限的美感。“海的故事”酒吧室内空间设计中所用的旧船木和珊瑚石，反映了海南疍家人生活环境的状态，是对海南疍家传统文化内涵的诠释（图7-3-28）。

在设计中，不仅要考虑到每个单体的细节，还要从宏观

图7-3-27 琼海“海的故事”光的运用（来源：唐秀飞 摄）

图7-3-28 琼海“海的故事”酒吧对材料的运用（来源：唐秀飞 摄）

的角度整体把握空间的色彩运用，及陈设品的使用等等，且在满足其功能的同时突出其主题。“海的故事”酒吧空间设计元素都较为统一，能合理全面地体现出海南疍家传统文化的内涵。从大的整体到小的局部都充分运用了海南疍家传统文化元素，在全面展现海南疍家传统文化的同时又保持了空间的整体性，将海南疍家传统文化的空间整体完美地展现。

四、体现时代精神的地域性建筑实践——多元探索

（一）海南省博物馆

1. 设计背景

海南省博物馆位于海口市国兴大道68号，文化公园东部，是海南省第一个综合类现代化博物馆。于2008年11月15日开馆，总占地面积60余亩，是海南省的重点文化基础设施。该馆第一期工程占地面积约18000平方米，展厅面积约8000平方米，设有10个展厅（图7-3-29、图7-3-30）。

2. 地域性特色分析

①总体规划设计

海南省博物馆是海口文化公园的重要组成部分。从城市空间尺度的处理，基地内三座建筑的空间联系，规划布局上力求用一种强烈的秩序，严谨、理性的构图来统领全局，大气、简洁、开放、灵活，体现城市恢宏的气魄（图7-3-31）。建筑造型简洁有力、舒展大方。景观营造，与建筑穿插融合，形成一个有机整体。

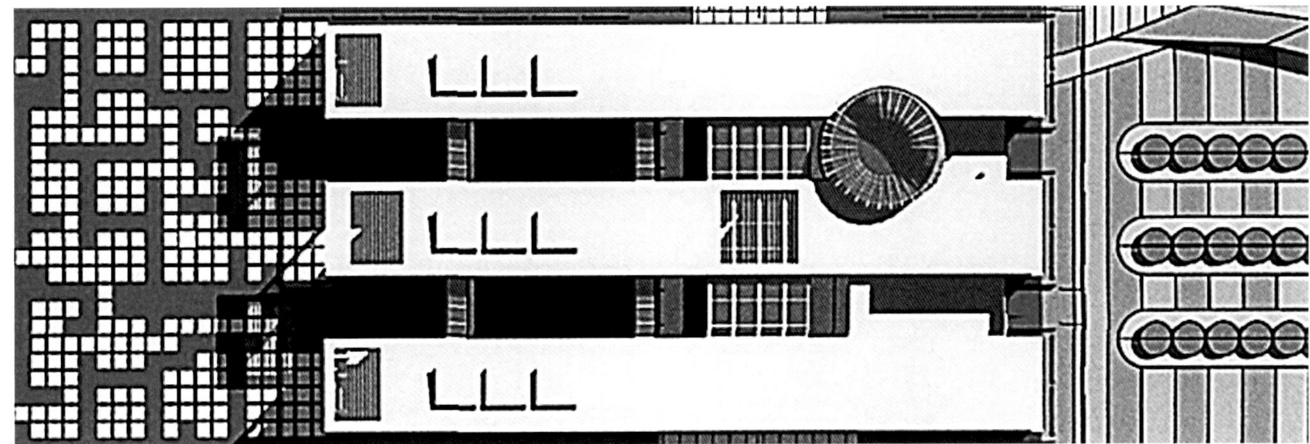
图7-3-29 海南省博物馆图底关系（来源：杜松、唐佳《海南省博物馆：与自然和谐共生的现代博物馆》）

主入口　　城市门厅空间

图7-3-30 海南省博物馆（来源：吴小平 摄）

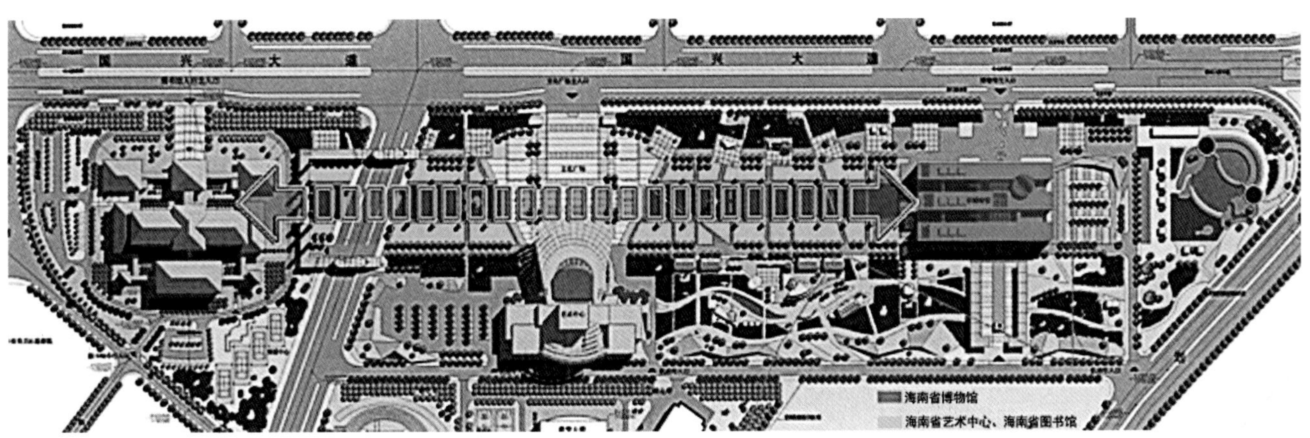

图7-3-31 海南省博物馆总体规划空间分析（来源：杜松、唐佳《海南省博物馆：与自然和谐共生的现代博物馆》）

②建筑设计特点

浮游之岛的设计理念——三条简洁的矩形形体平行漂浮水池中，以隐喻的设计手法诠释海南孤悬南海的地域特征。三个平行舒展的形体和形体中两个虚空间形成，象征着海南无限的包容性，形体和水形成"川"，象征海南广迎天下客，海纳百川。

水池中的水顺着虚空间一直延伸至博物馆内部，水的灵动，空间延伸使博物馆形成了高雅、清新、宁静的气氛。人文景观与自然景观交相呼应，公共空间的开敞，步移景异的空间感受。建筑底层设置架空层，架空展厅有效引导内部气流，传统建筑骑楼的空间形态借鉴，大面积水面温差变化和吸热散热，调节了局部小气候，光的反射与池水的镜面效应，波光倒影一起创造了历史与未来对话的建筑语境，开放共享空间打破传统封闭，架空廊道连接，通透灵活空间渗透，良好通风（图7-3-32）。为市民营造优雅、舒适、共享的空间环境。既成为海南开放的展示平台，又与城市形成有机整体。

③平面功能设计

建筑总体布局上，采用分散的开放式空间布局，注重建筑物空间与自然环境之间渗透与流动。各功能空间大小，穿插变化，参观流线顺畅，博物馆空间与文化公园视廊连接延伸，博物馆空间布局丰富有序（图7-3-33）。

④立面造型设计

立面造型设计为体现博物馆的历史感，建筑的体量与尺度结合博物馆展陈空间的设计要求，入口采用时空视廊导入大面积的石墙与中央的空廊形成虚实对比，既减缓台风的影响，又产生强烈的视觉效果，显示了建筑的沉稳厚重。屋檐平展象征历史的无限延展，西立面设计采用退台形式与水面挑台，局部开敞空间设计了百叶遮阳构造，丰富立面空间造型，又减少太阳直射，适应地域气候体现了建筑地域性特色（图7-3-34）。

⑤项目技术设计

展陈空间为满足博物馆展陈的需要，展厅跨度12米，首层层高设计为7米。

建筑材料上，选用海南当地的建筑材料，如木材、石材等。降低了建筑的建造成本，又能很好地体现建筑的地域文化特征，方便后期的建筑维护（图7-3-35）。

东侧外观局部

报厅前院

图7-3-32 海南省博物馆（来源：吴小平 摄）

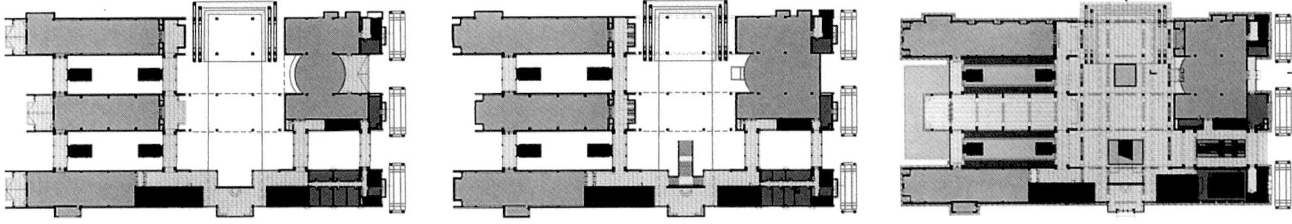

图7-3-33　海南省博物馆平面图（来源：杜松、唐佳《海南省博物馆：与自然和谐共生的现代博物馆》）

图7-3-34　海南省博物馆东侧立面（来源：杜松、唐佳《海南省博物馆：与自然和谐共生的现代博物馆》）

西侧展厅外观

多功能展厅入口局部

图7-3-35　海南省博物馆（来源：吴小平 摄）

第八章　海南传统建筑传承研究

随着国际旅游岛全岛自贸区、自由贸易港建设上升为国家战略，海南现代建筑将迎来新的发展时期。在大力借鉴外来建筑技术经验的同时，发挥地域建筑特色与优势。一个地方的建筑特点和其所处的地理位置还有气候条件有着密不可分的关系，还有地方文化习俗。海南适应气候形成了各具特色传承地方传统建筑，海南地域传统建筑也是海南文化的一大特色。

而在新时代的海南，建筑的地域性特色正在缩减消失，现代建筑充斥，地域建筑文化缺失，千篇一律的建筑，必将失去其所在地域环境中艺术、审美与文化价值更缺乏生命力。建筑除了满足人们对空间使用功能的需求，更要满足人们的审美需求与心灵感受，应该是功能、艺术、审美以及地域文化的综合体。

有关海南传统建筑的综合研究，国内外尚未开展，相关的文献资料十分匮乏。因此，对海南传统建筑的解析，传承海南传统建筑，活化传统建筑文化，必将弥补该研究领域的空白。

对海南传统建筑的研究，除了地域建筑特色的总结，关键是寻找传统建筑和海南环境特征和历史发展的契合点，并将其运用到当前建筑创作中去。随着时代变化和技术提高，使得现代建筑创作必须在当前社会要求、物质条件和地域文化背景下，充分考虑如何通过创作手段来延续建筑地域特征和表达当地自然环境，使海南现代建筑成为当地地域文化重要的媒介和文化传播者。

第一节 海南传统建筑传承的意义和原则

一、海南传统建筑传承的意义

（一）传统建筑传承之重要性

海南传统建筑是海南人民智慧浓缩的结晶，必然有着“古为今用”的有益成分。现代建筑的大量涌现及外来文化的冲击被多元的审美追求的建筑所代替。对传统建筑文化传承的缺失，现代对传统的蚕食与否定，或本土文化对外来文化的让位，亦反映出民族自信心的缺失。建筑是表现民族精神的一种主要形式，从某种意义上而言，传承传统建筑，重拾民族自信亦可以说是重铸民族精神的外在物化。因此，更好地保护物化遗存，适者生存、物竞天择，传统建筑的文化风习的活化传承，是一个民族文化自信的重要体现，也是一个民族应有的对自然敬畏，对历史的尊重。

（二）传统建筑传承之紧迫性

1. 外来因素导致传统建筑加速消逝

当今，大量优秀的传统建筑，伴着经济加速增长、生活习俗的变革而快速走向消失。古村落消失，传统民居的衰退的后果，随之而消失的诸如耕读传家、风水布置、节气耕作等传承上千年的风俗传统和文化习俗。海南共有10种传统民居类型入选《中国传统民居类型全集》，传统民居10种类型，在如今的海南其实已不多见。

社会的发展，文明历史在不断更迭。在农耕社会时期，每一栋建筑都是多彩民族文化的活化石，每一座村落都是一部记载有厚重历史的典籍，凝聚着人类文明演化、人文精神、宗教信仰、宗族观念等人类智慧结晶。整个海南，尤其是琼北地区经历千年风雨的古村落及传统建筑，还在快速的城镇化进程中消失。除了因城中村的改造、移民搬迁、重大项目建设、道路改造等自然村落被动的消失，或是名存实亡式的改造，还有一种情形让村民们被动式的主动放弃，以至于一些自然村落原住村民退出，村落消失。

白查村，是海南省唯一列入国家级非物质文化遗产保护名录的黎族村庄，从2009年下半年开始，旧村整体改造，白查村的村民全都外迁，到一里地以外的新村。旧村里原有80多间船形屋，因为没有了原仕村民看管人气渐衰，在自然和风雨的磨蚀下，凝固千年历史的船形屋正在日渐一日地衰败下去。还有昌江洪水村被称为海南“最后草屋部落”，黎族传统民居船形屋渐无人烟，村民迁入了附近不远处的砖瓦新房，茅草船形屋由土墙茅草顶，简单原始土木石竹结构组成，受材料材质的影响，材料抗腐蚀性差，加之没有人看护面临着消失的困境。传统建筑的保护与传承已刻不容缓。

2. 内在因素造成传统建筑传承的紧迫性

传统建筑本身受传统地域建筑材料的限制，加之海南传统建筑多为砖、土、石、木结构，工艺处理方法简单，防潮抗蛀耐腐蚀性差，历经风吹日晒，老化程度加剧，年代久远，修葺能力不强，经济来源有限，传统建筑保护与传承到了十分紧迫的程度。

令人担忧的是，海南传统建筑正遭受不同程度的破坏。它们或被遗忘在历史的角落，任由风潮雨露侵蚀，破败不堪，或被一栋栋毫无新意的混凝土小楼所取代，曾经独具特色的传统建筑变成了一般面孔。传统建筑在走向现代化的过程中，遭受着多重打击，岌岌可危。海南传统建筑的保护传承之路已迫在眉睫。

二、海南传统建筑传承的原则

（一）自然环境的适应性

海南传统建筑离不开海南的地域环境，任何建筑都应顺应自然地形地貌，适应地域气候，海南的热带季风性气候、复杂的地形地貌、资源丰富的地域性材料。海南传统建筑与自然环境相适应的传承原则主要表现为：顺应地形的回应、适应气候、“因地制宜，天人合一”的整体布局、“因势利导，和谐共生”的空间布局。

1. 顺应地形

海南传统建筑或者其他类型的建筑在设计及其建造的时候，顺应地形和对自然环境的尊重是考虑的重要的因素。这样不仅可以减少原生地貌的破坏，对地形挖方和填方量改造工程，节省大量的人力、财力、物力，体现出人利用自然和改造自然的能力。海南黎族由于长期居住在山区，依山坡建设的房屋较多，在房屋坡形地基的处理上，采用半填半挖方式挖平一部分的坡地，再用挖出的土方就近平衡去填平另外的沟谷地，减少人工运输土方工作量，防止山体滑坡、泥石流等灾害的发生，用石头砌筑挡土墙，已形成错层退台的地基形式；海南黎族干阑式民居茅草金字船形屋很好利用坡地，下部架空石砌地面和挡墙，穿斗式结构出现，上层及地面为木板，底层架空空间可堆放杂物，生产农具，圈养牲畜家禽，还有吊脚楼适用于坡度较陡的坡地，用竹木绑扎，茅草顶木板围护（图8-1-1～图8-1-3）。

坡度较缓的坡地采用局部干阑式。吊脚楼和局部干阑式房屋的底层局部架空形式，较好促进了室内外空气的流通，防潮防湿使其达到较好的通风效果，改善了居室环境。

图8-1-1　黎族吊脚式民居（来源：唐秀飞 绘）

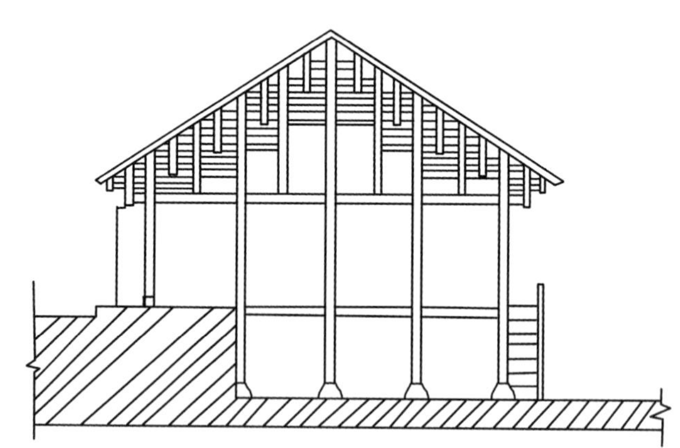
图8-1-2　黎族局部干阑式剖面图（来源：唐秀飞 绘）

2. 适应气候

气候是影响人类生活健康的主要因素，充分利用海岛空气含氧和负离子高的自然资源优势，适应气候，降低节约能源的消耗，减少对气候的破坏。

海南的主导性气候是海洋性热带季风气候，温度在15～29摄氏度之间。海南岛四面环海，炎热的气候和强烈的阳光，夏季常受雨季热带气旋和台风侵蚀（图8-1-4）。

海南传统建筑形成了遮阳、隔热、通风等应对气候的手法，如高耸的屋顶，可以冷却炎热的空气；出挑巨大的屋檐，开敞的外廊、露台，以及活动遮阳百叶，既挡住了日光的照射，减少了太阳辐射的面积，又保持了大部分屋面经常处于阴影和半阴影中，有利于遮阳隔热，营造凉爽的室内外空间。

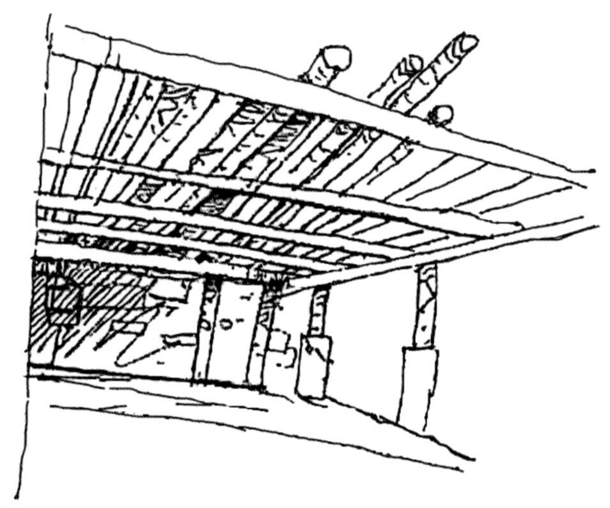
图8-1-3　黎族干阑式局部大样（来源：唐秀飞 绘）

除此之外，海南时而出现的暴雨天气，导致空气特别潮湿，因此，传统建筑的防雨、防潮等方面形成了自己的特

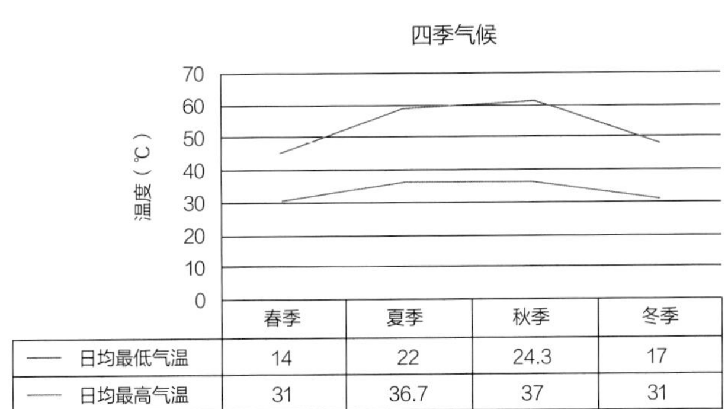

	春季	夏季	秋季	冬季
—— 日均最低气温	14	22	24.3	17
—— 日均最高气温	31	36.7	37	31

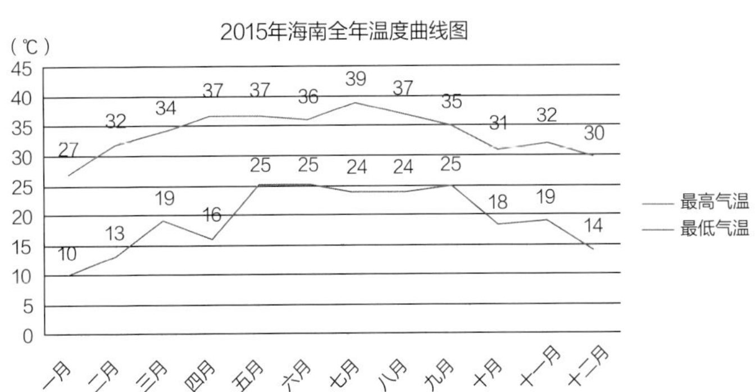

图8-1-4　海南全年各月气候变化图-2015年（来源：唐秀飞 绘）

色，如底层架空，木柱支撑在石头基座上等，能有效防洪、防潮、通风。海南的现代地域性建筑的优势在于能够吸收本土营造的经验，运用现代技术材料手段，来满足当代生活的需求。

①阳光与温度

海南岛是我国全年日照时间最长的地区，阳光的适应与利用对海南地域建筑的布局与空间处理上较为重要，引光进屋，紫外线照射杀菌消毒、充分利用日照，自然采光，利用太阳能，满足建筑基本能量需求，太阳能照明，绿色智能住宅建筑等，为建筑提供源源不断的可再生能源，降低能耗和减少污染。

②自然风（空气）

自然风是人类生存必不可少的气候因素，高质量清新洁净空气是人类生活追求的永恒主题。在建造活动中，充分地利用自然风，引导促进空气的对流。海南的气候台风较多，有“台风长廊”之称。海南传统建筑的选址与布局对自然风的适应上，引导自然风进室内或院内，形成良好的穿堂风或院内小气候，减少或避免台风对传统建筑的不利影响，通过山脉屏障，树林阻挡，建筑坡屋顶变化等布局来减弱抵消风力。

③湿度

湿度是衡量空气质量好坏的标准之一，湿度过大空气湿热沉闷，建筑物构件尤其传统砖木结构的建筑木构件容易腐蚀受损，而湿度小空气水分蒸发较快，空气干燥影响人身心健康。

④降水量

降水是人们生产生活重要的自然资源，降水量大小影响生活用水、植被环境、农作物耕种、生活品质改善与提升等。

3. “因地制宜，天人合一”

“因地制宜，天人合一”一直都是中国传统建筑聚落的规划布局思想，海南传统建筑与自然和谐相处，其内在原因是建筑的地域性，更是充分利用自然条件的表现。海南建筑因地制宜与自然环境融合更是在海南当代地域建筑传承过程中要有整体布局思维，彰显地域特色，因地制宜与环境融合，体现天人合一（图8-1-5）。

4. “因势利导”的空间布局

海南传统建筑在规划与建设时要充分考虑到气候环境复杂和自然灾害较多。

图8-1-5　村镇最佳选址（来源：唐秀飞 绘）

在对自然风的利用要顺应平时的风向。空气在建筑与建筑间的流动，内部空间形成良好的穿堂风，保证空气清新洁净。聚落建筑形成舒适良好的微气候，为休闲、娱乐、纳凉等提供舒适的环境，也是建筑延伸室内空间的对话。

海南传统民居聚落选址是背山、面水、山环水抱、田梯环绕。背山是利用山体屏障来减弱台风的风力，同时利用村落外部环村林带降低台风风速，利用丰富的森林资源有计划伐养结合、狩猎以及森林养殖；面水，水资源是日常的生产生活重要资源，生活饮用和农作物灌溉都要求近水且水量丰富。聚落周围山环水抱，环村林带，有利于聚落内外空气对流削弱强劲的台风、驱湿、散热、隔声、防尘，有利于聚落空间的安全与空气清洁；田林环绕，村民就近利用附近的田地进行种耕作，山林果木种植为居民稳定的经济收入，满足日常饮食，蔬菜、瓜果供应和粮食等提供了保障。

（二）文化精神的同构性

对海南地域文化与地域精神的传承，包括人们的审美原则、文化风习、宗教信仰和对幸福生活的向往，人生观、世界观和价值观取向。从对海南传统建筑的研究中发现，地域的不同，其地域文化和地域精神也不尽相同，厚重地域文化是民居生命力、感染力、吸引力和创造力的源泉；优秀的地域建筑都彰显独特的地域文化，创造出独具魅力具有海南地域特色的建筑，也是传统建筑在海南继承与发展的关键所在。

文化因素在海南黎族地域建筑上的体现也是一种很好的启发。如黎族文化包括黎族的生活习俗、场所精神、历史人文、宗教信仰。黎族没有完整的宗教体系，黎族人崇拜祖先，认为“万物有灵”，祖先灵魂照应自己幸福，祸福相依，所有人感恩并尊重祖先。黎族非物质文化，代表还有如黎锦、纹身、独木器、鼻箫、故事歌谣、音乐舞蹈等。黎族地域建筑船形屋作为地域文化的载体，黎族历史船文化传承与他们的起居生活密切相关，船的形象特征是黎族先民的船居生活所产生的信仰，也是在黎族地域建筑中船文化的充分表达。船形茅草屋顶，船形的平面，如同船舱的筒形内部空间，不开窗，人在山墙两端由船头和船尾进出，黎族地域建筑只在山墙的两边开门，入口处开敞形成门厅，晒台如同船头（表8-1-1）。

文化的传承在现代建筑或现代地域建筑中受到建筑界普遍关注和重视，从地域文化的角度考虑，利用当地熟知的建筑符号对地域精神的深层挖掘或现代转译，利用本土化的材料展现地域建筑元素创造出具有现代气息的地域性建筑，才是真正功能现代，特色鲜明的地域优秀建筑。

在传承海南地域文化的同时要进行传统建筑文化与地域精神的现代转译。地方材料的运用和细部装饰的构图处理上，建筑外部空间造型上和内部空间形态，对场所精神和地域特色塑造，传承地域传统文化，复兴传统建筑活动，不再单存复制传统建筑的造型和形态，而是厘清建筑所蕴含的历史印迹和文化风习，创造更好的具有传统特色的海南建筑。

黎族文化在其民居中的表达 表 8-1-1

黎族文化因素	黎族地域建筑的影响因素	黎族文化在民居中的表达
生活习俗	船舱低矮窄小的生活模式水生到陆生	船形平面、窄小的建筑空间
场所文化	对船的认同感、归宿感、安全感	船形茅草屋顶
宗教信仰	迷信、鬼神	不开窗或少开窗
祖先崇拜	祖先留下来的船形屋	保留船形屋
历史背景	百越民族的后裔，干阑式建筑的影响	干阑式船形屋，吊脚楼
社会交流	交流和吸收汉族的建筑形制	落地金字形船形屋

（三）经济技术的相宜性

适宜的经济技术是一种可持续，自然利用地域可再生资源，形成建筑节能生态的营造观，建造活动尽量避免和减少破坏原有自然环境。在传统地域建筑的传承与发展中，适宜经济技术得以广泛应用。

相宜的经济技术包括适宜与时俱进的新技术和适宜地域经济技术。相宜性不等于简单建造技术的叠加，是多种技术的协调与统一，是一种适应时代的、生态的建筑技术，切合实际地域，符合国情的经济性和可行性强的先进建筑技术。

经济技术是影响地域性建筑的主要因素，也是一切建造活动的前提和必备条件，不同地域的建设条件。技术文化背景不一致和经济水平不一样也是决定地域建筑独特性和多元化因素，从建筑的本质上来看，经济技术是决定外在建筑形式，是建造活动实现建筑形象创造的原动力。经济技术的相宜性包括适宜地域性乡土技术和新时代的高新技术。

1. 本土技术

本土技术是当地地域性的具有传统地域特色的建造技术，具有本土特色鲜明、乡土气息浓厚、构造简单、就地取材方便、低成本、原生天然、加工容易、便于施工、易于维护等优点。也有技术含量低、选择性差等缺点。乡土气息的地域建筑都是遵循运用当地技术、就地取材、呼应环境、生态节能的原则。从经济节能的角度来看，条件欠发达地区，规模不大的地域建筑适合本土技术；由于建筑材料缺乏足够的刚度、强度和稳定性，耐久性或安全性差，需要运用高新技术的手段来实现地域建筑本土化技术营造，塑造原生的原真生产生活空间。如琼海博鳌镇美丽乡村改造（图8-1-6）。

2. 高新技术

当代建筑技术随着高科技发展而发展，人们生活水平提高，对空间的需求也越来越大，高新技术、新型材料与技术，灵活适应多变空间，各种跨度和高度超越，新技术应用也越来越被人们重视。建筑新的形式也带来新材料新技术的革命和跨越式发展，但高技术新材料的施工工艺，先进技术含量要求高，维护成本较高。如三亚凤凰岛（图8-1-7）。

3. 本土技术与高新技术的比较

不管是本土技术还是现代的高新技术，都有自身的优点和不足之处，如何做到扬长避短、克服不足，有机结合，正如吴良镛先生所说的“现代建筑的地区化，乡土建筑的现代化”。在建筑创作的过程中，海南传统建筑传承，立足于海南地域实情，采用本土技术相结合，凸显海南传统建筑特色（表8-1-2）。

经济技术因素是社会发展进步的根本原因，经济技术的相宜性是传承海南传统建筑最好途径与方法。各地地域经济技术发展的不平衡直接导致了不同的地域建筑，建筑高水平层次的创作，体现其对地域气候及适宜技术的适应性。高水平建筑建造充分体现了自然环境下地域建筑的特色，是鲜明地域特色和生命力表达，也是海南传统建筑传承中应有体现。

图8-1-6　博鳌乡村改造（来源：李贤颖 摄）

图8-1-7 三亚凤凰岛（来源：唐秀飞 摄）

本土技术与高新技术比较 表 8-1-2

特点	本土技术	高新技术
构造	简单	较复杂
施工	简单	较复杂
成本	较低廉	较贵
维护	较简单	较困难
技术水平	较低	较高
标准化选择	较差	较快
材料运用	当地材料	现代材料、当地材料
规模	较小	较大
耐久性	一般	耐久
实例	琼海市博鳌乡村改造	三亚凤凰岛

第二节 海南传统建筑的传承分析

一、整体布局的当代适应

（一）适应地形

海南传统建筑所处地形主要为：河口平地、山地海滩、岛屿、丘陵、河谷、港湾等地区，海南先民对地形，如黎族、苗族船形屋背山面水和疍家渔排的择水而建，都是主动适应自然环境，顺应当地的地形地貌建筑建造的经典范例（表8-2-1）。

采用现代生态科学技术，对不同的地形地貌进行系统的分析，并结合当地气候特色分析建筑的布局，建筑日照、通风、朝向、生态节能，保证建筑的生态可持续发展。

1. 坡度在5%以下的地形：分布在海南岛的沿海一带，地面平整，交通方便，土地肥沃，该类型地面是建筑用地中最适合建设的地形，是建筑以及道路的理想用地。

2. 坡度在5%～10%之间的缓坡地形：分布范围在海南岛沿海一带并与坡度在5%以下的地形紧邻，地面基本平整，与坡度在5%以下的地形较为接近，建筑与道路的布局，基本上不受地形的限制。

3. 坡度在10%～25%之间的地形：地面有坡度，建筑与道路的布置受一定的制约，建设时要对地形做相应的处理，建设活动对地形地貌会产生一定的破坏。如建筑错层与架空、对地形的挖填方处理等，顺应地形。建筑之间的联系交流是通过设置台阶楼梯等垂直竖向交通进行连接。

4. 坡度在25%～50%之间的地形：对建筑与道路的布局制约较大，能采取架空局部建设活动对地形改造产生较大的破坏，除特殊要求外，是不宜建设用地。

5. 坡度在50%以上的地形：主要分布在海南岛以五指山为主的中部地区，坡度很陡，为不宜建设用地。

海南传统建筑，特别是分布在海南中部的海南黎族、苗族传统民居，地处丘陵、河谷与山区地区。在地形的处理上顺应地形，减少开挖土对生态破坏，做到挖填平衡，保护自然植被生态环境。其所处的地理环境条件复杂和生产力水平较为低下，从经济的角度出发，降低造价，要求对场地的处理因地制宜；从保护生态环境出发，建造活动不能对环境生态造成破坏，引发地质灾害。海南吸取先人经验，传统建筑的选址一般处于坡度在25%以下。

建筑建造过程中，对自然环境会造成或多或少的破坏，我们要用生态方法处理好破坏与生态平衡的问题。以“天人合一”的生态建设观，让建筑“融入”场地，传承海南地域建筑特征。

（二）适应气候

适应气候是对自然气候的适应性利用，对建筑的不利性气候分析，设计出合理的建筑布局形式，营造舒适的居住环境。海南台风和湿热气候对海南传统建筑有着巨大影响，也是形成海南传统建筑地域特色的主要原因。

山地坡度类型分析 表8-2-1

坡地类型	坡度	建筑布置及设计基本特征
平地	5% 以下	地面平整，适宜建设，建筑布置不受限制
缓坡地	5% ~ 10%	地面基本平整，适宜建设，建筑布局不受制约
中坡地	10% ~ 25%	地面有坡度，可以建设，建筑布局受一定的制约
陡坡地	25% ~ 50%	地面坡度较大，布局处理后，部分建设
急陡地	50% ~ 95%	坡度急陡，不宜建设
悬坡地	95% 以上	交通困难，修建费用高，不宜建设

1. 总体布局

海南传统建筑地处热带地区，日照充足，建筑因地制宜布局，空间紧凑。黎族、苗族建筑充分利用与顺应地形，利用地势高差形成层层递进、前低后高的空间序列，提高日照和通风效果（图8-2-1）。南洋骑楼建筑在城市中多采用东西向或南北向呈长条形的临街紧密布局，临街底层形成外廊是商业空间延伸，同时人在街上流动，形成人看人的商业人流骑楼建设，底层临街的商业活动，紧邻布置的建筑空间连续形成良好的遮雨通风效果，建筑中设置了天井和内走廊，形成庭院共享空间，通风引导和处理，加强建筑内部空间空气对流，保证室内空气清新，降低室内温度，带走高温和辐射热（图8-2-2）。海南建筑总体布局因地制宜适应气候的处理手法，值得设计师和规划师学习借鉴。

2. 通风遮阳避雨设计

海南传统建筑在通风遮阳方面主动适应海南湿热气候，保证散热通风顺畅，如天井、内廊、连廊、建筑屋檐外挑等，海南地域建筑创作在通风遮阳方面有很多成功做法和探索。

海南传统建筑通风采光设计，主要以自然采光和自然通风为主，利用天井和庭院组织建筑的空间内部布局。利用温差加速形成空气对流，朝向引导通风风向并保证风量，海南传统建筑天井或庭院采用的是分隔式，大进深长条形建筑分隔成多个单元打破了长条形的建筑体量，比例体量权衡设计

图8-2-1 海南黎族建筑（来源：石乐莲 摄）

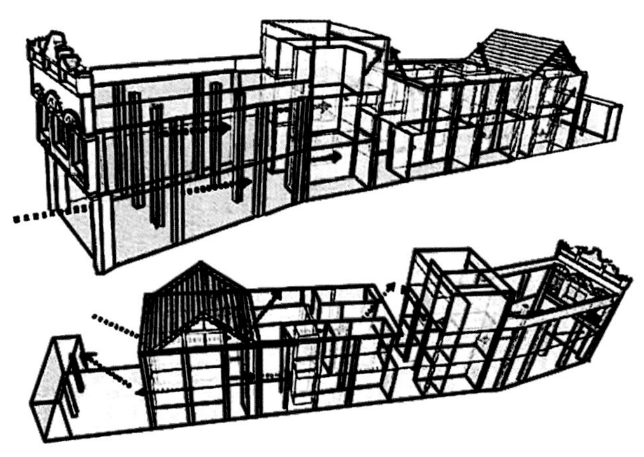

图8-2-2 海南骑楼热压通风示意图（来源：《海口骑楼建筑的生态性研究》）

更趋合理。琼北民居一般采用前后门正对、前窗后窗正对的结构，房屋前后气流贯通，通风效果良好。在海口演丰红树林南洋风情商业街建筑布局强调街道空间和建筑空间的贯通（图8-2-3）。海南当代地域建筑创作顺应海南复杂的气候，利用庭院、大井的通风散热驱湿的设计手法，达到室内空间良好的通风，内天井共享空间形成。

在建筑遮阳方面，为保证阳光不能直射到房间内，海南传统建筑主要建筑空间利用连廊联结开敞、半开敞的空间，起到很好的遮阳效果，也供人们娱乐、纳凉、休闲等活动。开敞、半开敞空间封闭起来变成室内空间，而开敞时则相当于庭院空间。海南传统建筑中开合有度的开敞与半开敞空间，室内外空间相互的融合，通风遮阳效果大大提高（图

图8-2-3 海南琼北民居通风示例图（来源：《海口骑楼建筑的生态性研究》）

图8-2-4 开敞、半开敞空间（来源：唐秀飞 摄）

8-2-4）。因此，在海南当代地域建筑的传承与创作中在满足当代人的生理与心理的需求上，良好通风遮阳应充分发挥其开敞、半开敞空间的作用。

在海南琼北地区，属于多雨中心，年平均降雨量在1600毫米以上，其独特的海滨气候对于民居有着深刻的影响。外廊作为琼北民居的一个典型象征，也是琼北民居采用的主要避雨形式。如海口演丰红树林南洋风情商业街受南洋文化影响，民居的外廊多位于由路门进入院落边缘和横屋的一侧；此外，临街的楼房将下层做成柱廊或人行道，用以避雨、遮阳，楼层部分跨建在人行道上，曰：“骑楼”（图8-2-5）。

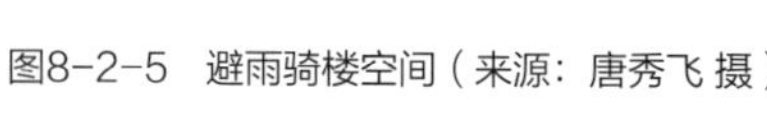

图8-2-5 避雨骑楼空间（来源：唐秀飞 摄）

因海南常年太阳照射时间长，酒店建筑常采用出挑大的屋檐设计和底层架空的设计，形成大面积阴影区，减少直接热福射（图8-2-6）。建筑立面采用格栅门、窗或折叠门、窗形成围护结构，并大量采用侧高窗设计，调节室内热环境，带动空气流通，减少空调的使用量，从而提升酒店环境舒适度，降低能源损耗（图8-2-7）。

二、空间布局的当代演变

在对海南传统建筑的传承时，传统的空间形态具有强烈的时代性和地域性，既要传承传统建筑的地域空间合理布局方式，又不能简单机械地完整照搬。要以当代人的智慧眼光，运用现代的技术与方法，提取海南传统建筑空间布局的经典，进行理性筛选和提炼，顺应时代生产生活需求科学合理的演变。

图8-2-6　三亚君澜度假酒店大出挑的大堂屋檐设计（来源：唐秀飞 摄）

图8-2-7　三亚君澜度假酒店采用格栅门窗及侧高窗的形式调节室内环境（来源：唐秀飞 摄）

（一）内部空间的当代演变

以院落和天井来组织建筑内部空间，大大增强了建筑内部空间的通透性，丰富建筑的通风采光和空间灵活多变。院落、天井与厅堂空间、走廊空间的联系，建筑内部转换变化空间层次丰富，视觉延伸，视廊联结，连续视觉环境，空间属性不同和心理感受不同。建筑院落空间与室内空间联结，保证建筑室内空间的延伸与视觉连续。

传统建筑院落与天井空间是人们日常生活交流的场所，提升其建筑空间环境品质，注入建筑新的活力。使建筑内部空间丰富多变，走廊、天井加强室内外空间的渗透延伸，建筑的院落空间是建筑室内外部空间，又是建筑群所围合供人交往的内部空间（图8-2-8）。空间相互转换，院落的营造既要符合当代审美情趣，又要满足生理心理上的需求，在当代海南传统建筑传承过程中，对传统空间进行当代的演变与升华，赋予传统空间现代生活的需求将传统单一的院落演变为丰富多变，空气流动，视觉延伸，空间序列连续丰富，更具生活情趣的休闲、交流的共享空间（图8-2-9）。

“又一间”博鳌镇仓贡民宿由传统三开间民居围合形成的天井演变形成的（图8-2-10），中庭借鉴了琼北传统民居建筑的内院天井手法，达到拔风、自然采光的节能目的（图8-2-11）。民宿对冷巷与庭院的应用，为居住空间提供自然通风所带来的“凉风习习”的感受。同时还达到室内外环境的交融，营造出可供休憩交流的舒适的公共空间（图8-2-12）。建筑材料方面除为提高坡地建筑整体稳定性，而选择使用高性能混凝土、钢筋为主材的框架结构外，其他建筑材料基本就地取材：建筑内的楼梯，雨棚、栏杆、地板、棚架采用竹木构件；硬质地面板材采用当地开采的花岗岩石料；墙面白石灰利用岸边的珊瑚石、白贝壳为原料烧制而成；挡土墙及墙身基础以毛石为主材；开敞楼梯间的漏窗及庭院路利用废弃的旧砖旧瓦砌筑铺贴；路面及墙身利用河流里的卵石为装饰面材（图8-2-13）。

（二）外部空间的当代演变

海南传统建筑的外部空间受风水择址思想影响，取地

图8-2-8　内部空间（来源：唐秀飞 摄）

多进合院韩家宅

内部空间

海南香水湾君澜海景别墅酒店

图8-2-9　内部空间的演变（来源：唐秀飞 摄）

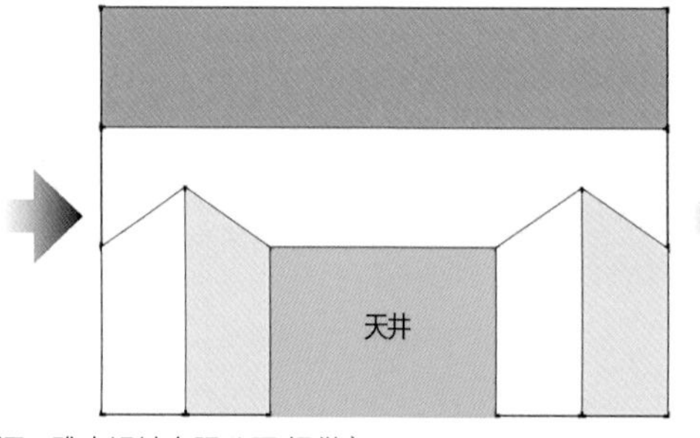

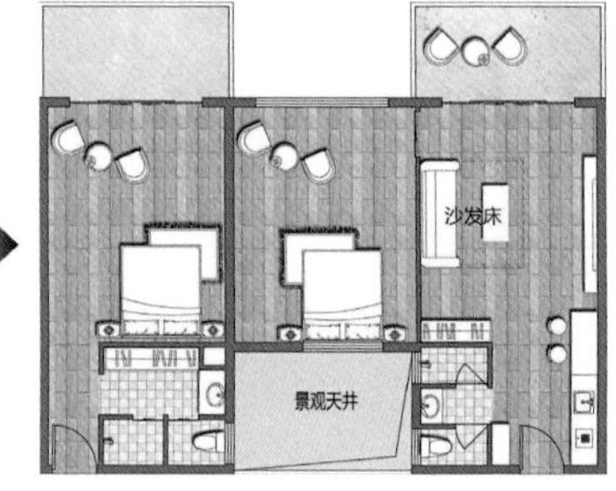

图8-2-10　“又一间”仓贡民宿中天井演变（来源：雅克设计有限公司 提供）

势之长，主地形之利，利用高差变化组织外部空间，外部空间形态呈现出高差变化较大，平坦开阔地势，平坦的外部环境，大多是海南人设置“晒谷场”，是村民公共活动聚会场所，也是日常的生产、娱乐、休闲、交流的公共空间，是最具活力的外部空间。“晒谷场”一般位于传统聚落的中心位置，四周略低，便于晒场的防水、排水，保证晒谷物干爽、清洁，不受雨水浸泡（图8-2-14）。

在海南传统建筑的当代传承中，根据地形地貌对场地进

图8-2-11　“又一间”仓贡民宿中天井（来源：雅克设计有限公司 提供）

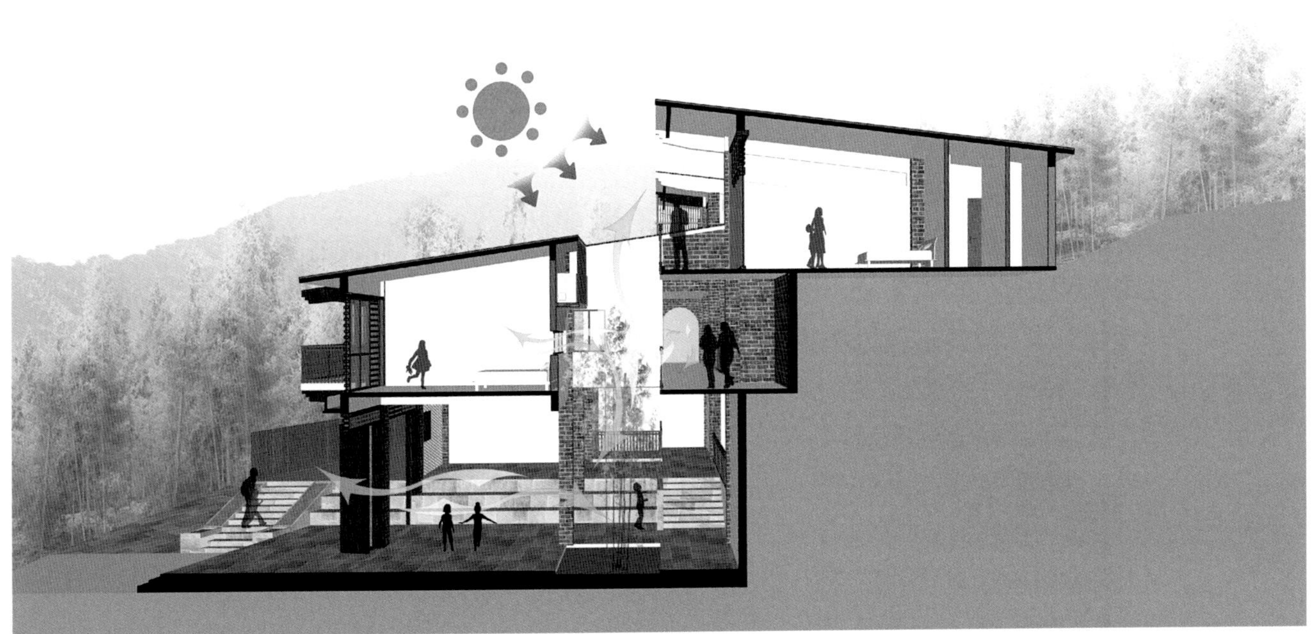

图8-2-12　“又一间”仓贡民宿中冷巷与庭院的结合（来源：雅克设计有限公司 提供）

行界定，通过聚落外围种植环村林带，提高地形高差界定，晒谷场等公共开阔平坦地作为集会节庆场地，日常生活公共交流的场所。通过果木树林，景观小品围合适应地形地势的形成节点、活动小广场。顺应地势高差不同处理，形成高低起伏错落有序，田园山水景观，营造出乡土气息浓厚，符合人们心理需求的质朴自然乡土景观。

三亚亚龙湾鸟巢度假村，最大的特点就在于它的整体设计，整个度假村分布在茂密的热带雨林丛中，一间一间的小

图8-2-13 “又一间”仓贡民宿效果图（来源：雅克设计有限公司 提供）

图8-2-14 外部空间（来源：唐秀飞 摄）

别墅迎合山地的走势和保护其中的生态植物自由地散落在海南的大自然环境中。这样的整体设计，是借鉴海南传统聚落的空间形态。鸟巢度假村根据黎族村落自由分散式布置，采用茅草屋顶干阑式船形屋，底层架空，住宅位置进行实地选择时，有时为了保护原生原始森林环境避开一棵大树保护古树名木而变换位置，让住宅隐入绿林中，有时为了临水甚至一条小溪而形成小桥流水人家，有时为了顺着山势而底层部分架空等，实地环境因素影响，住宅选址、朝向和结构的主动适应，因地就势融入自然之中（图8-2-15）。

海南文昌东郊椰林度假别墅，建筑基本都是以一层为主，对传统建筑空间进行了简化和重塑。建筑完全隐藏在茂密的椰林丛中。建筑与建筑之间的室内外空间创造，展现了一定的地域特色，就近取材，地域建筑材料石材、木材的选用，本土建筑技艺营造具有浓郁乡土气息的地域建筑空间。建筑形态以海南的“船形屋”为原型，提炼建筑元素符号，形态上对船形屋的外形进行简化和重塑，在传承历史建筑的形态基础上，运用新的技术和新材料进行变化和创新（图8-2-16）。建筑既不失传统民居的韵律与风味，又具有现代气息。

五指山初保村

外部空间

三亚鸟巢度假村

图8-2-15　三亚鸟巢度假村外部空间的演变（来源：唐秀飞 摄）

传统建筑

形态的简化和重塑

文昌东郊椰林度假别墅

形态的简化和重塑

图8-2-16　文昌东郊椰林度假别墅外部空间的演变（来源：石乐莲 摄）

（三）对重点空间的保留

海南人恪守“根脉尊宗”的儒家思想。厅堂是海南传统建筑重要组成部分，是海南居住公共聚会祭祀主要空间，是海南人精神寄托之处（图8-2-17）。喜忧祭祀、逢年过节对祖先的祭奠体现了海南传统的宗族礼制观念，凸显海南传统建筑的人文地域性特征。因此，对重点的厅堂空间进行保留与发展，传承海南传统建筑地域人文（图8-2-18）。

三、传统要素（符号）的当代转译

（一）屋顶的转译

屋顶是海南传统建筑的特色体现之一，黎族茅草船形屋顶是海南民居地域特征的代表，还有在海南出现大小、长短变化的汉族传统民居的双坡屋顶和南洋风格屋顶。

在当代海南传统建筑创作时，由于传统屋顶的坚固耐久性、技术性和适应性较差，既要传承又要发展，学会对海南传统屋顶进行转译，从海南传统建筑中挖掘与提取独具海南地域特色的元素，根据当代的经济技术水平与人们生产生活的需要进行当代的改良。不是对原有传统建筑的抄袭和模仿，而是注入地域建筑新的生机。如三亚百越民族村中的建筑，用现代的手法转译海南传统建筑技艺的做法（图8-2-19），用钢筋混凝土材料再现传统屋顶及梁木柱结构，外辅以竹木、茅草的生态材料质感，既保证安全，其建筑既有现代的气息，又不失海南地域传统特色。

图8-2-17 重要厅堂空间（来源：唐秀飞 摄）

多进合院韩家宅

三亚君澜凯宾斯基度假酒店

图8-2-18 重要厅堂空间的演变（来源：唐秀飞 摄）

图8-2-19　三亚百越民族村的廊桥、博物馆（来源：石乐莲 摄）

船形屋-屋顶

屋顶

保亭什进村住宅

保亭什进村村委会

图8-2-20　屋顶的转译（来源：石乐莲 摄）

保亭三道镇什进村村民的自住建筑及乡村客房均由形似船篷的建筑瓦屋顶自然组合，建筑檐下多采用通透的木构架处理，并赋予编织纹样装饰，在利于组织自然通风的同时象征性地表达了黎族织锦的深厚文化。不同居室空间以通透式连廊有机串联，中间形成天井式的围合庭院。建筑的船篷式瓦屋顶及立面木构架色彩多以深色系列为主，墙身则以黄色系为基调，局部墙面及柱体以火山石材质贴面，体现自然质朴的本土地域特色（图8-2-20）。

七仙瑶池温泉度假酒店的“船屋”会所位于酒店主体建筑，借鉴黎族半圆拱形船形屋设计成独特的拱形屋顶作为酒店的标志性建筑依偎在群山中，超大型的船形灯，与船屋建筑相呼应，木质材料的建筑更拉近了人与自然之间的距离，深色火山岩地面，粗犷又不失品质，这些都准确地演绎出海南文化的精神内涵（图8-2-21）。

除了运用坡屋顶表现传统建筑风格外，三亚部分滨海度假酒店大堂酒廊的屋顶造型运用三亚当地乡土建筑样式来表现度假酒店的地域文化属性，同样获得良好的视觉效果，如三亚红树林度假酒店，模仿干阑式的建筑手法塑造了一个纯木构的大堂酒廊，给人通透、自然、纯朴的亲切感（图8-2-22）。

半圆拱形船型屋

屋顶

七仙瑶池温泉度假酒店

图8-2-21 屋顶的转译（来源：石乐莲 摄）

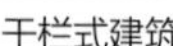

干栏式建筑

屋顶

三亚红树林度假酒店

图8-2-22 屋顶的转译（来源：石乐莲 摄）

（二）走廊的转译

走廊在海南传统建筑传承中具有重要地位，海南建筑对走廊的当代转译，发挥走廊固有功能的同时创造出灵动的室外空间，加强室内外空间转换渗透，除了基本的遮阳避雨功能之外，设置适合当代人需求的走廊空间。利用走廊连接建筑空间，建筑空间内外渗透延伸，利用高差变化进行空间组合与变化；走廊形成室内外空间相互联结的过渡景观节点空间，强化了室内外景观交流对话，庭园院落景观，天井的围合，街景底层商业连廊增强了人们景观视线的连续，室内外更好地相互交融；丰富立面的造型，防晒遮荫的效果，人与人交流界面增多（图8-2-23）。三亚喜来登度假酒店是典型的中式园林式酒店，走廊与园林结合，形成风景如画的观景通廊。滨海地区度假酒店的主要交通走廊都可作为客人休闲观景的空间。如三亚海韵度假酒店利用廊道的宽敞空间，摆放舒适精美的座椅，创造更多的半室外休息区。又如三亚国光豪生度假酒店在走廊上插入平台，丰富走廊形式的同时创造可停留的观景空间（图8-2-24~图8-2-26）。对海南传统建筑的传承中，对走廊空间的理解与场所精神再创造，由模糊灰空间转化为流动的人们乐于交流充满活力的共享空间。

（三）墙体的空隙通风与山墙墙头的演绎

1. 墙间窗通风

海南传统建筑在墙体上开窗设置墙间窗，主要有灰塑窗、木雕窗、木构窗以及琉璃陶瓷窗等。海南传统建筑中的墙间窗，有良好的散热通风驱湿效果，还能丰富建筑立面效果，在海南传统建筑中广泛应用墙间窗。传统窗户受材料局限性，防虫防蛀、坚固性、耐久性方面要求我们利用当代技术和材料对传统墙间窗的纹样、形式以及结构进行当代的转化与适用性、灵活性再创造，传统形式现代材料结构要充分体现海南建筑立面独特地域风格，又要能保证室内通风散热和采光。

2. 山墙墙头的演绎

琼北地区山墙墙头文化形成的本质是用作防火防风，装饰作用和外在地位，家境的殷实等对外展示需要，是地域迁移历史文化的积淀，是人类对自然地理环境适应，生存的需要作用的结果。琼北居民来自闽南、岭南两地居多，传统民居自然都有着原居地许多共同特征，琼北民居脱胎于闽南、岭南民居，入琼后建筑形式经简化后适应本土气候的形式，

多进合院韩家宅-走廊

走廊

三亚凤凰机场候机楼廊式空间

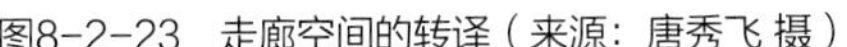
图8-2-23　走廊空间的转译（来源：唐秀飞 摄）

图8-2-24　三亚亚龙湾喜来登度假酒店格栅门开启时看到的景观（来源：唐秀飞 摄）

图8-2-25　三亚海韵度假酒店廊道两侧的休闲座椅（来源：唐秀飞 摄）

图8-2-26　国光豪生度假酒店的休闲平台（来源：唐秀飞 摄）

它具有自身独有海南地域特征和文化内涵。海口演丰红树林南洋风情商业街建筑原型取自琼北民居。如山墙墙头取自文昌松树大屋（符家大院）的细部做法，为广府文化镬耳山墙造型；坡屋顶来自南洋元素在海南的发展和再造。在空间形态上，根据琼北传统民居特点，设计主街、巷子、内院的串连。又利用演丰西河堤岸近6米的高差，将商铺层层退开，弱化削薄整个建筑群的体量感，强化与地域生态环境的融入，更符合琼北民居的审美需求（图8-2-27）。这无不彰显热带滨海人文自然气质，展现出每个商铺独有的特色和韵味。

（四）传统元素的平面转换

传统元素的平面转换是一种在艺术设计中常用的处理手法。传统元素的平面转换主要是将其空间的具有纵深感的立体元素按照相同的比例转化为平面的二维建筑装饰元素，其特点为位置在原有部位做法相同只具有装饰效果，传统构件已没有了太多的现实意义，更没有原来的承重作用。随着现代建筑技术的发展与更新，新材料新技术现代结构代替原有传统结构，在海南传统建筑的传承过程中同样也应得到合理充分的运用。

海南传统建筑中的传统结构已经逐渐被现代结构所取代，但不代表所有的建筑结构要一律转换，否则海南传统建筑将逐渐消失淡出人们的视野。继承与发扬海南传统建筑的地域性与独特性，对建筑构架和建筑主要结构构件在当代海南传统建筑的创作中尽量挖掘传统元素，并进行当代建筑部分结构构件的平面转化，也包括建筑结构与构架转化为当代海南传统建筑的装饰图案，部分使用新的建造工艺，既具有结构承重，又能起装饰作用。还有空间在平面转换，原有院落空间已失去实际作用，但在布置平面时，用现代手段进行演绎赋予新的功能艺术化，使海南传统建筑得到更好的传承。

海南多进合院的院落空间平面转换布局，院落空间是自由无序序列以及有序序列的结合体，海南传统聚落空间，从一个空间进入另一个空间可以沿轴线在平面上延伸进入，也可沿檐廊、走廊进入形成周而复始，来回循环的院落空间轴线廊道在平面上围合转化，转化形成平面空间韵律连续的视廊，增添平面视觉感受（图8-2-28）。

文昌东郊椰林度假别墅结合海南的滨海地形并且按照

文昌松树大屋（符家大院）

演丰红树林南洋风情商业街

图8-2-27　山墙墙头的转译（来源：唐秀飞 摄）

包道村侯家大院-空间形制

海南香水湾君澜海景别墅酒店

图8-2-28　多进合院聚落空间的平面转换（来源：唐秀飞 摄）

当地渔民民居的草屋自由分散式居住，平面呈意向分散布局形成功能现代新的原始原生聚落平面布局。用现代的技术与材料诠释了“船型屋”的传统形式及平面的体验，建筑层数以一层为主，局部二层，住宅的首层架空处理，应对当地的特殊潮湿气候，所有住宅在树林中都有廊道相连（图8-2-29）。通过传统聚落空间平面的转化和简化，原始聚落空间平面布局形式现代休闲的内容，原生原真外在形式用现代的技术和材料进行内容演绎，很好地传承了海南居住建筑地域性特征。

（五）基础的抽象处理

海南传统建筑的基础和柱础主要是建筑承重最基础部分，具有坚固性和稳定性，同时也有美化立面的效果。在当代海南传统建筑中通过抽象的处理及转译，赋予其新的形式与活力。

抽象的处理方法在建筑创作中得到了很好的运用，主要是对建筑构件及材料的主要特征进行抽象处理，忽略繁琐的细部结构的影响。对海南传统建筑进行传承时，要对传统建筑结构和构件进行当代的抽象处理。如在砖砌基础上，由于砌筑方式的不同形成纹理不同，我们对其进行抽象化时，要对砌筑方式和纹理进行抽象如“顺”、“丁”和“斗”的关

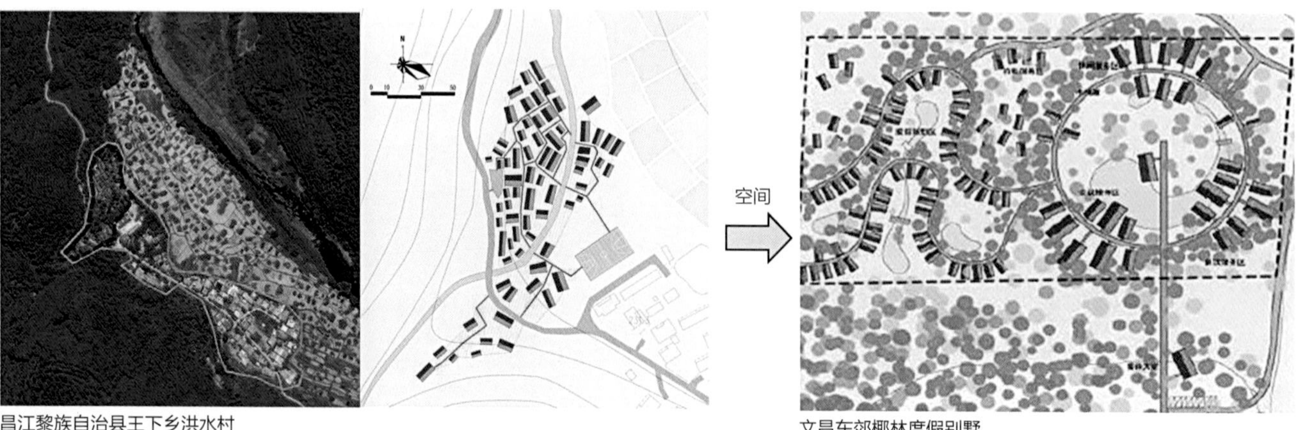

昌江黎族自治县王下乡洪水村

文昌东郊椰林度假别墅

图8-2-29 院落空间的平面转换（来源：唐秀飞 绘）

图8-2-30 对砖基础的抽象处理（来源：唐秀飞 绘）

系；而对于石砌基础，主要是从石砌结构中，传统建筑石材砌筑石材大小搭接承重受力错缝形成立面效果，进行抽象出石砌缝隙形状，丰富建筑立面与装饰效果（图8-2-30～图8-2-32）。

（六）门窗的抽象处理与多层次营造

1. 窗户的抽象处理

窗户的抽象处理是对传统窗户位置及形式进行分析，提取出传统窗户构造基本特点与典型特征进行抽象化处理，形成新的窗户外在表现形式，赋予传统窗户新的生命力，但其仍然具有海南传统建筑的特征。

海南传统建筑受当地炎热气候和台风影响，对窗户开启和利用非常重视，建筑为窗户室内空间形成良好的通风散热采光作用，窗户装饰图案、吉祥的窗花图案折射出主人对美好生活的愿景的追求，又丰富了建筑外立面的装饰效果。在对海南传统建筑的传承时，应将独特地域特色的窗户图案进行抽象的简化后应用于建筑墙面上，既保证建筑的通风和立面装饰效果，又传承海南建筑的传统特征。

2. 窗户的多层次营造

窗户的多层次营造，是指在窗户的内层处理上运用当代的建筑材料，而窗户的外边框及装饰上使用传统的形式，既可以利用地域材料，也可以用现代材料复原表现传统材料的质地纹理，不仅呼应了建筑的地域性，又加深了建筑立面层次感及传统建筑符号的视觉效果。在海南传统建筑的窗户传

图8-2-31 对石基础的抽象处理（来源：唐秀飞 绘）

海口火山石民居-对砖基础的抽象处理

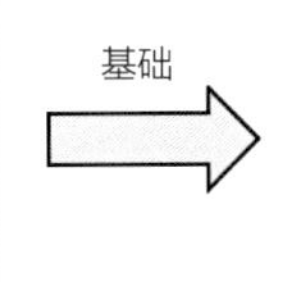

三亚亚龙湾5号别墅酒店

图8-2-32 对石基础的抽象处理（来源：唐秀飞 摄）

承时，以多处理手法来进行传承，以多种材料颜色质感外在表现处理方式进行演绎，对原生的天然物理属性的外在形式追求让当代海南建筑更具海南传统地域特色。

四、传统材料与构造的当代更新

（一）传统材料与构造方法的不足之处

1. 传统材料的不足

在古代，受环境以及技术等方面条件制约，可以使用的建筑材料主要以土、石、树木、竹子为主。这些材料易于加工，具有很好的艺术特色，但也有其不足之处。石材由于密度大，自重大，致使砌筑的墙体厚度较大，开采对环境污染生态破坏严重，建筑物的面积使用率降低；另外，木材在建筑应用上也具有缺陷。海南木材资源丰富，由于木材自身防火性、耐久性、防蛀性较差以及难以适应现代建筑大跨度的局限性都是被现代钢结构或钢筋混凝土结构代替的重要原因。

经济建设的不断发展，建造活动对建筑的体量、造型、跨度上，还是对建筑材料与耐久性上都提出了更高的要求。海南当代建筑在现代材料使用上，为了满足大跨度空间和结构安全性要求，突破海南传统材料存在的局限性，运用新的材料展现传统形式。

海南传统建筑中的夯土墙及青砖墙由于其自重较大，耐久性差等缺点，以及后来实心黏土砖大量生产使用，对农田的破坏严重，实心黏土砖被禁止使用。无论青砖还是黏土砖失去原有的结构承重意义，随之演变为当代建筑内外墙的装饰作用。

2. 传统构造方法的不足

传统的构造方法较为简单，稳固性差，标准化施工难，难以满足当今快速标准化，施工速度较慢，传统的构造方法受新的建造工艺影响将逐渐退出历史舞台。

传统材料与构造方法的不足，新材料与新技术的出现，在当代海南传统建筑的传承过程中，要利用新的技术做到新旧材料的结合与利用，既体现现代高新技术的优势，又不失海南地域建筑特色。

（二）当代材料的选择原则

1. 选材的生态性

在海南传统建筑传承中，对材料的选择要体现选材的生态观，就近就便使用当地的材料，适应当地的环境气候，与当地文化习俗相融合。注重绿色环保，在使用现代新材料同时，要充分利用废旧材料的物理性能“变废为宝”，利用传统材料创造新的建筑形式，如旧石片、旧瓦的贴面利用，这样不仅节约资源，降低建筑能耗，也赋予旧材料新的生命力。

2. 选材的真实性

选材的真实性，是指在海南传统建筑的传承过程中，采用传统天然的材料，利用天然材料真实的质感与丰富的机理，丰富建筑的空间视觉效果，如火山岩的天然处理和抛光与打磨，天然气泡产生光影变化，木质构架的扶壁饰柱效果，增加海南传统建筑的地域识别性，延绵乡愁记忆。

3. 选材的拼贴性

在海南传统建筑中，材料与材料之间的衔接是一种自然的拼贴组合形式，没有固定规整有序。对海南传统建筑的传承时，对材料的选择自然拼贴与现代技术相结合方式，材料拼贴既具海南独特的地域性和传统乡土生态韵味，又能提高施工生产效率，降低建造成本。

4. 选材的协调性

选材的协调性，建筑色彩上的协调，建筑的色彩、色调运用材料颜色都应与当地的环境融合协调，在满足结构也就是建筑安全情况下，建筑尽量使用绿色生态环保材料与自然浑然一体，原始原生原真，质朴致用，让建筑回归自然，体现海南传统建筑的“天人合一”生态建筑观的至高境界。

（三）传统材料的当代更新

传统材料的当代更新包括对传统材料的回收再利用和传统材料的当代更新转换。对海南传统建筑来说，传统材料沉淀着人们乡愁与深刻的地域记忆，唤起人们对逝去的年华怀念与情感回忆。在海南传统建筑的传承过程中，利用传统材料结合新技术进行当代更新。

1. 传统材料的回收再利用

海南岛的经济建设速度急剧增长，新的建筑拔地而起，一批批老旧建筑消失，城市更新不断推进。城市快速更替的过程中，新建筑的更新既要给人们带来新的希望，更要传承延续城市历史文脉，传承对传统老建筑承载历史人文的美好回忆。

要在新老建筑的更新中对传统建筑的传承，保留人们美好的记忆，提高建筑地域识别。在建筑外立面及景观打造上利用老建筑拆除下来的旧砖瓦、旧物品进行组合，铺地、小品、围栏等（表8-2-2）。废旧建筑材料，废弃生活用具、生产工具，变成了景观小品，旧砖瓦得到了再利用并延绵乡愁记忆，赋予旧建筑材料新的生命力，彰显地域特色，逝去芳华情感得到复活（图8-2-33）。

海南传统建筑的传承中，用生态物理观念对传统旧材料中的石材、砖、瓦等材料，用生态方法循环利用，对拆除的旧材料进行收集、回收、再加工，废料利用变废为宝，但材料的历史印记应用到当代海南传统建筑创作中，既延续了海南传统建筑文化，也体现了海南传统建筑的生态传承原则。

传统建筑材料的可回收利用性　　表 8-2-2

材料	回收程度	可再生性	最终用途
石材	可回收	不可再生	建筑、其他
砖	可回收	可再生	建筑、其他
瓦	可回收	可再生	建筑、其他
木材	可回收	可再生	建筑、其他
生土	全部可回收	可再生	土地、建筑
竹材	部分可回收	可再生	手工、建筑、其他
茅草	部分可回收	可再生	建筑、其他
藤条	部分可回收	可再生	建筑、其他
铁材	可回收	可再生	建筑、其他
玻璃	不可回收	不可再生	建筑、其他

图8-2-33　海南美丽乡村（来源：唐秀飞 摄）

2. 传统材料的当代演绎

现代技术的不断进步，传统材料基本上不具有承重作用，只是起到围护与装饰效果。在海南当代建筑的传承中，要利用现代技术和处理方法对传统材料进行当代的演绎，传承海南传统的地域建筑特色和文化风习。

在对海南传统建筑进行传承时，对传统建筑材料中所拥有的海南特征符号、地域印记、人文情感，材料进行不断提炼创新与新的处理转化，如茅草、木材等材料经过加工与处理后运用在建筑中大多为装饰保温隔热作用，部分有结构加固作用。在海南当代建筑的创作中，其建筑造型、建筑功能已与原来传统的建筑有所不同，连续性空间的开敞和大跨度，结构安全对建筑的使用年限、文脉延续都提出新的要求，海南传统建筑文化在创新与转化中得以传承与发展。

在材料选择方面，三亚鸟巢别墅度假村植入海南地域传统材料元素，选择当地传统建筑材料，还运用现代建筑材料去演绎传统民居中在当代建筑功能体现形式的材料（图8-2-34）。用时代技术表达了传统材料的外在质感，色泽形式体现海南地域特色。在鸟巢别墅度假村中保留两种传统材料：两种传统建筑材料草料和木材在海南许多住宅中依旧应用存在，材料生态环保，具有良好的隔热性能。草料和木材的混

草料 木材

石材 泥墙

传统住宅

新型住宅

草料 木材

钢材 玻璃

图8-2-34 三亚亚龙湾鸟巢度假别墅村材料分析图（来源：唐秀飞 绘）

金字屋

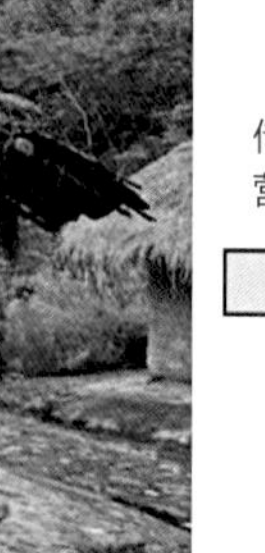

三亚鸟巢度假村

图8-2-35 传统材料的利用（来源：唐秀飞 摄）

合搭配使用具有浓郁的热带乡土气息，增添不少地域特色。钢具有超强的硬度和韧性，因为无法用传统堆石头的方式来做建筑的基础部位，所以选用钢结构在陡峭的山体森林中作为建筑的基础部位架空处理，不仅避免传统石砌基础对生态破坏，最大限度地保留了原有地形，而且大大增加了建筑的结构稳定性、安全性、坚固性。空间平台的开阔性，大面积玻璃门窗全景的视觉穿透力和框景作用，更好地拓宽观景视线，更舒适地享受大自然、融入大自然（图8-2-35）。陵水大里黎家民栈是一家黎家风情客栈，将闲置小妹村委会文化室改造而成，从屋顶、墙体、门窗到装饰小品大量运用黎族传统材料，建筑风格以浓郁的黎家文化和乡土风情为主，打造独有大里黎乡的独特韵味（图8-2-36）。

五、传统细部的当代诠释

海南传统建筑细部经过多年技术的发展，施工工艺更

图8-2-36　传统材料的利用（来源：陵水什帝生态农业旅游发展有限公司 提供）

新，生活的审美情趣和需求不同等等，精雕细琢、细致入微的建筑细部构成建筑的不同文化品位，提升建筑品质，建筑细部却蕴含着海南人民丰富的情感与文化。没有文化的民族就没有创造力，不能忽视海南传统的建筑文化。要利用先进的工艺构造与施工技术水平，将传统建筑细部进行新的演绎，新时代传承海南传统建筑细部的文化内涵。

（一）建筑细部的当代诠释方式

在建筑空间、秩序造型上，传统建筑细部使用于当代新建筑都将丰富建筑内涵。传承传统建筑细部时要具有主动性、客观性，更要有针对性，主要体现在建筑语汇和建筑符号的演绎上。

1. 建筑细部语汇的当代诠释

海南传统建筑细部的传承，首先将传统细部结构、造型及形式等作为主要的建筑语汇，与当代建筑技术、审美、结构相结合，经过抽象处理后共同诠释海南新建筑中传统文化内容，让传统文化得以延续，赋予其新的形式和生命力。对斗栱形式特征进行抽象化处理，既可以作为承重构件，又起到装饰效果，将建筑细部小构件加以处理放大的设计手法延展了传统建筑语汇的文化内涵。

黎族有哈、杞、赛、美孚、润五大方言，方言的不同织锦的图案也各不相同。在保亭三道镇什进村是赛方言黎族的聚居地，赛方言的妇女主要擅长编织，织锦图案主要以连续的几何形，颜色以金黄色、紫红色、翠绿色、青蓝色为主。在什进村，织锦颜色在新型居民建筑屋顶、建筑表面以及景观小品中得以体现，另外织锦图案在楼房护栏、窗花以及手工艺品中也都有体现（图8-2-37）。

在海南传统建筑的当代传承过程中，如海南槟榔谷的入口建筑造型，以建筑细部的造型抽象应用到建筑的外形体量造型上，以海南黎族传统的建筑山墙窗花装饰符号大力神形象作为原型建筑语汇，建筑以大力神为主要符号进行造

织锦图案、色彩

保亭三道镇什进村

图8-2-37　对织锦图案、服饰色彩的运用（来源：唐秀飞 摄）

型，具有独特的海南地域传统建筑特色（图8-2-38）。保亭三道兰亭仙境星空民宿主体风格体现黎族建筑的特点，在色调与空间上，与原有建筑相协调。立面设计结合黎苗风情的特色形式，客房以船形屋造型、木结构建筑以及黎族符号为主要特征进行装饰设计（图8-2-39）。保亭三道镇什吉民宿·乡村客栈的安置区建筑也是采用独具特色的黎苗船形屋，建筑结构采用新型镀锌轻钢结构，让现在科技与少数民族特色完美结合，使得房屋独具黎苗特色又坚固耐用，抗震抗台风（图8-2-40）。

2. 建筑符号呼应建筑细部

建筑符号呼应建筑细部，是将建筑细部的形状轮廓进行抽象，提取出固有的基本符号组合单元，进而组成建筑符号，既有重复的节奏，也有交替复现的韵律，提取的地域建筑细部图样，具有浓郁的地域建筑色彩，给建筑符号用于建筑造型处理，勾起人们深刻的地域印象。

海南黎族的图腾崇拜以动植物图腾为主。其中动物崇拜占主导地位，主要以蛇、龙、马、狗、蛙、牛、猫作为图腾崇拜对象，这些被海南黎族奉为图腾的动物与黎族的生产生活有着密切的关系。在当代设计中，以现代的艺术手法将文

保亭槟榔谷

海南黎族黎锦中的装饰符号　三亚百越民族村

图8-2-38 保亭槟榔谷（来源：唐秀飞 摄）

图8-2-39 保亭三道兰亭仙境星空民宿（来源：兰亭仙境（海南）康旅发展有限公司 提供）

图8-2-40　保亭三道镇什吉民宿·乡村客栈安置区（来源：保亭什吉民宿开发管理有限公司 提供）

化价值与审美价值极高的图腾作为构筑物、建筑装饰或景观小品体现，以传承当地黎族的信仰崇拜（图8-2-41）。

当代海南建筑创作传统建筑细部提炼出地域印记建筑元素。如门窗形式、传统装饰艺术及传统装饰细部，建筑元素经过抽象变形形成新的建筑符号应用于海南新的建筑中（图8-2-42），海南传统建筑文化得以传承，情感记忆得以延续。分界洲岛建筑造型则利用船形屋的船形顶盖、船桨排列、底层架空和空间转换的特点，发展运用与船相关的缆绳运用，船头符号语汇的演绎，码头与建筑连接，整个基底的语境的再造（图8-2-43）。无处不是船的语汇，无处不置身船体之中，穿梭于船岛之间。

五指山市水满乡新村是苗族村庄，民宿建筑设计运用苗族传统服饰色彩以及图案改造现有建筑立面，统一塑造蓝色琉璃瓦、粉白墙面、朱红门窗等风格协调具有独特魅力的苗族村落（图8-2-44）。

（二）建筑细部对情感的延续

海南传统建筑中的建筑细部独特的风格具有顽强的生命力，蕴含着海南人的丰富人文，是海南生活历程的缩影，印证海南传统建筑历史精彩，更体现了海南人生存的智慧。海南传统建筑细部承载着地域先民们对丰富情感生活，延续地域建筑细部对传统文化生活的记载，传承地域传统建筑的情感文化，是建筑外延的内涵空间拓展。

在当代海南传统建筑创作中，海南传统建筑的细部构造，如雕刻、灰塑、彩绘、铺地等细部构造应用现代技术与方法进行处理传承，建筑细部构造有效的提取或抽象转译形式，新的

图8-2-41　图腾的体现（来源：唐秀飞 摄）

图8-2-42　海南百越民族博物馆（来源：唐秀飞 摄）

图8-2-43　分界洲岛建筑群（来源：陈绍斌 摄）

图8-2-44　五指山市水满乡新村民宿（来源：海南省住房和城乡建设厅 提供）

建筑符号包含地域深厚生活情感和对美好生活向往和历代人追求在建筑中的应用，延续地域人的传统生活情感记忆。

海南疍家传统文化蕴藏着丰富而宝贵的文化遗产，其中包括住所文化、生产生活文化、饮食文化、服饰文化等等，都是海南疍家人生活经验与智慧的积累，也承载着人们对美好生活的追求与体现。将海南疍家传统文化中的元素符号，提炼出来直接应用于室内空间中，塑造具有海南疍家传统文化内涵的室内空间。海南疍家传统文化中就视觉符号而言，主要有编织纹样。另外，海南疍家住所文化和装饰文化中的构件造型，也是传递文化信息的重要符号元素。在特定的室内空间，在需要重点突出及烘托的部位，作重点处理，将海南疍家传统的构件造型元素，直接运用到室内的外观造型上或是局部的细节上作为装饰，以达到塑造具有海南疍家传统文化气息的室内空间。但是在室内设计中，整个空间都运用传统手法元素进行装饰的却很多。

在万宁日月湾南海渔村客栈的大堂空间设计中，将大盖帽、蓑衣作为装饰品置于墙面，极具观赏性，浓郁的生活气息扑面而来（图8-2-45）；在其他公共区域的设计中，木制废弃的木制渔船也作为装饰品，置于室内空间中进行造景，并配以鱼网等，向空间的使用者传递着传统的耕海文化（图8-2-46）；传统渔灯作为灯具和围合面，融入其公共区域，在体现其功能性的同时又具有极强的观赏性。在琼海市海岛人家主题客栈大堂，为了突显其主题文化，将舵作为装饰品直接挂于服务台的背景墙面上（图8-2-47）。

在海南疍家人的传统住所文化中，由于材料上主要以原色的本土木材为主，多表现为淡雅、质朴的色调。早期的疍家人的住所，是木材建造而成的尖头船，配以竹皮编织的顶棚，顶棚一般分为两个或三个部分，可以根据其使用进行推拉，色彩清淡、素雅。即使是发展到后来的疍家棚、渔排，其都表现为质朴、原色、素雅的色彩。如海南万宁日月湾南海渔村客栈的客房设计，客房空间主要以蓝色和质朴的原木色调为主，结合海南疍家人传统木箱作为床头柜及船木制作的家具，营造出了极具海南疍家传统文化气息的空间环境（图8-2-48）。三亚西岛渔村民宿主要将废弃渔船融入疍家渔船文化创意改造为海上船宿（图8-2-49），结合海洋文化符号将百年珊瑚老屋改造成富有地域海岛特色的百年珊瑚民宿（图8-2-50）。

在海口市美兰区演丰镇山尾村民宿设计中，村民利用“火柴盒”的自建房，结合琼北传统民居的坡屋顶以及火山石材料设计成民宿的客房，将闲置的瓦房设计成民宿的公共场所如餐厅、接待大厅、休闲茶吧、活动室、服务中心等（图8-2-51）。

在海口演丰镇山尾头村连理枝渔家民宿中，演丰山尾头村“连理枝渔家民宿”建筑装饰改造以“渔家”为主线，结合本土地域文化和生活习惯，采用当地的素材（渔船、渔船辅助设备、船木、海南青石、红砖、青瓦、红瓦当、贝壳类、椰壳制饰材、竹子、防腐碳化木、灰木纹地砖、水泥饰面）等作为设计元素，建筑外观以白色、浅灰色调为主，淡黄和砖红为辅。园林景观植物以椰树、槟榔树、竹子、海南果树为主，其他海南灌木为辅，营造一个椰风海韵的现代滨海热带渔家风情的民宿（图8-2-52）。

图8-2-45 海南万宁日月湾南海渔村客栈（来源：唐秀飞 摄）

图8-2-46 海南万宁日月湾南海渔村客栈（来源：唐秀飞 摄）

图8-2-47 琼海市海岛人家主题客栈大堂（来源：唐秀飞 摄）

图8-2-48 万宁日月湾南海渔村客栈客房（来源：唐秀飞 摄）

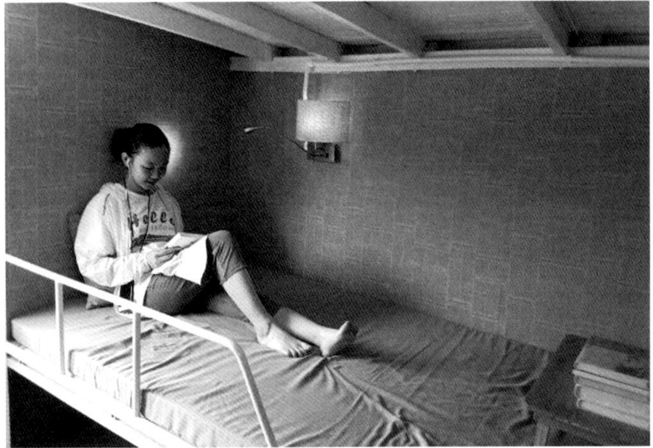

图8-2-49 三亚西岛渔村海上船宿（来源：海南省住房和城乡建设厅 提供）

图8-2-50 三亚西岛渔村珊瑚老屋民宿（来源：海南省住房和城乡建设厅 提供）

图8-2-51 海口市美兰区演丰镇山尾村民宿（来源：谢祖敏 提供）

图8-2-52 海口演丰镇山尾头村连理枝渔家民宿（来源：国龙兄美学营造工作室 提供）

图8-2-52　海口演丰镇山尾头村连理枝渔家民宿（来源：国龙兄美学营造工作室 提供）（续）

一程山路之部落黎乡位于陵水小妹村，民宿建筑立面风格是以简约建筑风格为基本思路，结合海南黎族的地方建筑特色和本地气候特点。其中的茅草房屋顶延续黎族建筑中的“房汉式金字屋顶”。整体提取黎族图腾中的黄金三角形作为建筑屋顶折线形（图8-2-53、图8-2-54）。蜿蜒曲折的屋顶与远山相呼应，融情应景（图8-2-55）。建筑材料则充分利用本地特色建筑材料如毛石墙、夯土墙与茅草、竹条相互陪衬，创造出轻盈通透、轻松休闲的氛围（图8-2-56）。

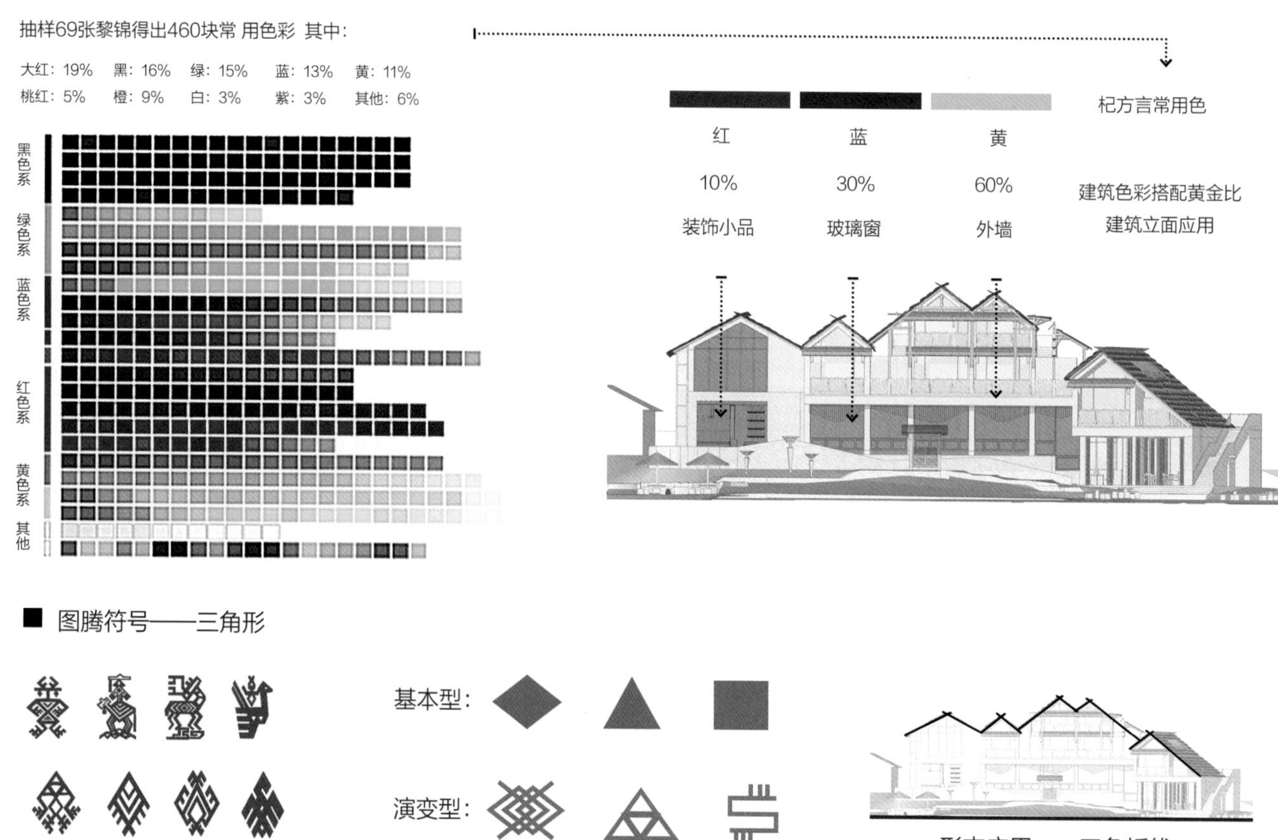

图8-2-53 建筑立面设计提取元素（来源：雅克设计有限公司 提供）

图8-2-54 黎族建筑形态演变（来源：雅克设计有限公司 提供）

图8-2-55 当地建筑材料与纹理（来源：雅克设计有限公司 提供）

图8-2-56　一程山路之部落黎乡效果图（来源：雅克设计有限公司 提供）

第三节　海南传统建筑的传承发展

对于传统建筑的保护，缺乏完整清晰的建筑研究基础，对建筑构造的文化内涵无法解读清晰，在修复与借鉴的过程中，建筑形式、技术等也必定有偏差，甚至造成过多失误和遗憾。因此，深入系统地探析海南岛传统建筑的特色，以“多元融汇，和而不同”的嬗变演化特征为线索，在地理区域维度上分析传统建筑的布局形态特点以及传统建筑元素的特征；从文化精神层面，深入剖析传统建筑的文化内涵，同时总结出海南传统建筑的传承策略和传承原则，为传承海南传统建筑提供理论依据，让社会公众更多参与海南传统建筑的保护，提供更好更优保护策略。

对海南传统建筑的传承提出可行的传承原则，结合当地的自然环境、经济技术条件提取海南传统建筑独特地域的建筑元素、建筑符号，结合新技术新工艺、社会人文、生活习俗，应用到海南传统地域建筑的传承，应用到海南当代建筑的设计中去，让海南传统建筑永葆生机勃勃。

第九章　海南传统建筑特征传承实践

在经济迅速发展的今天，传统建筑受到外来文化的冲击，海南传统建筑已失去了其原有特色，现代建筑受外来文化的影响，对地域的问题考录得逐渐减少，标准化、现代化、快速便捷造成现代建筑雷同现象，城市“千城一面”，地域特色缺失。传统建筑中地域特色彰显，传统建筑地域特色与环境融合，这也是现代建筑与传统建筑相比较的不足。

建筑业迅速发展，传统建筑特征融入于建筑设计。海南现代建筑设计也需要顺应时代的潮流，从传统建筑元素上汲取优点，进而推动现代建筑的进一步发展。

海南传统建筑是中国悠久建筑历史文化的一部分，海南独特自然、人文，历代人的生存抉择形成海南传统建筑的地域固有特征，传承海南传统建筑，对当代建筑创作有重要借鉴意义。

第一节 整体布局特征传承

生态设计观体现在传统建筑的整体布局上，传统建筑在选址时综合考虑气候、周围地理环境、山脉走向、地质、引水条件等因素，这正是整体布局时环境观的体现。

在选址阶段，海南人把居住环境看作山环水抱的阴阳平衡综合体，选址近水而居，背山向阳，有利于组织聚落采光。一方面是出于传统风水的考虑，另一方面则是为方便生产、生活。如三亚喜来登度假酒店，利用原有地形地貌，设计充分地尊重了当地生态自然环境和人文环境，让建筑融入自然，保护生态环境。

在当今的建筑创作中，应坚持“以人为本”的设计理念，真正关注人的心理需求。在当代建筑创作中，设计师应对市场经济的同时应关注使用者自身需求，让建筑真正成为人所需要的生活场所空间。滨海度假酒店的建筑风格是对当地热带海洋性气候条件的一种尊重。在三亚喜来登度假酒店的设计中，设计师力图使建筑融入自然，尊重自然，让游客和自然亲密接触，在休闲中享受到舒适、愉悦。在用地的南侧和沙滩大海之间有一道天然形成的沙坝，为了保留沙坝及其自然植被，尽管从自然地面上视觉视廊无法欣赏美丽的亚龙湾海景，为使游客从入口步入酒店的第一时间就能看到海洋，设计时将提高视觉竖向高度，酒店的主入口及大堂均设在了建筑二层形成开阔视野，开敞视廊节点和舒适的视觉环境，提高酒店的舒适度（图9-1-1～图9-1-3）。

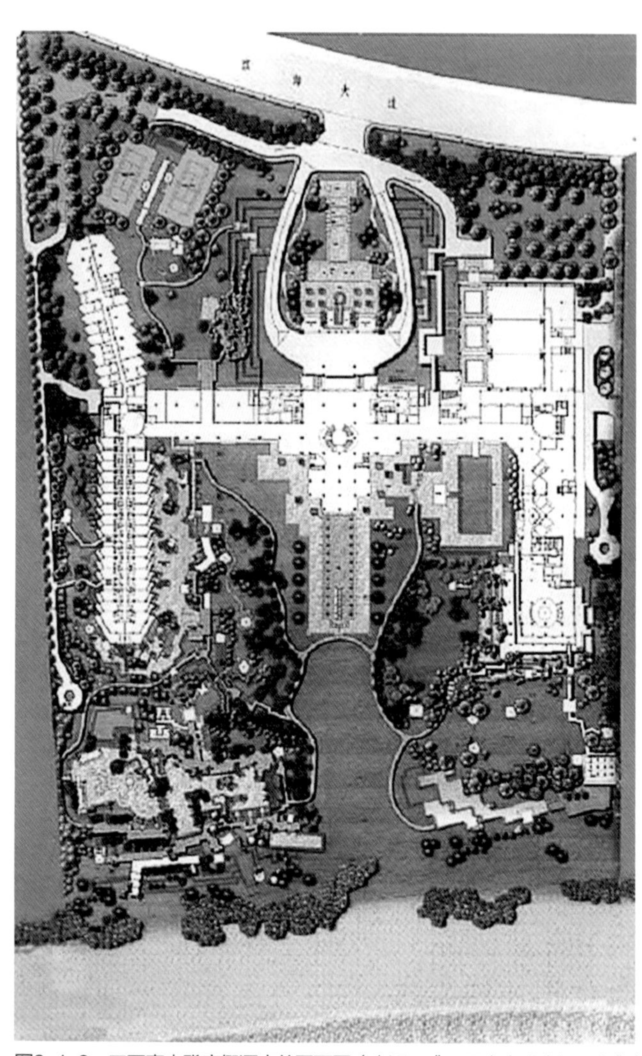

图9-1-2 三亚喜来登度假酒店总平面图（来源：《三亚喜来登度假酒店》）

图9-1-1 三亚喜来登度假酒店入口（来源：费立荣 摄）

图9-1-3 三亚喜来登度假酒店主体建筑（来源：费立荣 摄）

第二节 空间布局特征传承

海南岛的地势中部高，四周低，顺应地势，因地制宜，在进行建筑营造时，保护生态环境减少对周围环境植被的破坏，减少建造土方填挖及基础的工程量，降低营造成本。

在海南，建筑布局没有严格坐北朝南，布局形态是结合地形、山林、河流、田地、景观等因素进行综合平衡，形成较为自由的布局形式，体现了海南人对自然敬畏，对生态、生活生产，自然要素的尊重。

中国传统建筑注重中轴线对称，园林建筑追求与景物融合。海南传统建筑聚落村庄布局遵循前低后高、沿轴线布局成前疏后密的形式，当代建筑创作借鉴其整体布局的手法，解决聚落建筑的通风、居住小区日照及滨水视野景观问题都有极其重要的意义。

如在三亚蜈支洲岛珊瑚酒店设计中，建筑群4栋相连建筑犹如生长在礁石上的美丽珊瑚（图9-2-1、图9-2-2）。客房设置看海景的长廊，临海就餐的自然生态休闲就餐环境，天水相接的海平线，视觉和味觉同享，酒店东南礁石万状，浪花如堆雪，西北一弯沙滩，沙质细白，郁郁葱葱的热带花园和天然露天泳池，酒店建筑掩映在花园从中。

三亚喜来登度假酒店建筑融入自然环境，布局相对分散和对称。用地北侧的高尔夫林为保证北侧到南侧的沙滩海景

图9-2-1 三亚蜈支洲岛珊瑚酒店外立面（来源：陈绍斌 摄）

图9-2-2 三亚蜈支洲岛珊瑚酒店外立面（来源：陈绍斌 摄）

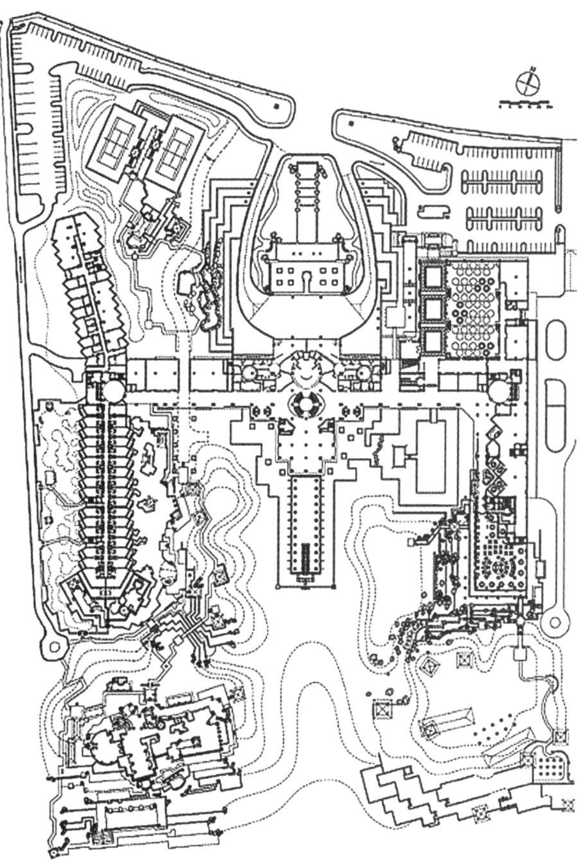

图9-2-3 三亚喜来登度假酒店总平面图（来源：金卫钧 张耕 孙勃《三亚喜来登酒店设计回顾》）

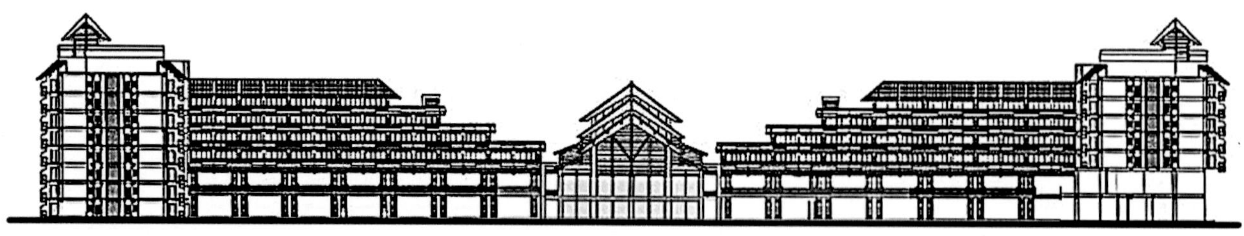

图9-2-4 三亚喜来登度假酒店剖面图（来源：金卫钧 张耕 孙勃《三亚喜来登酒店设计回顾》）

的视觉通廊连续性，海水、沙滩、林地、远山等的景观视廊联结，建筑由东西两翼向中间、从北向南也逐渐退台形成梯度视线空间，为了保证视线开阔，增强与海和沙滩的亲和融入度。整个建筑轴线对称，建筑沿周围自然环境展开扩大接触界面，酒店将海景融入住客视线中（图9-2-3）。竖向高差退台处理形成多级露天平台，错落梯度景观丰富建筑整体立面，游客视觉空间延伸，面海视线开阔，建筑与自然衔接空间顺畅（图9-2-4）。

第三节 建筑要素特征传承

海南传统建筑的要素特征应得到充分的传承，在当代建筑设计中，对包括屋顶、走廊、门窗等的当代诠释不是单纯的模仿，要利用现代新技术，建筑新工艺进行转译与创造，符合地域建筑实用的表现形式。

在分界洲岛海钓会所的分散式休闲住宿建筑设计中，从建筑文化的角度来看，海南地域属热带建筑风格，建筑风格吸纳当地气候特点，融入浪漫、休闲度假情趣海景空间，用建筑的视觉和灵动情感感染游客，在休闲住宿中获得舒适、恬静的体验。

在多雨潮湿的海南，坡屋顶便于雨水的排放，深远的出檐既形成遮阳、防晒、防风雨，保证内部空间干爽，减少雨水对建筑结构和外表面侵蚀，维护建筑整体和结构安全。建筑体周围可以布置环形的雨水沟，一方面是为了收集雨水集中处理，防止暴雨季节雨水的积漫，另一方面也创造了良好的入口视觉景观。在该建筑的大堂空间，大型的陡坡屋顶，深远的挑檐进一步拓展为室外入口平台。住宿建筑单元依山就势，底层架空，即是干阑式金字船形屋和吊脚楼的做法，石片为屋面饰面，天然质感依附于山体的建筑形成梯度层次丰富散布于山林的视觉景观，良好开阔的海景视野达到山与海、建筑与海的交融，较好适应海南气候（图9-3-1）。

海南黎族村寨的船形屋象征着一定时期海南的文化和历史，而地处热带海岛的海南无处不体现船的元素符号，如琼海市博鳌镇“海的故事”、潭门镇南海风情小镇和分界洲岛海钓会所等（图9-3-2）。将这些“船”的传统元素符号应用到现代建筑设计中是对海南传统文化的肯定。在分界洲岛海钓会所的船形顶盖以及随处可见的船桨整齐排列，建筑结构与装饰的地域特征结合合理，表现出浓郁的地方民族特色。

由于海南降雨充沛，其独特的滨海气候对建筑有着深刻的影响。因此，檐廊和骑楼成为遮阳避雨的选择。而交通走廊则是交通系统应对湿热多雨气候特点的重要策略。在三亚喜来登度假酒店宽达7米的公共走廊和外侧的外飘廊以大扇的竖直百叶门相连，既达到遮阳避雨的作用，还丰富了酒店的景观层次（图9-3-3）。

堂厅是重要的建筑空间，是人视觉空间转换的重要场所，是整个建筑空间视廊联结的重要节点。由于海南处于热带地区，属于热带季风岛屿型气候，常年日照充足、气温较高，因此通风是海南建筑必须考虑的问题。良好的自然通风，特别是穿堂风显得尤为重要。三亚喜来登度假酒店大厅

图9-3-1　分界洲岛海钓会所（来源：陈绍斌 摄）

图9-3-2　分界洲岛海钓会所屋顶（来源：陈绍斌 摄）

图9-3-3　三亚喜来登度假酒店走廊（来源：费立荣 摄）

是高度达15米的开敞空间（图9-3-4），序列空间及外围护结构穿透、尺度高阔，海风穿透大堂，海景融入大堂，适应地方滨海气候特色，防风透风做法，通风效果极佳，为公共空间取消设置空调成为可能，四季如一的清凉，室内大堂竖向高空间天花板设置，空气自由流通，也改善降低大堂的湿热。这一做法借鉴琼北民居正厅对着正厅达到穿堂风通风的效果。

分界洲岛海钓会所采取底层架空，这种以船形屋架空的传统结构融入到现代建筑设计中，更加凸显了建筑的用途，具有防湿、防瘴、防雨的作用（图9-3-5）。

图9-3-4 三亚喜来登度假酒店大厅（来源：费立荣 摄）

图9-3-5 分界洲岛海钓会所（来源：陈绍斌 摄）

第四节 建筑材料与色彩特征传承

海南传统建筑在建筑材料的选择与使用上遵循自然生态观念。建造材料上选择当地自然石材、木材、竹子为主，利用黏土自然条件和茅草竹木形成青砖或夯土墙，原生原始的天然材料，人工创造一个舒适居住生活环境。

海南传统建筑墙体屋顶的材料选择砖、瓦，围护结构墙以海南地区盛产的黏土、木板为主，石雕、木雕、灰塑多为乡土材料制成等。就地取材、选材一方面节约了资源，降低能耗，另一方面原真原生建筑地域性特色得到最好保证。

生产技术的提高，建筑的建造速度与施工技术的发展。现代化材料的广泛应用，乡土材料被忽视或边缘化，钢筋混凝土构架、玻璃幕墙方便快捷，建筑与城市的地域特色也在消亡。当代建筑的创作可以借鉴海南传统建筑就地取材的选材观，通过传统材料主要是黏土、木材、石材的使用，辅以地域装饰石雕、木雕、灰塑等运用现代建筑工艺和技术重塑建筑的地域性格。

海南传统建筑的建筑材料尤其是拆楼重建的废弃墙土旧料都可以重复使用，用生态循环的手段再现地域材料的经济性和生命力，体现了海南对天然材料地域性格的尊重。在当代建筑的材料选择中，注重生态环境保护，注重材料的再生和循环利用，利用可再生利用的建筑材料，也是节能降耗倡导绿色生态建筑之路。

三亚喜来登度假酒店则以火山岩作为侧壁装饰面，当地火山岩天然气泡，隔热防噪，蜂窝状天然气泡孔丰富的视觉与触觉效果，火山岩原始原生的地域风貌，再加上原木色的栏杆和各种木构件，构成了整体朴实自然的效果。为了增加休闲情趣和热带通透的效果，纯木的构架被大量运用，从中间大堂空间到通透的外飘廊，一直延续到位于酒店二层的空间，如木门、木栏杆扶手、百叶窗、吊顶格栅、座椅木背等部位天然质感的做法，与园林小品相互渗透，浑然一体，淳朴自然（图9-4-1）。

图9-4-1　三亚喜来登度假酒店材料与色彩（来源：金卫钧 张耕 孙勃《三亚喜来登酒店设计回顾》）

图9-4-2　分界洲岛海钓会所材料（来源：陈绍斌 摄）

分界洲岛海钓会所为了增加休闲情趣和热带通透的效果，从服务台、外立面到屋顶，纯木的构架被大量应用。尤其是船形屋顶的运用，更能凸显建筑气势，为建筑增添生机（图9-4-2）。

装饰材料外墙面采用了浅色的大颗粒喷涂，以白色沙滩的颜色为基调，增强对太阳光的反射，降低辐射热，效果实在，丰富的光影和融入周围绿色天然景观之中。坡屋顶蓝色，外墙白色，园林绿色和大海蓝色使建筑“消失”在绿色之中（图9-4-3）。海水、沙滩、林地、远山和建筑自然融合浑然天成。

图9-4-3　三亚喜来登度假酒店色彩（来源：金卫钧 张耕 孙勃《三亚喜来登酒店设计回顾》）

第五节　建筑细节特征传承

建筑细节是历代海南人们在建筑技术上的艺术总结和智慧结晶，也体现了海南先民传统的审美原则和对美好生活的不孜追求，建筑细部植根于本土文化，吸取了外来文化尤其是南洋及东南亚的优秀文化和技术，在海南传统当代建筑创作中，要充分挖掘其地域建筑传统的细节特征和文化内涵，运用科学的技术和方法，自然生态的观念，文化观念，并做到当代的转译与传承，弘扬传统建筑细节承载的文化风习和艺术生活、生态技术。天然淳朴，温韵绵长。在分界洲岛海钓会所大堂空间运用大量与船相关的缆绳、船桨等元素，并在建筑立面充分对船头符号语汇的演绎，使其与自然融为一体（图9-5-1）。

海南滨海地区建筑造型大多采用平缓展开的形式，局部引用退台形式以呼应海岸线，丰富建筑景观面的造型。三亚喜来登度假酒店客房的立面，采取简单的重复手法，富含韵律与节奏，丰富而不觉繁琐，层层退台，创造出更多的海景房（图9-5-2）。这韵律丰富的退台，加强了律动感，在实

图9-5-1　分界洲岛海钓会所（来源：陈绍斌 摄）

图9-5-2 三亚喜来登度假酒店退台（来源：金卫钧 张耕 孙勃《三亚喜来登酒店设计回顾》）

图9-5-3 三亚喜来登度假酒店阳台（来源：金卫钧 张耕 孙勃《三亚喜来登酒店设计回顾》）

与虚的对比、前与后的进退中，体现了山与海的关系，阳台斜角和凹槽在充分体现人性关怀的同时，获得了石头般的力度感和独特个性，产生丰富的视觉效果（图9-5-3）。这丰富的韵律感也与大海的波浪层层递进相呼应，建筑融于环境之中。三亚美高美度假酒店建筑采用分布式布局，由西南两翼向东北中间逐级退台（图9-5-4）。

图9-5-4 三亚美高美度假酒店退台（来源：自摄）

第六节 建筑的传承创新

在现代建筑设计时，将海南地域建筑中的传统文化元素表达出来。对待建筑传统，不能复古和仿照局限于形式层面，追求外在形式的继承，要适应当地地理气候，要理解地域建筑文化，建筑空间、细部处理要延展传统建筑文化的优秀传统，注重深层文化内涵和地域精神继承。现代建筑设计中，提炼传统建筑元素符号和文化因素。在当代建筑造型设计中，空间转换细部处理上结合现代材料和技术展现传统的形式，传统的文化，现代情趣，现代内容的复合空间，可以直接运用传统建筑符号，清晰地表达建筑造型的传统韵味。在建筑造型的处理中，对传统建筑的屋顶、檐部、柱头、窗套、雕刻等部分，用现代的建筑材料和结构技术提炼成人们既熟悉，看得见摸得着的传统建筑的形式，并严格遵循传统的做法和比例。在设计中可以把传统建筑符号进行抽象提炼后利用建筑的仿生和建筑仿真、生态技术等，应用到建筑的重要部位，建筑的屋顶、檐部装饰，窗口、入口和楼梯间细部处理，现代的建筑材料和技术对传统建筑文化再现，这种手法抽象而现代，既展现现代建筑的时代特征，又传承了传统建筑文化的脉络，唤起地域文化的记忆，注入地域传统建筑文化新的活力。

第十章 海南传统建筑传承所面临的挑战与展望

随着世界经济全球化和我国城镇化进程的加快，文化逐渐趋同，包括建筑文化的趋同。导致了世界各地建筑向“国际式”发展，建筑的地域性特征遭到严重的威胁，并蔓延到建筑的地域性特色，到处都是千篇一律的现代建筑景象。建筑作为不同地域文化的载体，如果建筑的地域性严重缺失，将使建筑失去其所在地域环境中的生命力，同时其包含的艺术价值、审美与文化都将得不到人们的认可，只是一个除了功能就是功能的使用空间盒子。

建筑不仅仅是为了满足人们对空间使用的需求，更应该是功能、艺术、审美以及地域文化的综合体，在满足人们功能使用的同时也要满足人们的审美需求与心灵感受。建筑地域特色的缺失将造成建筑失去与人的亲和力，与自然、社会很难做到和谐相处，只是作为生硬冰冷的功能存在。

没有地域特色的建筑不会有很好的归宿感，也就不会有认同感。我们必须刻不容缓地回归建筑的地域性特征，创造出建筑的多元性、民族特色及地方特色，让建筑更具生命力。

第一节 海南传统建筑传承所面临的挑战

地域文化中游客直觉感知承载地域历史建筑，延续了地域的历史人文、自然环境和地理特征。

在海南的乡村，存有无与伦比的自然生态环境。原始原生的乡村聚落，原生原真的乡土建筑。

在面对外来文化新的机遇，如何深刻认识海南传统建筑的性质及其文化价值，对海南传统建筑历史传承问题进行深刻的思考显得尤为重要。而在新时代，海南现代建筑在传承传统建筑的文化基础上，主要面临着以下挑战。

（一）建筑地域特色的缺失，缺乏个性

随着海南自贸区、中国特色自由港建设，文化传递速度加快，建筑文化的趋同，海南建筑融入“全球化”发展，建筑的地域性特征逐渐为现代标准化所同化。城市更新过程中忽视建筑的地域性特色，建筑的地域性严重缺失。建筑作为不同地域文化的载体，其包含的艺术价值、审美与文化都失去其所在地域环境中的生命力。

很多建筑从外部装饰纹样到房屋布局都是一种模式。黎族传统建筑由于对黎族方言体系文化的忽视，规划中只是特别强调建筑整体色调和纹饰的统一性。其实海南黎族分5个黎族分支，黎族总的建筑造型遵循船形屋顶和共同色彩偏好，但每个分支，语言不通，分支内部生活习俗也有变化，甚至每个县、乡、村都有自己独有的文化情趣和审美理念，地区存在一定的语言差别、文化差别。做到因地制宜，符合当代传统文化生活，又具有新的时代特征地域建筑符号及营建水平。传承和延续传统建筑文化记忆。

（二）建筑师对传统建筑所具有的深刻的文化内涵理解不够深入

当今时代，建筑产业的发展更新对传统建筑的精神内涵理解和研究往往不够透彻，一般的建筑创作只是简单的将原有的传统建筑的方式应用到现代建筑中。比如，将传统建筑中的山墙、坡屋顶等传统特色机械强加到现代建筑之上，这样的建筑形式既不够现代化也没有传统的味道，形成的建筑形式不伦不类，最终适得其反。

海南似乎并不缺少建筑风格：北欧风格、南亚风格、地中海风格、美洲大陆风格、西班牙风格、江南风格……在海南这块稀缺的土地上，很多设计师们甚至可以像搬积木一样把全国各地甚至全世界的风格照搬过来。法国著名的美学大师丹纳在他的《艺术哲学》中提到一个观点：“什么样的土壤产生什么样的文化。我想，建筑也一样，什么样的土壤，产生什么样的建筑”。海南没有产生好的建筑，不是我们的土壤不够肥沃，也不是气候不够宜人，而是浮躁激进的思想，或建筑师们没有深入生活。“拿来主义”设计生产出来没有地域内涵的建筑，自然没有海南的艺术基因、文化内涵。

（三）没有将建筑的历史和地域性融合在时代中

21世纪之际，海南借着改革开放的春风，也给建筑设计带来了新一轮高潮，越来越多的国际式的建筑出现在海南的大地上，国内的建筑师倾向于欧式风格。而自2007年海南实施旧城改造以来，许多地方的建筑被拆除，在一段时间内，在海南各地域都在建设具有欧式风格的建筑，这种没有与地域和历史相结合的创作之风在一定程度上破坏了海南传统建筑的历史风貌，城市也渐渐失去了其本土文化特质。

有些时候，在现代建筑的创作中，人们经常会存在一个误区，就是为了将传统建筑的文化体现出来，人们将传统建筑中的元素直接应用到现代建筑中，从而出现了很多的假古董，这不是一个好的有效的继承传统建筑文化的方法。随着时代物质生活水平提高，生活需求层次提升，人们审美需求也发生着巨大变化，建筑的设计在完善使用功能设计的同时，还要对地域文化作详尽认真仔细的研究，满足现代人文化审美对美好生活向往的心理需求，现代建筑不仅功能现代，还要有文化品位。

第二节　海南传统建筑传承发展展望

新的机遇带来新的发展要求，海南的建筑应该从建筑文化地域性传承的角度来探讨和研究。

建筑文化有历史和现在的，有其完整的脉络，如何把握过去—现在—将来的运动、变化和发展，寻找其中发展的规律和踪迹，承前启后，继往开来。如何运用延续建筑“文脉”观念恰当地处理好建筑中传统元素现代建筑的发展必然。在当前注重现代技术，承受至西方文化冲击的同时，于现代元素中注入传统文化元素，强调文化融合的复兴地域特色，具有鲜明的时代意义。注重建筑文化的传承最主要处理好地域传统元素和现代科学技术之间的关系。新的工艺，新的理念，新的技术与地域建筑传统文化之间产生一种和谐共生的关系。

建设规划设计水平提高，设计市场化、建造标准化。海南的建筑也从“复制”的阶段向“创新”的方向发展，但在发展的过程中，我们不但需要融合传统建筑元素、建筑符号和建筑要素，还应注重建筑文化的传承。只有挖掘传统建筑文化和地域精神内涵，结合地域气候、自然环境和人文风俗特征，沉淀下来，潜心研究，才能走出独具“海南特色”的建筑文化传承发展之路。

第十一章　结语

海南岛地处热带北缘，属热带季风气候，素来有“天然大温室”之称，这里长夏无冬，气候宜人，黎村苗寨、院落民居和骑楼建筑等成为海南的地域标志。海南的文化，是由多民族文化世代积累和交流融汇的结晶。多元独特地域文化融入交流结果。在海南文化中，既有黎族原始、质朴、自由扩达的文化因子，又有讲究儒家礼制秩序、中规中庸的思想成分，还有因循守旧、安贫乐道的保守行为，也具备务实求真、乐于进取的奋斗精神，这些文化思想在海南传统建筑中都可以窥其身影。海南岛封闭的岛屿环境，自然优美的生态环境，使海南人深刻感受到大自然的真实、逸静之美。这种美感渗透到海南人的文化中，并与各自民族的传统思想融合，最终让整个海南岛文化得以形成。海南传统建筑中“和而不同”的“多元个性”使其具有地域的特征，这种特征是在“原真、和合、正统、逸静、致用”的审美观下逐步积淀形成，并清晰地反映着海南省的地域特点——“原真质朴”。这种“原真质朴”不仅表现出海南岛传统建筑的自然而为、真实纯朴的个性，也深刻诠释了海南岛作为相对封闭、发展缓慢的岛屿，其传统建筑中保留了相当多的历史“原真信息”。

在当今的建筑设计和发展的过程中，我们要继承和发扬传统文化的独特特点，强调建筑文脉的设计理念，将传统文化和现代元素有机结合起来，探索新的建筑之路。

本书立足于海南传统建筑的地域特征分析，从海南传统建筑遗存中提取出具有海南传统建筑地域特色的建筑元素，顺应自然、尊重自然，在进行地域文化认同的同时，加强地域文化的研究和识别，在建筑形式与功能，地域建筑文化积淀与传承，为传承海南传统建筑文化提出切实可行的方法，并介绍现阶段海南现代建筑案例的设计手法以及传统建筑元素的应用，提出对海南传统建筑进行传承与保护，也是通过对海南传统建筑的保护激起全社会公众参与，抢救面临消失的海南传统建筑，对老祖宗留下来几千年积累的建筑及传统技艺做法，应有专门的规划、建筑人员对其技艺的解剖掌握，不能让后面的人中断了物化的传统遗存，对工艺艺术和技术传承，要延续海南记忆。尤其是海南黎族船形屋为代表的传统民居，原始原生的建筑保护难度加大。保留海南传统建筑文化的多元性，现代建筑设计对传统元素的传承，可以通过协调自然元素和社会元素，在传统元素与现代建筑设计的融合过程中，实现传统元素的现代化发展。现代建筑设计主要从传统符号和传统材料两个方面，传承和发展传统元素，在全球化背景下，充分体现海南文化特色。传统元素在现代建筑中的应用，可从各个方面进行融合，使其成为建筑设计中的新元素，进一步发展现代建筑。

传统建筑是有生命的，人不是自然的主宰，也不是传统建筑文化的旁观者，用心灵去感受传统建筑的脉搏，用美和爱的眼光，用审慎的思维去诠释传统建筑文化，延续地域文脉，强调地域文化自信，是功在当代，利在千秋的大好事，也是多出建筑精品，建筑更具生命活力的必由之路。传承传统建筑文化，传统建筑文化地域特色，既是地域的，也是民族的，更是世界的。

附　录

Appendix

琼北地区主要建筑一览表

附表 1

序号	名称	位置	创建年代	现存建筑	备注
1	侯家大院	海口	清朝乾隆年末、嘉庆年初，即公元 1800 年前后	正屋、横屋、路门和院墙	海南省文物保护单位
2	五公祠	海口	明万历年间（1573 ~ 1619）	五公祠、苏公祠、伏波祠、观稼堂、学辅堂、洗心轩和五公祠陈列馆	全国重点文物保护单位，海南省文物保护单位
3	海口钟楼	海口	1929 年	钟楼一座	海南省文物保护单位
4	邢氏祖祠	海口	1836 年（道光丙申年）	祠门、过堂、后堂、东西廊庑等	市重点文物保护单位
5	韩家宅	文昌	1936 年	正屋、横屋、路门、影壁墙和院墙	全国重点文物保护单位，海南省文物保护单位
6	陈家宅	文昌	民国 8 年（1919 年）	正屋、横屋、门楼、照壁和院墙	
7	松树大屋（符家大院）	文昌	1915 年	正屋、连廊、横屋	海南省文物保护单位
8	林家宅	文昌	1929 年	门楼、双护厝、正屋、横屋与院墙	海南省文物保护单位
9	孔庙	文昌	明洪武八年（1375 年）	泮池、棂星门、状元楼、桥边有“圣泉”古井、大成门、左右厢房、配殿、大成殿等	全国重点文物保护单位，海南省文物保护单位
10	溪北书院	文昌	清光绪十九年（1893 年）	泮池、头门、讲堂、东西配殿以及经正楼	海南省文物保护单位
11	蔚文书院	文昌	明代	讲堂、后堂、庑廊	
12	永庆寺	澄迈	北宋	天王殿、大雄宝殿、观音殿、文殊殿、藏经阁等	
13	美榔姐妹塔	澄迈	宋朝	妹塔、姐塔、石碑石板	全国重点文物保护单位，海南省文物保护单位
14	博鳌禅寺	琼海	公元 748 年	通慧门、天王殿、普济殿、大雄宝殿、万佛塔等	
15	王映斗故居	定安	清朝同治年间	正屋、后枕屋、厢房	

琼南地区主要建筑一览表

附表 2

序号	名称	位置	创建年代	现存建筑	备注
1	陈运彬祖宅	乐东	清代末年	正屋、横屋、门楼、照壁和院墙	
2	孟儒定旧宅	乐东	光绪三十四年（1908 年）	正屋和横屋	
3	清真古寺	三亚	明朝成化九年（1473 年）	拜殿	
4	崖城学宫	三亚	北宋庆历四年（1044 年）	文明门、尊经阁、少司徒牌坊、万仞宫墙、照壁、棂星门、泮池、泮桥、大成门、天子台、大成殿、崇圣祠（后殿）	全国重点文物保护单位，海南省文物保护单位
5	琼山会馆	陵水	1921 年	会馆一座	全国重点文物保护单位，海南省文物保护单位

琼西地区主要建筑一览表

附表 3

序号	名称	位置	创建年代	现存建筑	备注
1	陈玉金宅	儋州	清末民初	路门、民宅、水井	
2	谢帮约宅	儋州	清朝晚期	路门、上堂屋、横屋、照壁、水井	
3	林氏民居	儋州	清咸丰十年（1860 年）	堂屋、横屋、横廊、纵廊、排屋、碉楼	海南省文物保护单位，市级文物保护单位
4	钟鹰扬旧居	儋州	清朝	堂屋、二横屋和门楼等	
5	赖氏民居	儋州	清初	堂屋和侧房	
6	敬字塔	儋州	清代中期	古塔十七座	
7	宁济庙（冼太夫人庙）	儋州	唐代	庙门、大殿堂、八角亭、影壁墙、石雕、石碑	
8	东坡书院	儋州	元泰定年间（1324 ~ 1328 年）	正门、载酒亭、中殿、载酒堂、大殿、东西庑、钦帅堂、望京亭等	全国重点文物保护单位，海南省文物保护单位

主要现代建筑案例与传承表

附表 4

序号	案例名称	解析	借鉴	传承
1	三亚亚龙湾 5 号度假别墅	考虑热带气候	琼北多进合院	走廊、连廊、深挑坡屋檐
		利用当地材料	火山石民居	石瓦、实木及天然岩和火山石
2	粤海铁路海口站	地域性建筑功能	多进合院	内庭式布局和宽阔的旅客进站通廊
		台风暴雨的防御	崖州民居	采用折坡屋面
		生态理念运用	多进合院	采用开敞与院落
3	三亚亚龙湾鸟巢度假别墅区	融于自然，还原地貌、隐于环境	黎族民居住宅村落	小别墅自由布置
		运用草料和木材	船形屋	老材料和新材料融合运用
		传统材料的营造	金字屋	坡屋顶造型的应用

续表

序号	案例名称	解析	借鉴	传承
4	博鳌金海岸大酒店	利用当地气候	多进合院	采用内天井布局
		木、竹的运用	金字屋	朴素的外观形态、平缓简洁的坡屋面
5	文昌清澜半岛会所	考虑热带气候	金字屋	“金”字形屋面、采用茅草铺盖
		空间形态的塑造	传统骑楼	建筑底部的四角为梯形的基座
6	琼海“海的故事”酒吧	木材、石材的运用	疍家文化	以本土木材作为材料进行建造，并保留其原色
7	海南省博物馆	自然环境的运用	多进合院	采用分散的开放式空间布局
		木材、石材的运用	琼北民居、黎苗族民居	地域文化特征的立面
8	海南香水湾君澜海景别墅酒店	天井的运用	多进合院韩家宅	院落、天井与厅堂空间、走廊空间等内部空间的延续与重塑
		基础的抽象处理	十八行村	墙体基础的应用
		空间形制的塑造	包道村侯家大院	空间布局的应用
9	三亚君澜凯宾斯基度假酒店	厅堂空间的运用	多进合院韩家宅	对重点的厅堂空间进行保留与重构
10	保亭三道兰亭仙境星空民宿	屋顶的转译	黎族船形屋	屋顶的应用
		织锦图案的运用	黎族传统符号	建筑装饰的应用
11	陵水一程山路之部落黎乡	黎族地域文化	茅草房屋顶	屋顶演绎
		考虑热带气候	仿黎族传统材料	老材料和新材料融合运用
12	保亭什进村	屋顶的转译	船形屋	坡屋顶现代材料的应用
13	“又一间”博鳌镇仓贡民宿	三开间民居围合演变	多进合院	空间布局的应用
14	陵水大里黎家民栈	传统材料的营造	黎族传统材料	材料以及符号的应用
15	七仙瑶池温泉度假酒店的“船屋”会所	地域文化表达	黎族船形屋	拱形屋顶的应用
16	三亚凤凰机场候机楼廊式空间	走廊的转译	多进合院韩家宅	走廊式空间的应用
17	三亚槟榔谷	建筑细部的造型抽象化处理运用	黎锦符号	传统符号的应用
18	三亚百越民族	建筑表皮的设计	黎锦符号	传统符号的重复应用
19	三亚喜来登度假酒店	融于周围的植被中	海南传统村落	空间布局的应用
		坡度的屋顶、走大厅廊	多进合院	建筑要素的应用
		粗糙的火山岩、栏杆和各种木构件	热带岛屿气候与火山民居的建材	建筑材料与色彩的应用
		高耸的屋顶、通透的大厅	南洋民居	建筑细节的应用

续表

序号	案例名称	解析	借鉴	传承
20	文昌东郊椰林度假别墅	石材和木材的选用	船形屋	建筑材料的应用
		船形屋的造型		建筑形态的简化重塑应用
21	海口演丰红树林南洋风情商业街	镬耳山墙造型的做法	琼北骑楼民居	山墙墙头细部处理
22	陵水分界洲岛海钓会所	多雨潮湿的气候	船形屋	坡屋顶、船屋顶
		缆绳、船桨	船文化	船元素符号的应用

参考文献

Reference

[1] 中华人民共和国住房和城乡建设部编．中国传统民居类型全集．中册[M]．北京：中国建筑工业出版社．

[2] 海南省住房和城乡建设厅，华中科技大学建筑与城市规划学院，海南三寰城镇规划建筑设计有限公司．海南近代建筑．琼北分册．

[3] 陆琦．广东民居[M]．北京：中国建筑工业出版社，2008．

[4] 陆琦．海南 香港 澳门古建筑[M]．北京：中国建筑工业出版社，2015．

[5] 杨卫平，王辉山，王书磊著．海南历史文化大系．文博卷，海南古村古镇解读[M]．海口：南方出版社，海南出版社，2008.4-17．

[6] 阎根齐．海南历史文化大系．文博卷，海南古代建筑研究[M]．海口：南方出版社，海南出版社，2008.4．

[7] 陈敬，王芳，刘加平．海口骑楼建筑空间演变研究[J]．西安建筑科技大学学报（自然科学版），2011，43（5）：678-682．

[8] 高萍．海口骑楼老街历史文化寻踪[J]．新东方，2012（4）：35-39．

[9] 杨定海．海南岛传统聚落的保护与更新体系探析[J]．华中建筑，2014（3）：76-80．

[10] 符和积．海南文化的历史渊源与融汇发展[J]．海南师范大学学报（社会科学版），1989（4）：9-14．

[11] 何瑜．近代海南岛开发[J]．历史档案，1992（2）：92-99．

[12] 张兴吉．民国时期海南社会的发展与变革[J]．新东方，2008（7）：48-51．

[13] 孙百宁，范长喜，温俊．城市化快速发展背景下的地域文化传承与创新——以东莞沙田疍家文化体验园为例[J]．广东园林，2015（2）：20-24．

[14] 章柏源，沈瑜．传承与创新——浅析中国传统建筑元素在现代建筑设计中的应用[J]．建筑与文化，2013（8）：55-56．

[15] 郝晓磊．传统元素在现代建筑设计中的传承[J]．低碳世界，2016（11）：99-100．

[16] 侯霁，史楠，杨飞海．南陵水新村镇疍家渔排文化品牌建设浅析[J]．商场现代化，2015（4）：135-137．

[17] 海南省建筑发展方向展望[Z]．中国建设信息，1999（27）：69-70．

[18] 何化利，邓敏，朱桂金，张荷梅．三亚疍家文化保存模式探讨[J]．安徽农业科学，2013，41（21）：8987-8988．

[19] 金卫钧，张耕，孙勃．三亚喜来登度假酒店[J]．建筑学报，2005（2）：44-48．

[20] 金卫钧，张耕，孙勃．三亚喜来登酒店设计回顾[J]．建筑技艺，2013（3）：90-95．

[21] 张甜．试论传统元素在现代建筑设计中的传承研究[J]．四川水泥，2015（10）：109．

[22] 王磊．照耀在疍家渔船上的阳光[J]．旅游，2009（7）：56-59．

[23] 孙伟．传统建筑文化在现代建筑设计中的传承与发展[J]．中国科技投资，2013（A30）：59．

[24] 朱竑．从地名看开疆文化在海南岛的传播扩散[J]．地理科学，2001，21（1）：89-93．

[25] 侯莉．从商业文化看海南南洋风格商业街——以文昌铺前镇胜利街为例[D]．华中科技大学，2010.
[26] 焦勇勤．儋州宁济庙与海南冼夫人信仰文化的形成及传播[J]．海南大学学报（人文社会科学版），2015，33（5）：119-122.
[27] 苏晓峰．当代建筑对传统建筑文化的继承及发展[J]．城市建设理论研究（电子版），2013（35）.
[28] 熊兰兰，汪思茹，张一帆，常立侠，周厚诚．发掘海岛文化，打造文化旅游品牌——以徐闻大汉三墩四岛为例[J]．海洋信息，2014（2）：37-41.
[29] 海上丝绸之路建设与琼粤两省合作发展[A]．徐新华．发展海南与东盟多边经贸关系，促进21世纪“海上丝绸之路”与区域繁荣梦想[C]．南方出版社，2014，39-55.
[30] 张华立，王文波，符盛蓉．高速城市化下的海南疍家渔村民居的传承发展与挑战[J]．城市建设理论研究（电子版），2011（22）.
[31] 汤漳平，许晶．关于中原文化与闽南文化关系研究的几点思考[Z]．闽南文化研讨会，2013.
[32] 高伟雯，陈金华，李能斌．国内外海岛文化与旅游发展研究进展[J]．广西经济管理干部学院学报，2015，27（2）：61-66.
[33] 彭静，朱竑．海岛文化研究进展及展望[J]．人文地理，2006，21（2）：99-103.
[34] 苏阳．海口市骑楼历史街区水巷口示范区保护更新策略研究[D]．华中科技大学．2011.
[35] 樊欣．海口羊山地区古村落初探[D]．南京工业大学，2010.
[36] 王建国．海南“海上丝绸之路”的文化魅力[J]．新东方，2014（4）：24-27.
[37] 张引．海南白查村黎族聚落环境探析[D]．苏州大学，2008.
[38] 田德毅．海南宝岛：海上丝绸之路的重要中转地——海南三亚、陵水、万宁等地穆斯林文化田野报告[J]．世界宗教研究，2014（2）：185-191.
[39] 杜伟，曹艳春．海南贬官文化研究概述[J]．华章，2013（2）：89-90.
[40] 杨定海，肖大威．海南岛汉族传统建筑空间形态探析[J]．建筑学报，2013（S2）：140-143.
[41] 海南岛社会生活变迁分析[DB/OL]．http：//3y.uu456.com/bp_9om1k5pm479acj39pw8g_1.html
[42] 朱竑．海南岛文化区域划分[J]．人文地理，2001，16（3）：44-48.
[43] 王沫．海南海口骑楼建筑的视觉艺术研究分析[J]．美术教育研究，2015（13）：174-175.
[44] 谢祖敏．海南建筑的“简”、“透”、“瘦”[J]．华中建筑，2012，30（11）：16-18.
[45] 孙荣誉，郭佳茵．海南黎族传统民居的地域性表达研究[J]．华中建筑，2015（2）：138-140.
[46] 吴若斌，张洁．海南黎族的生存观与"船"形屋[J]．中外建筑，2001（5）：20-21.
[47] 张引．海南黎族民居“船型屋”结构特征[J]．装饰，2014（11）：83-85.
[48] 沈屹然．海南书院空间形态及建筑特征研究[D]．华中科技大学，2011.
[49] 李玉堂，沈屹然．海南书院空间序列及建筑特征解析——以溪北书院为例[J]．华中建筑，2010，28（12）：156-158.
[50] 孟辰．海南特色建筑设计——以海南某商务建筑群为例[J]．美与时代（城市版），2015（3）：22-23.
[51] 贾俊茹．海南文昌近代民居空间形态研究[D]．华中科技大学，2010.
[52] 魏小飞．海上丝绸之路与南海区域宗教传播——以14世纪海上旅行家的游记为基础[D]．海南师范大学，2011.
[53] 方大伦．近代海南建省考略[J]．历史教学问题，1988（6）：60-62.
[54] 杨定海．海南岛传统聚落与建筑空间形态研究[D]．华南理工大学．2013.
[55] 周伶洁．海南清澜半岛滨海旅游度假区公共活动中心设计研究[D]．西安建筑科技大学．2015.
[56] 符和积．海南地域文化的历史构成、发展与特性[J]．海南师

范大学学报（社会科学版）.2015（4）：96-106.
[57] 张弓，霍晓卫，张杰．历史文化名镇名村保护中的建筑分类策略研究——三亚崖城历史文化名镇与山东朱家峪历史文化名村保护为例[J]．南方建筑．历史文化村镇保护．2010（3）：70-74.
[58] 程孝良．论儒家思想对中国古建筑的影响[D]．成都理工大学．2007.
[59] 冯霞．儒家思想对中国古代建筑的影响[J]．工程建设与设计．2001（4）：37-38.
[60] 孙荣誉．特征与传承——海南传统地域建筑研究[D]．西南交通大学．2015.
[61] 刘沛林．中国传统聚落景观基因图谱的构建与应用研究[D]．北京大学．2011.
[62] 问红光．中国古代建城思想研究[D]．西北大学．2009.
[63] 周自清．近代受南洋文化影响的琼北民居空间形态特征研究[D]．华中科技大学，2011.
[64] 朱竑，司徒尚纪．开疆文化在海南的地域扩散与整合[J]．地理学报，2001，56（1）：99-106.
[65] 秦健，陈小慈，张纵．黎族传统村落形态与住居形式研究[J]．广东园林，2012，34（1）：32-36.
[66] 王瑜．黎族民居的特征[J]．四川建筑科学研究，2011，37（4）：230-233.
[67] 侯莹莹，张帆．黎族文化保护与旅游开发——以海南省洪水村为例[J]．云南地理环境研究，2009（3）：107-111.
[68] 黄志健，黄良基．论韩家宅的建筑文化特色[J]．山西建筑，2015，41（10）：19-20.
[69] 严涛．漫谈海南新新海派建筑[J]．城市开发，2012（1）：82-83.
[70] 叶文益．明代海南岛的军屯[J]．岭南文史，1992（4）：12-16.
[71] 魏一山，沙君厚．千年俄查村：探访黎族最后的船形屋部落[J]．环球人文地理，2014（5）：62-71.
[72] 刘快．浅谈海南黄流民居建筑[J]．山西建筑，2008，34（13）：49-50.
[73] 王海壮．浅析我国的海岛文化产业[J]．海洋开发与管理，2003，20（5）：44-47.
[74] 蒋哲尧．琼北传统民居形制研究——以侯氏大宅为例[D]．华中科技大学，2012.
[75] 熊绎．琼北传统民居营造技艺及传承研究[D]．华中科技大学，2011.
[76] 徐瑶．琼北地区祠祭建筑研究[D]．南京工业大学，2011.
[77] 郝少波．琼北民居近代“南洋风”的成因及衍变初探[J]．新建筑，2011（5）：102-104.
[78] 冯霞．儒家思想对中国古代建筑的影响[J]．工程建设与设计，2001（4）：37-39.
[79] 海正忠．三亚的清真寺及其管理[J]．中国穆斯林，2012（3）：62-64.
[80] 贺乐．三亚后海疍家滨海旅游发展的民族志考察[J]．民族论坛，2016（1）：103-107.
[81] 杨定海，肖大威．石头筑就神话，朴实彰显美丽——海口荣堂村古村落景观初探[J]．华中建筑，2009，27（3）：224-228.
[82] 赵康太．试析东南亚文化对海南文化的影响[J]．学术研究，2012（12）：126-127.
[83] 郭城，饶宏展．唐代海上丝绸之路与海南[J]．今日海南，2014（10）：32-33.
[84] 孙荣誉．特征与传承——海南传统地域建筑研究[D]．西南交通大学，2012.
[85] 吴迪，杨威胜．天涯海角回辉村[J]．中国民族，2013（8）：28-31.
[86] 李超．文昌十八行“梳式”聚落的成因及形态特征研究[D]．华中科技大学，2010.
[87] 马岚．我眼中的海南建筑——对海南建筑文化的一点体会[J]．有色冶金设计与研究，2006，27（4）：36-39.
[88] 马楠．崖城传统民居的气候适应性研究[D]．华中科技大学，2012.
[89] 海南地域建筑文化（博鳌）研讨会论文集[A]．陈琳，陈博．崖城古镇建筑及其历史价值探究村[C]．中国民族建筑研究，

2008.
[90] 梁辰. 有关我国传统建筑文化传承与创新的思考[J]. 美与时代（城市版），2014（5）：4-5.
[91] 王执华. 福建平潭海岛文化的内涵与发展研究[D]. 华中师范大学，2013.
[92] 冯明明. 海岛传统文化村落的价值及其评价——以舟山群岛新区为例[D]. 浙江海洋学院，2015.
[93] 廖彦. 海口老城区近代公共建筑特色研究[D]. 华中科技大学，2013.
[94] 杨雅千. 海南地域人文元素在酒店景观生态设计中的应用[D]. 海南大学，2013.
[95] 张亮亮. 海南省居住建筑设计的地域性表达研究[D]. 吉林建筑大学，2014.
[96] 孙尧. 横道河子中东铁路历史建筑价值研究[D]. 东北林业大学，2012.
[97] 产思友. 建筑表皮材料的地域性表现研究[D]. 华南理工大学，2014.
[98] 陈小慈. 黎族传统村落形态与住居形式研究[D]. 南京农业大学，2011.
[99] 刘义钰. 旅游型海岛建筑风貌塑造研究[D]. 北京交通大学，2015.
[100] 张朔人. 明代海南文化研究[D]. 南开大学，2012.
[101] 陈瑜. 骑楼形态在现代城市·建筑中的应用研究[D]. 重庆大学，2006.
[102] 朱军周. 琼海关与近代海南经济社会的变迁[D]. 海南师范大学，2011.
[103] 胡婧. 热带滨海度假酒店空间模式研究[D]. 大连理工大学，2011.
[104] 桂涛. 乡土建筑价值及其评价方法研究[D]. 昆明理工大学，2013.
[105] 虞志淳，刘加平. 关中民居解析[J]. 西北大学学报（自然科学版）.2009（10）：860-864.
[106] 杜松，唐佳，杨超英. 海南省博物馆：与自然和谐共生的现代博物馆[J]. 建筑创作杂志社，2010，（10）：62-75.

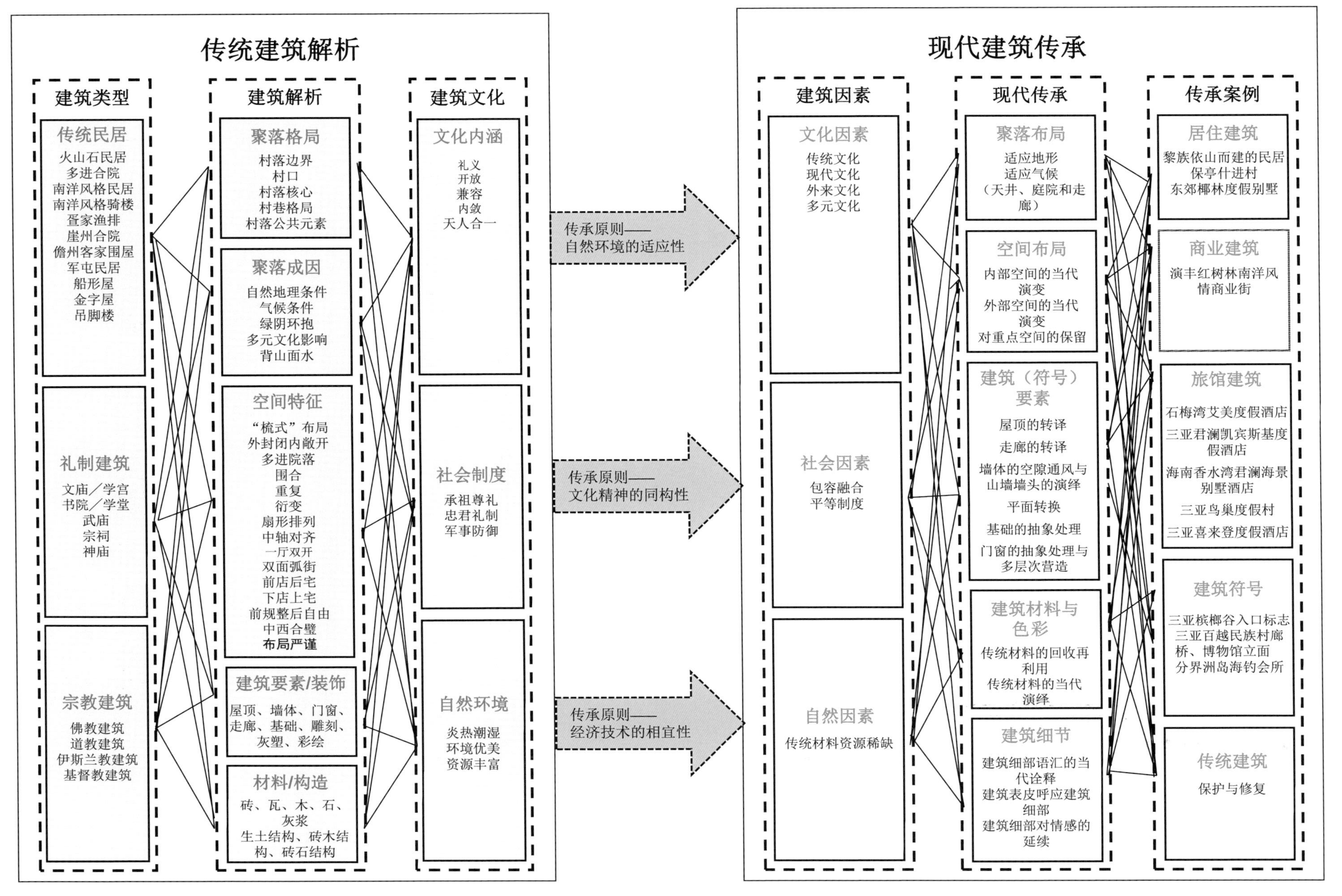
海南省传统建筑解析与传承分析表
传统建筑解析
建筑类型
传统民居
火山石民居
多进合院
南洋风格民居
南洋风格骑楼
疍家渔排
崖州合院
儋州客家围屋
军屯民居
船形屋
金字屋
吊脚楼
礼制建筑
文庙／学宫
书院／学堂
武庙
宗祠
神庙
宗教建筑
佛教建筑
道教建筑
伊斯兰教建筑
基督教建筑
建筑解析
聚落格局
村落边界
村口
村落核心
村巷格局
村落公共元素
聚落成因
自然地理条件
气候条件
绿阴环抱
多元文化影响
背山面水
空间特征
“梳式”布局
外封闭内敞开
多进院落
围合
重复
衍变
扇形排列
中轴对齐
一厅双开
双面弧街
前店后宅
下店上宅
前规整后自由
中西合璧
布局严谨
建筑要素/装饰
屋顶、墙体、门窗、走廊、基础、雕刻、灰塑、彩绘
材料/构造
砖、瓦、木、石、灰浆
生土结构、砖木结构、砖石结构
建筑文化
文化内涵
礼义
开放
兼容
内敛
天人合一
社会制度
承祖尊礼
忠君礼制
军事防御
自然环境
炎热潮湿
环境优美
资源丰富
传承原则——自然环境的适应性
传承原则——文化精神的同构性
传承原则——经济技术的相宜性
现代建筑传承
建筑因素
文化因素
传统文化
现代文化
外来文化
多元文化
社会因素
包容融合
平等制度
自然因素
传统材料资源稀缺
现代传承
聚落布局
适应地形
适应气候
（天井、庭院和走廊）
空间布局
内部空间的当代演变
外部空间的当代演变
对重点空间的保留
建筑（符号）要素
屋顶的转译
走廊的转译
墙体的空隙通风与山墙墙头的演绎
平面转换
基础的抽象处理
门窗的抽象处理与多层次营造
建筑材料与色彩
传统材料的回收再利用
传统材料的当代演绎
建筑细节
建筑细部语汇的当代诠释
建筑表皮呼应建筑细部
建筑细部对情感的延续
传承案例
居住建筑
黎族依山而建的民居
保亭什进村
东郊椰林度假别墅
商业建筑
演丰红树林南洋风情商业街
旅馆建筑
石梅湾艾美度假酒店
三亚君澜凯宾斯基度假酒店
海南香水湾君澜海景别墅酒店
三亚鸟巢度假村
三亚喜来登度假酒店
建筑符号
三亚槟榔谷入口标志
三亚百越民族村廊桥、博物馆立面
分界洲岛海钓会所
传统建筑
保护与修复

后　记

Postscript

海南岛地处祖国南端，隔琼州海峡与祖国大陆相望，因其相对封闭的岛屿地理环境，自古以来就较少引起主流思潮的关注。关于海南岛的研究虽然在近代关键的时刻屡屡掀起高潮，但仍有很多研究的角落存在空白和不足，尤其是被认为落后的生产方式下的海南岛村落和建筑常被冠以“原始”、“粗陋”、“文化沙漠”而一直不被人们所关注。

海南岛作为我国热带的一片重要疆土，其中有生存千年的黎族，有大量迁入的汉族及其他少数民族，他们理解自然，创造性地适应、改善自然，营建自己理想的家园；他们相互斗争、相互交流，探索平衡共处的生活方式，构筑稳固的社会组织结构和空间结构，这一切最终都凝结在传统聚落与建筑空间形态中而延续下来。

近年来，随着党和国家对传统文化保护与传承工作的高度重视，海南也对传统建筑、村落的研究和保护工作越来越重视，进一步推动海南建筑本土特色的挖掘与再现工作。高校、设计院更多的专家学者也自觉地投入到海南传统建筑的研究中去，有了一些相关研究成果。如2008年海南师范大学张引硕士论文《海南白查村黎族聚落环境保护与开发探析》、2010年华中科技大学贾俊茹硕士论文《海南文昌近代民居空间形态研究》、2013年杨定海博士论文《海南岛传统聚落与建筑空间形态研究》、海南历史文化大系系列著作中的阎根齐著《海南古代建筑研究（文博卷）》和杨卫平、王辉山、王书磊著《海南古村古镇解读（文博卷）》、华中科技大学建筑与城市规划学院和海南三寰城镇规划建筑设计有限公司合编的《海南近代建筑·琼北分册》等。2014年，我们有幸参与了住房和城乡建设部主编的《中国传统民居类型全集》海南民居的调查与编写工作，将海南民居4大类型编入《中国传统民居类型全集》，填补了海南民居在全国民居类型的空白，同时增强了我们对海南民居建筑有了更深刻的认识。

海南建省办特区三十年来砥砺奋进，从贫穷落后的边陲海岛，发展成为我国改革开发的重要窗口。潮起海之南，改革再出发，站在新的历史征程上，深入系统地探析海南岛传统建筑空间形态与特色，挖掘其中的智慧思考、灵动空间、巧妙技艺……为新形势下保护和延续传统建筑的精华思想、技艺，为新时期建筑形态提供参考和借鉴，为传承海南文化和弘扬中华文化的伟大复兴具有重大的现实意义和深远的历史意义。

全书编著的重要意义包括一是分析海南岛地域文化；二是分析总结了海南岛传统聚落选址、格局的变迁及其生成演变的特点；三是分析总结了海南岛传统建筑特点及精神内涵；四是梳理海南岛现代建筑地域文化传承的创造情况；五是提供海南岛建筑传承的思维方法。

深入系统地探析海南岛传统建筑的特色是全书的主要目的和内容。以海南岛传统建筑“多源融汇，和而不同”的嬗变演化特征为线索，从物质载体层面分析传统村落宏观空间形态特征；在地理区域维度上分析传统建筑微观空间形态特点；从文化精神层面，依托物质分析基础，在更大地域空间范围内，深入剖析传统建筑的深层内涵，最终总结海南岛传统建筑的特色。

全书自2016年6月开始进行调研、查阅史料和撰写，几易其稿，历时两年多的努力，如今终成此稿。在本书编写过程中，海南省城乡规划委专家委员、国家一级注册建筑师葛守信先生担任了编委会顾问。葛先生对本书的编写给予了热情指导并提出宝贵意见，他对海南传统建筑数十年的研究积累是本书顺利完成的有力支撑。华中科技大学、重庆大学、厦门大学嘉庚学院、海南省建筑设计院、海南柏森建筑设计有限公司、雅克设计有限公司、海口市城市规划设计研究院、海南三寰城镇规划建筑设计有限公司为本书提供了大量翔实的资料，在此一并致谢！

这项工作始终得到海南省自然资源和规划厅丁式江厅长和省住建厅村镇处各级领导的关心、指导和帮助，华南理工大学建筑学院陆琦教授、北方工业大学杨绪波教授、清华大学建筑学院罗德胤副教授，中国建筑出版传媒有限公司（中国建筑工业出版社）艺术设计图书中心主任唐旭、副主任吴绫、编审李东禧和李根华、编辑孙硕对本书编写提出宝贵意见，在此对他们的肯定和支持表示由衷的感谢！

由于现存资料和篇幅的限制，本书内容撰写难免存在错误，无法涵盖所有精彩案例。若存在许多不足之处，恳请各方面的专家、学者和同行提出批评指正。